白话遗传和转基因秘密

BAIHUA YICHUAN HE ZHUANJIYIN MIMI

——听教授笑谈转基因那点儿事

杨世湖　著

中 国 农 业 出 版 社

图书在版编目（CIP）数据

白话遗传和转基因秘密：听教授笑谈转基因那点儿事/杨世湖著. —北京：中国农业出版社，2015.11
ISBN 978-7-109-21105-6

Ⅰ. ①白… Ⅱ. ①杨… Ⅲ. ①分子遗传学-普及读物 ②农产品-转基因食品-普及读物 Ⅳ. ①Q75-49

中国版本图书馆CIP数据核字（2015）第264229号

中国农业出版社出版
（北京市朝阳区麦子店街18号楼）
（邮政编码 100125）
责任编辑 郭 科 孟令洋

北京通州皇家印刷厂印刷 新华书店北京发行所发行
2016年5月第1版 2016年5月北京第1次印刷

开本：889mm × 1194mm 1/16 印张：16.25
字数：400 千字
定价：100.00 元

编写说明

BIANXIE SHUOMING

本书系为广大民众了解遗传学和基因工程原理，了解转基因真相而撰写的专业性科普著作。

本书深入浅出、通俗易懂、可读性强，不仅适于向非专业大众普及遗传、基因工程和转基因的科学原理，使之能了解转基因争论由来和是非，对于讲授和学习生物学、遗传学、育种学、基因工程学等课程的师生以及与其相关的生命科学工作者也是一本很好的参考书。

本书以近些年民众反映强烈的反转基因风潮为楔子，围绕着能读懂基因、弄清什么是转基因、转基因是利还是弊、转基因究竟有没有毒害等热点问题，首先从遗传学的创建历程开讲，梳理和回顾了从经典遗传学到分子遗传学的基本理论和实验技术的原理及其发展过程，以及该学科发展史上产生的一系列相关的逸闻趣事，使读者在读懂分子遗传学基本理论的同时还能了解到那些伴随着遗传学科发展而出现的、被某些媒体弄得神秘兮兮的重大科学突破、诺贝尔奖成果及其获奖人的真实的一面。

本书在向读者普及分子遗传学基本理论的基础上，详细地、图文并茂地介绍了分子遗传学和基因工程研究技术的基本原理及当前技术水平，对转基因农作物的原理和研制过程也进行了详细的解读，对当前被热炒、反转基因的各种议题进行了全面、科学、有理、有据的剖析。

本书还详细地阐明了各种骇人听闻的反转基因恐怖宣传在理论和实践上均不能成立的具体原因。对那些所谓的全球性反转基因大事，例如黄金大米案、转基因玉米老鼠致瘤案、洋蝴蝶案、超级杂草案、超级害虫案、转基因棉破坏生态案、终结者种子案、转基因大米滥种案等，也进行了从理论到实践的分析。用无可辩驳的科学事实全面批驳了少数偏执的反对人士对转基因研究、转基因农产品毫无道理的歪曲和污蔑，还原了转基因一个原本就很清白的面目。

本书对一些与分子遗传学和转基因相关的研究技术和方法的运用，诸如人类基因组计划、亲子鉴定、痕迹鉴凶破案、艾滋病治疗、曹操墓考古等社会热点问题的起因、科学依据、基本原理以及现代生命科学的局限性等也进行了详尽的论述。

杨世湖

2015年7月

目 录

MULU

第一回：

转基因翻浊浪搅乱视听，洒家惊出桃源怒斥水军

词曰：滚滚长江东逝水，浪花淘尽风流。科技是非任评说：青山依旧在，太阳一样红。

白发学者钟山上，岁看梅开凋零。一壶清茶解君惑：基因多少事，都付笑谈中。

看着怎么就这等眼熟呢？各位看官莫笑，洒家这首开场词，的确是山寨了老祖宗罗贯中的《三国演义》开篇，改了几十个字而已。

为什么要山寨《三国演义》？

第一，是《三国演义》写得好，看起来痛快。中国几千年文化积淀下的四大名著，能不好吗？到处都是经典。

要仿就要仿经典嘛。仿那些垃圾洋泾浜或做作、装嫩、嗲得跟刚刚断奶的小孩一般的腔调，让看官恶心得把刚吃的美味吐了出来那才是罪过。

再说啦，模仿点《三国演义》有什么不好呀？倘若洒家有本事把科学说得有滋有味的，没有了学术著作那股艰涩和枯燥，没有了望而生畏的高深莫测，没有了看"正书"时绞尽脑汁，又是浓茶又是咖啡还昏昏欲睡，那岂不更好？若能将科学技术讲成故事，也叫看官们爱不释卷，被熄了灯还要躲在被窝打着手电看，也算是点儿功德吧。

只可惜老祖宗罗贯中同志死得太早，洒家无缘考他老人家的博士生，得不到他老人家真传。

第二，虽然这首开篇词原是解读历史，描绘朝代更迭和军事斗争的，但洒家怯怯地以为，这科技上的事不也是一样的吗？军事上打得难分难解、你死我活，一场战役无数人死于非命，为了什么啊？实际上就两个字：利益。

不管是国家利益、阶级利益、团体利益、家庭利益、个人利益，那全都是利益。老话不是说：无利不起早嘛。

什么是利益呢？说俗点就明白了，就一个"钱"字，而已。

伟大的马克思和恩格斯早就说过，政治是上层建筑，经济才是基础。所以，就连搞政治的目的也是为了这个经济基础，只不过不同的政治服务对象不一样而已。这一点，帝国主义政治家们更坦白。就在我们手拿鲜花、站满了大街，高呼友谊万岁的时候，那位美国总统下飞机的开场白就让当时几亿善良的国人目瞪口呆："我为美国的利益而来"。

第三，仿点罗贯中没有心理负担。俗话说，不抄白不抄，抄了也白抄。试看全国印了多少本《三国演义》？罗老前辈都去世几百年啦，谁弄得清哪个是他的正宗嫡传后裔，又有谁有本事能搞来几百年的家谱和历朝公文，证明自己是罗贯中的权益合法继承人？

假如真有个人跳出来理论这件事，全球那些罗姓的也不知道有多少人会跟他闹腾，因为谁会跟亲爱的钱有仇呀！祖宗遗产，后人有份，凭啥要一个人独吞？等罗姓的自己把官司打清楚了，少说也得十年八年的，多的就难说要几个十年了，现在也正是机会。

出版社可以整本地翻印《三国演义》，不付稿费赚大钱。洒家不过就搞了个模仿秀，何况还改了几十个字呢，这样想，洒家也就极其地心安理得了。

闲话少说，再扯回来。想写？好呀，整点啥不行？偏来弄个什么"转基因"，还要"白话"。既不能添油加醋放味精，还不能戏不够爱情凑，要戏说科学就更不行了，有啥好玩的。

但现今这转基因三个字在社会上整出的动静也太大了点、太过了点。转基因这三个字在某些人笔下仿佛连洪水猛兽都不足以形容了，转基因都快成了人类的终极魔咒，一提到转基因三个字好像人类的末日马上就要到了似的。

有好长一段时间，网络上真是铺天盖地的一边倒啊，点帖的、顶帖的，一会儿就成千上万的，弄得老百姓信也不是，不信也不是，坐立不安，抓心挠肝。

全世界有多少个科学名词？我敢说，就是把管科技的领导叫来，他也不一定拎得清。为啥只有转基因在社会上整出这么大动静？

两点。

一是，绝大多数人也实在是没有弄明白这基因究竟是个啥东西。就跟那幼儿园老师讲的故事一样，不得了啦，“咕咚”来了，快跑呀！咱们撒开脚丫子就跟着跑呗。要不跟着跑，万一被那“咕咚”咬上一口不就坏事了吗？

加上个转字就更唬人了！ 转业不就是一个手握钢枪，整天喊着冲啊、杀啊的战士变成一个在流水线上不停地拧螺丝钉的半机器人吗？农转非就意味着昔日住在与猪圈和茅坑为邻的土坯房，六七十岁还得天天在土坷垃里扒食吃的老汉马上就会住单元楼、领养老金，叼着烟袋在花园草坪上打太极。转就是彻头彻尾的改变，这神秘的基因前再加个转那还得了？

那网络上都说转基因玉米让某地的老鼠都死绝了，转基因豆腐苍蝇叮了都死光光，那可是让咱“亡国灭种”的东西。宁可信其有嘛，万一是真的，现在不反对，到时岂不悔之晚矣？反正没有转基因现在咱日子也过得满滋润的，有吃有喝有钱花的。现在怕什么，就怕活不长。既然说转基因这事与咱的命有关，又有带头大哥、大姐前面领着闹，咱就跟着叫。不去打、砸、抢就不犯法。

二是，都说咱们宝贵的命是由这基因来管着的，试想有哪个人不愿意好好地活、长久地活啊？又有谁愿意不明不白地被转死掉、转残掉呢？

基因，好好纯洁的一个科学名词，加了个转字咋就被弄的这么可怕呢？

一句话：钱闹的。

各位看官，洒家知道你也是一腔热血，不但没拿过谁一分钱还倒贴电费、网费。且莫急，往下看，慢慢就明白了。

哦，怎么是钱这个字给闹的呢？

咱们现在不是已经小康了吗？

啥叫小康？就是吃香的、喝辣的，穿戴也西装革履的，而且口袋里还总有几个闲钱在蹦跶着。俗话不是说小河有水大河满吗？改革开放已30多年，咱老百姓都小康了，咱们国库不更是“康”得锅满钵溢的了吗？君不见前几十年整天挂在嘴边的“一穷二白”早就没人喊了。

有钱可真好啊。造高楼、造高速、造高铁、造汽车、造飞机、造坦克、造军舰、造卫星，造了导弹还造反导弹……整出的烟啊、尘啊、土啊，把好多大城市弄得一年到头都灰头土脸的，连蓝天白云和清新的空气都整成了奢侈品还不算够啊，硬是把孙中山百年未就的三峡梦也整成功了，没有钱行吗？

以前咱中国科技落后，就是皇帝们从没有花钱去整科技这个东西。

中国人既聪明又勤劳，据有些研究历史的专家们讲，有些前朝都把那个GDP（国内生产总值）整成世界第一了，但皇帝们不仅不去科技强兵，还全都视国民财富为粪土，瞎糟蹋。一顿饭摆上百个菜，肉山酒海；一个人要住一座城，奇珍异宝塞满了皇宫，连痰盂尿盆都镶金嵌玉。

皇帝标配是“三千佳丽”，可皇帝们还嫌不够呢！据披露，某朝代某皇帝的后宫佳丽都是过了万的！一万多个美女每顿饭每位按一碗饭、一碗菜、一碗汤的穷人配置，一天光碗就要洗十万个。在那没有洗碗机的年代，该是多么宏大的场面，这样总该摆够谱了吧？非也，非也！还要花几十年时间，把那坟墓修得跟宫殿一般，恨不得死了把全国的财富都带走。看过兵马俑的看官们想一下，没挖出来的还不知有多少呢，得花多少钱？

皇帝们自己不去想科技倒也真不算个啥。可恨的是，老百姓自己搞点科学技术还要被打成“下九流”，再有能耐也只是一个被人藐视的“匠”，叫你终生登不得大雅之堂。哪还能有多少人愿意去搞什么科学技术？不要说一流人才，就连那稍稍有点聪明劲的都去整天摇头晃脑、之乎者也了。

新中国让中国人民站起来，没人敢来打了，改革开放又赚下许多的钱能大搞科学研究。现在咱中国科研设备那个好、研究搞的那个好真是没得说。咱们的科研水平可真是跟毛主席在诗词里写的一样，是“可上九天揽月”（探月工程），“可下五洋捉鳖”（深潜工程）。什么数理化文史天地宇、农医法考古外带野生动植物微生物，无所不包。跟踪、模仿和赶超这些词都已过时，现在的流行语已变成抢占制高点了。

而基因工程正是生命科学的制高点。现在中国的科研很多已经世界一流，生命科学研究早已和世界一流同步地在分子水平上对基因进行“工程”研究。若是我们的生命科学还停留在改革开放前试管加独眼龙显微镜的年代，社会还停留在数着粮票吃饭的年代，会有谁去理会那个基因和转基因是个什么玩意儿哟？管它是个啥，只要能吃就赶紧往嘴里塞，把肚子填饱了再说。

改革开放30年，人民生活水平和质量得到改善，收入增加，钱包鼓了起来！

钱多了也会带来烦恼。转基因的烦恼就是典型的有钱人的烦恼。但洒家看来，这总比穷得缺衣少食的烦恼好吧？等你看完这本书，弄懂了转基因是什么，你自己就会辨别哪些该烦哪些不值得去烦了。

基因本是个外来科技词，是用汉字把英文发音写出来而已，可现今它已成为了社会的流行语。

当人们称赞某人的才能或成就的时候，最高的颂语往往是：他把他的某基因发挥到了极致。某人“具有天才的艺术基因、商业基因，甚至运动基因”，等等。在赞美他本人的同时还顺带地把他的先人也莫名其妙地恭维了一番。

最可笑的是，也不知道一些老板是不是血燕窝吃得太多，脑子被补糊涂了？一些厂商居然在电视广告中喋喋不休说他们的机器“将全球智慧汇入基因”，或者“具有某某尊贵基因”……

倘若这些冷冰冰的铁疙瘩都有基因，那就是生物，就能下崽了，老板们就惨啦！谁还会去商场花钱买啊？跟隔壁张大妈说好，抱个刚生下的小机器崽回来插上电长大就得了嘛。张大妈家的家电多，没准家电也跟动物园里的鹿和羊一样玩起了“不伦之恋”，说不定咱抱回的机器崽还是个电冰箱和洗衣机的小杂种呢，抱一得二，那不就发了吗？

不过，在基因这个话题中，能这样给大伙开心解闷的笑话实在是太稀有了。洒家相信，绝大多数时候基因给大伙带来的是困惑。

搞这行的科学家们都说基因工程和转基因是造福人类的大好事。

平头百姓们看来，这基因呀、分子呀，看不见、摸不着，能把它们搞成“工程”，那绝对是超级高科技。搞这些的人那不是天神也胜似超人。这些人满肚子墨水不说，大部分还是塞满了洋面包的“海归”，那脑袋瓜子能不聪明，那学问能不大？要说中央到地方各级政府正用大把大把的钞票来支持科学家搞的转基因研究就是要把咱自己弄得亡国灭种，你信吗？

不信不信，打死也不会信。

但要说不信吧，那网上是铺天盖地的反转基因，跟帖顶帖的速度和数量跟那“艳照门”都有得一比了。不信吧，毕竟这么大的数量，还说得有鼻子有眼的。俗话说好死不如赖活着，何况还是不明不白地、毫无价值地死，要是万一被转基因弄死那真是心不甘情不愿啦。所以，小老百姓们要不信也很难。

困惑啊，困惑！

为什么会困惑？那是因为你只知道基因这两个字，并不了解基因究竟是怎么回事，只能跟着别人跑。加了个转字就不得了、要命啦？不过，这也怪不得你。写那基因的书叫《分子遗传学》，一本就一寸[①]厚、二斤[②]重，翻开一看，整个就跟天书一般。那结构式、分子式、公式、模型，一堆一堆的。那洋文字母缩

① 寸为非法定计量单位，3寸=10厘米。

② 斤为非法定计量单位，1斤=500克，下同。——编者注

写，多得就跟陈佩斯的羊肉串，一串，一串，又一串，没完没了的，一看头皮就直起鸡皮疙瘩。要不是为了考试，没人爱去看那玩意儿。

洒家看过的基因、分子遗传之类的书籍、杂志、论文，中文的外文的，加起来少说也超过1米厚了。我很负责任地告诉各位看官，又大又厚的分子遗传学教科书中，真正有普世价值也就是在各种生物中都被验证无误、科研人员天天能用起来的实在是少之又少。多少？也就跟动物园里的大熊猫差不多，屈指可数。大部分的理论、模型都是些“假说”。

啥叫假说？一般而言就是某人某时观察到点什么现象，通常还都是在实验室养的细菌、病毒这些很原始的单细胞的低等生物上看到的，并依此推测出的一个与基因有关的理论模式。就是无论你是否相信这个理论，它还就是个理论，因为要提出假说总得有根据。这种所谓的“理论、模型”只是在很特殊的时空里昙花一现，并不能随时随地的在其他生物、高等动植物上被重现。你要是去找这假说的茬，小辫子一把把的多得很，所以，你要是全信了这假说就没有创新可谈了。

生命科学研究虽号称已到了分子水平，听起来是那么的高级，实际上相对于生命的奥秘而言，生命科学还处在极其幼稚的低级阶段。拿人的一生作个比喻，生命科学还只处在吃奶的婴儿阶段。

媒体上时不时会有“破译了死亡之谜”“破译了衰老之谜”“破译了癌症之谜”之类的基因新闻，看官们可千万不要太过当真。那只不过是科学家为争取经费制造的一点儿美丽的泡沫，再被媒体放大得神乎其神而已。因为与神秘的生命相比，现代科学实在是过于渺小，人为地神话科学或制造科学的神话都只是在愚弄人们自己。

诚实地告诉大家，洒家在转基因这个领域里实实在在、真刀真枪地摸爬滚打了好些年。刚入行时也曾想，搭上了早班车，奔驰在这未曾开垦的处女地上，凭咱聪明劲和干劲，加上这满大楼的高级仪器，怎么也得整出点惊天动地来。当不成被苹果砸着头的牛顿，怎么也得弄个浴缸里的阿基米德吧？没曾想，这基因理论和实际的差距那个大，这潭水那个深，怎么折腾都没戏！

但总算还没白混，基因里的那点儿破事被洒家整了个门儿清。这也算是“天道酬勤”吧。要不，敢来白话遗传和转基因吗？网上不是有人说过，咱们学界支持转基因是因利益诱惑吗？

在中国搞转基因研究有什么利益可得？不就拿那么一点儿死工资吗？

科研经费？洒家要告诉各位行外的人：第一，科研经费不是酬金或奖金，是研究工作专用；第二，科研经费很不容易拿（你懂的）；第三，拿科研经费很难，交差就更难了，不但要有研究成果，花钱的规定也特别严格，一分一毫都要对上路、对上账。

还有，这些搞转基因研究的人，要么正被外国的008、009之流“追杀”，要么正被我国安全部门的特工们秘密地保护在比大牢还要严密的，连妻子、孩子、父母都不知道的什么基地里，享受着原子弹之父邓稼先一样的待遇，极其光荣地被隐姓埋名。其他人就难得知晓转基因的只言片语，就不可能炒作起转基因这个话题。

有人说，洒家你肯定是个铁杆的转基因卫道士，咱掏钱买本书，一个是为找乐子，一个是为长知识，可不是让你来教训咱。自己掏了钱，让你成天踩过去、砸过来的，那不是自作自受吗？

干吗要踩你、砸你，不就是对转基因还有点不放心吗？

洒家不“潮”也不“酷”，但也绝不是乡巴佬、土包子，好歹也啃过几年“洋面包”，多少也算有点现代意识。洒家以为，老百姓敢于发表不同的意见、敢于向管理部门质疑，这是社会的进步，是件好事。

至于咱老百姓，吃不吃转基因食品、买不买转基因产品，能有多大个事呀？那不都是你自己的自由嘛。不值得你那么上心去跟着别人瞎闹腾，自个吓唬自个。

这真像《红楼梦》里所写：“春梦随云散，飞花逐水流；寄言众看官，何必闹闲愁。”

现在是搞了几十年的市场经济，啥都有得卖，就怕口袋里没钱。不想买转基因产品用不着跟别人乱嚷嚷，看官们尽可以去专买那些非转基因产品。倘若有人敢强迫你去买什么转基因产品，请赶紧向警察叔叔报警。别忘了，咱们是法制社会。

什么？看官对咱管理部门也不大放心。

那也没什么大不了的，看官可到外国去呀！

什么？看官对外国也不大放心。

倒也是的。地球人都知道，号称世界上最强大、最先进、最富裕、最民主、最自由的美利坚合众国才是全世界种植转基因农作物最早和最多的国家，那里的转基因更是多得很。看官这么怕这个转基因，那里还真是不能去。

那就到科技和农业都很原始的那些非洲国家、非洲部落去，那里肯定没转基因。

打住。那里有好多人连饭都还吃不饱呢。咱是拿鸡腿都当饭吃的主，谁吃得了那个苦？

看官要还是、实在是太在意这转基因的“潜在危害”，还有一条路可走。

带上你的娇妻，一起到那人迹罕至、远离现代污染的老山沟，弄块地再结个“庐”。以董永和七仙女为榜样，男耕田、女织布，你挑水、她浇园。喂一圈土猪、土羊，养一院子土鸡，过那种连神仙都无限向往的、幸福的、要多天然就多天然的超级环保生活。

在看官那一亩三分地里，看官尽可以采用你放心的、从未经过现代科学改良的、古老的农家品种（看官放心，这些个玩意儿全都被好好地保存在大冷库里呢！看官出点钱，请科研部门给繁殖一点吧），不用化肥农药，自耕自食，自织自穿。吃的、喝的、穿的、用的，全程都在自己掌控之中，超级放心。

君不见国外一些人正在这样过着日子，他们不仅拒绝转基因也拒绝一切工业文明，有的甚至连点灯的煤油都拒绝，真真的原生态、全天然。

看官可别把下面图中那个外国女士当成个没文化、缺教养、无家可归的流浪者或乞丐，人家可是世界级名牌大学牛津大学的硕士研究生毕业。人家就要喝山泉水、吃自养自种的全天然食品，电啊、煤气啊全不用。人家就崇尚这样原生态的幸福，在山里已经住了十几年了。

看官再看看那个外国男人咋样给小孩喝奶。羊乳房一挤，那奶就直奔小孩子嘴里，啥三聚氰胺啊、增塑剂啊等的化学制品，想去污染都没有门路。真是要多天然就多天然、要多环保就多环保。

拒绝转基因也拒绝一切工业文明的外国人的生活方式
（引自《三联生活周刊》和新华网BBS）

看官也许会说，这也忒另类了点吧？山沟里的人都在拼命往城里挤，住工棚也不愿回自己的“桃花源”。让咱放弃这花花世界和现代生活方式，去过这种原始的日子，是不是也忒自虐了点？咱老婆又不是扇子一摇啥都能变出来的七仙女，要是去和仙女攀比着过，肯定比出家人还要艰难。

要是这样还不行，就再没路可走了。洒家就只能说，看官，你病了，病得还不轻。看官是被那些在网上重复了无数遍的谎言吓出了毛病。看官整天都生活在梦魇之中，要不赶紧治，没准还真可能导致心理疾病。

那咋办？不要紧，洒家来帮看官治这个病。

啥？无照行医是要坐牢的。你又不是医生，难不成来这里跑江湖、卖“大力丸”？

各位看官，洒家既没处方又无药可卖。老话说心病还得心药治，看官这毛病是因为不懂转基因被人吓出来的心病。看官被别人骗了、上当了。

所有正直的人都对骗人、蒙人的行径深恶痛绝。看着那些为了不同的目的，用转基因谎言把许多善良的老百姓骗得心神不宁的反转基因人士，洒家很生气！

咋个治呢？

好好读洒家这本书。

洒家要用最高的专业水平和最不专业的语言把这个遗传学、转基因都说清楚。让看官们都知道这转基因的来由、现实和前景究竟是咋回事，然后乐呵呵地去过好每一天，不要不明不白地被吓得要死不活的。

洒家？出家人？打住。这大好花花世界，本洒家是极舍不得的。吃肉喝酒、唱歌跳舞、游山玩水、恋爱结婚，想乐就乐、想哭就哭，多自在啊！自诩为洒家不过是只看破了分子遗传学和基因工程那一点点“红尘”，敢于毫无顾忌地左评右说而已。

洒家以为，所谓的高科技也就是边缘一点，说不清楚的东西更多一点，而已。这也就是各种骗子都喜欢打着高科技的旗号来忽悠你的原因。咱这儿既不是要考大学，又不去办科学院，咱不要去理会那些似是而非的、云里雾里的东西，只讲有用的、有关的，你不就全懂了嘛。以后看谁还能把你蒙住。

洒家向宇宙发誓，基因科学比中学数学不知要容易多少倍，最多就相当于“四则运算”的水平（别误会，没数学题！），看这本书，一点也不难。

洒家在这里庄严宣布，剥去分子遗传学那神秘的外衣，把基因的本来面目赤条条地呈现给各位看官。

洒家承诺，看这本书就跟看小说差不多。能看《三国演义》《水浒传》《西游记》的人就能看懂此书。

各位看官，等你了解了基因的前生后世、研究现况和人类真实的科技水平之后，再来给这转基因下结论。千万不要不明就里地跟在别人后面瞎跑、瞎怕，不顶就踩。

洒家严正声明：倘若哪位仁兄看了《三国演义》之后还不知道刘备、关羽、张飞和诸葛亮是不是一伙的，不知道孔明和诸葛亮是怎么一回事，那还是不要来看洒家的这本书，赶紧去看医生吧！

第二回：

洋和尚种豌豆奠基遗传学，孟德尔太超前郁闷伴终生

要知道基因究竟是什么就不得不提到遗传学。

这么高深的内容，咱成天鸭梨（压力）山大地累死人，哪里还有精神去动这个脑筋？

莫着急，请把心好好地放在肚子里。洒家知道你是来休闲找乐子，不是要当科学家、考饭碗。不过，天天看爱情美女小说就跟成天吃大鱼大肉一样，也会腻味。再说激素分泌过多也会难过。来点粗粮，听点科学故事吧。洒家发誓要帮你轻轻松松地就把基因这个东西搞定。

老祖宗留下了一句话：龙生龙，凤生凤，老鼠生崽会打洞。还有一句是：种瓜得瓜，种豆得豆。这就是老祖宗在以最通俗的语言给咱们讲遗传学。凡是能繁殖的活物，它们产生的后代总是和上一代是同一种东西，这种亲子（上、下）代之间的相似现象就叫遗传。

传媒上时不时地会登些三条腿的鸡、两个头的蛇，甚至连体婴儿什么的，这是怪胎。怪是怪一点，但还是那个玩意儿，只不过多了点或少了点什么零部件。那你听说过“兔子下了一窝耗子、牛生出羊羔”、“柳树上摘番茄、萝卜上面结大米”的怪事吗？从来就没有过。这种假新闻，就连最八卦、最能编造的小报上也没有。为什么？我敢说，老板（主编）看到你造出的这种东西，99%是会马上叫你卷被盖走人，但不排除个别特有责任感的老板会直接就把你送到医院去。

当然，这种上下代之间的相似并不像复印那样完全相同，多少还是有点差别。兄弟姊妹之间、子女与父母之间会相似，但容貌和高矮胖瘦都会有些许差别，这种差别就叫变异。

遗传学就是研究生物体遗传和变异的学科。

遗传学的建立在世界科学史上是一件特别有故事的事。

这故事里的事很有传奇的味道，可全都是真的，没有半点戏说的成分。

有意思的是，这个遗传学不是由大学或科学院里的教授、专家建立的，而是由一个职业宗教人、一个神父也就是一个洋和尚创建，他叫孟德尔。

有趣的是，在孟德尔时代连“遗传学”这个名字都还没有呢，他就建立起了至今仍被捧为遗传学金科玉律的现代遗传学基本理论。孟德尔1884年仙逝，而遗传学这个学科名字却是英国人贝特森在1906年，也就是孟德尔死后22年才提出来的。拿现代话来说，孟德尔也真是酷毙了，真真的科学超人。

在那些没有遗传学的年代，人们对生物生殖和性的好奇心也很浓烈。从古到今，两性、交配和繁殖都一直是人们最热衷的话题。但生物繁殖方式的多样性和幼体发育的巨大差异性之原因却一直为当时的自然哲学家（现在叫自然科学家）们感到迷惑不解。繁殖后代既可在体内进行（很多，下崽的都是），又可在体外进行（例如鱼，下蛋后在体外受精和孵化）。生出来的可以是成体的缩小版（小猫、小狗、小鱼一出生可都是正版的猫、狗、鱼）。也可以与母体完全不一样：蝴蝶多漂亮呀，可从它产的卵里爬出来的却是奇丑无比的毛毛虫。

在那些没有遗传学的年代，太多的错误资料与宗教、神话相互混淆，经由性和繁殖的联想曾产生过许多离奇的传说。例如，古代西方人曾猜想：“长颈鹿是骆驼和豹子的杂交后代”“双峰骆驼是母野骆驼和公野猪的杂交后代”“驼鸟是骆驼和麻雀的杂交后代”，等等。现在听来满可笑、满荒诞是吧？不过也难怪，那时还没有遗传学，古人就知道动物应该是由雌雄交配后生出来的。

就连伟大的古希腊科学家亚里士多德（Aristotle，前384—前322）也十分重视这类稀奇古怪的传说。

亚里士多德头像
（引自百度百科，创建人Athenalove）

亚里士多德在著作里说过，有人把狗捆在偏僻的地方，如果老虎正在发情期便会与狗交配（当然是指望生出个与众不同的虎狗狗啊）。他还说在利比亚（就是被北约炸垮的那个利比亚），不同物种能在水洞中相遇，只要它们大小相似、发情期相同就能交配。亚里士多德在他的《动物史》中说过，"新东西总是来自利比亚"，这句话几乎成为一条西方的谚语了。

这些杂交，荒诞归荒诞，但比起神创论来，比起咱中国那条满天飞的龙，也没和啥杂交就不明不白地生出个驼石碑的龟儿子来，还算是有点道理。

看官会问，亚里士多德是谁，我不认得啊？你不认得就对了，你要认得他老人家就不是人，是个千年的孤魂野鬼，不能享受这21世纪的花花世界，就太惨了。

洒家告诉各位看官，亚里士多德不是一般的伟大，是货真价实的超级伟大。洒家这里在白话科学，把他称为科学家，其实在其他大多数的书籍里他老人家的第一头衔是"哲学家和思想家"，随后才是"教育家和博物学家"，他留下的著作涉及伦理学、政治学、逻辑学、形而上学、物理学、天文学、生物学等。单生物学就有《动物志》《动物之构造》《动物之行进》《动物之生殖》《论灵魂》等著作留世，绝对是一个几千年不遇的超级大才。

最不可思议的是，亚里士多德在2 300多年前就说过：雄性精液提供的"形式因"（formal cause）包括了胚胎各部分的设计蓝图，并控制着各个部分的生长发育，在此过程中，"形式因"本身并没有发生改变。尽管亚里士多德完全忽视了雌性对遗传的贡献是极为错误的，但直到当代，人们对亚里士多德仍怀着极大的尊敬。例如，一个叫德尔伯鲁克（M. Delbruck）的科学家在1971年出版的著作中还在充满夸张地说，因为亚里士多德老先生预见了分子遗传学的基本概念——DNA进行的遗传信息传递，"也许应当授予（亚里士多德）一次诺贝尔奖"。当然，诺贝尔奖只给活人，死了2 300多年也没有优惠。

连这么伟大的科学家当时就这样看待生物的遗传，可见在孟德尔之前，这人世间还没人懂得遗传学，全人类都还不知道遗传学是怎么回事。

孟德尔就是在这样历史背景下进行遗传学研究的。

小学和中学老师都说孟德尔是个伟大的科学家，在你这里怎么成了个洋和尚呢？洒家告诉你，你的中小学老师和洒家说的全都是真的。

孟德尔画像
（引自www.kepu.net.cn）

孟德尔种豌豆的小园子
（引自D.L.Hartl等，*Genetics*）

洋和尚是孟德尔的正式职业，他一辈子都呆在洋庙里，还当过洋庙的领导（修道院院长），是洋庙里有职称的在编职工。

搞科学，说得好听点，孟德尔只是个业余的票友，说得不好听，当时某些人对他的评价就是不务正业。有文章说到，作为一个职业宗教人，孟德尔是相当虔诚的，但他的同代人对他的评价却是“一个有教养的老修士，用一些愚蠢的，但也无害的方法来消磨时间”。若改用中国相声语言来说大概就该是“有毛病”啦。

一个受过正规神学教育的神父，把时间都耗费在计数成千颗瘪皱的豌豆等与神毫无关系的工作上，难道不古怪吗？要知道在那时，孟德尔不要说伟大，就连科研之类的中性词都与他不沾边。

科学家的头衔是在他死了几十年之后才被追认的。他生前从未想过会如此被伟大。

好好伟大的科学家怎么会去当了个和尚呢？

钱闹的。

先读一下他的简历。

孟德尔（Gregor Johann Mendel）：1822年生，1884年逝世。

出生地：奥地利的Heinzendorf，现捷克的Hynčice。

家庭成分及家庭经济状况：农民（奥地利），有土地（数量不详），子女5个，比较穷。上中学时，孟父砍树受伤后丧失了劳动力，之后家庭就完全无法支付孟德尔上学所需费用。

16岁，孟德尔开始勤工俭学，靠当家教养活自己。有的文献中说这期间，孟德尔“有时甚至整天饿着肚子听课”。

18岁，孟德尔中学毕业，因大学生活费和学费都无着落，想做家教也无果，在家待了一年。

19岁，孟德尔找到一份家教。孟父也将地卖了，钱平分给5个孩子。孟德尔的妹妹把自己分得的那份钱送给了他，孟德尔才得以进入奥尔姆茨大学哲学院读了两年大学，据说成绩还行。

21岁，孟德尔听从一位曾在修道院待过的物理教授的建议，为了先混一口饱饭而不全是为了宗教信仰，中途辍学进入奥地利布鲁恩的圣汤姆斯修道院（Monastery of St. Thomas in the Town of Brunn）当见习修道士，这才摆脱了“饥寒交迫”的生活。

25岁，孟德尔被任命为神父，成为一名正式神职人员。

洋和尚可不只是整天在洋庙里念洋经就行，还要做一些慈善性和公益性的社会工作。因为孟德尔对到医院去安慰病人的工作很不适应，修道院院长就派他去中学教书。孟德尔很喜欢教书，但没有“教师资格证”，只能当“代课老师”。

28岁，孟德尔去参加教师资格考试，结果惨败。

29岁，孟德尔因祸得福，修道院为使他取得正式的教师资格，把他派到名牌大学——维也纳大学学习。接受了4个学期正规的包括数理化、动植物微生物等在内的多门自然科学课程的教育。

31岁，再次参加教师资格考试。因与植物学教授观念有分歧，植物学不及格，教师之梦再次破灭，孟德尔回到圣汤姆斯修道院。据说这个修道院还有点学术气氛，修道院院长还兼任着当地农业协会负责人，倡导改良作物品种。那时植物杂交实验很流行，修道院里也有园地可供种植。

34 ～ 42岁，孟德尔在修道院内进行了8年的豌豆杂交实验。

43岁（1865），孟德尔在当地的布鲁恩自然历史学会上宣读了论文《植物的杂交实验》并于次年发表在该学会会议录上。就是这篇洋和尚的3∶1豌豆论文宣告人类对遗传的认识从此摆脱了“混合说”的混乱和愚昧，跨进了现代遗传学时代。

46岁，老院长逝世，孟德尔接任修道院院长。此后因公务繁忙，少有时间再进行科学研究。

62岁，孟德尔死于肾病。他死后，新任修道院院长烧毁了孟德尔的私人文件和资料。人死了，再也不会是院长了，这个怪人生前做的那些事又是“愚蠢”的，那写的、记的也必定都是愚蠢的，没有理由再去为一位不务正业的前院长保留它们。

所以，除了那篇已发表的3∶1豌豆论文之外，孟德尔的其他有关资料都是在他死了几十年之后，因为出了名，成了遗传学界的“圣人”，才重新被后人们考证出来的。

啥叫考证？考证就是一些人根据找到的只言片语和道听途说再加上自己的推断而已。所以，如果你看到不同人写的孟德尔生平故事好些地方都不一样时，千万不要像搞科研一样去苛求。因为标准答案已经被烧掉了，不会再有唯一的结果。不瞒各位，为这几行简历，洒家也曾郁闷了半个多月。

回头再来白话孟德尔开创的遗传学基本理论。

前面说过，孟德尔的豌豆论文宣告人类对遗传的认识从此摆脱了“混合说”的混乱和愚昧，走进了现代遗传学的年代。那么，啥叫“混合说”呢？

简单的比喻就像把一瓶红漆和一瓶白漆混在一起。是啥呢？是既不那么红又不那么白的粉红色漆。红漆和白漆就是父母，他们的子女就是粉红色漆。孟德尔之前，还没人提出过对杂交后代形成都普遍适用的遗传学规律。

孟德尔在这8年中做了些什么，做出了什么，咋就那么重要呢？

孟德尔先收集了34个豌豆品种，经两年的预试考察，从中选出22个品种来进行杂交并进行杂交后代植株的观察和研究。据载，孟德尔在两个僧侣同事的协助下，8年内共种了3万多株豌豆，每年种植的豌豆都在6 400株以上。

孟德尔之所以能通过豌豆杂交实验成功地开启了现代遗传学大门，全靠他当时建立了一个独特并且与众不同的杂交实验体系。

每个生物都有很多可见的、可以区分或鉴别的特征，如大小、高矮、颜色、形状等外部和内部的特征，这些特征在生物学上叫“性状”。

在孟德尔以前的生物学家都认为，只有诸如牛体型的大小、奶和肉产量高低、羊毛的优劣、马跑的速度之类等非常之实用的性状才值得去研究。现在大家都知道，这些性状都是由很多个基因共同控制的极复杂性状，即便在今天都是难以被追踪研究的，当时条件下做这种科研只能是毫无结果的瞎忙活。

孟德尔没有尾随前人这种思路。他采用了与前人不同的生物材料和性状来进行研究才取得了成功揭示生物遗传之秘的伟大结果。

他用豌豆来做杂交实验无疑是英明的。豌豆是严格自花授粉植物，外来花粉污染概率极低，既比较易于人工杂交，又易于得到较大的后代群体。孟德尔选取了7对性状来做杂交研究，这7对性状都是在杂交后代中能清晰再现而不会永远消失的性状。杂交之后，杂交一代植株只表现出父、母本中一方的性状，另一方的性状并不出现。但结籽后再种下去，即杂交后第二代植株群体中，与双亲一样的两种类型植株还都会重新出现。

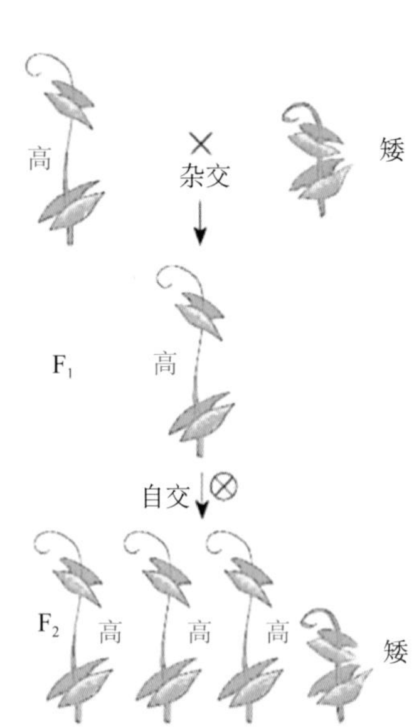

孟德尔豌豆杂交试验
(引自www.kepu.net.cn)

例如，高豌豆和矮豌豆杂交后，杂交第一代植株全都是高豌豆，没有矮豌豆。杂交第一代植株所结的豌豆再种下去，长出的杂交第二代植株群体又重现出高豌豆和矮豌豆两种类型植株。

圆粒豌豆和瘪粒豌豆杂交后，杂交第一代全都是圆粒豌豆、没有瘪粒豌豆。结的豌豆再种下去，长出的第二代群体又重现出圆粒豌豆和瘪粒豌豆两种类型植株。

孟德尔对第二代群体中不同类型植株进行了计数统计。结果高豌豆株数：矮豌豆株数=3：1，圆粒豌豆株数：瘪粒豌豆株数=3：1。并且，孟德尔所研究的7对性状，包括种皮颜色和花的颜色在内，全都是这样的3：1结果。

可见这些不同的性状（高与矮、圆与瘪）在杂交过程中并没有像红漆加白漆一样混合在一起，杂交一代时，矮或瘪性状并未消失，仍独立存在着，只是暂时隐藏或被遮盖着而已。就连紫花与白花豌豆杂交也没产生二色混合的后代，杂交一代植株花全是紫色的，第二代也是紫花株数：白花株数=3：1。

孟德尔也发现有的性状，例如开花时间早的和开花时间晚的杂交，杂交

一代开花期既不同于父本也不同于母本，而是介于双亲之间。这一类的性状，孟德尔就没有进行后续研究。

研究的结果呢就是中学生物课本上写的孟德尔（第一和第二）定律。俗称豌豆定律或3∶1定律。

孟德尔把杂交一代显现出来的那个性状（高与矮中的高、圆与瘪中的圆）命名为“显性”性状；而把杂交一代中不表现出来的性状命名为“隐性”性状（矮或瘪）。

显然，显性性状和隐性性状在一起时显性是可以“遮盖”住隐性的，但它们彼此仍然是相互独立的，它们还能自由地分开和重新地自由组合，显性性状和隐性性状绝不会混合成为另一个性状。

孟德尔的解释是，对每个性状，生物体内都有一个“因子”在控制着，孟德尔把它叫“性状因子”，并提出用A代表显性因子，用a代表隐性因子。杂交一代就是Aa，杂交二代就是A + 2Aa + a的数学模型。豌豆的胚胎毫无疑问是亲本两种生殖细胞中“性状因子”的结合体。

这个“性状因子”当时也就是个推测的符号而已，没人知道这个因子长得啥样、在啥地方。后来有人把它改称为孟德尔因子或遗传因子但仍然是一个假设。再后来就又被改称为今天流行的基因了。这就是基因这个词的最初起源。

孟德尔还进行过两对和三对性状因子的杂交实验，结果虽然不是简单的3∶1模式，但也未逃脱上述的3∶1模式，而是3∶1模式的延伸和扩展而已。孟德尔的某些实验已继续到5 ～ 6代，在所有世代中，杂交种都产生3∶1比例。

后人将孟德尔发现的这些规律命名为孟德尔定律。

第一个是分离定律，即决定同一性状的遗传因子是成对的，它们会彼此分离，独立地遗传给后代。

第二个是独立分配（自由组合）定律，即不同遗传性状的遗传因子之间可以自由组合。

整个遗传学学科现在有多少个分支？恐怕没几个人能说得清楚。但所有这些，不管有多复杂多高级，全都是基于这个原始的3∶1模式上发展起来的。

3∶1模式的伟大之处在于：在整个生物领域，从微生物、植物、动物直到人类自己的遗传表现都被证实遵从这一规律，都能用这一理论来解释各种基本遗传现象。它是现代遗传学的理论基础，是现代遗传学的“圣经”。

在现在这个物欲横流，高人、狂人辈出的年代，为了出名，做啥事的人没有啊？说啥话的人没有啊？可就还没人敢跳出来挑战孟德尔的3∶1模式理论。所以这个理论仍是生物学的“普世理论”。

看官，你可一定要弄明白这个3∶1是咋回事。因为直到现在，那些研究生、博士生、教授、院士们还是在成天地围着这个3∶1打转转呢。全世界的遗传学家们又已经研究了140多年了，整出点新东西了吗？没有！还都是孟德尔因子的延伸。

至于遗传学教科书上那些复杂，甚至是有点稀奇古怪的各种特殊的数字比，你大可不必理会，那大多是在考学生时才拿出来用一下，平时也没啥人去理睬。

现在想想还真是邪门，这么惊天地泣鬼神的伟大科学发现在当时一点儿也没有引起人们的正视。人们忽视到连站出来骂他的精神都没有，就好像没看见似的，不理睬孟德尔和他的论文。

是当时人们对生命科学没有兴趣？

不对呀！在孟德尔发表论文之前7年（1859），达尔文出版了以进化论为其核心内容的著作《物种起源》。据记载，该书出版的第一天，第一版共1 250本就被一抢而空。第二年（1860）在牛津大学大不列颠学会会议上争论的焦点就是达尔文的《物种起源》。据记载，尽管达尔文没有出席这次会议，但还是有700多名听众把演讲大厅挤得水泄不通，为的是想听听主教大人对达尔文“猴子变人理论”的谴责和主教与那些支持进化论科学家们之间的唇枪舌剑。

是那时科学论文传播有问题、大家并不知道孟德尔的论文？

一个叫泽克尔（C. Zirkle）的外国人专门考证过这个问题，结果是否定的。他说19世纪60年代发表的论文数量与现代相比真是太少了，绝不会像今天这样被淹没在知识爆炸的文献海洋里。而且孟德尔发表论文的《布鲁恩学会会议录》在当时也并不是不为人知的无名之刊，在许多大学和学术团体的图书馆里都会有，其中也包括伦敦皇家学会和林耐学会等著名的学术单位。据考证一共有120个图书馆收到了这个会议

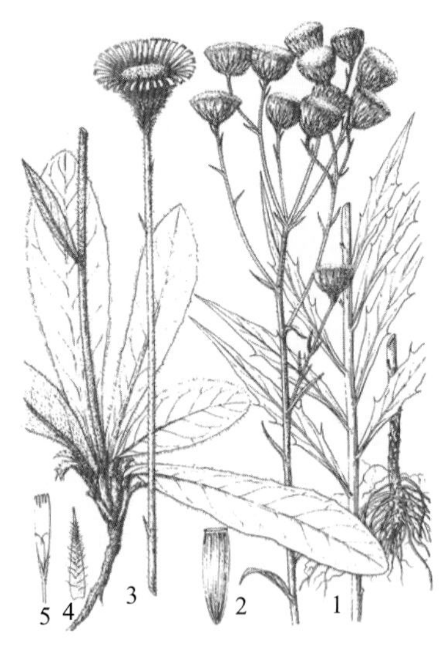

山柳菊
1、2.山柳菊：1.植株；2.瘦果
3~5.新疆猫儿菊：3.植株；
4.总苞片；5.舌状花（蔡淑琴绘）

录，还有4本送到美国。孟德尔自己也有40份论文单行本，他把这40份单行本全都寄给了各国的植物学家，孟德尔论文单行本至今还有4份存世呢。

孟德尔寄出的论文单行本，只有慕尼黑大学著名植物学家耐格里（K. Nageli，1817—1891）教授给他回了信，其他人都对孟德尔及其论文不予理睬。据说耐格里教授之所以保持与孟德尔通信完全是因为孟德尔在信中提到还要用其他的植物进行类似实验，他建议孟德尔改用山柳菊属（右图，多年生杂草，可入药）植物来做杂交实验。

耐格里为什么建议孟德尔用山柳菊来做实验？因为他知道用山柳菊杂交就得不到孟德尔式结果，而他认为山柳菊的杂交实验结果才是对的。果然，孟德尔改用山柳菊来做杂交就得不到3∶1式的结果。

现在我们知道，用山柳菊来做孟德尔遗传学实验犯了原则性的错误。因为山柳菊是一种很特殊的、进行“孤雌生殖”的植物，即山柳菊的种子可由母体的生殖细胞直接发育而成，与精子结合及受精并不是必需的。所以看到被授了粉也结出了种子全是假象，那叫“假受精”。但孟德尔年代的科学家还根本不懂得孤雌生殖，山柳菊就成了权威打击孟德尔的重磅炸弹。

耐格里教授完全不能理解孟德尔所做的工作，他认为所有杂交种都能产生可变的后代，孟德尔描述的那些数学关系无足轻重，孟德尔的工作“仅仅是经验性的而非是理性的”。在耐格里的出版物中他从未提及孟德尔的豌豆杂交研究。

当时，一些人认为孟德尔的3∶1模式只是“绝对偶然性的奇迹”。甚至在没有任何根据的情况下，主观地臆断是孟德尔人为地使计数倾向于期望值。其潜台词就是：孟德尔在骗人。

还有一些人则善意地认为，或许是孟德尔的僧侣助手们为了讨好孟德尔，为了偷懒，向他报告了假的但却是孟德尔所希望的数字。其潜台词就是：孟德尔被别人骗了。

总之大家都不相信孟德尔的研究成果，宁愿编造出各种理由，说这是一场骗局。

孟德尔当时十分清楚自己的处境。他在给耐格里教授的一封信里曾说道：当我看到你用怀疑和谨慎态度说及我的实验时，我并不感到惊讶。对其他学者的类似说法，我同样也不会惊讶。

为啥那时的科学界要这样来对待孟德尔？只因为孟德尔也太超越了，超前不说还抢了专业人士的风头，超前反被超前误。想想看，就是在今天，如果一个门外汉领先于自命不凡的专家了，即便这个门外汉确实是对的，恐怕、起码，很多的专家也不会立马就承认和服气。

想想当时的孟德尔是什么人？洋和尚一个。不在庙里老老实实待着，来跟大学教授们、职业科学家们讲什么性状因子，还3∶1呢。教授们成天吃这碗饭，做过多少杂交实验，你才干了多久，要真有这些，还能轮到你来发现？

假如某天，有个蓬头垢面的农民工或一个秃头小和尚跑到科学院去大叫“我攻克了哥德巴赫猜想”“我发明了永动机”，会是啥结果？

要是在100年、1 000年以后发生的，洒家不敢妄加评论，谁知道到那时这些还是不是个问题啊？可是现在，大家的共识是这是不可能的。那些研究员啊、教授啊、院士啥的会去理睬他吗？可能大家心里都在说：从哪里又跑出来个神经病！

所以洒家的推理是，那时遗传学都还没有建立呢，当时那些教授、科学家们在遗传学理论方面按理应该还全都是属于“白痴”级水平的。

你！孟德尔，一个神职人员来提出一个性状因子理论，还数学比例3∶1，不是发神经还能是啥？

所以非常非常的不幸，伟大的孟德尔就被这帮遗传学的“白痴”们当成真正的白痴来论处了，孟德尔就这样被埋没了终生，一直到死都没得到科学界的正视和承认。

第三回：

孟德尔实验结果重发现，贝特森造词建立遗传学

孟德尔和他的遗传学开山研究虽被主流学术界漠视和曲解，但他的论文还是被不少学者关注过，很可能这些关注过孟德尔的学者当时还不是能左右学术界导向的权威级人物罢了。

例如，德国植物学家福克（W. Focke）在其论文中曾15次提到过孟德尔论文。福克在1881年发表的《植物杂种》一文中也引述了孟德尔的豌豆杂交实验及各杂种类型的恒定比例。

洒家据所见文献大胆推断，当时就已大名鼎鼎的达尔文很可能也知道孟德尔的豌豆杂交实验，因为在生物学家罗曼斯（G. J. Romanes）为了替第九版《大英百科全书》撰写植物杂交条目时曾向达尔文求助，而达尔文交给罗曼斯的就是一份上面所提到的那个福克的文章复本。

在贝利（Balley）1894年出版的《植物育种》和皇家学会《科学论文目录》的书目提要里也都提到了孟德尔的论文。

1932年，一个叫伊尔蒂斯（H. Iltis）的人在其著作《孟德尔生平》中回忆道，1899年还是学生的他，在《布鲁恩学会会议录》中读到了孟德尔的论文并激动地把论文给他的教授看。但这位有学问的教授回答说：啊，这篇论文我全知道，它无关紧要，除了数字和比例之外，没别的东西，它是纯粹的毕达哥拉斯式的东西，不要为它浪费时间，把它忘了吧。伊尔蒂斯听从了这位教授的劝告，结果错失了千载难逢的成名机会，以致抱憾终身。

“毕达哥拉斯”又是什么？老实说，洒家对这些外国老古董实在提不起多大兴趣。看官们只要知道这是古希腊人名，古代有一帮洋人聚集在他的名下，称之为毕达哥拉斯学派。该学派持所谓“万物皆数”的理念，企图用数字来解释一切，拿现在的话来说这些人就是些数字控、数学神经质，这就足够了。还想考洋古？亲自去翻故纸堆吧，洒家一翻书库里的老旧书就鼻水长流、喷嚏不断、双目含泪，实难奉陪。

……

总之，孟德尔的论文虽然在19世纪被多次引用，却没能动摇学术界对其结果的曲解，一直没能产生应有的影响。

毋庸置疑，孟德尔也有欣赏者。尤其是在当地，要没有粉丝支持，咋能持续数年研究并在会议和刊物上发表？咋能无证教书14年？他死后当地园艺协会刊物所发讣告还宣称“他的植物杂交实验开创了新时代”，如果主编同志不支持能行吗？遗憾的是，这些都不是当时学术界的主流认识。

然而，孟德尔对他的研究成果抱有信心。据他的朋友尼斯尔（Niessl）说，孟德尔生前相信“我的时代会到来”。但这个时代直到他去世16年后，也就是他的论文发表34年之后才姗姗来迟。

这一年（1900），同时有3位著名学者发表了重现孟德尔3∶1遗传理论的论文。他们是荷兰的德·弗里斯（H. de Vriss）、德国的科伦斯（C. Correns）和奥地利的切尔马克（E. Tschermak）。有意思的是，3个人都表示事先不知道孟德尔的工作，都是做了好几年杂交实验，得到3∶1结果后才去读孟德尔论文的，但3个人对孟德尔的态度很是不同。

德·弗里斯，一个对孟德尔很不服气的人，古董级的老愤青。

德·弗里斯是荷兰人，在德国接受教育，就职于荷兰阿姆斯特丹大学，植物学家。据载，早年德·弗里斯进行过许多繁殖实验均以失败告终。1876年开始做植物杂交实验，前几年也因气候等因素没有什么结果。1892年他用雪白麦瓶草有毛品种与光滑品种杂交，此后在获得的500多株杂交二代中重现了有毛和光

德 · 弗里斯
（引自 www.kepu.net.cn）

科伦斯
（引自 www.kepu.net.cn）

切尔马克
（引自 www.kepu.net.cn）

滑两种植株类型。后来又做了黑花罂粟与白花罂粟的杂交实验，得到200多株杂交二代，也出现了黑、白二色性状分离。两个杂交实验后代植株的分离比都符合3：1。

德 · 弗里斯这些工作完成于1896年，据说到1899年时，他已在30多个不同物种和变种的实验中验证了上述现象。1900年3月，他在几周之内连续提交了3篇论文，两篇投到巴黎科学院，一篇投给德国植物学会，论文均在4月发表。那年他52岁。

有文献说，德 · 弗里斯自认他是完全独立地发现了显性现象和分离定律。他在给朋友的信中说：如果在1900年，孟德尔的论文还没有如此为人熟知，那么，遗传学基本定律将被称为德 · 弗里斯定律。他认为他的研究远胜孟德尔，他对先前孟德尔已经研究过遗传规律的事情很是愤愤不平，甚至于在1906年时拒绝在孟德尔纪念册上签名，他在1907年出版的专著中连孟德尔的名字都不提。

然而，很多人都认为，他至少在1896年就已看过了孟德尔的论文。因为他难以解释如果他没有读过孟德尔论文，为什么他第一篇文章就用了孟德尔首创的“显性和隐性”两个极专业词汇。还有人说他希望通过隐瞒孟德尔的成果来保持自己的优先权。

所以，德 · 弗里斯老人家你在天堂里就心平气和点吧。你读过也好，没读过也好，几十年前孟德尔研究深度甚至工作量你哥仨加起来都比不上，人家的群体数据都是近千或几千，还做了五六代。你也没什么可抱屈，好赖遗传学界都说你是重新发现孟德尔定律的有功之臣，你正与孟德尔一起万世流芳，不冤啊。

这位洋老兄肯定不认得中文，也肯定没读过《三国演义》，他不知道“既生瑜何生亮”的结果是什么。

科伦斯和切尔马克。前者是德国人，后者是奥地利人，咋就放一块来白话呢？因为他俩都是植物学家，还都和孟德尔都“沾亲带故”，仿佛是上天安排他俩来为孟德尔正名的一样。

科伦斯是大植物学家耐格里的学生和外甥女婿。老师曲解并误导了孟德尔，他的学生兼亲戚来帮助孟德尔恢复名誉实在是太公道了。这可不是电视剧里戏说的巧合，是千真万确的真事，天意吧。

耐格里是否把孟德尔豌豆杂交工作告诉过科伦斯虽已无从考证，但科伦斯也是用豌豆来做杂交实验的。据科伦斯自己说，他是在已经做了4年豌豆杂交实验后，突然在某个夜晚闪电般想到“3：1”。后来，他读了福克著作中有关豌豆杂交的章节之后才去查阅了孟德尔的论文。

1900年4月21日，他收到了上述德 · 弗里斯植物杂交论文的单行本，他觉得必须马上公布自己的研究结果。于是立即将题为《孟德尔定律》的论文投寄德国植物学会，于1900年5月刊出，那年他36岁。

科伦斯对孟德尔是恭敬的，他承认自己远远地落后于孟德尔的工作。他认为自己是一个创新者，但发现遗传学规律的光荣应该首属孟德尔。孟德尔定律也是从科伦斯开始叫起来的。

切尔马克的外公叫范茨（Fenzl），据载是孟德尔在维也纳大学的系统植物学和显微镜学老师。有文章

说，切尔马克的外公很可能就是让孟德尔没通过第二次教师证考试的考官之一，因为他给孟德尔的植物学成绩打了个不及格，害得孟德尔在中学无证执教了14年。孙子辈在为孟德尔定律正名上出把力，或许算是对外公所犯错误的一点儿补偿。

切尔马克也是用豌豆作杂交实验。据文献记载他“也是”在豌豆杂交和回交中得到了3∶1和1∶1的比例后才从福克著作的引言中知道了孟德尔。在阅读孟德尔论文时切尔马克被震惊，这位僧侣几十年前工作不仅深入而且还对结果有理论解释。尽管切尔马克的杂交实验才做到第二代，还不能证明其中的显性性状植株有两种类型，也无法判定隐性植株就是纯种，他仍然赶写出论文于1900年1月17日投出，时年29岁。

1900年3月某日，切尔马克收到了德·弗里斯寄来的《论杂交种的分离定律》单行本。切尔马克坐立不安，当天就心急火燎地赶到出版办公室催促论文尽快在奥地利农业研究杂志发表，并促成论文的单行本在当年5月，即该期杂志出版之前就发行。

令切尔马克不愉快的事很快再一次发生，切尔马克的论文《论豌豆的人工杂交》还在校对之中，科伦斯的《孟德尔定律》一文就已经发表。无奈的切尔马克只得赶紧发表其论文摘要并把自己论文的复本寄给德·弗里斯和科伦斯二位，表示自己也是重新发现孟德尔定律的参与者。

在1903年的一次会议上，科伦斯和切尔马克友好地确定了二人在重新发现孟德尔定律上的同等地位。然而令切尔马克郁闷的是，一些人可能是不大愿意把他与另外两位放在等同位置，在叙述这段遗传学史实时有意或无意地把他忽略掉，切尔马克为此曾提出过强烈抗议。不过切尔马克大可无憾，哥仨数你最年轻、最长寿，一直活到了1962年，享年91岁。

可以告慰切尔马克的是，咱中国人玩命攻击的都是自己同胞，对外国人从来都是毕恭毕敬。虽然中国的不少遗传学教科书对孟德尔定律再发现之事要么是一字不提，要么只是一句带过。但是，凡有详叙孟德尔定律再发现时都将你哥仨相提并论。

自从1900年孟德尔定律被重新发现以后，孟德尔的名字很快就传遍了欧美，以其为基本理论的遗传学便很快建立起来。这里面英国遗传学家贝特森（W. Bateson）功不可没。

贝特森

据载，贝特森是一个很有个性也就是很另类的人物，在辩论中好斗并近乎粗暴，同时他又完全献身于事业。贝特森亲手创建了遗传学科，但他又反对遗传学核心内容之一的染色体学说并坚持物种是骤然形成的观点。所以，他被一些人形容为“兼保守与革命于一身的奇怪混合物”就一点也不奇怪了。

1900年5月初，贝特森从德·弗里斯寄给他的论文中了解到孟德尔的研究和发现。作为一个长期致力于生物进化、变异和遗传研究的科学家，贝特森比3位孟德尔定律的再发现者更加深刻地认识到孟德尔研究工作的重要意义。当他读了《布鲁恩学会会议录》中的孟德尔论文后他为孟德尔的杂交研究和论文而深感惊奇，称其为“清晰性和叙述技艺的楷模”。从此他开始了新的学术生涯，成为评论家们口中的“孟德尔主义传道者”。在1900年5月8日英国皇家园艺学会大会上，贝特森把孟德尔豌豆杂交论文和他自己的家鸡杂交实验结果相结合，作了题为《作为园艺学研究课题中的遗传问题》的大会演讲。出席这次会议的学者们才第一次知道了孟德尔的豌豆杂交实验及孟德尔遗传定律。

1901年，贝特森又把孟德尔用德文撰写的论文《植物杂交实验》翻译成英文并加以评注发表在英国皇家园艺学会杂志上，大大地促进了孟德尔定律在世界各地的传播。

为了使人们易于理解和接受孟德尔的遗传理论，贝特森和他的学生普尼特（R. C. Punnett）将孟德尔原来使用的文字和数学公式加以简明化和棋盘式图解化，采用简单的符号来取代容易引起歧义的文字，如杂交第一代用“F_1”表示，杂交第二代用“F_2”表示等。

1906年7月30日至8月3日，在英国伦敦召开的“第三次杂交和植物育种国际会议”上，贝特森在大会宣读了《遗传学研究进展》论文，第一次提议把研究亲子之间的异同的学科从自然史、动物学、植物学、生理学等诸多学科中独立出来成为生物学的一个新分支。他从一个希腊词根“Genet”创造出“Genetics”一词来当作这门新学科的名字，翻译成中文就叫做《遗传学》。Genet原意是“出生”，也有“祖先”的意思。所以，Genetics一词的原初含义就是“研究出生与祖先关系的科学”，与本学科从事的研究生物遗传和变异现象的工作性质相符。

于是，与会的学者们统统接受了贝特森的建议，遗传学这一新学科便从此正式诞生。

于是，这些从没听过、考过遗传学的人们就摇身一变，成为了世界上首批遗传学家。这次会议也就被追认为第三届国际遗传学大会。为啥刚取名就是老三呢？因为这个会议先前已经开过两次，那就一并归入遗传这门崭新的学科麾下吧。

连遗传学课本都没有见过的人就成了遗传学家。现在咱这遗传学那遗传学的考过了好多门，好不容易考来个博士本本，还得从中级职称开始爬，是不是太不公平？

其实大可不必奇怪，更不必生闷气。世界上第一个想起来要授予别人博士学位的人肯定不是博士，也肯定没有博士研究生的学历。

看官们，不要像怨妇似地只会怨天怨地。要早点想明白，啥事都要抢早、处处都要争第一才行。君不见：喝茶要喝明前茶，买菜要买露水菜，奥灶面要吃头一锅……看来这世上除了死和病之外，啥事都要赶头一拨，啥事去晚了都只能是凉了的黄花菜——不值钱。当不上这个家那个家怨谁？谁叫你争不到第一名，谁叫你想不出新点子，谁叫你总当跟屁虫呢？

1909年，丹麦植物生理学家和遗传学家约翰森（W. L. Johannsen）提出将胚芽“pangen”这个词的后半截砍下来，简化为“gene”，中文按其发音翻译为“基因”，来表示那些被想象为在体内控制着遗传性状的颗粒。用基因这个新词来取代以前孟德尔等人采用过的那些含糊不清的、容易引起误解的性状因子、因子、特征等词汇。从此，孟德尔等人所说的那些因子（element）什么的，就统统被改称为了基因，并一直就用到了现在。

呵，呵，呵，基因原来是这样叫起来的！取这个名字的人根本就都不晓得它是什么，它长得什么样，它待在哪里。它就是一个人为生造的符号。

第四回：

摩尔根耗两年得白眼果蝇，经杂交基因定位性染色体

摩尔根（T. H. Morgan，1866—1945）可是遗传学界的大名人。他因研究细胞遗传学，也就是观察细胞内染色体变化与性状遗传之间的关系发展和完善了孟德尔遗传学基本理论，成就大得获得了诺贝尔奖。

全世界拿过诺贝尔奖的遗传学家有好多位，咋单选他来白话？莫非洒家你和他沾亲带故？

非也，洒家纯中国人一个。单从年龄上看，这位摩尔根先生最起码也是属于老师的老师的老师之级别，他1933年获得诺贝尔奖，1945年就仙逝，再能扯也沾不上边。

洒家白话的目的是为了让看官们能读懂转基因，不是要来讲长而枯燥的科学史和少有人关心的诺贝尔奖名录。选一些特有关、特有故事的人和事，白话起来有点小意思，不打瞌睡，让看官们能懂转基因就行了，其他的诺贝尔奖得主哪怕数钱数到手软也不关咱们啥事情。再说这个摩尔根不但是第一个研究遗传学理论而获得诺贝尔奖的遗传学家，还跟咱中国的遗传学有那么点关系。

什么，摩尔根成了第一？孟德尔才是遗传学界开山鼻祖，难道说孟德尔老先生还不够得个诺贝尔奖吗？

凭科学成就、凭对遗传学的贡献，孟德尔肯定大有资格，但他也肯定没有得过诺贝尔奖。

这个摩尔根是不是比孟德尔本事还大？

不！全世界的人都认为，至今还没有哪一位遗传学家能和孟德尔老先生相提并论，孟德尔是遗传学的开山鼻祖，这位摩尔根只是遗传学理论的补充者或完善者，说俗点就只是个敏锐的“跟屁虫”而已。

那就奇了怪啦，为啥诺贝尔奖不授给遗传学理论的奠基人、伟大的孟德尔呢？

怨就怨孟德尔太超前了。诺贝尔奖1900年才设立，那时孟德尔已去世16年，诺贝尔奖规定不给去世之人，所以第一伟大的人就没有获得，第二之人倒获得了。这应了中国那句老话：来得早不如来得巧。孟德尔生不逢时。

不合理吧？太不合理了。但世界上的事就是这样。诺贝尔奖是诺贝尔用自己的部分遗产作为基金设立的，他留下了话就要这么发，合理是这样，不合理也得这样。看官们要是实在看不惯，那就请你多多地赚钱、快快地赚钱。钱这东西生带不来、死带不走，花不完请别瞎花，你也来创立一个比诺贝尔奖钱还多、还要牛气的某某奖。你的钱你作主，你想给谁就给谁，任谁有意见都白搭。

还是回来白话摩尔根。

自孟德尔定律被重新发现，大家接受了基因学说之后，当时生物学家研究的最大热点就是：这些控制生物性状的基因、这些颗粒究竟在什么地方呢？在这个问题上摩尔根有重大贡献，要不怎么会得诺贝尔奖呢。

自17世纪荷兰人列文虎克（Leeuwenhoek）发明了有实用研究价值的显微镜之后，到了摩尔根的时代用于生物学研究的显微镜已相当完善。

在摩尔根之前，人们用显微镜已经观察到细胞增殖有“有丝分裂”和“减数分裂”两种方式。两种分裂方式有两个不同之处。

一是生物在营养生长即长大、长高时是以有丝分裂方式增殖，体细胞一变二、二变四……地不断增殖使其身体随细胞数量的不断增加而长高长大。而减数分裂则是在其身体长成后，仅在繁殖后代时以一个细

胞分裂成4个生殖细胞（精细胞或卵细胞）的方式进行分裂。

二是有丝分裂可以分裂无数次，但无论分裂多少次，所生成的新细胞与分裂之前的体细胞完全一样。而减数分裂则不同，一个细胞进行减数分裂时只分裂两次，最终结果是一变四，此后不再分裂。同时减数分裂所形成的4个生殖细胞中有一个重要的零件，叫做“染色体”，其数量只有体细胞的一半。减数分裂的减数就是指染色体的数量减少了恰好一半。

例如，人的每个体细胞里有46条染色体，46条染色体可配成23对，每对染色体的两个成员的大小和功能都一样。而精子和卵子里的染色体则被减了数，都只有每对染色体中的一个成员共23条染色体。小麦体细胞里有42条染色体，小麦的花粉粒和卵细胞中的染色体被减了数就只有21条染色体。

干吗要这样减数？这就是生命的伟大和神秘之处。有了减数分裂，精细胞的半套染色体和卵细胞的半套染色体再加在一起，受精卵中又恰好是和体细胞一样的全套染色体，这才能保障人结婚后生出来的还是一模一样的人，小麦结籽后长出来的还是一模一样的小麦。如果精、卵细胞中染色体没有被减数，后代细胞里的染色体就会越来越多，这就乱了套，生物就无法存活。

染色体是什么？长得啥样？又有吗用啊？

洒家告诉你，早在19世纪70年代人们就观察到细胞在分裂的时候，细胞核内会出现一些可被染成深色的条状物，这一条条的能被染上颜色的物质都会纵裂为二并彼此分开、迁移到未来的两个子细胞核中去。科学家一开始把这种物质叫做染色质，到1888年时有一个叫瓦尔德依尔的人（T. Waldeyer）提出，“把它们叫做染色体吧”，就这样叫到了今天。看官们注意了，每个细胞里都有染色体，但染色体只是在细胞分裂时才聚集成能看得见的一条条，在细胞不分裂时它们分散到整个细胞核中，跟一堆细细的乱纱线似的混在一起，根本就分不清谁是谁。

小麦染色体的光学显微镜照片左边是体细胞有丝分裂中期，共42条染色体，可清楚地看见每条染色体已纵裂为两条姊妹染色体，只中间连在一起，下一步姊妹染色体就会分开，各自走向一端形成两个新细胞，每个新细胞仍然是42条染色体。右边是花粉母细胞减数分裂第一次分裂的中期，42条染色体已两两配成21对。

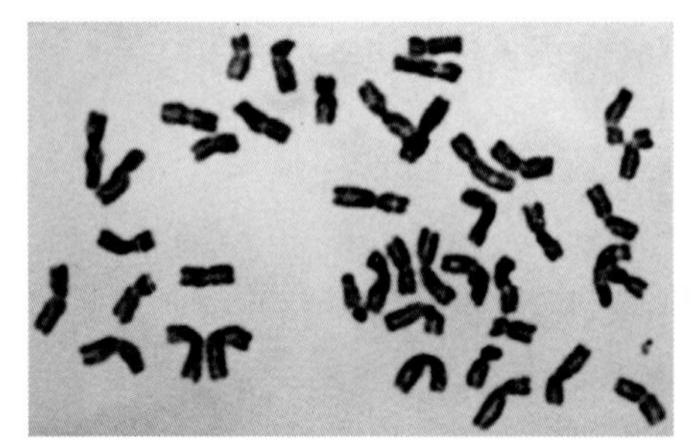
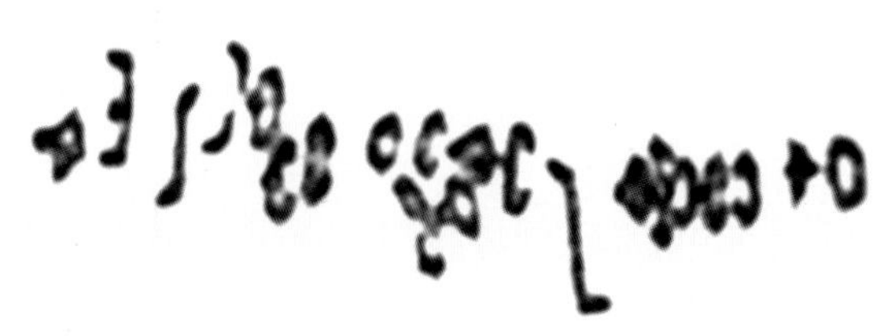

小麦染色体的光学显微镜照片

不同的生物染色体的大小和数目不一样，但同一种生物的染色体数目和形状是恒定的。

例如，不管啥人种都是46条染色体。如果哪位染色体与众不同，那麻烦就大了。不管是多一条，少一条，或是那条长了点、短了点全都是绝对的超级不治之症。

想想吧，从头到脚、从外到里，每个细胞都是这样的，医院没有哪个科室能治。所以这些可怜的孩子们不是傻就是残，要不就是在娘胎里就活不成。下面两张畸形儿的照片分别就是多了两条和一条染色体的症状，吓死人。

现在怀孕后有个叫“唐氏筛查”的检查，查的就是孕妇腹中形成的小生命是不是“唐氏综合征”患者。唐氏综合征又叫先天愚型，说白了就是个胎里带的傻瓜。其病因就是第21号染色体比正常人多了一条，变成三条。据载，20岁孕妇其胎儿患有这种病的概率只有两千分之一，30岁的概率为千分之一，40岁

的概率为百分之一，45岁以上的概率就成五十分之一了。这可不是洒家要吓唬那些玩心大又不愿意当丁克的年轻人，书上都这么说。生孩子还得趁早点，晚婚晚育不能走极端。

看官们记住了，染色体是生物体每个细胞内都有的一个超级重要的零件，它可是生命的大总管。

人们很早就觉察到染色体在生命中有重要作用。早在1883年，一个叫陆克斯（W. Roux）的人就提出过细胞核内的染色体是遗传因子的载体。1900年孟德尔定律被重新发现并为大众接受后，“孟德尔因子究竟在哪里”就成为了生命科学的热点问题。

1903年，就是孟德尔定律被重新发现后的第三年，哥伦比亚大学研究生萨顿（W. S. Sutton）在其论文《遗传中的染色体》中预言：“父本和母本的染色体联合成对及其随后在减数分裂中的分离……将构成孟德尔遗传定律的物质基础。”

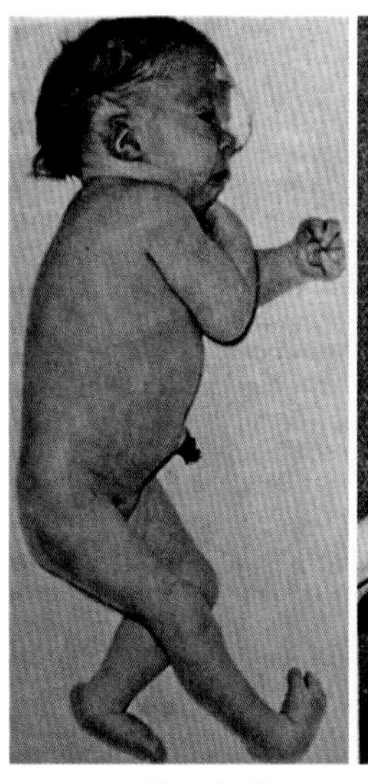

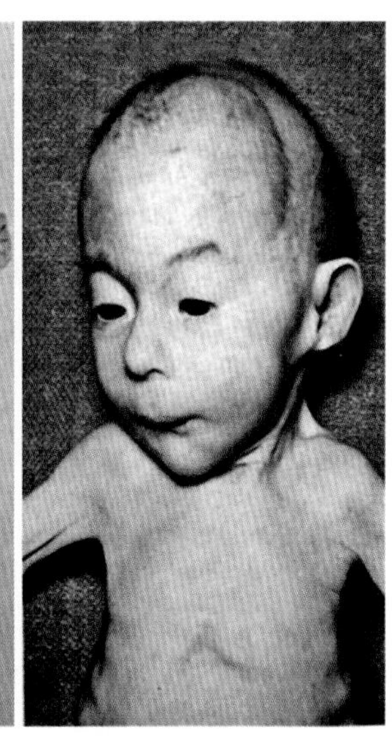

染色体数目不正常导致的畸形儿
（引自T. A. Brown，*Genetics*）

简而言之，萨顿明确地提出，孟德尔因子也就是基因，是在染色体上。这就是教科书上常提到的“萨顿—博韦里假说”或遗传的染色体学说。但令人难以理解、万分遗憾的是，不知什么原因，这位研究生却没有将这个伟大的、可拿诺贝尔奖的研究课题继续做下去，他甚至都没能完成他的研究生学业。不过，萨顿后来还是读了个医学博士，最终成为一名外科医生。

把这个萨顿—博韦里假说证实的人就是大名鼎鼎的、第一个拿诺贝尔奖的遗传学家摩尔根。有人特推崇摩尔根，把他称为基因学说的创建者，甚至有人把孟德尔遗传学称之为摩尔根遗传学。洒家以为，摩尔根是很牛气，他用试验无可辩驳地证实了基因在染色体上，他还发展了孟德尔遗传定律，但他还不能取代孟德尔在遗传学上的地位。

摩尔根研究遗传学用的实验材料是黑腹果蝇，是一个叫卡斯特尔（Castle）的教授介绍给摩尔根的。就是下面图中那只长着红红的大眼睛的黑屁股虫子，不过那是为了让看官们看得清楚点放大了好多倍。图中摩尔根相片后配的背景图也是果蝇，不过是超级放大了的头部扫描电镜照片。其实这种果蝇也就3毫米左右长，比讨厌的苍蝇要小得多，图的右下角是只牛奶瓶，里面那些小黑点就是饲养的果蝇。

摩尔根
（引自columbia.edu）

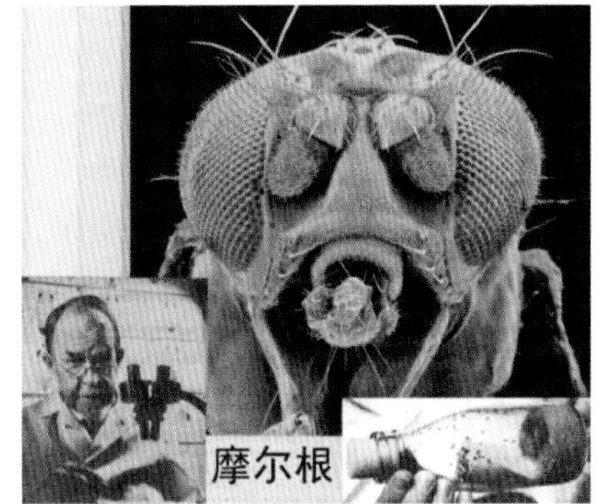

摩尔根及其饲养的果蝇
（引自D.L.Hartl和E.W.Jones，*Genetics*）

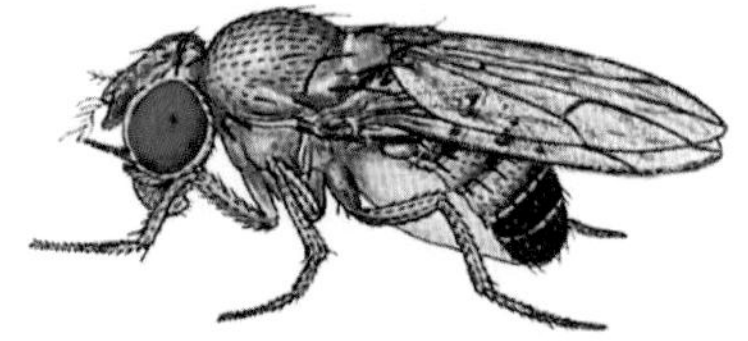

黑腹果蝇
（引自uua.cn）

看看摩尔根的经历。

摩尔根，美国人，20岁就从肯塔基州立学院毕业，取得动物学学士学位。毕业后也不是有什么惊天动地的大志要去干什么大事。用他自己的话说，自己是因为不知道干什么好，才决定去读研究生的。他考上了霍普金斯大学生物学系，24岁时（1890）获得了博士学位。

次年（1891）秋，摩尔根受聘于布林马尔学院任生物学副教授，1895年，29岁时升为正教授。1903年摩尔根应邀赴哥伦比亚大学任实验动物学教授。

从读研究生到获得博士学位后的10多年里，摩尔根主要从事实验胚胎学的研究，有论文但没多大影响，这在当时也再平凡不过了。

1900年，孟德尔豌豆定律被重新发现后，不断有遗传学的新消息传来。摩尔根也逐渐将研究方向转到了遗传学领域。一开始摩尔根不仅不相信孟德尔理论，还不相信达尔文的进化论，更不相信遗传的染色体学说。

摩尔根曾对孟德尔理论提出过非常尖锐的质疑：生物的性别肯定是由基因控制的，那么，决定性别的基因是显性还是隐性的？在自然界中大多数生物的两性个体比例是1∶1，不论性别基因是显性还是隐性，都不会得出这样的比例。

摩尔根也亲自做过白腹黄侧的家鼠与野生型家鼠的杂交实验，得到的结果五花八门，根本无法用孟德尔定律解释。所以，1909年摩尔根还在文章中将孟德尔理论戏称为“高级杂耍（superior jugglery）”。摩尔根也曾质疑过基因在染色体上的假说，他认为只是猜测，没有实验依据。他在1910年的论文中还说“孟德尔因子不可能由染色体携带，要是这样，同一条染色体上的性状势必一起被孟德尔化。”

但摩尔根信奉“一切通过实验”的科学原则，他认为疑问归疑问，孟德尔定律的对与不对都必须要用实验结果来说话。1908年，42岁的摩尔根开始用黑腹果蝇来做实验，这是他科研生涯的重大转折，也是他研究工作出彩的起点。

据说，黑腹果蝇原产于东南亚，或许在1871年附在香蕉上传入美国，一些美国昆虫学家对它进行过实验室饲养和研究。果蝇个头小，极易饲养和管理，一个玻璃牛奶瓶就能养几百头。果蝇生长快，在25℃时从卵到成虫（卵→幼虫→蛹→成蝇）只要十来天。从研究角度看，果蝇个头又足够的大，用二三十倍的低倍体视显微镜就能直接地把它身上的所有特征都看得清清楚楚。一些眼神好的学生甚至用肉眼就能分出雌雄来。

果蝇只有8条（4对）染色体，这对于研究染色体和基因的关系太重要了。因为染色体只在细胞分裂时才能看见，此时的染色体们都是聚集在正分裂细胞的中部的一个三维面上，是“成堆”的。要使一条条的染色体都能被看清楚，就必须把细胞夹在两片玻璃间小心敲打和挤压，迫使众染色体在一个极薄的平面上分散开来，彼此互不重叠。显然，染色体数目少，制片和观察研究就容易，染色体数目多，制片和观察研究就困难。像上面那幅小麦染色体照片，要42条都能看得清楚，还要在一个焦点平面上全都能清楚的被拍摄下来，少说也得经过十天半月的反复练习才行，手气不好的做几个月都拿不到照片也不稀奇。

果蝇是如此的适合于做遗传学研究，以致有人戏言这种果蝇是上帝专门为摩尔根创造的。直到现在不少大学在教遗传学时还在用果蝇来做验证孟德尔定律的教学实验。洒家敢说没人敢用豌豆去做孟德尔定律的教学实验。至少亲本杂交要种一季，F_1代又一季，F_2代还得一季。和生命沾边的专业都要开遗传学，一个班几十个人，一个学校得多少班，得种多少地，得花多少钱啊？年年都有遗传学要开，一个实验至少跨三个生长季节，其他课还怎么上？要都这样去搞教学，学校不被你搞破产、校长也会被你逼疯。

白眼突变型果蝇
（引自复旦大学精品课遗传学课件）

摩尔根开始的果蝇实验很不顺当，和他以前做过的小鼠、大鼠、鸽子、虱子的繁殖、杂交和诱变实验一样毫无成果。他自己这样说过，“头两年的辛苦白费了，过去两年我一直在喂果蝇，但是一无所获。”他甚至自嘲地总结这期间搞的实验可以分成三类：“第一类是愚蠢的实验，第二类是愚蠢得要命的实验，第三类是比第二类更愚蠢的实验。”虽然频频失败，但是摩尔根没有气馁，屡败还屡战。

1910年5月，摩尔根的果蝇诱变实验终成正果。正常的果蝇不论雌雄，都长着一对红色的大眼睛。而今在他的果蝇瓶中突然出现了一只白眼睛的雄果蝇。摩尔根从来没

有见过这种果蝇，他断定这是只罕见的突变体。

摩尔根激动万分，将这只宝贝突变体果蝇放在单独的瓶子中精心照料。下班后，摩尔根带着这只果蝇回家，睡觉时都把果蝇瓶子放在床边，第二天又带着它去上班。

随后，他用一只正常的红眼雌果蝇与这只白眼雄果蝇交配、产卵。

10天后，第一代红/白眼杂交果蝇长成，无论雌雄，全都是红眼睛。摩尔根想，难道这就是孟德尔理论所说的显性，难道白眼睛是个隐性性状？

信奉一切通过实验原则的摩尔根随即用这些红眼睛的杂交第一代果蝇互相交配来繁殖杂交第二代果蝇。10天后，摩尔根得到了几千只杂交第二代果蝇成虫，其中782只是白眼睛果蝇。红眼、白眼果蝇数目之比例基本符合3∶1。

摩尔根的果蝇杂交实验完美地重现了孟德尔在豌豆杂交中总结出的遗传学定律，这使摩尔根相信了孟德尔定律的价值，从此便终身不逾地潜心于孟德尔遗传学的研究。摩尔根是一位令人敬佩的、真正而纯粹的科学家。纯粹的科学家不屑于政客们那种陋习，他们的伟大之处在于，真理高于个人偏见，一切取决于实验结果，在事实面前没有什么个人错误观点可以坚持。

前面已经提到，是摩尔根把“基因是在染色体上的萨顿－博韦里假说”证实。

怎样证实的？就是这只白眼果蝇的杂交实验结果。

不就是重现了显隐性和3∶1分离吗？怎么就能和染色体扯在一起呢？孟德尔做了那么多的3∶1性状都没有和染色体搭上边，一只白眼睛的果蝇就有恁大的能耐？

要不怎么会有人不无嫉妒地说这种果蝇仿佛是上帝专门为摩尔根创造的呢！

原因是这样的。

早在1891年，科学家就发现一些昆虫的染色体雌雄有别。雌虫体细胞中染色体全都成对，每一条染色体都有一条外形与之一模一样的染色体。雄虫染色体则有两条不能配成对，这两条染色体的形状和大小差别很大，其中一条与雌虫染色体中的某对形态一样，被称之为X染色体，另一条形态则和雌虫染色体中任何一条都不相同，被称为Y染色体。研究还发现，雄虫所有体细胞中都有一条X染色体和一条Y染色体，而其产生的精子中只有一半携带着一条X染色体，另一半精子中则有一条Y染色体而没有X染色体。

后来很多人致力于性别与这对染色体关系的研究，发现各种动物包括人在内都是这样的，就把这对特殊的染色体叫做性染色体。据文献记载，性染色体研究就是由前面说到那位研究生萨顿的导师麦克朗（C. E. McClung）教授所开创，他在1902年就指出是性染色体决定雌雄性别。到摩尔根研究果蝇的年代，果蝇的性别与性染色体关系已很清楚。如下图所示：雌果蝇有两条X染色体，雄果蝇有一条X染色体和一条Y染色体。

顺便说几句，咱人类性别也是由XY性染色体来决定，女士是XX，男士是XY。女士只产生一种X卵子，而男士产生的精子有两种：X精子（女孩种子）和Y精子（男孩种子）。那些生了女孩拿老婆撒气的大老爷们，赶紧给你老婆大人下跪赔罪吧，生不出儿子全怪爷们你自己。谁叫你的Y精子跑得那么慢？谁叫你的Y精子没精打采地让X精子先钻进卵子里去呢？拿一句现代流行语来说就是：谁让你自己的Y精子不给力啊！

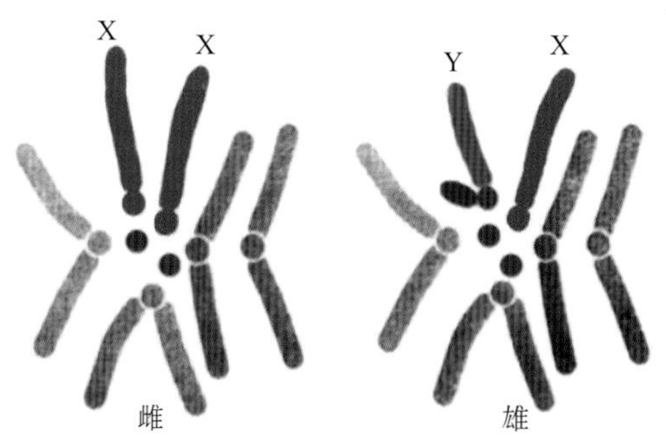

果蝇染色体示意

回头再来白话这只宝贵的白眼果蝇咋就能证明基因是在染色体上。

当摩尔根用体视显微镜仔细观察这些杂种第二代白眼果蝇时，他发现这782只白眼果蝇竟然全都是雄的。摩尔根据此断定：白眼基因位于X染色体上。

咋的，雄的长个白眼睛就能断定白眼基因位于X染色体上？各位会说，哪是哪啊？白的和雄的有什么关系？让人看得糊里糊涂的。

别着急，看官们看着那幅果蝇染色体图，慢慢往下看。洒家向玉皇大帝保证，很容易懂。

雌果蝇有两条一模一样的X染色体，减数分裂形成的每个卵细胞都有一条X染色体。

雄果蝇有一条X染色体和一条Y染色体，减数分裂形成精子时X染色体和Y染色体会各自分向一边，最后形成的精子中就有一半是只带有X染色体的X精子，另一半则是只带有Y染色体的Y精子。

卵只带X染色体，它和X精子结合就是XX，长成雌果蝇；它与Y精子结合就是XY，长成雄果蝇。

很显然，雄果蝇的那一条X染色体必定是雌果蝇给的，只有当隐性的白眼基因是在这条X染色体上，而Y染色体上面又不带有对应的基因时，才能解释白眼睛的全是雄的这个现象。现在已经明确，Y染色体主要就是决定性别，很少有其他基因。后来就把这种基因伴随性染色体传递的现象称之为“伴性遗传”。

就这样，一只白眼果蝇的出现便将基因定在了染色体上。

还是有点糊涂？

没关系，咱学福尔摩斯来个推理，请看官们一条条读下去，肯定会懂。

①红眼基因是显性，白眼基因是隐性。

②摩尔根千辛万苦得到的那只白眼雄果蝇的隐性白眼基因在X染色体上，Y染色体上没有显性红眼基因来“遮盖它”，所以白眼性状才能显现出来。

③这只白眼雄果蝇产生两种精子：X精子带有白眼隐性基因，Y精子没有带眼色基因。原来的红眼雌果蝇两条X染色体上都带有红眼显性基因，生成的每个卵子都带有红眼显性基因。用这只白眼雄果蝇与原来的红眼雌果蝇交配产生杂交一代。

④结果是，红眼雌果蝇的卵与带白眼隐性基因的X精子结合长成杂交一代雌果蝇，卵子X染色体上的红眼显性基因“遮盖”住了白眼雄果蝇X精子带来的白眼隐性基因，是红眼。红眼雌果蝇的卵子和白眼雄果蝇含Y染色体的精子结合长成的杂交一代雄果蝇，因Y精子没有带眼色基因，而来自卵子的X染色体上有红眼显性基因，所以雄果蝇也是红眼。

⑤这种全是红眼的杂交一代雌果蝇体内两条X染色体是不同的，一条带有显性红眼基因，另一条带有隐性白眼基因，细胞分裂时各自分向一极，就会形成两种卵子：带红眼基因的卵子和带白眼基因的卵子。

⑥这种红眼的杂交一代雄果蝇体内含有一条带有显性红眼基因的X染色体和一条Y染色体，形成的X和Y两类精子都没有白眼基因。

⑦红眼的杂交一代雌雄果蝇交配产生杂交二代的结果是：两种卵子和两种精子共有4种可能的结合方式，其中只有Y精子与带隐性白眼基因的卵子结合一种方式因Y染色体上没有对应眼色基因才能是白眼。另外3种结合方式无论公母都有至少一条带有红眼显性基因的X染色体，那全是红眼，这也就是3∶1的内在原因。

该明白了吧？如果还有看官们不太清楚，请看下面的看图说话。

这两个图表的左边竖的两栏是雄果蝇产生的精子类型，顶部横的两栏是雌果蝇产生的卵子类型，对应的中间4个格子表示精卵结合的结果，就是两者交配产生的4种后代果蝇类型，括号内标的是果蝇性别和眼睛颜色（雄：♂；雌：♀）。X后的上标表示显性，下标表示隐性。

白眼突变雄果蝇、红眼雌果蝇交配结果

精＼卵	$X^{红}$	$X^{红}$
Y	$Y+X^{红}$（♂红）	$Y+X^{红}$（♂红）
$X_{白}$	$X_{白}+X^{红}$（♀红）	$X_{白}+X^{红}$（♀红）

杂种一代红眼雌、雄果蝇交配结果

精＼卵	$X^{红}$	$X_{白}$
Y	$Y+X^{红}$（♂红）	$Y+X_{白}$（♂白）
$X^{红}$	$X^{红}+X^{红}$（♀红）	$X^{红}+X_{白}$（♀红）

第五回：

果蝇突变体揭秘连锁交换，摩尔根建遗传学第三定律

中国有句老话，人要倒了霉喝口凉水都塞牙，要是运气来了好事挡都挡不住。这就是摩尔根研究遗传学过程的真实写照。

那只宝贝般的白眼果蝇是历经两年的、无数次的“愚蠢的要命”的实验才获得。但此后的摩尔根就否极泰来。随后几个月，其他类型的突变体果蝇接踵出现，他和他的学生、同事先后发现了好多种眼睛颜色的突变体和残翅型（小翅型）、黄体色等突变体果蝇。

用和上面相同的杂交和后代性状分析方法，他们鉴别出另一些突变性状的基因也在X染色体上。例如残翅型果蝇。啥是残翅型果蝇？看官们看看第四回图中那个正常果蝇，它的翅膀比身体还要长，就像穿着拖地长裙的皇后。而残翅型果蝇的翅膀比那超短裙还要短小。

他们把既是白眼又是残翅的果蝇，也就是X染色体上同时携带有白眼基因和残翅基因的果蝇来做杂交实验发现，如果分别单一地统计二者中的某一对基因的分离，无论是白眼或是残翅都完全符合孟德尔定律的3：1分离模式，但若是把这两个同在X染色体上的性状一起来做两对基因的分离和重组分析，就完全不符合两对基因分离的（3：1）×（3：1）＝9：3：3：1孟德尔模式。其F_2代群体中绝大多数是与亲本相同的类型，而两对基因显、隐性自由组合的类型非常之少，这两个基因仿佛是被“串”在了一起或被“锁”在了一起似的共进共退。

其实早在摩尔根开始饲养果蝇之前两年的1906年，那位孟德尔定律吹鼓手、遗传学科的教父（命名人），英国遗传学家贝特森和他的学生普尼特（Punnett）在香豌豆杂交实验中就已发现某些基因之间不能随机自由组合，同在一个亲本的两个基因有的倾向于“捆绑”在一起遗传。

他们用同时具有紫花和长花粉两对显性基因的品种与同时具有对应的红花和圆花粉两对隐性基因品种杂交。单基因分析时紫花：红花、长花粉：圆花粉在F_2代中的分离比都符合3：1模式。但是，做两对基因分析时却远不符合9：3：3：1模式。紫花、长花粉的双显性基因类型高达69%，红花、圆花粉双隐性类型为19%，也就是说与原来杂交亲本相同的类型就占了88%。而出现的两种单显性基因的新型组合紫花、圆花粉和红花、长花粉个体就都只有少得可怜的5.6%，两种加起来才不过11.2%而已，若是两个基因自由组合的话应该各是双显基因类型的1/3，即9：3：3：1中间那两个“3”。

在那个时代，通过对染色体的研究，科学家已经意识到，孟德尔因子也就是基因的数目肯定比染色体要多，一条染色体上必然会携带许多个基因，但还没有一个人能用实验来证明。

当时那么多人在作植物杂交和染色体研究，做了那么多实验，咋就不能证明基因在染色体上呢？

染色体可在显微镜下看见，可基因与染色体相比也实在是太小了，不要说在100多年前，就是现在也没有什么神器可以直接看到染色体上的基因。植物也没有形态差异大、易于辨认的性染色体之类，所以无法用显微镜加雌雄果蝇模式来确定植物基因在哪条染色体上。

只有摩尔根的实验才能毫无争议地通过白眼与雌雄的关联，把果蝇白眼基因定位在X染色体上，果蝇残翅基因也定位在X染色体上。要不怎会有人说这种果蝇是上帝专门为摩尔根创造的呢。

两个基因位于同一条染色体上它们势必一起被孟德尔化，所以它们两个就不可能自由组合而只能跟“一根绳上的两个蚂蚱”一样，像一个基因似的共进共退，摩尔根给这种遗传现象取名为基因的“连锁”，这类遗传现象就被叫做“连锁遗传”。

根据摩尔根白眼和残翅基因是在同一染色体上、是连锁遗传的实验数据，贝特森作的香豌豆花色和花粉形状两对基因杂交实验也属于典型的连锁遗传，这两对基因也是在同一染色体上。

这下就清楚了，如果两对基因分别位于不同染色体上，它们就能自由组合，后代分离就符合孟德尔3∶1豌豆模式，因为细胞在分裂时，染色体是以条为单位分向两个子细胞。

回顾孟德尔以前的研究，不管是一对、两对或三对基因，正好都是分别位于不同染色体上。如果几对基因都在同一条染色体上，它们则会因连锁在一起，像是一个基因一样来符合孟德尔3∶1豌豆模式，这条染色体上的这一串基因之间就不能彼此自由组合。据文献记载，孟德尔在分析几个基因后代分离的实验中也发现过这类不符合3∶1基本原则的情况，他肯定无法解释这种遗传现象，就没有列入后续实验。

可能一些细心的看官们要尖叫了。不对呀，如果两个基因在同一染色体是像一个基因那样分离和重组，杂交第二代不仅显隐性之比应该是3∶1，而且也应该只有与亲本相同的两种类型呀？上面的果蝇也好、香豌豆也好，杂交第二代都出现了4种类型，就是说不仅有与亲本相同的类型也有“自由组合过”的新类型，只不过少了点，不符合9∶3∶3∶1而已。就拿前面贝特森的香豌豆两对基因杂交实验来说，两种单显性基因的新组合个体紫花、圆花粉和红花、长花粉全都出现了，数量虽然是相当地少，加起来才11.2%，但再少也不能算没有吧。这说明它们还是能有那么一点点的自由组合，这怎么解释？

不要急，看官们。摩尔根就是了不起的科学巨人，他拿出了令人信服的解释，要不那诺贝尔奖怎么就给他了呢？他说，这是因为在减数分裂形成生殖细胞（精、卵）过程中染色体发生了“交换”。

啥叫交换？看官们请看下面这幅图就会明白了。此图只画了一对染色体来说明原理。

前面已经说过，生物细胞内染色体都是成对的，除性染色体以外，每对两个成员的大小、形态和功能都相同，被称为同源染色体。一对同源染色体中一条是父本给的，另一条是母本给的。一种生物无论有多少条染色体，在减数分裂形成生殖细胞时每一对同源染色体要两两配对。

图中左边表示F_1代细胞内两条同源染色体正在配对。注意，一条染色体来自双显性亲本，上带A、B两个显性基因，另一条来自双隐性亲本，上面带有a、b两个隐性基因。此时染色体均已完成了复制，每条染色体都有两个一模一样的成员、中间连在一起像一个不等长的X字母，这两个成员互称为“姊妹染色体”。那个连在一起的结节状的地方叫“着丝粒”。

图中中间表示这交换是咋发生的。减数分裂的第一次分裂时，同源染色体配好对后着丝粒上的纺锤丝就会把这一对同源染色体的两个成员分别拉向细胞两极。有时，有的细胞内的某对同源染色体之间染色体节段互换了，各有一条姊妹染色体搭到一起形成交叉。此图中是B节段和b节段互换了。

图中右边表示发生染色体交换的细胞在第二次分裂后最终形成的4个生殖细胞中的基因组合状况。中间两条（后面打钩的）就是交换形成的新的单显基因组合Ab和aB。

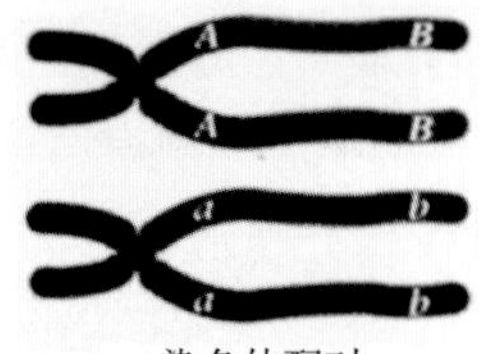

染色体配对

交叉和交换

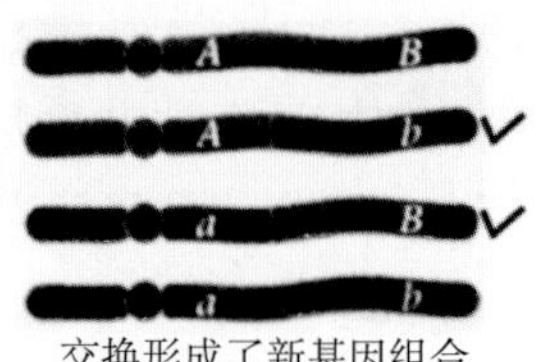

交换形成了新基因组合

染色体交换示意
（根据D. L. Hartl 和E. W. Jones的*Genetics*改编）

看官们注意了！交叉、交换可不是摩尔根提出的理论或假说。1909年詹森斯（F. A. Janssens）就在两栖类动物和直翅目昆虫生殖细胞减数分裂染色体中看到了交叉并提出了交叉型学说。他认为遗传学的交换发生在交叉出现之前，显微镜下能看到的交叉是非姊妹染色体之间交换产生的结果。所以在摩尔根研究白眼、残翅型突变果蝇遗传时，交叉和交换已经为科学家们所知。

摩尔根用不同的连锁基因型果蝇进行交配实验，发现不同的连锁基因产生交换重组的频率并不一样，摩尔根认识到交换的难易程度与两个连锁基因之间的距离有关，两个基因距离越远越容易交换，距离越近就越难产生交换。也就是说，由交配实验确定的连锁程度可以用来测定染色体上基因间的距离。他的学生

斯特蒂文特（A. H. Sturtevant）建议，用两个连锁基因间的重组配子频率来表示这两个基因在染色体上的物理距离，也就是说把重组频率当作两个基因在染色体上距离的数量指标。

配子是生殖细胞的雅称，卵子就是雌配子，精子就是雄配子。

这个“重组配子频率”又叫“交换值”，可以从交配实验中重组类型个体数目计算出来。例如，根据上面讲的贝特森和他的学生普尼特的香豌豆杂交实验数据，花色和花粉形状两对基因的交换值算出来是12%，那这两个基因之间的距离就是“12%”。

太搞笑了点吧，12%算是哪门子距离数据啊？

如果有人告诉你北京到上海的距离是12%，你一定会认为碰到了个神经病。但遗传学现在就还只能用这种“神经病”方式来研究基因。全世界的遗传学家一直到今天都是用这种杂交后代中交换个体数目的方法、用这种浮云般的距离单位来测量和标定基因间距离。

公制、英制、市制？哪个制也不是，它就是个百分数，姑且将其戏称为“摩制”吧。

大概老是说距离是“百分之几”也实在是太不单位、太不科学了点。

斯特蒂文特当年提出，把染色体上距离称之为“图距单位”（map unit，缩写为mu），1%的交换值就叫做1图距单位（1mu）。后来也不知是谁提出将图距单位改称为“摩尔根”以纪念摩尔根对遗传学发展的巨大贡献，1%的交换值就叫做1厘摩（1cM），100厘摩=1摩尔根（100cM=1M）。一直到现在遗传学界都是用厘摩（cM）来表示基因间的距离。这个计量单位非常容易被非遗传学专业人士误认为是厘米（cm），还以为基因之间距离已能精确到可用尺子来量的程度了呢，其实是风马牛不相及。

究竟是多少？可以毫无疑问地说，这世界上包括如来、太上老君、上帝、真主等诸神在内没有谁能弄得清基因间真实距离是多少。

还有一点，洒家一定要让看官们知道，交换值最大也只有50%。因为即便是全部减数分裂的细胞中这两个基因都交换了，最后形成的配子里只有一半是含交换后染色体的，看官们再看一下上面染色体交换示意图就明白了。

为啥？因为这一条姊妹染色体交换了，另一条姊妹染色体就不会发生交换。

打个比方吧，两个人面对面抱在一起，正面肯定是紧密接触，但你还要两人同时将后背也紧密靠在一起，是办不到的。

这下明白了吧，基因间距离就是靠数一数杂交后代中某两个性状产生了交换的个体数目算出来的、0% ～ 50%的百分数来表示。那些神秘兮兮的、所谓的厘摩数都是些没有具体度量衡意义的、天都不晓得是多长、多远的一片浮云而已。

洒家再告诉看官们一些数据。在人肠道里生活的大肠杆菌，它能使经小肠吸收过营养的食物残渣蓬松，变成易于排出的大便。这么个单细胞细菌，科学家们认为它就有三四千个基因。而高等生物无论是人或动植物所拥有的基因都是数以万计，例如，有人说水稻有5万个基因。

动则以数万计的基因们之间就用0% ～ 50%这点极为有限的数字来计量基因间的距离，不是太过搞笑了点、太过夸张了点、太过粗糙了点？这也与平日想象中的、总是意味着精密的“科学”二字根本就不搭界。

看官们，去参观过国家级重点实验室吗？那里的装备是货真价实地与世界先进水平接了轨的。白大褂眼镜男女们聚精会神在一尘不染的实验室里忙碌着，冷不丁走出来个专家、教授之类，中文加外文讲着你似懂非懂的科学理论，几句话就能把看官们镇得云里雾里地，连大气都不敢出。可洒家要告诉你，他们还是用很间接、很粗糙的方法，用孟德尔定律、用摩尔根100年前喂果蝇发明的连锁交换理论去寻找基因，你信吗？

洒家要诚实地告诉看官们，这一切都是真的。别看传媒把生命科学吹得眼花缭乱，现代生命科学也就这点水平。科学家对基因的了解连瞎子摸象的程度都还没达到。

洒家还要告诉看官们一个行内不是秘密但行外人并不了解的秘密：交换值并不是一个恒定的实验值。同样一种生物、品种，同样一对基因，不同人研究的结果很少能完全一样，有的还差得很远。所以才经常有这样的现象：不久前有人发文章把某基因定位在某染色体上的某个位点，过不了多久又有人把同一个基因定在另一个位点上，还美其名曰又发现某基因的一个新位点。好些研究生还正在做这种事。

为啥呢？生物不是钢铁造的机器，它要在日晒雨淋中经历从一个受精卵长大成一个成熟个体的漫长过程。所以，不同的年份、季节、地点、天气、管理水平都会影响杂交后代各种类型出现的数量，就算同一个人来做实验，也几乎不可能得到完全一样的结果。

所以，这个基因间距离、基因位置都真是天地不知，经书上查不到，稀里糊涂的一本烂账。说得不好听，基因定位、基因克隆就是在瞎碰乱撞，是比买彩票中大奖还要难千百倍的、极其极其再极其稀有的事件。

摩尔根及其追随者——摩尔根学派对遗传学的贡献是巨大的，他们发现了基因连锁交换定律即遗传学第三定律。这使孟德尔遗传学理论更完整，能对所有的遗传学现象做出最基本的科学解释。自此以后遗传学虽有很多的进展，但至今还没有一条能称之为遗传学第四定律。

摩尔根学派极大地推动了现代遗传学的发展，他们用实验把基因定位到染色体上，并确定基因在染色体上是直线排列，基因之间的距离可用交换值来表示。这些理论和方法至今还是指导遗传学研究的金科玉律，要没有摩尔根这点成果垫底，现在那些遗传学和遗传育种学专业的研究生恐怕一多半都要换研究课题。

摩尔根对中国的遗传学研究也很有影响。

中国遗传学的旗手就是他的博士研究生，他叫谈家桢。谈家桢生前是复旦大学遗传学教授、复旦大学遗传研究所所长、中国科学院院士。

谈家桢
（引自百度百科）

谈家桢（1909—2008），1930年毕业于苏州东吴大学生物学专业，获理学学士学位。1930年秋，经东吴大学胡经甫教授推荐，谈家桢到燕京大学李汝祺教授门下读研究生，研究“异色瓢虫鞘翅色斑的变异和遗传”，一年半后获得了硕士学位。后经李汝祺教授的推荐，1934年被摩尔根和杜布赞斯基（T. Dobzhansky）接受为博士生，1936年以《果蝇常染色体的遗传图》博士论文通过答辩，获得博士学位。所以他真正是师出名门的摩尔根嫡传弟子、货真价实的孟德尔学派。

新中国成立后，基于种种原因，中国实行了向苏联一边倒的政策。当时苏联学界推崇的是李森科搞的“米丘林遗传学”。

米丘林本是一位很有成就的园艺学家，一生勤奋工作，在果树改良上成就斐然，但他自己并没有提出过什么“米丘林遗传学”。米丘林1935年就去世了，1943年李森科将很多哲学、意识形态乃至政治观念搅和在一起提出了“米丘林遗传学”。他认为孟德尔遗传学是唯心主义的东西，苏联的孟德尔遗传学派遭到很大的压抑。

在一些老一点的大学图书馆里还能看到“文化大革命”前出版的高校统编米丘林遗传学教材，有兴趣不妨去翻一翻，可以说没有一点可指导遗传的基本理论，核心就是定向培育、无性杂交和生活力假说之类缺乏规律性的东西。新中国刚成立时留学生大多去了苏联，回国后推崇米丘林遗传学一点也不奇怪。在那些政治挂帅的日子里，那些从旧中国过来的、早先从欧美等国留学回来的孟德尔学派的日子就可想而知。

1956年3月中央工作会议期间，毛泽东指名要接见谈家桢。毛泽东询问了他对贯彻“双百”（百花齐放、百家争鸣）方针和对遗传学研究的意见。最后，毛泽东主席表态：“你们青岛会议（遗传学座谈）开得很好嘛！要坚持真理，不要怕，一定要把遗传学研究搞起来。”

从毛主席指名接见谈家桢一事起码可以推测，毛主席是了解中国孟德尔遗传学派和米丘林遗传学派之

争的，看来他老人家并不赞成我国遗传学向米丘林学派一边倒，要不然他出来管遗传学这点事干吗？

毛主席的接见使谈家桢受到极大的鼓舞，回到上海正赶上“大鸣大放”。谈家桢本来就是大炮脾气，加上毛泽东接见时的一番勉励，他直言不讳地谈了自己的看法。不久，“反右运动”开始，有人几次跟谈家桢打招呼，要他“看清形势、有所收敛”。据说有关方面已将他内定为“右派”。

1957年7月的一天，谈家桢接到通知，到上海中苏友好大厦出席会议，他未曾料到又是毛主席点的名。会上，毛泽东一眼认出了谈家桢，笑呵呵地对他说：“老朋友啦，谈先生。”继而又风趣地说，“辛苦啦，天气这么热，不要搞得太紧张嘛。”毛泽东的这次谈话，使谈家桢幸免被划成“右派分子”。

1958年1月6日傍晚，上海市委突然通知谈家桢，毛泽东派自己的专机来接他和周谷城、赵超构到杭州。晚上10时多抵达毛泽东住地时，毛主席竟亲自站在门口等候着他们，令谈家桢等人感动万分。

这次接见中，毛泽东询问了谈家桢“要把遗传搞上去还有什么障碍和困难”。谈家桢也将郁积已久的心里话向主席倾诉。毛泽东再次表态：“有困难，我们一起来解决，一定要把遗传学搞上去。”这几次超常规的最高接见对谈家桢无疑是政治上的极大支持。在那种啥事都要和政治挂钩的年代，这无疑给了这些学者们一道做学术、做科研的“免责金牌”。

1961年五一国际劳动节前夕，毛泽东来到上海，在锦江饭店又接见了谈家桢。毛泽东一见到谈家桢，就紧握着他的手问：“你对把遗传学搞上去，还有什么顾虑吗？”谈家桢十分激动：“我们遵照双百方针，学校里已经成立了遗传学教研室，两个学派的课程同时开。”毛泽东当即表态：“我支持你。”负责上海统战工作的刘述周同志随即表态：“我们大力支持谈先生在上海把遗传学搞上去。”毛泽东笑了，点点头说：“这样才好啊，要大胆地把遗传学搞上去。”

看官们，啥旗手都不是自封的。为啥都公认谈家桢是中国孟德尔遗传学派的旗手？除了他是摩尔根的嫡传弟子之外，国家最高领导人在关键时刻的四次点名召见太重要了，其他学科有没有啊？

由于最高领导人多次明确表态，中国的遗传学界免遭了政治动荡，尽管“文化大革命”前高校里还有人开米丘林遗传学课程，但学生们大多不以为然，可以说，新中国成立以来我国大学教学和各级科研工作的主流都是孟德尔遗传学和基因理论。

中国能丰衣足食，遗传育种学研究也功不可没。农业战线上的主流遗传育种家们几十年来都是用孟德尔遗传学理论指导各种育种工作，因而成绩斐然，新中国成立以来各种农作物单产翻了好几番，为解决中国人吃饭问题做出了巨大贡献。如果当时不是毛泽东多次出来说话，在严酷的政治风云中，摩尔根再伟大又能怎么样呢？中国的孟德尔学派也必遭压抑。如果新中国成立后的中国农作物遗传育种先按米丘林遗传学搞它个十年二十年的“获得性遗传和无性杂交”，走弯路碰得头破血流之后再回头，来个遗传育种学的拨乱反正，这个代价就是要让多少人多少年忍饥挨饿。

第六回：

麦氏女近半百发现跳跃基因，转座子耄耋获认抱得诺奖归

白话遗传学基本理论就不能不白话一下另一个重磅级人物麦克林托克（B. McClintock，1902—1992）。

麦克林托克
（引自《科技日报》电子版）

1963年，麦克林托克冷泉港实验室工作照
（引自诺贝尔奖委员会官网）

有人说，20世纪的遗传学里面没有26个字母，只有一个字母“M”。它重复了三次：第一个M是遗传学的奠基人孟德尔（Mendel），第二个M是遗传学的开拓者摩尔根（Morgan），第三个M是遗传学的集大成者麦克林托克（McClintock）。

麦克林托克被称为遗传学先驱者，是20世纪具有传奇般经历的女科学家，她把终身献给了玉米细胞遗传学研究，连婚都没有结过。她在美国遗传学界享有很高的威望，37岁（1939）就被选为美国遗传学会副主席，42岁（1944）成为美国科学院院士，43岁（1945）担任美国遗传学会主席。

通过研究玉米染色体形态变化与玉米某些性状的关系，她发现了“转座子”，在49岁时（1951）发表了可移动的遗传基因即“跳跃基因”的学说，81岁时（1983）她因此获得诺贝尔奖。她是世界上靠独自研究成果而得此奖的第一位女科学家。外文版的遗传学教科书上称她为“一个超级遗传学家和细胞遗传学家，也许她是同代人中最优秀的一位”。

麦克林托克比摩尔根小36岁，1919年考上美国康奈尔大学农学院，1927年获得康奈尔大学博士学位，但那时摩尔根已是如日中天。在那个遗传学研究很红火的年代，遗传学家大多用果蝇来做研究，但康乃尔大学是当时美国玉米遗传学的研究中心，创建人就是麦克林托克的研究生导师爱默生（R. A. Emerson）教授，麦克林托克研究的对象自然就是玉米。

麦克林托克为之奋斗终生的玉米细胞遗传学研究是从读研究生开始的。

现在书上都说玉米和果蝇是研究遗传的最好实验材料，其实在麦克林托克之前并不是这样。玉米一年才一代，果蝇十来天就一代，果蝇有很容易区分的性染色体，玉米染色体当时也就能马马虎虎数得清数目，玉米各染色体之间的区别还没有人能分得清，研究玉米的劣势不说自明。要不，怎么会有那么多的人

去喂养果蝇呢？玉米也能成为遗传学研究的最好实验材料全拜麦克林托克之功。

在读研究生期间，麦克林托克还兼职做另一位细胞学家兰多尔夫教授（L. F. Randolph）的助教，直到今天美国很多研究生还这样来挣钱养活自己。兰多尔夫教授致力于玉米籽粒发育和玉米细胞学研究，方法是用玉米根尖细胞来研究有丝分裂中期染色体。尽管他非常想把玉米各条染色体一一区分开来，但经多年努力也毫无进展。因为玉米虽只有20条染色体，但玉米染色体很小，在光学显微镜下根本无法看清楚有丝分裂中期各条染色体的形态细节。

麦克林托克到兰多尔夫实验室后很快就将这一世界级的难题破解。看官们，她当时还只是个在读的硕士研究生呢。

麦克林托克很聪明，她考虑到当时光学显微镜的放大倍数已经到了极限，兰老师已经用根尖细胞有丝分裂中期染色体搞了那么多年都没成正果，再去重蹈覆辙必定劳而无功。于是，她摈弃了兰老师失败的有丝分裂中期染色体研究途径，改用花粉母细胞来研究减数分裂时的玉米染色体。同时，她还采用了贝林(J. Belling)刚建立的醋酸洋红压片新技术。

洒家前面已经白话过，染色体只在细胞分裂时才能看见，不分裂时染色体就松散开来像一堆乱细线一样分散在整个细胞核里。细胞开始分裂了，这些乱细线一样的物质才逐步地卷曲和浓缩起来，逐步变短变粗，形成一条条可见的染色体。细胞分裂中期时染色体卷曲和浓缩得最紧、体积最小，就最容易数清楚。细胞分裂之后，这些染色体又会逐渐地松散开来，逐渐变长、变细，最终又回复到像一堆乱细线一样分散在整个细胞核里。

细胞分裂中期时的染色体缩得最短，是一群“矮胖子”，数目数得清楚但细节却分不清。那在中期之前、染色体逐步变短变粗过程中，或者在中期之后、染色体逐步变长变细的过程中寻找一个合适的时期，染色体们既互不缠绕，又比较长、比较粗，不就能看清楚不同染色体的形态差别了吗？例如，在所谓减数分裂的“粗线期”时，哪条长点、哪条短点，哪儿粗点、哪儿细点，哪儿有个疙瘩等都能被看清楚时，各条染色体的形态区别就能够在显微镜下被辨认出来。

一个玉米的雄花序（天花）上花药数以千计，各个分枝及分枝上的各朵雄花大体都是按从上到下顺序逐步发育的。这就是说，只要整个雄花序还处于减数分裂阶段，就能从天花上不同部位的花药观察到花粉母细胞减数分裂的各个时期。所以，麦克林托克很快就找到了玉米染色体最适研究状态，在光学显微镜下把每条玉米染色体都区分得清清楚楚的。

若用根尖细胞来观察有丝分裂不同时期就几无可能，因为一粒玉米发芽长出3条根最多只能剪两条根来制作染色体压片，要不这棵玉米就种不活了。

因此，麦克林托克通过花粉母细胞染色体途径才在世界上首次实现了用光学显微镜准确地分辨出每条玉米染色体的形态特征，并按从长到短的顺序将玉米染色体逐一编号。

她的兰老师多年来一直想做这件事，因方式方法不对没有成功。麦克林托克在很短的时间内就把这个难关攻克，这只能说麦克林托克心灵手巧技高一筹，不服气也不行。观察染色体这活，说起来也并不高深，但做起来却相当不容易。这是一门相当“手艺”的学科，没点儿灵气，练几年也不敢保证你能达到麦克林托克当年的水平。

啥叫粗线期？看官，你大可不必去较真，知道它比中期早点，染色体比中期时长得多就行了。如果看官非要想弄清楚，随便找本遗传学课本翻下最前面几页的细胞分裂就成。很可能中学生物课本上也有，不过洒家已多年不上中学，不敢打包票。

美国人夏尔（G. H. Shull）在1909年就提出了要用玉米自交系来生产商品化杂交玉米，此后美国人玉米自交系选育研究就渐入高潮。1918年，琼斯（D. F. Jones）提出双交种方案之后美国就进入到杂交玉米商业化种植阶段。搞杂交玉米就必须要培育大量的玉米自交系，自交系选育和用自交系间相互杂交以寻找最佳商业价值的杂交组合的工作便极大地推动了玉米的遗传学研究。到麦克林托克时代，利用摩尔根的连锁交换值基因定位原理，玉米很多性状基因之间的连锁关系已被遗传育种学家们弄清楚，并如理论预期一样，这些基因们形成了与染色体对数相等的十个连锁群。但是，究竟哪个连锁群是在哪条染色体上，在麦克林托克之前还没人能做到。

由于麦克林托克能在显微镜下直观地确定某条染色体上某个部位的形态特征和某个基因之间的关系，所以麦克林托克成功地实现了玉米遗传学与细胞学的联姻。在麦克林托克及其同仁的努力之下，1931年就将从前科学家们所发现的玉米10个遗传性状连锁群分别与10条玉米染色体实现了对号入座。也就是说，这些基因都是被麦克林托克及合作者定位到不同染色体上的。

1931年，麦克林托克和她的学生克莱顿（H. Creighton）发表了《玉米细胞学与遗传学交换之相互关系》的论文，提供的显微镜实验证据令人信服地证实了玉米各基因与染色体之间的关系。

摩尔根及其他的学术大师、学术权威都对麦克林托克这阶段在玉米细胞遗传学上的工作大加赞赏。所以，这一实验被学术界誉为“现代生物学最伟大的实验之一”。

为啥被“最伟大”了？

因为摩尔根也只是根据性染色体有无与基因有无来推定基因在性染色体上，而不是直接在性染色体上“看到了什么”，也就是说摩尔根并没有直观的证据。

因为果蝇的染色体虽少，但也是很小的，当时还没有人能够在显微镜下分辨其细节。第四回那幅“果蝇染色体示意图”是画的，还画得极其夸张。

不是都说果蝇幼虫（蛆）唾腺里有巨大染色体吗，不是说巨大染色体上面天生就有很多带纹可以和基因相对应吗，咋这么伟大的摩尔根就没去观察它？

看官，巨大染色体又叫多线染色体，是染色体在分裂间期经多次复制而成的。它由许多并列的染色体组成，染色体上的染色粒排列成带，现在的教科书上都有这张图片。可是洒家告诉你，虽早在1881年意大利的巴尔比安尼（E. G. Balbiani）就在摇蚊幼虫的唾腺里发现了巨大染色体，但当时的遗传学家们谁都没去关注过果蝇里是不是也有巨大染色体。一直到1933年，也就是麦克林托克文章发表两年后，才有个叫裴恩特（T. S. Painter）的美国人开始进行果蝇唾腺染色体即巨大染色体的细胞遗传学研究，到1935年也就是麦克林托克文章发表4年后，摩尔根的学生布利吉斯（C. B. Bridges）才发表了黑腹果蝇的唾腺染色体图谱。

麦克林托克在科学上取得了这么大的开创性成果，包括摩尔根在内的遗传学巨头们都很推崇她，遗传学界也都崇敬她。她在37岁（1939）时就当选为美国遗传学会副主席，在美国遗传学界享有盛誉。

麦克林托克既有名校的博士学位，又做过四五年的博士后，还被摩尔根等学界巨头赞誉有加、推荐出国游学。麦克林托克这人的学历、成就、名誉都满满当当，在推崇科学的美国，这样的人当个教授、研究员按理应该不成问题吧？

可事实是，她从25岁博士毕业一直到39岁（1941）到冷泉港实验室之前的14年里连一份固定的工作都没有，收入也很低。这样优秀的科学家居然没有一所美国大学愿意聘用，连麦克林托克这样的人才在美国大学里都找不到一份稳定的工作，这个美利坚合众大帝国也太能搞笑了点。

人都死了几十年，咱一个外国人也没法去评说其中的是非曲直。但具有世界一流水平的遗传学家麦克林托克那时也就是在康奈尔大学、加州理工学院和密苏里大学之间漂来漂去的“临时工”，仅靠各种短期的科研资助维持着研究工作和自己简单的日常生活。

到冷泉港之前她最长的一份工作是1936—1941年密苏里大学给她的一个助理教授的职位，这还是别人竭力为她争取来的。看官们，美国的助理教授根本就不是中国人所说的教授，只相当于中国的讲师。这份中级职称的工作麦克林托克博士干了5年不但没有被密苏里大学提升，院领导还公开表示没有兴趣再继续聘她了。

为啥呢？洒家也没有找到标准答案。不过看到的文章多了，一混合，再瞎估摸一下，大概是两条吧。一是她只对自由选题的科研有极大的兴趣，二是她不仅是个女的，还有点儿另类吧，比如说不从门走进屋里去而要去干个爬窗户入室之类啥的。

1941年，当麦克林托克被院长亲口告知她不可能再在密苏里大学待下去之后只得离开。当年6月她去了冷泉港，年底获得一个一年期的职位，过了几个月就转为固定职位。

1942年，麦克林托克被提名为美国科学院院士候选人。得知这一消息后，密苏里大学的院长才如梦初醒般地去劝说她回学校去，并许诺要提升她。但这么些年来，麦克林托克在这几所大学频遭的冷遇使她对大学生涯的美好憧憬完全破灭，麦克林托克自此就留在了冷泉港。

1944年春天，麦克林托克正式当选为美国科学院院士，也许密苏里大学的领导们肠子都要悔青了。看官，别以为只有中国的单位间才攀比院士，在美国，院士头衔也同样值钱得很。

冷泉港向麦克林托克提供了其他大学所不能提供的东西：一笔稳定的薪水、一块供她种玉米的土地、一个进行研究的实验室和一个家。在这儿，她不仅能安居乐业，还免去了系里的活动、教学任务和行政责任，她可以干她自己认为合适的工作，专心致志于她感兴趣的遗传学研究。洒家认为，这是麦克林托克研究能达到拿诺贝尔奖高度的基本保障。没工资、没实验室、没实验地，搞啥都得申请、批准、请示汇报，这创新性的研究从何做起？

这冷泉港又是何方神殿，为什么冷泉港就能接纳这个美国大学都不愿意雇用的麦克林托克呢？

冷泉港实验室（The Cold Spring Harbor Laboratory，CSHL），位于美国纽约州长岛上的冷泉港，始建于1890年。现在被称为世界生命科学的圣地与分子生物学的摇篮，名列世界上影响最大的十大研究学院榜首。

看官们要特别注意下面这几句话。

冷泉港实验室是一个非营利性的科学研究与教育中心，在财政上由美国政府、慈善部门、基金会和当地机关团体共同支持。冷泉港分别与15个大学合作设立了多个研究室，为纯学者们提供了一个非常宽松、自主的研究环境。所以，冷泉港实验室先后一共出了7位诺贝尔奖得主。

听说，冷泉港实验室在美国以外的第一个分支机构——冷泉港亚洲于2010年正式在中国苏州工业园区挂牌，但愿冷泉港亚洲能沿袭美国冷泉港实验室的传统，给中国的纯学者们提供一点生存的空间，也给咱中国整出几个位诺贝尔奖得主来。

麦克林托克一生最大的成就是到冷泉港实验室之后提出的、获得了诺贝尔奖的“转座子”理论，这才是她学术生涯的巅峰。

能得诺贝尔奖的成果那肯定是非常地了不起吧？这转座子理论是靠研究什么惊天动地的东西得来的呢？

说起来也实在是太不惊人了，就是琢磨玉米籽粒的颜色而已。

这也太出看官们的意料了吧？

玉米籽粒最常见的是黄色和白色的。然而，在玉米大家庭中还有各种彩色籽粒的，如蓝色、咖啡色、黑色或紫红色等，只不过这些彩色玉米或因产量太低，或因不好吃，市场上就难得买到。

通常，一个玉米棒上所有籽粒颜色都是一样的，全都是黄色或全是白色。有时，在一个玉米棒子上也会有不同颜色的籽粒。大伙在买鲜食玉米的时候，时不时会发现在黄色玉米棒子上有几个白色玉米粒，这时那些比较挑剔的老大妈就会说，这玉米杂了，不好吃。玉米籽粒颜色是由基因控制的遗传性状，符合孟德尔遗传定律。

彩色玉米
（引自D.P.Snustad等，*Principles of Genetics*）

然而，有一些彩色玉米棒子上的玉米粒并不全都是一粒一种颜色，一些玉米籽粒上会出现不规则斑点。最早注意到这一现象的大概是麦克林托克的老师爱默生，因为这种玉米籽粒带斑点性状的遗传不符合孟德尔定律。爱默生猜测，这或许是由基因的不稳定性造成。

麦克林托克于1932年就在彩色玉米中观察到了这种籽

粒和叶片色斑不稳定的现象。色斑样式稀奇古怪，色斑的大小和出现的早晚似乎与某些因素有关。经过相应的染色体研究，她认为这种斑点性状并不是由基因的不稳定性造成。她在这种玉米细胞分裂后期发现了环状染色体，她认为这种色斑可能与染色体的断裂有直接关系。她的合作者甚至把这种玉米植株直接就戏称为“环染色体植株”。

1941年到冷泉港后，麦克林托克在种植的印度彩色玉米中又发现了在籽粒和叶片上出现高频率的、毫无规律可循的色斑变异植株。有了稳定的生活和无干扰的自主研究环境，寻根究底的个性驱使麦克林托克对此进行了深入和系统的研究。

麦克林托克发现，这类植株体细胞分裂中会在第九号染色体短臂发生断裂，而一个控制玉米籽粒和叶片颜色的基因也是在第九号染色体上，她把这个基因叫做“颜色基因C”（Colored）。当第九号染色体上有C基因时，籽粒或叶片有色，没有C基因时就表现为无色。

麦克林托克发现，颜色基因C附近还有一个“断裂基因D”（Ds，Dissociation）。D基因是个“抑制分子”加“破坏分子”，它有两个功能。一是D基因能抑制C基因的色素合成功能，就是说只要有D基因待在旁边，C基因就不能合成色素。二是D基因还能使染色体从离它很近的地方断掉，D基因断掉了之后C基因便能恢复正常色素合成功能，掉下来的D基因片段还能在染色体的其他部位插进去。

在细胞分裂起始之前，染色体已经复制成了两条姊妹染色体，被D基因弄断后，在分裂过程中这两条姊妹染色体的断头就可能会相互连接（融合）在一起形成一个环。分裂后期染色体分向两极运动时，这个环先被拉成长条状跨在两极间跟一座“桥”似的。再往后，在两极的拉力下这座“桥”就会被拉断成两条染色体分别移向两个子细胞。被拉断的结果可能是均等的，也可能断点不在正中位置而形成一长、一短两条染色体。分裂形成的两个子代细胞中就有可能一个子细胞得到了长点的、有颜色基因C的染色体，而另一个子细胞则得到了那条短点的、没有颜色基因C的染色体。

受精后的胚细胞和胚乳细胞都在不断分裂以形成种子，上述这种染色体断了又相互连接起来再被拉断的情形就会不断地发生。这种情形在有些细胞里发生得早，在有些细胞里发生得晚，在有些细胞里又从不发生，随着籽粒的长大成型，就造成了籽粒中没有颜色基因C的细胞与带有颜色基因C的细胞无规律地相混状态，外观就是籽粒上的无规则斑点。

这就是遗传学上著名的“断裂—融合—桥”周期理论。

麦克林托克的研究发现了两个问题。

一是这个断裂基因D 难以定位，它仿佛在染色体上跳来跳去，它不仅能在一条染色体上跳来跳去，还能从一条染色体跳到另一条染色体上。

二是这个断裂基因D还有个“领导”在管着它，这个基因叫激活基因A（Ac，Activator）。激活基因A和断裂基因D可以不在同一条染色体上，也可以在同一条染色体上。A基因也能在染色体上跳来跳去。如果这个细胞里有A基因，D基因就可以使染色体从其附近断裂掉，C基因就能表达出颜色性状，反之若没有A基因那D基因就不能从染色体上断裂下来，C基因就会被D基因抑制而不表达出颜色性状。

激活基因A和断裂基因D都是可移动基因，但A基因是个可自主移动的基因，而D基因则是一个非自主移动基因。

为了把这种既不太常见、又不太吸引眼球、看起来似乎毫无商业或实用价值的玉米籽粒色斑性状的遗传机制弄清楚，麦克林托克花费了6年时间。在此研究基础上，麦克林托克提出了被称之为“Ac-Ds体系”的转座子理论。

1951年，麦克林托克在冷泉港学术研讨会上公布了她对玉米转座子理论的研究结果，提出了可移动基因学说（跳跃基因学说）——基因可从染色体的一个位置跳跃到另一个位置，甚至从一条染色体跳跃到另一条染色体。

然而出乎意料的是，当时的一流遗传学家都无法理解她所用的语言，麦克林托克受到了前所未有的冷遇。因为，当时遗传学家们都认为基因在染色体上呈直线排列，每个基因都有一个固定的座位，一个基因

一个酶。由于转座子理论与当时的传统遗传学观念背道而驰，麦克林托克被陷于无比孤立的境地。人们用怀疑、惊讶甚至是异样眼光看待她。这位原来在美国遗传学界享有盛誉的女科学家，经受了她一生中长时间的孤寂和苦闷，朋友和同事大都和她渐渐疏远，她只好离群索居，几乎成了孤家寡人。

所以，对当时的科学界而言，转座子理论绝对是一个超级大炸弹，把全世界都炸得晕晕乎乎的。

所以，当时的科学家们在读了麦克林托克1950年发表的《玉米易突变位点的由来与行为》和1951年发表的《染色体结构和基因表达》两篇论文后，都难以置信，认为这个人太过疯狂了。

洒家以为，除了与当时遗传学界对基因的主流认识相悖之外，很可能当时有一些人根本就没有弄懂麦克林托克的转座子理论。因为现在出版的、外文的、权威性遗传学教科书上还在这样说：很多遗传学家认为麦克林托克的转座子论文很难懂。何况还是在60多年前呢？

1953年麦克林托克在冷泉港学术研讨会上再次公布了她的研究结果，两年的时间仍未能等来期望的理解和掌声，而是那从未消失的对女性和她的冷嘲热讽。大家仍不相信她说的。面对如此境地，麦克林托克决定从此不再发表论文。

麦克林托克理论的影响非常深远。她不仅发现了能移动的基因，该基因还可以调控玉米籽粒颜色基因的活性，这也是生物学史上首次提出的基因调控模型。这一发现和转座子理论为后来莫诺德（J. Monod）和贾科布（F. Jacob）提出操纵子学说（可参阅第十八回和第三十九回），提供了重要的启发。

历史是公平的，历史会证明一切。后来，各国科学家在各类生物中都陆续发现了转座子和转座现象，证明麦克林托克的理论非常正确。1983年，81岁高龄的麦克林托克终于因发现了转座子获得了诺贝尔奖。麦克林托克是世界上靠独自研究成果而得此类奖项的第一位女科学家。

1983年11月8日麦克林托克作诺贝尔奖报告
（引自诺贝尔奖委员会官网）

诺贝尔奖委员会的致词特别指出，麦克林托克的成功，其意义远远超越了科学本身，“对于当局来说，保证科学的独立研究是多么重要；对于年轻的科学家来说，此例则证明了简单的手段也能获得巨大的发现。”

洒家以为，这对中国目前的科研管理状况还真是一针见血。

有一句称赞麦克林托克的话说得太好了：“她让科学界整整追赶了她35年。”

第七回：

基因是不是物质起争议，遗传学教父充当反对先锋

各位看官，倘若你是一页一页地、认真地读到这里而不是直接翻到这儿的，洒家就要祝贺你：你已经弄懂了遗传学的基本原理，你完全可以读懂下面的分子遗传学方面知识，你完全可以进入遗传学的分子水平领域了。

为啥？因为分子遗传学太新了，刚发展起来没多少年，还没有那么多弯弯绕的这规律那定律，很直观、很浅显，一看就懂。洒家还要告诉你：往下再读这么多，你就完全有资格、有底气同遗传学专家平起平坐地探讨基因工程中的理论和实践问题了。

洒家在拿咱们开涮吧？就上面这些，比中学生物课还简单，咋就能走进被称之为尖端科学的分子遗传学的殿堂了呢？

各位看官，早在1808年，即孟德尔出生之前14年，英国科学家道尔顿（J. Dalton）就提出了原子论，1811年意大利科学家阿伏伽德罗（A. Avogadro）又提出了分子论。这就是说：孟德尔还没生出来呢，这"原子分子论"就已经被建立。虽说阿伏伽德罗的分子论提出后颇有争论，但早在1860年，即孟德尔发表其豌豆论文之前6年，核心内容为"一切物质都是由分子组成而分子由原子组成"的原子分子论就已被科学界公认。就是说物理学和化学在遗传学这个学科建立之前100年就已跨进了分子水平时代。到孟德尔遗传定律被重新发现的20世纪初期，原子分子论早已成为人人皆知的基本科学知识了。

所以，在以分离、自由组合、连锁交换等三大定律为基础的现代遗传学理论被广泛接受，大家都认同在细胞核的染色体上排列着一个个控制生物各种性状的基因"颗粒"的理论之后，人们自然会想到：这些基因颗粒是什么物质？基因是由什么分子组成的？

看官们也许会大叫：不就是核酸、DNA呗，地球人都知道。

洒家要告诉各位，发现核酸和确定它就是遗传物质的过程竟然长达80年，太曲折了。

多年前洒家曾问过一个写剧本的朋友，戏剧性的灵魂是什么？朋友答曰：误会和意外。是啊，倘若剧本中写的事情，全都是司空见惯、顺理成章的，那就是一杯索然无味的白开水。在遗传学的发展过程中，充满戏剧性的误会和意外一再出现，使得这遗传学史没有编剧但胜似戏剧，充满了曲折，要不是这样，各位早就该打呼噜了。

首先，在基因是不是实际存在的物质，即"基因是不是个具体的东西"上就有巨大的争论。

正方观点：既然证实了有基因这个东西，既然证实了基因在染色体上，而染色体又是实实在在的、可以看得见的物体，而一切物质都是由分子组成的，那就一定要探明基因是什么物质，这种物质又是由什么分子组成的。很多科学家都坚信，基因是实体性的东西、是某种分子的特定排列。

反方观点：基因不可能是实体性的东西，物质性的基因实体并不存在，它只是一种推测的符号而已。

让人大跌眼镜的是，遗传学的教父、大名鼎鼎的贝特森教授竟然也曾持反方观点。他不能理解，某些特定的颗粒或分子怎么可能是构成基因的物质呢？他在1916年评述摩尔根等编撰的《孟德尔遗传机制》一书时说道：染色质的颗粒或其他任何物质颗粒无论有多么复杂，能具有我们所称的基因所具有的那些能力都是不可思议的。他还说：染色质颗粒在所有已知实验中几乎都是均一的，彼此并无区别，假设经这种物质就能显示出生命的一切特征，这甚至已超越了唯物主义的界限。

当时也有一些科学家认为基因本身可能就是酶（生物催化剂，也是蛋白质）。

总之，基因是不是具体的物质，是啥物质的争论在很长的历史阶段一直在持续着。一直到20世纪40年代一个有名的遗传学家还认为实体性的基因并不存在。他认为虽然染色体某个位置发生变化可以带来该生物遗传性状的改变，但不能就此说在没发生变化之前在这个位置上就有一个正常的基因。他还举例说，把手指按在琴弦某一个位置，琴就能发出一个特定的音来，把手指拿开后就发不出这个音，把手指按着的那一小段琴弦切下来它能发出这个音来吗？他还举例说，糖是甜的，糖分子是由好多碳原子和其他基团（零部件）组成的，某个基团改变了，甜味也会改变，你能说这个基团就是甜的吗？他认为染色体跟糖分子和琴弦一样，只有整体才能显现出其功能，拆开来就没有功能。所以，他认为只能说染色体的某个位置和某个遗传性状有关，但不能说这个位置上就有一个决定这个性状的基因。

看官别说，他这套说辞今天听起来也并不是毫无道理。洒家想了好长时间也找不出一句很有力、很合适的话来将其完全驳倒。

第八回：

米歇尔脓绷带提出核酸，未曾料遭众家谩骂攻击

第一位发现核酸这种物质的科学家叫米歇尔，他在100多年之前就发现了核酸——当今公认的遗传物质，构成基因的物质基础，这也实在是太过早了点吧？才只比孟德尔发表无人问津的3∶1豌豆定律晚了几年。米歇尔也太“潮”了、太“酷”了。

首创者总是要被误会或冤枉，这仿佛成了遗传学发展史上的一条规律。是不是老天爷怕咱学习遗传学太枯燥，特地给咱编造出来这么多故事？核酸发现者米歇尔的故事也和孟德尔的故事一样充满了戏剧性。不过孟德尔是一出悲喜剧，他生前被忽视，他的定律被重新发现后，孟德尔的天才备受人们赞颂，他的名字就与遗传学定律紧密连锁、人人皆知并万世流芳。而米歇尔则是一出纯悲剧，他一生被误解、一生受打击，至今还被人忽视。厚点的外文版遗传学会提到一句几句的，好多遗传学教科书可是提都懒得提。

米歇尔
（引自单晓辉生物化学课件）

米歇尔（J. F. Miescher，1844—1895），瑞士人，1868年获得医学博士学位后来到德国的图宾根大学（Eberhard Karls Universität Tübingen），师从斯特雷克（A. Strecker，1822—1872）和霍佩-赛勒（Hoppe-Seyler，1825—1895）学习生理化学，研究细胞的化学组分。老师让米歇尔研究脓细胞化学。脓细胞是从外科病人使用过的绷带上洗脱下来的，含有大量的血液白细胞。米歇尔在尝试从血液白细胞制备纯细胞核的试验时，先用酒精脱脂的方法将白细胞中的脂肪去除，再用猪胃黏膜的酸性提取液（即胃蛋白酶粗制品，能消化或降解蛋白质）处理脱脂后的材料。米歇尔发现，白细胞经过这样去除脂肪和蛋白质的处理后，在处理后的材料中还留有一种含磷很高而含硫很低的弱酸。这种有机酸是胶状物，能溶于水，它还不会被胃蛋白酶降解，从这些特性来看，仿佛这应该是一种前人未曾报告过的新的细胞成分。

一开始，霍佩赛勒教授对米歇尔的这个实验结果有点半信半疑，不久他自己也从酵母和其他细胞中提取出类似的物质，他才确信了这是一种细胞核内的新成分。霍佩赛勒提出，这种新的物质“可能在细胞发育中发挥了极为重要的作用”。因为是从细胞核中提取的，当时，米歇尔他们就把这种新细胞成分、新物质称为“核素”（nuclein）。

随后，米歇尔又用莱茵河鲑鱼精子作材料来研究了好几年的核素，鱼精子是很好的核酸研究材料，精子头部基本上全都是细胞核而且也不像研究脓细胞那样肮脏和令人生厌。尽管米歇尔经常都是从清晨5：00就开始在一个低温房间里努力地工作、尽快地操作，但受限于当时的实验条件，他始终没能解决核素的纯度问题。米歇尔学医出身，在生理化学实验室做研究，发现的又是一个全新的有机化合物，用他自己的话来说，这样的困难“连真正的化学家都会望而却步”，加上当时人们对他这项新发现的谩骂，米歇尔倍感沮丧。

米歇尔的工作并没有像孟德尔一样被忽视，同时代人很关注他的研究，但这种关注没有建设性的意见和鼓励，有的只是粗暴的批评甚至是谩骂。不止一位英国化学家公开宣称，核素是一种不纯净的蛋白质。法国化学家武尔茨（A. Wurtz）则直言米歇尔的结果以化学家眼光看来有点含糊。连米歇尔的导师、当时已颇有名气的霍佩赛勒也因核素研究受到耐格里（K. Nageli）和罗叶（O. Loew）的攻击，二位认为他们

得到的只不过是被磷酸钾和磷酸镁污染的蛋白质，霍佩赛勒和米歇尔对试验结果的解释完全错了。

悲催的米歇尔似乎是一个性格谨小慎微的人，很可能是经受不住这种粗暴的批评和打击、谩骂，1871年他发表了关于核酸的研究报告之后，从1874年起就转入莱茵河鲑鱼的生理学和呼吸生理学的研究，很少再发表核酸方面的研究报告。直到去世之前5年，他才重拾二十几岁曾经进行的核酸研究，研究结果在他死后才得以发表。

虽然米歇尔当年开拓的核酸研究工作受到了一些大专家的粗暴批判和反对，但太过激的批评也会激发起另一些没有酸葡萄心理的科学家去关注米歇尔的新发现。

1888年，德国生化学家科塞尔（A. Kossel，1853—1927）发现核素是蛋白质和核酸的复合物。他分离出组成核酸的基本成分：鸟嘌呤、腺嘌呤、胸腺嘧啶和胞嘧啶，还有些具有糖类性质的物质和磷酸。值得一提的是，科塞尔因对核酸化学研究的贡献获得了1910年的诺贝尔化学奖。

科塞尔
（引自单晓辉生物化学课件）

约在1889年，艾尔特曼（R. Altmann）从酵母和动物细胞中成功地抽提出不含蛋白质的核酸，并首次用核酸（nucleic acid）这个词取代核素（nuclein），就一直用到今天。好像有本书上说过，这个艾尔特曼是米歇尔的学生，但多年前的记录太过简略，已难以去再求证了。

也就是在这个时期，人们也弄清了核酸是由五碳糖、磷酸根和生物碱基构成的。

这些早期开拓性的研究仅仅是将核酸看成是细胞中的一般化学成分，没有人注意到它在生物体内有什么生命功能。米歇尔本人也从未意识到核酸在生命过程中具有重大作用。他甚至对当时有人提出的“精子里携带了某种特殊的、可称之为受精因子的化学物质”的学说持否定态度。

所以在这一阶段，核酸虽已被发现，但人们研究的焦点集中在细胞内有没有这个物质的争论上。赞同细胞内有核酸的人只是猜测，它肯定在细胞的发育中有重要作用，因为在长期的进化和生存竞争之后，生物体内不会有毫无作用的东西。但还没有人把它与生物的遗传功能联系在一起，没有人能想象到它是一个对生命至关重要的东西。

不过这也难怪，当时连遗传学这个词都还没有被“造”出来呢，干吗去苛求古洋人呀！

第九回：

威尔逊乐文尼遗传物质理论相左，格里菲斯小鼠实验细菌借尸还魂

历史和现实有时真是惊人地相似，创新往往都是小人物或外行人做出来的。在新生事物面前，科学界的一些大权威们总是乐于充当绊脚石一类的反面角色，去打击、扼杀新事物。

真理是挡不住的，随着时间的推移，米歇尔发现的核酸被证明不仅是真实地存在着而且还普遍地存在于一切生物细胞之中。但是，核酸在生命中有什么作用则是科学人苦苦求索的又一问题。

威尔逊
（引自Columbia.edu）

第一个论证核酸是遗传物质的是美国细胞生物学家、哥伦比亚大学的威尔逊教授（E. B. Wilson，1856—1939）。他在1896年提出，生物繁殖时，是由父、母本的精、卵细胞各自精确、均等地提供一半数目的染色体来组成下一代。那么，遗传物质必然存在于这种相等的物质（指染色体）之中。而核素很可能是染色体的核心组分，因此，核素就是遗传物质。因为那时人们已知，最初米歇尔从白细胞中提取出的核素实际是核酸和核蛋白的复合物。

紧接着，美国哥伦比亚大学研究生萨顿（W. S. Sutton）在1903年也提出基因是在染色体上的推论，这些似乎都是在推动着人们去研究：这个在染色体上构成基因的物质究竟是什么？

然而，历史又给人们开了个小玩笑。一个叫乐文尼（P. A. Lewene，1869—1940）的俄裔美国人的研究结果却把人们引向了歧路。

乐文尼
（引自北京工业大学核酸通论课件）

乐文尼生于沙皇俄国，犹太人，1891年获俄国圣彼得堡帝国医学院医学博士学位。毕业后曾加入沙俄陆军，但为躲避俄国不断增长的反犹太主义，全家移民美国。乐文尼在纽约行医的同时还到哥伦比亚大学学习化学，后因染上了肺结核病，他决定改行搞化学，为此还专门去德国学习化学，曾经到第八回提到的德国生化学家科塞尔门下学习核酸研究。回美国后最终进入新成立的洛克菲勒医学研究所专门搞化学研究，研究一些重要的生物体的有机化合物，一直到1939年退休。

乐文尼工作非常勤奋，据载他在《生物化学杂志》上就曾发文700多

篇，以致有人评论其论文内容太过零碎。但不可否认，乐文尼是一位颇有成就、多才多艺的核酸科学家。他不仅是美国科学院院士还获得过美国化学学会的Gibbs奖章和美国化学学会纽约地区的Nichols奖章。有人评论说，他对核酸的研究做出了不少创造性的贡献但未能获得诺贝尔奖，最主要的原因就是提出了错误的“四核苷酸假说”。

乐文尼1900年始研究核酸化学，当时人们对核酸化学的了解还相当粗浅，只是探明了核酸分子（DNA）是由核糖（这种糖由五个碳原子搭成架子，又称戊糖、五碳糖）、磷酸基团和4种碱基相连组成的。乐文尼对各种不同来源的核酸进行了化学分析，结果是核酸中4种碱基的数量相等。这就是说，不管是从啥生物组织细胞提出的DNA，4种碱基数量之比都是1∶1∶1∶1。

在此研究结果基础上他提出了四核苷酸假说，开始还只当是研究工作中的假说而已，但后来就变成了生物化学的理论规范。用四核苷酸假说规范后的核酸理论就是：核酸（DNA）是由某种确定的、排列顺序不变的单元组成，这些单元都是由4种碱基和核糖等组成的4种核苷酸组成（一个核糖+一个磷酸基团+一个碱基就组成一个核苷酸）。这就是说：核酸只是一种简单、线性排列的4种核苷酸的多聚体。就好比由很多个单糖聚合在一起一样，长一点短一点都是多糖（淀粉、纤维素、果胶等）而已，完全缺乏遗传物质应具备的、想像中的多样性。核酸在这种理论的解读下根本就不可能是能控制复杂生命现象的遗传物质，这种简单的多聚物或堆积物绝不可能担负起控制生物性状遗传的大任。

四核苷酸假说导致了更多的人认为核酸不是遗传物质。那时很多人都宁愿把蛋白质当作遗传物质，很多人都认为基因必定是蛋白质或核蛋白。道理也很简单、很直观，好歹蛋白质是由20种氨基酸组成的长链，其排列组合的数目之多，是4种核苷酸的简单多聚体远不能比。

格里菲斯
（引自复旦大学精品课遗传学课件）

这个时期最有价值的发现是由英国科学家格里菲斯（F. Griffith，1879—1941）所做的肺炎双球菌转化实验。尽管这个实验结果给人们带来了多年的迷茫，可它却在历史上充当了向“基因必定是蛋白质”这一假设挑战的第一枪。

格里菲斯是伦敦卫生部的内科研究员，是一位著名的细菌学和流行病学家，曾对很多类型的细菌做过多年的研究。他在1928年发表了那篇著名的肺炎双球菌转化论文。

肺炎双球菌（*Diplococcus pneumoniae*）在有的书上也写成肺炎链球菌（*Streptococcus pneumoniae*），还有干脆写为肺炎球菌，其实说的是同一个东西。原因是那些搞细菌分类的人，有的人把它归入双球菌属，有的人又把它划入链球菌属，编书的人再中文、拉丁文、英文混过来混过去，经常把别人弄得稀里糊涂。洒家看它这小可爱的模样，还叫它肺炎双球菌吧。

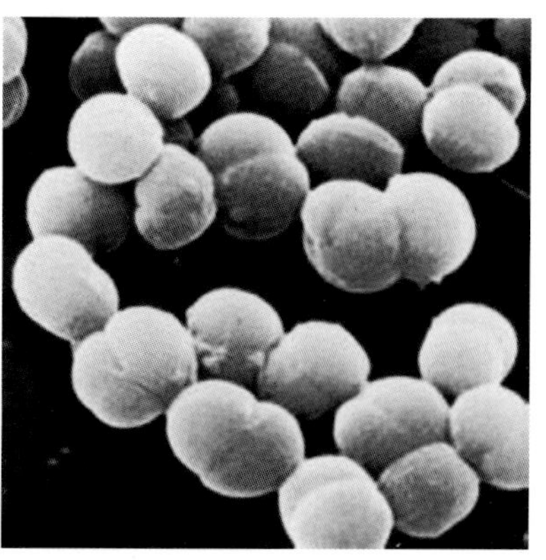

肺炎双球菌
（引自百度图库，未注贡献人）

肺炎双球菌是一种病原菌，人感染了就有可能得肺炎。肺炎双球菌有不同类型的菌株，从同一患肺炎病人身上有时也能分离出不同类型的菌株。

格里菲斯论文中研究了两类肺炎双球菌菌株。

光滑型菌株：以光滑的英文单词第一字母简称为S型。为啥叫光滑型？因为这种类型菌株的菌体外面包被了一层黏性的多糖荚膜，在固化的培养基表面长成的细菌菌斑不但体积大而且外观是光滑发亮的。

粗糙型菌株：以粗糙的英文单词第一字母简称为R型。为啥叫粗糙型？因为这种类型菌株的菌体外面没有多糖的荚膜，在固化的培养基表面长成的细菌菌斑不仅体积小而且外观看起来粗糙而无光亮。

培养基是个啥东西？就是以牛肉汤为主要原料做成的海藻凉粉，是供细菌生长的“土地”。

看官们要特别注意下面这两段：

光滑型菌株（S型）的最大特征是：有毒！即有致病性。把光滑型菌株注入实验动物小鼠，小鼠会得肺炎而死。

粗糙型菌株（R型）的最大特征是：无毒！即没有致病性。把粗糙型菌株注入实验动物小鼠，小鼠不会得肺炎，照样活着。

为啥肺炎双球菌没有了外面那点黏糊糊的多糖荚膜就不会引起肺炎？那层荚膜具有对抗寄主（人、小鼠等）的免疫系统的功能，没有了这层荚膜，寄主的免疫系统动员的白细胞就会把这些细菌全干掉。所以，把粗糙型菌株注入小鼠体内，小鼠不会得病。

格里菲斯1928年那篇论文报告了在当时看来相当奇特、多年都使人迷惑不解的以下实验结果。

①光滑型菌液注射小鼠→小鼠得肺炎→死亡。很正常呀，光滑型致病。

②粗糙型菌液注射小鼠→小鼠不得病→存活。也很正常呀，粗糙型不致病。

③光滑型菌液→加热杀菌→注射小鼠→小鼠不得病→存活。这很正常呀，致病菌已经被煮死了。

④经加热杀菌后的光滑型死菌液＋粗糙型活菌液→注射小鼠→小鼠得肺炎→死亡。为什么？

前面3个实验结果都没啥可说的，理应如此，人人都能理解。

但第四个实验结果在当时太令人不可思议了。

能致病的光滑型细菌不是已经被煮死了吗？煮死后把它单独注射到小鼠体内不是也不会发病了吗？为啥再加点并无致病性的、活的粗糙型细菌一起注射进小鼠体内就又能使小鼠得肺炎并死亡呢？

更不可思议的是：对第四个实验中那些得肺炎而死的小鼠进行化验，其血液中竟然检出了能致病的光滑型菌株。

难道那些被煮死了的光滑型菌体居然能像恐怖片里的僵尸一样地“被复活了”吗？

人死了都不能复生，何况这些被煮熟了的、小小的细菌呢。

对这个实验结果的解释只能是：不致病的粗糙型活细菌与被煮死了的、致病的光滑型菌体同在的情况下，一些粗糙型活细菌被转变成了致病的光滑型细菌。格里菲斯就把这种细菌类型转变的现象称为“转化”。

格里菲斯认为：因为粗糙型活菌只有与光滑型死菌同在时才能转变为光滑型的活菌，所以光滑型死菌才是导致粗糙型活菌转变为光滑型活菌的根本原因。他推测被加热杀死后的光滑型死菌体中含有能使活的粗糙型菌转变成光滑型菌的“转化因子”。

看官们，现在被弄得满世界风雨的这个“转基因”的“转”就是从这位格里菲斯老前辈发明的“转化”一词来的！转基因就是基因转化或遗传转化的简写。现在转基因的基本原理跟格里菲斯老前辈的细菌转化实验是一样的。

遗憾的是，格里菲斯先生虽已观察到了现在被称为“遗传转化”的现象，但当时他似乎并没有意识到在他的实验中有遗传物质的传递，他也就没能对细菌菌株的转化现象和转化因子作进一步的研究。

更遗憾的是，1941年，德国法西斯扔的炸弹命中了他那间破旧的实验室，格里菲斯和他的助手斯科特（W. Scott）在工作中同时遇害身亡，他没能在生前看到自己研究成果的巨大意义。

第十回：

艾弗里细菌实验揭秘转化因子，查伽夫研究轰垮四核苷酸假说

格里菲斯肺炎双球菌转化实验结果发表之后不久，其他科学家的实验不但重现了与格里菲斯相同的结果，还证明了无论在实验动物体内还是在试管内都能发生肺炎双球菌的转化。这就是说，寄主动物并不是细菌转化的必要条件，细菌转化是一个独立的事件。这也说明，转化因子一定是在那些被煮死了的、光滑型肺炎双球菌的菌体内。活的粗糙型肺炎双球菌是从这些光滑型肺炎双球菌的死菌体中获得了某种物质，这种物质使粗糙型的、不致病的肺炎双球菌转化成了光滑型的、致病的肺炎双球菌。

那么，这种能使细菌产生魔术般转型的“因子”究竟是什么物质呢？这就要归功于美国纽约洛克菲勒研究所医院的艾弗里和他几位同事。

据记载，格里菲斯肺炎双球菌转化实验后不久，其他研究者就发现转化因子不是煮死了的菌体，因为把死菌液中菌体过滤掉之后的清液仍有转化功能，可见转化因子能够通过细菌不能通过的过滤膜。1933年，即格里菲斯肺炎双球菌转化实验结果发表之后5年，艾弗里的同事阿洛威（J. Alloway）就曾经制备出了粗制的转化因子水溶液并尝试过进一步的提纯。这些研究结果本该给研究病原菌毒性改变的机制提供一个突破口。非常遗憾，当时大多数的生物学家和遗传学家没有注意到这些有意义的工作。

一直到1944年，艾弗里（O. T. Avery，1877—1955）和他的同事麦克柳德（C. Macleod）及麦卡蒂（M. McCarty）发表了题为《诱导肺炎球菌类型转化的物质的化学实质》一文，报道了能证明格里菲斯肺炎双球菌转化实验中的转化因子是核酸即DNA才是遗传物质的实验结果之后，才引起了科学家们的高度重视。此后，赞同核酸是遗传物质的也好，反对的也好，都把注意力更多地转移到这个问题上来。

艾弗里
（引自未署名第四章核酸的化学课件）

艾弗里研究结果的主要内容可概括成以下几点。

①从光滑型肺炎双球菌中抽提出了无细胞组分，并且这种组分能将粗糙型肺炎双球菌转化为光滑型肺炎双球菌。他们认定，他们得到了格里菲斯所称的转化因子。

②用各种蛋白酶来处理这个转化因子抽提物，处理后的转化因子抽提物仍具有转化肺炎双球菌的活性。这说明，转化因子不是蛋白质。因为蛋白酶并不能够消化掉该转化因子。

③用RNA酶（核糖核酸酶）来处理这个转化因子抽提物，处理后的转化因子抽提物仍具有转化肺炎双球菌的活性。这说明，转化因子不是RNA。因为RNA酶不能够消化掉该转化因子。

④用DNA酶来处理这个转化因子抽提物，处理后的转化因子抽提物则完全丧失了转化肺炎双球菌的活性。可见DNA酶能将该转化因子消化掉。

⑤这就证明了转化因子应该是DNA而不是蛋白质。

据记载，艾弗里早在1934年就在美国的一次学术年会上报道过类似结果，但超时代的科学成就往往不容易被人接受，与会者并没有报以欢呼和赞美。因为当时许多科学家对DNA化学本质的认识还是紧抱着乐文尼提出的四核苷酸假说不放，他们就不能接受DNA是遗传物质的实验结果。当时许多科学家仍抱着“核酸中的少量污染物也许才真是遗传物质”这样一种希望，即便是与艾弗里在同一实验室的霍茨金斯（R. Hotchkins）已经把DNA样本纯化到蛋白质含量只有0.02%但仍有完全的转化活性的时候，这些人仍然如此。所以，艾弗里的论文10年后才得以发表。

但是，艾弗里的工作意义很深远，他们不仅证明DNA是遗传物质，也证明了DNA可以把一个细菌的性状转移给另一个细菌。

此后，科学家们证实其他的细菌乃至其他生物细胞也能通过转化而改变其遗传性状，所以转化不是一个只发生在肺炎双球菌上的偶然事件，其他各类细胞也都能发生转化。

看官们都注意啦，这就是转基因这事、这词的源头。现代转基因的基本原理也一点没变！人类所有的转基因活动都是对这一细菌转化原理的模仿，也就是让细胞以吸取外源DNA的方式来改变该细胞的遗传性状而已。

所以，1958年诺贝尔奖得主、美国科学家莱登博格（J. Lederberg）对艾弗里的工作大加赞颂。他说，艾弗里的工作是现代生物学科学性的革命性开端。各位看官，单是科学性都不够用了，这个资本主义国家的人居然还用了革命这样的词来赞美他的同行，可见他也实在是找不出更厉害的形容词来了。

DNA之父、1962年诺贝尔奖得主沃森评述说，艾弗里要不是在1955年就早早地去世，他肯定能获诺贝尔奖。令人啼笑皆非的是，据诺贝尔奖委员会公布的材料，当时阻挡艾弗里获得诺贝尔奖候选资格的瑞典籍物理化学家哈马斯腾（E. Hammarsten）竟是一位制备DNA的高手。

毫不夸张，也恰如其分，艾弗里就是基因工程的先导。

艾弗里实验的成功归结于他超人的研究战略思想。当时的科学界习惯于用纯化的方式来研究生物活性物质，你说不纯我就纯化、再纯化。但以那时的纯化设备和技术水平，很难打破大多数人所持的“污染置疑”观念。但那时酶学研究已达很高水平，艾弗里用蛋白酶、RNA酶和DNA酶来消化无细胞的转化因子提取物，以反证法证明了转化因子就是DNA，令人信服。可见在科学研究上，好的思路、好的点子远比技巧、设备重要千万倍。

查伽夫
（引自Columbia.edu）

但是，要让人们从相信蛋白质就是遗传物质的错误观念转变到核酸才是遗传物质的正确观念上来就必须要用更强有力的实验证据来粉碎错误的四核苷酸假说。开这一炮的就是美国哥伦比亚大学教授查伽夫。

查伽夫（E. Chargaff，1905—2002），1905年生于奥匈帝国一个叫切尔诺威治（Czernowiz）的省城，现为乌克兰的切尔诺夫斯基市（Czernovsky）。他出生在一个殷实的中产阶级家庭，从小受到了良好的教育，年轻时很有语言天赋，曾在学科学还是学语言学这个问题上纠结过。据此君回忆录中说，他是出于毕业后好找工作和他的叔叔是一个富有的酒精厂老板的原因，最终选择了他以前一无所知的化学系。

1928年他以《有机银复合物》的博士论文和最优秀的成绩获得奥地利维也纳大学化学博士学位。

经历第一次世界大战之后，整个欧洲饱受摧残，国计民生相当艰难。当时奥匈帝国因战败而解体，很难找工作。1928—1935年，查伽夫先后在美国耶鲁大学、德国柏林大学、法国巴黎巴士德研究所等地做过研究副手，3 ~ 4年就要换个地方。这段时间因工作不

稳定，职位和收入低，生活拮据。

从1935年起，查伽夫在美国哥伦比亚大学谋得一份稳定的工作，收入也颇丰。据载，查伽夫一生共发表论文450多篇，著书15本，是一位勤奋和高产的生物化学家。

查伽夫于1946—1950年研究核酸化学，1950年发表的《核酸的化学特性和及其酶降解机制》的论文，使人们对DNA的传统性认识开始发生革命性的变化。

查伽夫运用了第二次世界大战后才投入使用的纸层析、紫外分光光度检测、离子交换层析等新技术对DNA进行研究。他对小牛胸腺、脾、肝、酵母菌、结核杆菌、人精子等各种不同来源的DNA进行了精细的分析，实验结果可以总结为如下三点。

①查伽夫实验十分明确地证明DNA分子中4种碱基的数量并不相等，也就是说前面第九回乐文尼所说的4种碱基的数量比是1∶1∶1∶1之结论是错误的。

②他发现，DNA分子内4种碱基A、G、T、C（腺嘌呤：adenine，A；鸟嘌呤：guanine，G；胸腺嘧啶：thymine，T；胞嘧啶：cytosine，C）的分子组成比例是：A + G = T + C和A = T，G = C。换言之就是（A + G）∶（T + C）= 1∶1和A∶T = 1∶1，G∶C = 1∶1。

③同一物种不同器官来源的DNA组成是恒定、相同的，但来自不同物种的DNA组成之间有区别，也就是说DNA具有明显的物种特征。推翻了前人“所有DNA都和小牛胸腺DNA相同”的传统观念。

这些结论被后来因研究DNA结构获得诺贝尔奖的、大名鼎鼎的沃森在其主编的大部头著作《基因的分子生物学》一书中被称之为“查伽夫定则”。

查伽夫定则一炮就轰垮了四核苷酸假说，证明DNA绝不是一种简单的多聚体。

虽然当时还没有任何一种理论能解释查伽夫的实验、分析结果，但查伽夫的实验却清楚地说明了核酸和蛋白质一样，也是一种结构复杂的独特化合物，它在生命活动中的作用很值得研究。史料上说，查伽夫的研究成果使当时科学界对DNA的看法起了革命性的变化。

第十一回：

赫尔希放射性标记噬菌体，蛋白不是遗传物质被证明

1950年诞生的查伽夫定则虽然使当时人们对DNA的看法起了革命性的变化，但直到1952年赫尔希和蔡斯发表了他们的噬菌体相关研究结果之后，科学界才开始认真地看待DNA是遗传物质这一问题。

赫尔希（右）和蔡斯（左）
（引自复旦大学精品课遗传学课件）

赫尔希（A. D. Hershey，1908—1997），美国科学院院士、美国文理学院院士。1908年12月4日生于密歇根州奥沃索。1934年获密歇根州立大学博士学位后到华盛顿大学任教，1950年到纽约州冷泉港实验室工作。曾任华盛顿大学讲师、卡内基研究所遗传学部主任等职。1969年与德尔布吕克和卢里亚分享了诺贝尔生理学或医学奖。1975年退休。1997年逝世。

蔡斯（M. Chase），有文说是赫尔希的助手也有文说是赫尔希的学生，仅此而已。看官们看看上面那些个科学家照片，不是怪怪的古董绅士就是怪怪的大胡子，好不容易看到个秀丽端庄的蔡女士，洒家好想为她多写两句。查不到，好无奈。

赫尔希从1943年开始研究噬菌体。1952年赫尔希和蔡斯发表了他们以噬菌体为材料的实验结果，无可辩驳地证明蛋白质不是遗传物质，DNA才是遗传物质。

看官们会问，什么是噬菌体？没听说过。

细菌大伙都知道，有些细菌能侵染动物、植物或人，使之生病或死亡。那有没有能侵染细菌的东西呢？

有的，病毒就能侵染细菌。病毒比细菌小很多很多，再高级的光学显微镜也看不到病毒。病毒要用电子显微镜才能马马虎虎地看个大概。病毒有很多种类，一些病毒会使动物、植物或人类生病，但有一些病毒专门侵染细菌，是细菌的病原体，叫做噬菌体。

病毒很特别，它介于生命和非生命的分水岭上。说它有生命是因为被病毒感染后，病毒会在寄主体内疯狂繁殖使寄主生病以致死亡。说它没生命是因为大多数病毒缺乏所有的酶，不能独立代谢，不能在体外诸如在试管里的人工培养基上自主生长。病毒只有在进入活细胞之后才能利用活细胞提供的原料进行复制，在外界或非寄主上都不能自主生长和繁殖。

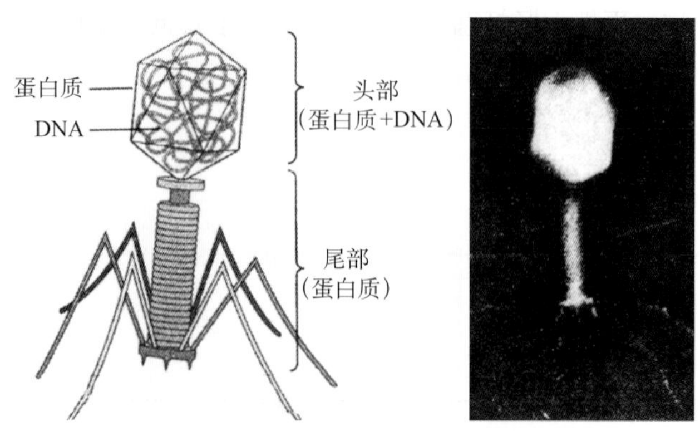

T噬菌体模式图（左）和电子显微镜照片（右）
（引自D.L.Hartl和E.W.Jones，*Genetics*）

病毒构造特别简单，只有两个组分：蛋白质的外壳和包在外壳里面的核酸。

赫尔希和蔡斯实验用的是一种专门侵染大肠杆

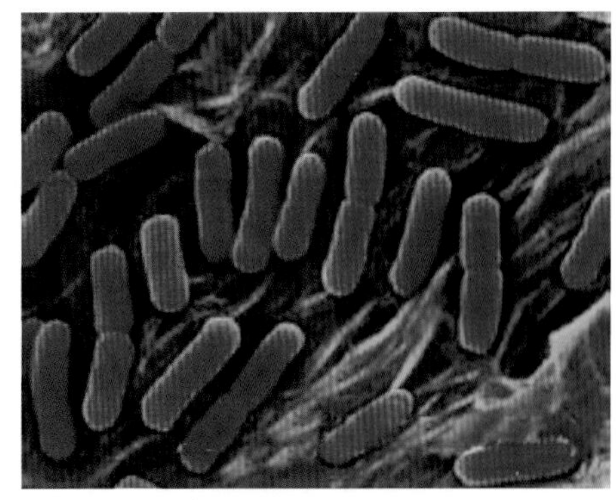
大肠杆菌扫描电镜照片
（引自百度百科）

菌的病毒，叫T_2噬菌体。这幅噬菌体图和照片都被超级放大了，为的是让看官们看得清楚，实际上它比大肠杆菌小很多很多。

大肠杆菌是人和很多动物肠道中的共生菌，它能发酵多种糖类并产酸、产气，还能合成一些维生素和抑制肠道内有害微生物生长，正常栖居对动物和人无害。大肠杆菌不仅与我们日常生活关系密切，还很容易被人工培养，现今已成为生物学和分子遗传学上的重要实验材料。

据文献记述，跟摩尔根在果蝇诱变实验之前不大相信孟德尔的3：1定律一样，赫尔希对DNA是遗传物质也曾相当地怀疑。一位叫安德森的同仁曾记述了在冷泉港实验室里同赫尔希讨论时，赫尔希曾把“只有病毒的DNA进入寄主细菌细胞并在里面像转化因子一样改变了细菌的合成过程的可能性”认作是“极其滑稽可笑的”。而他和蔡斯的实验结果则正好证明了这个笑话不仅不好笑而且是铁一般的事实。

赫尔希和蔡斯实验原理很简单。

因为噬菌体简单到只有两种组分：蛋白质和DNA。

因为DNA富含磷而不含硫：DNA每个五碳糖都由磷酸基团与另一个相连，形成一超级长的长链，故DNA分子内有很多磷原子。五碳糖及其上面连着的4种碱基分子上都没有硫原子。

因为蛋白质含有硫而不含磷：蛋白质是由20种氨基酸连接成的一条超级长的长链，20种氨基酸中有两种氨基酸是含硫原子的氨基酸，故蛋白质分子中就有很多硫原子。而所有20种氨基酸的分子中都没有磷原子，故蛋白质不含磷原子。

所以，他们设计了两组实验。一组用放射性同位素硫标记噬菌体蛋白质外壳，另一组用放射性同位素磷标记噬菌体的DNA。

放射性同位素就是把原本没有放射性的某个元素用人工方法使之具有了放射性，但其他的化学性质不变。如放射性同位素磷32（^{32}P），它的化学性质与普通的磷元素完全一样，只是具备了放射性。用于生物学研究的放射性同位素是由原子反应堆得到的，有一点小辐射，但绝不会产生爆炸。

啥是标记？就是作个记号。就跟假币泛滥的时候小孩交钱时班主任要求在钱上签个名一样，好追根溯源。用放射性同位素硫去标记噬菌体外壳蛋白就是让外壳蛋白中的硫原子都被放射性同位素硫原子取代，使之变成有放射性的蛋白质。蛋白质有没有放射性很容易用仪器设备检测出来。

可能有些人看到这儿就会被吓住。原子都要被换了，这可是超超级的高科技，咱分子还没弄明白呢，哪能搞定原子的事。

其实，放射性同位素标记过程非常简单，把细菌培养基内的含硫化合物换成含放射性同位素硫化合物，再把大肠杆菌接种在这种含放射性同位素硫化合物的培养基上，大肠杆菌从培养基中吸收的是有放射性的同位素硫化合物，新合成的所有蛋白质就有了放射性，那繁殖出的所有大肠杆菌的蛋白质就都有了放射性。再把噬菌体去感染这种带放射性蛋白质的大肠杆菌，噬菌体增殖时就只能用大肠杆菌的放射性蛋白质来装配自己的外壳，核酸分子里又没有硫原子，所以培养出来的噬菌体就是外壳蛋白有放射性、DNA没有放射性。

同理，将培养基里含磷化合物换成含放射性同位素磷的化合物，长出的大肠杆菌所有的磷原子都是有放射性的，用其增殖出的噬菌体就是DNA有放射性，外壳蛋白没有放射性。因为噬菌体只有核酸分子里有磷原子，蛋白质里没有磷原子。

赫尔希和蔡斯实验方案的最初设想是噬菌体侵染大肠杆菌只可能有3种可能方式。①蛋白质进入大肠杆菌细胞内。②DNA进入大肠杆菌细胞内。③蛋白质和DNA都进入大肠杆菌细胞内。

赫尔希和蔡斯第一组实验是用外壳蛋白质带有放射性标记的噬菌体去感染正常的大肠杆菌，随后再用震荡、离心等方法把没有进入菌体的东西洗涤掉。他们发现放射性蛋白外壳并没有进入菌体，而是被释放到菌体之外的液体里。被噬菌体感染后的大肠杆菌裂解（被噬菌体给弄死了、挤爆了）释放出的新噬菌体没有放射性。这组实验证明噬菌体侵染大肠杆菌时蛋白质外壳没有进入大肠杆菌细胞。

赫尔希和蔡斯第二组实验是用DNA带有放射性标记的噬菌体去感染正常的大肠杆菌。结果发现这些带放射性的噬菌体DNA进入了大肠杆菌细胞。

由于赫尔希和蔡斯自谦地认为他们把外壳蛋白与被感染大肠杆菌细胞分离开来的技术不够完善，例如他们研究报告中说是“有80%左右放射性标记外壳蛋白留在上清液”和“有80%以上放射性标记DNA进入了菌体”。所以他们并没有直接宣布他们的实验结果提供了DNA是遗传物质的确凿证据。

但是他们却明确地推论：“含硫蛋白质对噬菌体的增殖不起作用，而DNA则有某些作用。”“用物理方法把噬菌体T_2分离成遗传和不遗传两个部分是可能的。”

赫尔希和蔡斯虽没有直截了当地说DNA是遗传物质的实验证据你非信不可，但其实验方法和实验结果却使读过这篇论文的人全都心知肚明。此后很多人便开始比较认真地看待DNA是遗传物质的这种可能性了。

虽然也有一些科学家认为应当谨慎地解释赫尔希和蔡斯的实验资料，但幸运的是他们所在的科学研究社团——噬菌体研究小组的成员却是从老板到年轻人全都赞同这一成果。尤其是那个进入到这个噬菌体研究小组圈内才一年的美国人、后来得了诺贝尔奖的博士后沃森，他认为这一成果是“DNA是主要遗传物质的强有力的新证据”。他甚至在1952年4月于牛津召开的普通生物学学会会议上鼓吹赫尔希和蔡斯实验，列举了用这些资料足以证明DNA是遗传物质的理由。

第十二回：

富兰克林X射线衍射核酸，得DNA是螺旋结构证据

另一个对DNA是遗传物质研究做出重大贡献的人物是富兰克林，这位女科学家被一些人评论为“与诺贝尔奖擦肩而过的人”和“诺贝尔奖历史上最冤屈的人”。

富兰克林（Rosalind Elsie Franklin，1920—1958），英国物理化学家与晶体学家。

富兰克林
（引自百度百科）

富兰克林1920年出生在伦敦一个富裕的犹太人家庭，1938年从伦敦圣保罗女子学校毕业后进入剑桥大学纽纳姆学院（Newnham College）学习化学。1941年大学毕业后在剑桥大学继续学习气相色谱分析。1942年，富兰克林到英国煤炭利用研究协会（British Coal Utilisation Research Association）做研究助理，研究煤炭的物理结构。1945年，她以题为《固态有机石墨与煤和相关物质的特殊关系之物理化学》的论文获得剑桥大学物理化学博士学位。1946年，富兰克林前往巴黎法国国家中央化学实验室（Laboratoire central des services chimiques de l’ & Eacute;tat），进行X射线晶体衍射的学习和研究。

什么叫X射线衍射？这是研究分子结构的一种方法。其原理是用一束X射线来照射晶体，由于晶体是由很多原子有规律地组合而成，X射线就会有规则地被衍射出来形成许多不同的光束，若在晶体背后放一张X射线胶片，衍射出来X射线束就会使胶片曝光形成所谓的衍射图案。由英国剑桥大学卡文迪什实验室主任布拉格爵士和他父亲所建立的衍射理论（布拉格公式）认为衍射图案的强弱和分布状态反映了晶体的分子结构，专家可以根据散射的角度推导出该晶体的原子排列状态、化学键的长度和强度等资料。

1950年，富兰克林应聘到伦敦大学国王学院，在医学研究委员会（Medical Research Council，MRC）下属的生物物理研究室工作。这个小单位的领导是物理学家蓝道尔（J. T. Randall），他指派富兰克林到X射线晶体衍射课题组。这个小组只有3个人：富兰克林、威尔金斯（Maurice Wilkins）和研究生葛斯林（Raymond Gosling）。蓝道尔给她的课题是研究DNA的化学结构。

富兰克林到实验室时，威尔金斯正在度假。虽然老板蓝道尔是让富兰克林接手威尔金斯工作并独立研究DNA结构，但威尔金斯对此并不知情。

新来的富兰克林是个博士级别的“海龟”而威尔金斯只有学士学位。富兰克林已是个训练有素、才华横溢、在国际上也有点名声的晶体学专家，她的X射线晶体衍射技术远高于威尔金斯。威尔金斯虽把持着实验设备，但他得到的衍射照片连他自己都承认比不上富兰克林。他唯一的长处只是他是这儿的老人和男人而已。由于老板蓝道尔未尽到告之职责，威尔金斯自己总认为富兰克林是老板派给自己的助手，应当协助他工作，提高他的技术。而富兰克林则认为威尔金斯不应干涉她的独立工作，因为老板并没有这样的意图。他们俩年龄相近，所以关系尴尬之极，基本上没有信息交流。

这个小组从1950年便开始研究DNA结构。样品是瑞士科学家席格纳（Rudolf Signer）赠送的小牛胸腺DNA，它干燥时呈细小的针簇状，遇潮则变成黏胶状。

富兰克林与葛斯林发现DNA有两种形态。在潮湿状态下，DNA的纤维会变得细长，称作A型。干燥时则变得短粗，称为B型。富兰克林去研究A型，B型则由威尔金斯研究。

1951年，富兰克林得到了清晰的DNA X射线衍射照片。11月中旬，在一间无名称但明显老旧的报告厅里，富兰克林就她的DNA X射线衍射研究进展进行了15分钟演讲。那个刚来英国不久，后来因提出DNA双螺旋结构学说而获诺贝尔奖的美国人沃森去听了富兰克林这个学术报告，这个年轻的美国人正值对异性充满欲望的年龄，眼前那位貌美如花的富兰克林让沃森都有点心猿意马了。他说，“我在听她报告时甚至还跑了一会神，竟然突发好奇地想，如果她摘掉眼镜，再弄个新潮点的发型看起来该是什么样子。”但在此前，他的搭档，物理学家克里克已经对他进行了长达6周的X射线衍射原理的“再教育”，沃森是个训练有素的生物学家，富兰克林在报告中虽然只字未提DNA结构模型，但沃森已经能够意识到富兰克林报告的关键——她所展示的、新的X射线衍射照片支持DNA具有螺旋结构特征。

各位看官，可不要以为是洒家拿沃森来穷开心。上面带引号的句子全是沃森同志在他自己写的书里“主动坦白交代”的。

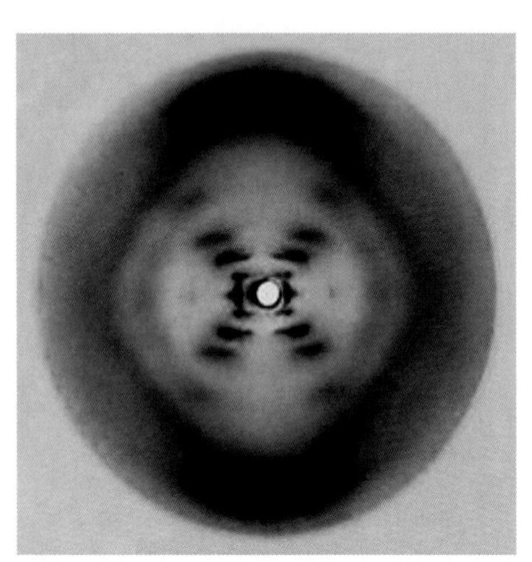
X射线衍射照片
（引自百度百科）

1952年5月，富兰克林与研究生葛林斯一起获得了一张B型DNA的X射线晶体衍射照片，即著名的“51号照片”，它曾经被尊称为X射线晶体衍射先驱之一的贝尔那尔先生（John Desmond Bernal）形容为“几乎是有史以来最美的一张X射线衍射照片”。由于A型DNA结构的数据尚不足以支持螺旋结构，富兰克林并未立刻发表研究结果，她把研究的焦点转向了A型DNA。

这张著名的照片在现今书上、网络上被转载，但估摸着也没有几个人能看懂这种类似于抽象派涂鸦般的图片。洒家没学过X射线衍射也不敢说看懂二字。但沃森同志肯定是看得懂的。他在自己编的书里这样解读：中部那些短黑条条们组成的那把虚线大叉叉（X）是表示DNA分子是螺旋状，上部和下部那两大块黑色表示DNA的碱基是很规则地相邻叠加并与该螺旋的轴垂直。

除了晶体衍射照片之外，1952年11月，富兰克林也拿出了一份报告，其中说明A型DNA的对称性，意思是DNA的结构即使翻转180°之后看起来还是一样。克里克则认为这就显示DNA拥有方向相反的两股螺旋，但富兰克林本人当时并不这样看。此外，富兰克林的这篇报告也提供了磷酸根之间的距离以及它们在DNA上的位置等测量数据。

洒家唠唠叨叨地写这么多就是要告诉各位看官一个惊天的秘密。

DNA的双螺旋结构是由富兰克林发现的，不是拿了诺贝尔奖的沃森，也不是他的大伙伴克里克！

据有些文章说，富兰克林曾经在笔记上构思过DNA的化学结构，还曾画出过一个螺旋形图样，但她却深信DNA不是螺旋结构，甚至还当着沃森和克里克的面反对他们的螺旋理论。

富兰克林你也有过错。

一是你死得太早了，是不是因为你长得太漂亮了，应了中国自古红颜皆薄命这句话？难道这话也是放之四海而皆准？是不是科学家都应该长得怪里怪气、走路都要撞到树上去的那种德行？

二是谁让你不发表DNA结构猜测呀？你也曾构思过，你的照片被别人都看出“螺旋”了，可你咋就没看出来呢？谁叫你不去争优先权、专利权什么的呀？

三是你可能并没有意识到DNA分子结构的重要意义，并没有意识到依据此结构就可进一步解释基

因自我复制能力，这对生命科学有多么巨大的影响，要不你咋会自动离开这个能拿诺贝尔奖的是非之地呢？

1953年3月，富兰克林离开了国王学院，到伦敦大学伯贝克学院（Birkbeck College, University of London）工作。她并未带走之前的研究成果，沃森及伙伴们如释重负，弹冠相庆“黑暗女士”富兰克林离开。

后来，富兰克林专注于烟草花叶病毒、小儿麻痹病毒研究，并于1955年完成了烟草花叶病毒结构模型，此图至今在各种教科书中仍被广为引用。此外她也研究过病毒对植物，包括马铃薯、芜菁、番茄与豌豆的感染，以及烟草花叶病毒中的核糖核酸（RNA）等。

很不幸，1956年富兰克林在美国发现腹部长了肿瘤。

太令人惋惜了，1958年4月16日富兰克林因卵巢癌和支气管肺炎病逝于英国伦敦，享年仅38岁。

2002年，为了纪念富兰克林对发现DNA结构的贡献，英国皇家学会设立了“富兰克林奖章”。奖励像富兰克林那样在科研领域做出重大创新的科学家。此奖项每年评选一次，奖金3万英镑。尽管男、女科学家都可以角逐富兰克林奖章，但英国政府希望该奖项能够提升女性在科研领域的形象。

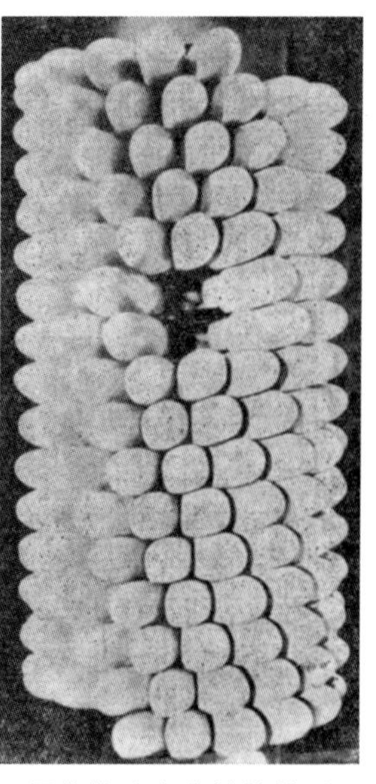

烟草花叶病毒结构模型
（引自弗朗克·康拉《病毒的结构与功能》中文译本）

2003年，为纪念富兰克林和威尔金斯，伦敦国王学院将一栋新大楼命名为“富兰克林—威尔金斯大楼”。沃森亲临揭牌仪式并发表了演讲，他在演讲中承认，“富兰克林的贡献是我们能够取得这项重大发现的关键因素。”克里克也在一篇纪念发现DNA结构40周年的文章中说过：“富兰克林的贡献没有受到足够的肯定，她清楚地阐明两种形态的DNA，并且定出A型DNA的密度、大小与对称性。”克里克还说过：“她离真相已经只有两步。”

富兰克林—威尔金斯大楼
（引自uker.net）

第十三回：

跨专业小沃森牵手克里克，无直接实验建金螺旋模型

各位看官，白话到这里，DNA的结构仿佛已经是呼之欲出，就好比一桌高档宴席各种原料都已配齐，就等大厨上灶了。DNA分子结构的大厨就是鼎鼎大名、获得了1962年诺贝尔奖的、分子遗传学的奠基人沃森和他的哥们克里克。

咱十几亿人忙活了60多年，辛苦得很，累死了几代人也没能获得上诺贝尔奖。按照国人对科学家的描写模式，沃森和克里克肯定也是辛苦得很，做了无数的实验、经历了无数的挫折，数年如一日地趴在实验台上，经历了无数多个不眠之夜之后，才呕心沥血地写出了几万字甚至几十万字的论文，才拿到了诺贝尔奖的吧？

看官，你想错了。看官说的这些中国作家描写科学家的常规，这哥俩一样也没有，洒家也不敢去瞎编。

这两个人去抢诺贝尔奖的论文也就一页纸、几百个字，具体的实验么，更是没做过一个。但当时年轻人热衷的玩意儿他俩倒是一样都没落下过。就连那些西方上层人士最不屑的“毛病”，如在公众场合大声嚷嚷、漫无边际的高谈阔论等，有个家伙也常常地、不停地犯着。他时常搞得实验室里笑声如雷、躁动不安，时常弄得那位身为实验室主任的爵士大人心烦意乱、躲都没处躲。

这俩人是靠什么去拿下诺贝尔奖的呢？

告诉各位，靠的只是脑袋瓜，靠的只是想象力，而已。

啊！

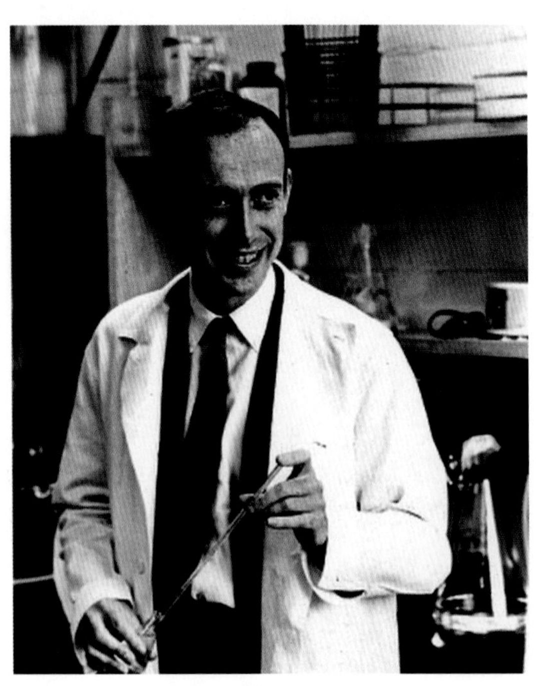

沃　森

（引自冷泉港网站cshl.edu）

看官们，都请冷静。洒家没喝酒，你也没看花眼，这些事都是真真的，长了点见识吧？有成就的科学家并不总是像有些作家描写的那种怪样子，他们跟看官们一样也有七情六欲，普普通通的，既没有三头六臂，又没有火眼金睛，他们只不过是抓住了机会，把自己的长处充分发挥了出来，而已。

沃森（Jamens D. Watson，1928—），美国科学院院士，1962年诺贝尔生理学或医学奖得主之一。沃森1928年生于美国芝加哥，目前还健在。

1943年，沃森才15岁就考入芝加哥大学动物系，19岁就拿到学士学位。毕业后他本想去加州理工学院或哈佛大学读研究生，无奈未被人家相中，就到了印第安纳大学研究生院，成了卢里亚（Salvador Luria）教授的开山弟子，研究X射线辐照对噬菌体增殖的影响。沃森1950年获博士学位，从本科到博士都在生物学研究领域，是位训练有素的生物学家。沃森15岁上大学，22岁取得博士学位，拿中国人的眼光来看，这孩子可真够聪明。

沃森的导师卢里亚热衷于研究噬菌体，目的是希望通

过研究这种被称为“赤膊基因”的、最简单的生物——病毒来搞清楚基因是怎么来控制遗传的。卢里亚认为，只有当一个病毒（或基因）的化学结构完全清楚之后，才能得到真正的答案。

他认为欧洲的科学家比美国同行更富科学想象力，而他自己已无力再去重新学习化学了，像沃森这种才华横溢的年轻人应该去欧洲再深造。

所以，沃森1950年博士毕业后，就被卢里亚介绍到丹麦哥本哈根大学克尔卡（Herman Klckar）教授实验室做博士后，以提升沃森的生物化学水平。

克尔卡是研究核酸化学的生物化学专家，但他对基因和遗传没啥兴趣。沃森也看不出克尔卡搞的核苷酸代谢与遗传有什么关系，没兴趣也就难得做出名堂来。很可能因为沃森是拿着美国的、类似于今天中国的博士后基金一类的钱到他那儿去的吧，克尔卡教授又很有教养，倒也不大在意沃森是否整天都待在他的实验室里。据说当时克尔卡教授的婚姻出现问题，正在闹离婚，大概也没心思去管他吧，沃森就经常跑到另一个实验室，花了3个月时间，做了些噬菌体实验，以沃森自己的话来说，获得的数据足以发表一篇不错的论文。

在丹麦期间，沃森曾随导师克尔卡一起访问了意大利那不勒斯动物学实验站。在那里发生了一件对他影响重大的事情，没这件事恐怕沃森就会无缘1962年诺贝尔奖了。

沃森在那里偶遇了一个生物大分子的学术会议，会上他听了英国剑桥大学卡文迪什实验室威尔金斯有关DNA纤维X射线衍射研究的报告。沃森想，这DNA居然能被结晶，那就能能用简单方法测定它的规则结构。于是乎沃森突然之间对化学产生了很大的兴趣，期望能去做DNA X射线衍射研究，但那时威尔金斯对他很冷淡。为了能到晶体学实验室工作，他决定延长在欧洲的游学。

经过他的美国导师卢里亚周旋和他的先斩后奏，他于1951年进入英国剑桥大学卡文迪什实验室（Cavendish Laboratory），在佩鲁兹（Max Perutz）教授手下做蛋白质结构研究。到这里来，他才有缘与“一位懂得DNA 比蛋白质更重要的人”——克里克相识，并合作完成了获得诺贝尔奖的DNA分子结构研究。

1953年沃森回美国。1953—1955年在加州理工学院，1956年到哈佛大学，先后任助理教授和副教授，1961年升为教授。1968年起任纽约长岛冷泉港实验室主任，主要从事肿瘤方面的研究。

克里克（Francis Crick，1916—2004），英国人，生物学家、物理学家、神经科学家。1962年诺贝尔生理学或医学奖得主之一。

克里克
（引自csxsxx.com）

克里克1916年6月8日生于英国北汉普顿市。上中学时克里克就对科学充满了热情，好问为什么，他的物理和数学成绩很好但化学成绩一般，因而家人都认为他有点儿偏科，兴趣有点儿狭隘。克里克1933年到英国伦敦大学读物理学专业，1937年获学士学位。随后在物理学教授安德拉德（E. N. C. Andrade）门下读研究生，研究水在高压状态被加热后的黏度变化。

1939年第二次世界大战爆发，他的物理学研究生学业被迫中断。与许多热血青年一样，他投笔从戎，到位于特丁顿的英国海军部研究所水雷设计部工作，主要是研究音响磁性水雷上磁性材料的连接技术。

第二次世界大战后在伦敦海军部工作期间，克里克读了著名理论物理学家薛定谔（Erwin Schrödinger）写的《生命是什么》一书后，他确信基因是活细胞的关键组分。他认为要知道生命是什么就必须了解基因的行为，他认定用物理学和化学的概念就能以精确的术语来思考生物学的基本问题。所以，他决意转行搞生物学。

1947年，从海军退役后，克里克在英国医学研究协会和自己家族的资助下，进入剑桥大学的斯坦格威斯研究室，在学习生物学、化学等相关基础课程的同时从事细胞内小磁粒运动研究。在此期间他得知剑桥大学卡文迪什实验室正在组建一个用X射线晶体衍射方法来研究蛋白质分子结构的课题组，他申请转入这个课题组获成功并于1949年转到卡文迪什实验室在佩鲁茨（Max Perutz）教授门下读博士。1954年以《X射线衍射：多肽和蛋白质》为题的论文获得博士学位。此后20多年，克里克一直在剑桥大学任教。

1976年，60岁的克里克从剑桥大学退休，随后应邀到美国圣迭戈索尔克生物研究院担任教授。圣迭戈市是美国生物技术产业的中心之一，被称为美国的生物滩，与硅谷构成了美国西部两大高科技中心。在这里，克里克的研究转向脑科学和意识，做的事情更是达到了惊世骇俗的超前高度，他最后的研究课题是用科学来证明人的灵魂是否存在。2004年7月28日克里克因结肠癌病逝于圣迭戈，享年88岁。

各位看官可曾注意到，这二位大科学家在到卡文迪什实验室之前都没有啥可圈可点的闪光点。也就是能考上大学、能考上研究生啥的，一般般的聪明人，而已。这与你身边那众多的、毫无名气的年轻的博士、硕士们没什么两样。

他们学术生涯的重要转折是1951年沃森与克里克在剑桥大学卡文迪什实验室的相遇。当年，沃森是一个23岁的生物学博士后，克里克已经35岁，正改行读生物学博士。二位仁兄虽在年龄、性格、专业背景之间存在很大差别，但他们都在做着蛋白质晶体结构的研究工作，他俩也都是在读过薛定谔的《生命是什么》一书后，对基因的本质激发出了不一般的研究兴趣。

英国剑桥大学

沃森和克里克时代的卡文迪什实验室
（引自 csxsxx.com）

沃森生物学基础扎实，是训练有素的生物学家。克里克虽是由物理学家改行，但他深信运用物理学和化学的科学概念和精确的术语重新思考生物学的基本问题定会有好成果。克里克思维敏锐、见解一针见血，不停顿地思考与提出理论性见解是他最大的嗜好。沃森说，“他掌握别人的资料，并使之条理化的速度之快，令人倒吸一口凉气。”

事后的评论都认为俩人的知识和性格超级互补，才能获得划时代的成功，很多史料都说他们俩是相互吸引、一拍即合。

当时有关DNA的研究基础可归结为如下3条。

①已经知道DNA是大分子，是由五碳糖，4种被称为C、T、A、G的含氮碱基和磷酸根基团等6种零件构成的。

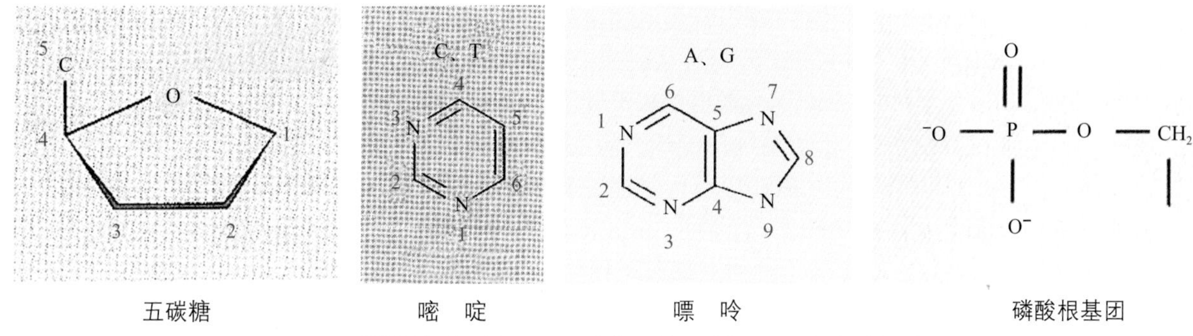

五碳糖　　嘧　啶　　嘌　呤　　磷酸根基团

（引自Eberhard Passarge，*Colore Atlas of Genetics*，2nd editions）

看着这些分子结构式，洒家知道，可能有人会有点头大、晕菜。

看官们不必害怕，洒家告诉你，把它们都化繁为简后就太简单不过了。

只要记住五碳糖是个五边形，有一个碳原子在五边形左边棍上挑着呢。

C和T这两个嘧啶类碱基都是一个蜂巢状的六边形，都是“单间房”。

A和G这两个嘌呤类碱基的形状与嘧啶类大不一样，是两格蜂巢靠在一块，一个六边形再加一个五边形，比C和T要“宽”得多，都是“两间的套房”。

要看懂分子遗传学这就足够了。其余的，啥双键、单键，各个原子上又连着什么，洒家都统统给省略了，看官们就别去管它们，洒家也从不用这些去考学生。为啥呢？什么键能、键角、碱基间的引力、距离、原子间连接什么的等细节别人早就给搞得门清。诺贝尔奖都拿过几十年了，死记那些东西已经没啥油水了，还是留着精神去思考别人还没想过的问题吧。实在没啥新的可想，去操场跑一身臭汗，野蛮一下体魄也比背这些死东西弄得头昏脑涨的好点。

②当时，英国利兹大学的阿斯特伯里（W. Astbury）等的X射线衍射分析资料已表明，DNA是由许多亚单位叠合在一起组成的，叠层间距是0.34纳米。DNA是一个长链大分子，在整个分子线性结构中，分子的直径是恒定的。虽然这位老兄当年是想用他的研究结果来“顶”乐文尼的四核苷酸假说，但DNA具有晶体结构的结论却是十分地清楚。

③1950年，“查伽夫定则”已经发表，也就是查伽夫已经探明DNA分子中4种碱基的比例是（A＋G）：（T＋C）＝1：1和A：T＝1：1，G：C＝1：1。可笑的是，这两位要开展DNA分子结构建模研究的生物学博士沃森和克里克居然都没读过这篇重要的文献，直到1951年查伽夫造访剑桥，沃森和克里克在与他见面后才知道了查伽夫定则。此后他哥俩还与查伽夫多次见面，但直到他们提出DNA双螺旋模型之前也从未正视过这个查伽夫定则。

不过重视也罢、忽视也罢，摆在沃森和克里克面前的已经明确的研究基础也就这些。

当时是不是还没有人去研究DNA的分子结构问题？

绝不是的！

伦敦大学国王学院的富兰克林和威尔金斯正在用X射线衍射研究DNA的分子结构。

鲍　林
（引自诺贝尔奖委员会官网）

被沃森称为“传奇般的化学家”的美国加州理工学院的鲍林教授（Linus Pauling，1901—1994）是一个很有成就的量子化学家，蛋白质的阿尔法（α）螺旋结构模型就是他提出的。当时鲍林已经转入DNA分子结构研究，但他只是把DNA当作普通化合物，而不是遗传物质来研究。不过鲍林这人还真是非常了得。他拿过两次诺贝尔奖：1954年的诺贝尔化学奖和1962年的诺贝尔和平奖。全世界就只有4位这样的超级科学家。

当然还有其他人也在研究DNA分子结构，没什么名气的咱就不啰嗦了。反正那时什么单链说、双链说、三链说、四链说……说啥的都有，但还没有一种能完美地解读DNA分子结构和遗传之间的关联，没有一种能得到科学界公认。

沃森在剑桥大学卡文迪什实验室的正式研究课题是纯化和结晶肌红蛋白，克里克研究课题是血红蛋白的分子结构。这俩人一个是受制于人的被雇用者、一个是正在为博士论文焦头烂额的研究生，都必须首先要做老板布置的工作。所以他们研究DNA分子结构只是业余的。

沃森与克里克第一次尝试排列DNA的螺旋结构是在1951年冬天，刚到卡文迪什实验室不久，在听了富兰克林那15分钟的DNA X射线衍射研究进展学术报告之后。

他们根据当时所获得的资料分析，首先否定了单链和四链方案，认为应该是三链或双链。他们第一个模型是听从了威尔金斯的意见，搞三股螺旋模式。是用今天类似幼儿园插接玩具的方式，用卡文迪什实验室一年半前搭建蛋白质三维模型的模块凑合着搭建的。完成之后，沃森与克里克曾经邀请富兰克林、威尔金斯与葛林斯参观他们的三股螺旋DNA结构模型，富兰克林在看见这个模型之后，提出许多批评意见，不仅反对DNA螺旋结构，还特别指出DNA里亲水的磷酸基团应该在表面，而疏水的碱基应该在内部。他们搭建的模型正好相反，磷酸基团和五碳糖的骨架在内，碱基朝外。因为沃森认为把体积有大有小的碱基们放在螺旋里面实在是太难处置成"直径恒定"，而放在螺旋外面就好办得多。

布拉格
（引自诺贝尔奖委员会官网）

这些尖锐的批评曾使卡文迪什实验室主任布拉格（Lawrence Bragg，1890—1971）爵士的面子都有点挂不住了。再说不久前克里克又公开说布拉格爵士某篇论文的理论是偷他几个月前的创意，把爵士大人闹得很不愉快，大伤脑筋。布拉格当时就想着让这个刺头早点写完博士论文毕业离开。于是乎，爵士主任下令沃森与克里克停止DNA结构建模研究。

这位布拉格爵士主任是个非同一般的人物，他是诺贝尔奖史上最年轻的得主，在25岁时就和他父亲一起因建立晶体X射线衍射理论而获得1915年的诺贝尔物理学奖。他手下的卡文迪什实验室也是非常了得，实际上就是英国剑桥大学的物理系，这个实验室一共出过29位诺贝尔奖得主。当真是厉害!

沃森和克里克的DNA结构建模首次尝试遭此打击后便告停止，他们把装配好的模型及零件送给了伦敦国王学院的威尔金斯和富兰克林，希望威尔金斯和富兰克林能够继续制作DNA结构模型。但是，据说威尔金斯和富兰克林从未使用过这些东西，因为他俩都不看好用这种方法来解决DNA结构，尤其是特看重具体试验的富兰克林，她认为解决DNA结构需要的是更多更精细的纯晶体学实验而不是去摆弄那些"幼儿玩具"。

DNA建模研究虽被大老板叫停，但沃森并没有停止对DNA结构的思考。他想，DNA的X射线衍射数据与二、三、四条链结构都能符合，单链和四链方案已经被他和克里克否掉了，被老板叫停的三链碱基在外的模型也栽了跟头，是死路一条。沃森是学生物的，他自然熟知成双配对是生物界的基本现象。体细胞内染色体都是成对的，雌、雄两种性细胞内染色体又都是单个的，受精后又变为成对的，生物学知识的直觉使沃森感到DNA应该是两条链结构才对，于是他开始构思两条链的DNA结构模型。

此时的沃森和克里克已认同了富兰克林有关磷酸和糖的骨架应该在螺旋外面、碱基应该在里面的结

构，但这4种碱基大小不一，在里面如何排列就大伤脑筋。一开始，沃森构思的模型里是同种碱基自配对的方案，即A跟A配、T跟T配、G跟G配、C跟C配。上面白话过，C和T是“单间房”、A和G是“两间的套房”，这样一来，DNA螺旋在AA、GG自配时对加起来有“四间房”宽，CC、TT自配时加起来才就只有“两间房”窄。如果这样配对，DNA分子就是一会儿四间房粗、一会儿两间房细的。这显然与阿斯特伯里“DNA分子线性结构中，分子的直径是恒定的”X射线衍射分析资料不相符。

那么这些个碱基要怎么配对才行呢？这不仅要考虑两条磷酸和糖的骨架之间的空间距离，还要考虑碱基之间原子如何以某种化学键的形式彼此结合成稳定状态才行。因为DNA是遗传物质，它必须要能显示出某种规律性的东西来实现多样性的遗传功能，如果就像往桶里装东西一样，把这些碱基们横七竖八地塞进去，绝对不行。

他们也去研读了本化学键的专著，但他俩的化学和数学知识加在一起都不足以弄出个头绪来。1952年6月，沃森和克里克在一次跟剑桥大学年轻的理论化学家格里菲斯（John Griffith）闲聊中谈起了DNA的复制问题，克里克认为DNA的复制与碱基平面间吸引力有关，他们还谈及碱基如何搭配才能使分子趋于最稳态等问题。巧的是格里菲斯这人对基因复制问题也颇感兴趣，他答应用量子力学和化学键理论来计算不同碱基间的吸引力。不几天，格里菲斯告诉他俩，计算表明A吸引T，G吸引C。克里克立刻就想到，甲吸引乙、乙吸引甲这种相互的专一性配对就能够解释DNA双链的复制。他激动地告诉格里菲斯，沃森最近曾对他说起过查伽夫的一些古怪的实验结果即上面白话过的A∶T＝1∶1，G∶C＝1∶1。格里菲斯的理论计算结果激起了克里克对查伽夫指出的等量碱基对规律的一点重视，但他仍不懂得其中的奥妙且还心存疑虑，沃森也仍然陷在同种碱基自配对的泥潭之中。

他们的竞争对手、大化学家鲍林教授这段时间也没闲着。鲍林的儿子彼得也来剑桥卡文迪什读博士，跟沃森他们几个共用一间办公室，彼此相处得相当不错。1952年12月彼得收到一封家信，鲍林在信中对儿子说他已经搞出了一个DNA结构模型，但详情未告。他立即将信给沃森和克里克看了，这使英国的这帮人大为紧张。1953年2月初鲍林把他DNA结构模型文章的副本寄给了他的儿子彼得和卡文迪什实验室主任布拉格，彼得又立马把它给了沃森和克里克。结果鲍林的DNA结构模型与沃森和克里克先前被布拉格叫停的三股链模型几乎同出一辙，而且一个大人物居然还犯了些基本化学常识的错误，这使沃森和克里克松了一口气，这个最具威胁的诺贝尔奖争夺者搞错啦！只要文章一发表，全世界都会知道鲍林的错误。

就在这节骨眼上，威尔金斯向沃森透露，去夏以来富兰克林已经证实DNA分子在水中会出现一种新的三维构型，并在富兰克林不知情的情况下，私自把富兰克林拍摄的那张著名的、所谓B型DNA X射线衍射的51号照片（见第十二回）给沃森看了。

据沃森自己讲说，他“一看照片，立刻目瞪口呆，心跳加快”。因为只有螺旋结构才会出现交叉形的黑色线条，只要简单的计算就能确定分子内有多少条链。看来把骨架放外面、碱基放里面是正确的，而此前他和克里克居然还心存疑虑。沃森赶紧去打探威尔金斯有关B型DNA X射线衍射照片的后续研究，威尔金斯告之他们正在此基础上研究三链模型。在去饭馆晚餐的路上，沃森不无担心地对威尔金斯说，鲍林虽然犯了错但鲍林不是傻瓜，他实验室里也有人在搞X射线衍射试验，如果他们也拍到B型DNA的X射线衍射照片，最多一周鲍林就能把DNA结构模型搞出来。

在回剑桥的火车上，沃森在报纸的空白处开始设想着画B型结构图，下火车回到剑桥校园时，他已决定要制作双链DNA模型。沃森想克里克一定会同意，克里克虽是学物理出身但他已经懂得成双成对在生物体内不仅十分普遍而且非常重要。

第二天一上班，沃森赶紧去办公室向自己导师佩鲁兹教授汇报，正巧实验室主任、大老板布拉格爵士也在场。沃森连说带画图地把他构思的B型DNA螺旋结构的细节进行了讲解，他还趁机把鲍林已提出的DNA模型及弄错了方向的事进行了渲染，特别指出咱英国这边在DNA模型上的不作为，就有可能冒再让鲍林去作一次尝试、让鲍林争得第一的风险。沃森心里很清楚，如果鲍林要能看到这张51号照片，剑桥的人就彻底没戏了。大老板布拉格爵士听完之后不但没有异议，还鼓励沃森把DNA模型继续搞下去。这就是说，布拉格主任实际上解除了他以前的禁令，沃森和克里克就可以全力以赴去研究DNA螺旋结构模型了。看来，布拉格爵士还是希望能由他手下的人争得第一。

一开始，克里克认为现有的实验证据还不能确定是双链还是三链，两种模型都要搞。沃森不想跟他争论，坚持只搞双链模型。因为各个元件模块尚未被加工车间全部制作出来，结果搞了好几天也没弄出个像样的东西来。

加工的磷酸基团和糖等零件到了之后，沃森花了一天半时间先搭建了个磷酸和糖的骨架在内的双链模型，但怎么看都还不如先前他们俩搞的那个三链模型完善。于是第三天早上就将其拆毁，随即开始搭建磷酸和糖的骨架在外的双链模型。沃森摆弄，克里克一边看模型一边计算，哥俩搞了将近一周才把磷酸和糖骨架的构型弄得差不多，之后就陷入了停顿状态。此时沃森花了很多时间去打网球，常常是网球一打就半天，弄得克里克干着急却又无计可施。

但沃森自己说他其实一刻也没有忘记这些碱基们，就连看电影时都在想。沃森认为，若不能解决碱基在模型中的正确位置，光是折腾磷酸基团和糖的骨架不可能有真正进展。

但沃森此时仍在同种碱基自配对思路中徘徊，他甚至思考过一对同种碱基旋转180°以氢键相连的方案，但就这样“扭”也不能完全解决同种碱基自配对时DNA螺旋一会粗一会细的问题。此时，使沃森冲诺贝尔奖研究思路发生重大转折的另一个贵人出场了。

一天，沃森在办公室里和来自美国的晶体学家多诺霍（Jerry Donohue）谈起了他的同种碱基自配对思路。多诺霍看后指出他的设想根本不能成立，他认为沃森从那本化学教科书中引用的这些碱基的异构体的结构式就不对头。正确的碱基异构体应该是“酮式”而不是沃森当时正用着的“烯醇式”。

啥是酮式、烯醇式？洒家不想为难看官们去复习那些让人头昏眼花的有机化学，只要知道有机分子广泛存在着“同分异构”现象，即同一种分子所包含的那些原子的空间连接的位置可能会有不同，某种特性也可能有点区别，但其分子式即各种原子数目都是一样的。

具体到沃森正在摆弄的这4种碱基，不管是酮式还是烯醇式，骨架的模样还是跟前面图中的一模一样。但前面图中的那些“房间”外面有些角上实际还连接着原子或基团，洒家为了简化把它们都省略了。尽管同一种碱基的酮式或烯醇式的原子总数都一样，但这两者间氢原子在外角上分布位置不一样。这就是说什么酮式、烯醇式，其区别就是“房间”外角上挂着的那几个氢原子的位置不同。

那氢原子位置有点不同又有啥关系，分子式不是一样的吗？

不，那关系大了去啦！前面白话过了，这螺旋里的碱基不是跟往桶里装东西一样倒进去就可以，这些碱基间是要靠一种叫“氢键”的化学键将它们彼此相连才行。氢键、氢键，没有氢原子何以叫做氢键？顾名思义要形成氢键就一定要有氢原子，沃森把氢原子在碱基上的位置弄错了，所以才能把同类碱基东扭西拉地扯在一起。多诺霍的话实际上就是告诉沃森：按老弟你的方案，同种碱基之间根本不可能以氢键相互连接。

沃森相信他的美国老乡多诺霍绝不是在故意找茬，因为多诺霍是他所敬佩的鲍林实验室的人，6个月前才来这儿做访问学者，他和沃森、克里克及鲍林的儿子彼得4个人共用一间办公室。半年的朝夕相处中，多诺霍从不对自己不了解的事乱发议论，他在沃森心目中威望颇高，沃森还认为多诺霍是“除鲍林之外世界上最懂氢键的人”。如果不是这位结构化学家指出他俩从教科书上所引用的图片是错的，沃森还不知要在同类配对的歧路上走多久呢。

但沃森仍希望能捞到根什么稻草来拯救他的同种碱基自配对方案，因为沃森当时认为只有自配对才能解释遗传物质的自我复制问题。但克里克很快就把他的这点最后希望彻底打破，克里克的计算和测量表明同种碱基自配对方案完全不符合X射线衍射实验得出的DNA螺旋旋转一周的实测距离，螺旋旋转角度也与X射线衍射资料大相径庭。

此时的沃森沮丧之极，午饭后站在室外发呆了好几个钟头。回到办公室后已是脑子空空、无事可做。看到在机械车间定制的碱基模块尚未送来，沃森就动手用硬纸板剪了些4种碱基形状的模型，一直弄到天黑才回去休息。

第二天沃森很早就到了空无一人的办公室，用昨天下午剪的纸板碱基模型移来移去地寻找各种配对的可能性。开始他仍坚持他的同类配对，但很快便意识到这样下去不会有什么结果，同事们来上班了，他也不理会，只顾继续摆弄这些硬纸片。就在这天，沃森否极泰来，他突然发现A（嘌呤）配T（嘧啶）碱基对的形状竟然和G（嘌呤）配C（嘧啶）碱基对的形状是相同的，而且这两种配对方式都能按多诺霍指正的那样形成彼此连接的氢键！

当然，现在让全世界所有的事后诸葛亮们看来那都是单间房加两间套房，笃定都是一样的“三间套房”，咋会不一样呀？不过那时候全世界谁也没能想到这点，这才让沃森讨了个巧。

沃森马上叫多诺霍这位世界第二的氢键专家来看这两类碱基对，多诺霍表示没有反对意见。沃森立刻精神大振，以前查伽夫研究结果中老让沃森和克里克迷惑不解的、DNA分子中嘌呤的数目和嘧啶数目完全相同的谜底，才被解开。如果一个嘌呤总是通过氢键同一个嘧啶相连，那么，任何碱基顺序就可以规则地就位于螺旋的内部。而且这种碱基配对结果全部都是等长的“三间套房”，绝不会出现DNA分子忽粗忽细的问题。

同时，要形成氢键，腺嘌呤（A）总是和胸腺嘧啶（T）配对，而鸟嘌呤（G）只能和胞嘧啶（C）配对。这样一来，查伽夫定则就成为了DNA双螺旋结构的必然结果。

更令沃森兴奋的是，这种双螺旋结构还解释了DNA复制机制。A总是与T配对，G总是与C配对，这表明两条相互缠绕的链上的碱基序列必定是互补的，只要确定其中一条链的碱基顺序，另一条链的碱基顺序也就被确定了。因此，双链中每条单链都可以作为模板来合成另一条具有互补碱基序列的链，复制出跟原来一模一样的、新的双螺旋DNA。沃森感到这个方案比他曾经坚持的同类碱基配对更加合理。

克里克到办公室后仔细而审慎地听完沃森那迫不及待的讲述后被深深打动，经过对这些硬纸板模块不同方式的试搭配，也证实只有A配T、G配C才能与查伽夫定则相符。

外向的克里克在吃午饭时就向全饭厅正就餐的人大声宣布他俩已发现了生命的奥秘，而生性谨慎的沃森则多少有点不快，因为他们的模型还没有完工，只有两根弯曲的骨架立在那里。总怕再出啥意外。

几天后他们的双螺旋DNA分子模型搭建完成。大老板、卡文迪什实验室主任布拉格看后大为兴奋，他希望让有机化学家来审看以确保化学结构方面不出问题。随后，伦敦大学国王学院的威尔金斯来看过了，不但赞同模型还愉快地表示要回伦敦去测定该模型所需的数据。就连他们最担心的富兰克林也很爽快地接受了这个双螺旋模型，也没有在意沃森在她不知情的情况下看了他的X射线衍射51号照片。威尔金斯回去仅两天就电告沃森和克里克，他和富兰克林做的X射线衍射实验数据完全支持他们的模型。

在随后的日子里，一批又一批的人到这里来看这个DNA分子模型，克里克几乎每天都要讲解好几批次。虽然沃森自己说他对这种迎来送往的宣讲事务缺乏兴趣，但洒家可以肯定，遇到这样高兴而光荣的事，他心里要不乐开了花那才是鬼话。

很快，沃森和克里克的论文完稿。因为连题目在内还没写满一页纸，短短的，也实在不需要更多的时间。由于有得过诺贝尔奖的布拉格爵士写的推荐信，论文于1953年4月2日送到《自然》（*Nature*）杂志社，《自然》杂志4月23日便迅即发表了该文。图中沃森和克里克之间的大背景就是那篇攻克DNA结构难题而获得1962年诺贝尔生理学或医学奖的

In 1953, Francis and I published the first accurate model of the DNA molecule.

沃森和克里克获诺贝尔奖论文截图
（引自冷泉港网站内幻灯片）

一页纸论文，右侧靠克里克的那个转圈的梯子就是文章中原来位于左下角的DNA双螺旋模型示意图。各位看官有空不妨去读一下这篇拿了诺贝尔奖的奇文，英文的、中文的都被上传到互联网上，一搜就得。

各位看官，布拉格爵士是沃森和克里克的“单位领导”，他早就知道沃森和克里克是去与鲍林教授争夺第一的，这论文相当、相当地重要啊。他不仅仔细审查了他们的模型和论文，还为论文写了推荐信，可是他并没有在这篇论文上署名，论文中连感谢他的话都没有。还有，沃森的顶头上司，也是克里克的博士生导师佩鲁兹教授也没有在论文上署名。

沃森和克里克在论文里点名致谢的只有3个人：指出他们结构式错误的多诺霍，给他们看了未发表X射线衍射资料的威尔金斯和X射线衍射研究人富兰克林。

这篇获得诺贝尔奖的论文发表后个把月，沃森和克里克又在1953年5月30日的《自然》杂志上发表了第二篇文章，对双螺旋的遗传含义和自我复制的模式进行了再解读。至此，沃森和克里克获得诺贝尔生理学或医学奖的理论即告全部完成。

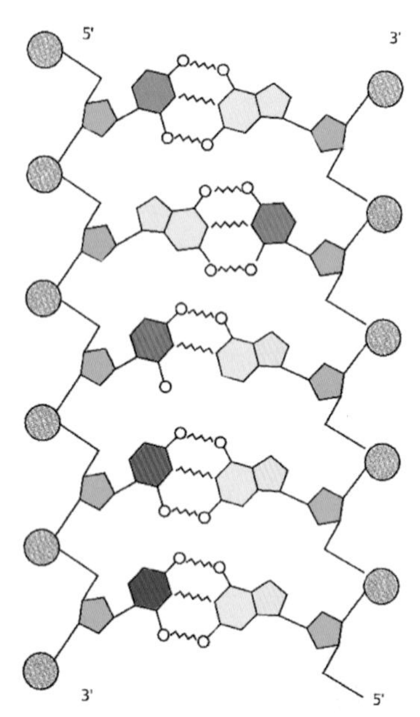

双链DNA分子结构示意
（引自Eberhard Passarge，*Colore Atlas of Genetics*，2nd editions）

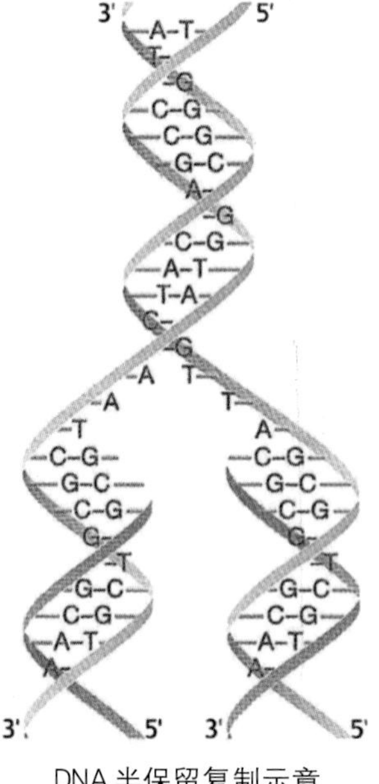

DNA半保留复制示意
（引自Eberhard Passarge，*Colore Atlas of Genetics*，2nd editions）

沃森和克里克提出的、摘得诺贝尔奖的DNA双螺旋模型的核心内容用两幅简图就可全部概括。

先看左边的双链DNA分子结构示意图。

灰色圆圈代表磷酸基团，绿色五边形代表五碳糖，棕色“单间”六边形代表两种嘧啶类碱基C和T，黄色的“双间套”九边形代表两个嘌呤类碱基A和G。

这些基团之间的实线表示以共价键彼此相连接，而波纹线则表示以氢键彼此相连接。至于共价键和氢键的定义和区别，看官们忘了没关系，也用不着去复习化学。只要记住：共价键是强化学键，键能为209.29 ～ 418.58千焦/摩尔（50 ～ 100千卡/摩尔），以它相连是很牢靠的；氢键是弱化学键，键能只有16.74 ～ 25.12千焦/摩尔（4 ～ 6千卡/摩尔），以氢键相连就比共价键要脆弱很多很多。这就足够读懂沃森和克里克获得诺贝尔奖的DNA双螺旋模型了。

这幅DNA分子结构示意图表示的是：DNA是由两条单链组成，每条单链都是碱基以共价键与五碳糖相连，五碳糖之间再由一个个磷酸基团相间以共价键串连成一条长链。两条单链的磷酸基团和五碳糖组成的骨架都在外，碱基在内，两条单链的碱基间以A配T、G配C的特定配合方式彼此以氢键相连就形成了双链DNA。这幅图是为了看清楚分子结构的原理而故意把它画成了两条链平行的平面图，但实际的模型图是像第二幅图上半部分一样，像“扭曲的梯子”似的。

第二幅图是DNA双螺旋模型自我复制的原理。

两条链之间是靠碱基间的两三个氢键相连，16.74 ～ 25.12千焦/摩尔的键能虽足以保证在正常环境下的生物学稳定性，但毕竟只有共价键键能的几十分之一，是比较容易被解链的。复制时双链逐步被解开为两条单链，两条单链各自成为新链合成的模板，细胞内周围环境中游离的4种单核苷酸（由一个五碳糖、一种碱基、一个磷酸基团组成）便会按A配T、G配C的互补原则与解开的单链上的碱基相连并重新各自合成一条新链。就这样，一边解链、一边合成新链，最终形成与原来DNA一模一样的两条DNA双链。

由于新形成的两条DNA双链中各有一条链都是来自于原来的“老”DNA，都只有一条链是新合成的，故这种复制方式就叫做“半保留复制”。

半保留复制总是按A配T、G配C互补原则，这不仅完美地解释了遗传物质的精确复制问题，也完美地解释了遗传物质能包含海量遗传信息的遗传学功能问题。

A配T、G配C，无论多长的双链，一个也不会错，极其精确。

一个生物的DNA长度很长很长，动不动就包含了多少亿个碱基对，4种碱基各种顺序和各种长度的排列组合更是难以计量，所以它们所携带的遗传信息都是超天量级、用都用不完的。以至于对有些DNA区段，连超级聪明的科学家再加上超级电脑都无法解读出它们究竟对生物体有什么功用。没用的东西通常叫做垃圾，所以科学家就姑且把这些还看不懂的DNA区段称之为“垃圾序列”。

看不懂的东西就是垃圾，这是不是也太唯心主义了点？相信很多人做梦也想把这些“垃圾”的含义给唯物出来。地球人都能知道，谁要能破译出这些“垃圾”的秘密，很可能就是另一个科学大奖的得主。

不过，这些DNA垃圾序列也实在太多了点，很多生物的垃圾序列都占了一半多。进化了几亿年的生物竟然大部分遗传物质是垃圾，真有点超乎人的想像力。为此克里克提出了一个“自私DNA”假说来解释，他认为DNA在遗传上是自私的，它总是尽量使自己扩张和膨胀，直到生物体能够容忍的地步。看官们懂得这个自私吗？

第十四回：

研究生重同位素标记DNA，离心辨轻重力挺半保留复制

看官们也许会问了：就凭上面提到的那点内容就能拿到诺贝尔奖？

科学跟法律一样都是极其讲究证据的，绝不能空口无凭。

能不能告诉咱们，沃森和克里克为他们的DNA模型提供了什么验证性实验结果啊？

有没有带对照有重复的生统分析实验数据啊？

各位看官，这拿了诺贝尔奖的超重磅级论文、双螺旋模型，这DNA的实验他俩硬是一个也没做过，这实验数据也硬是一个没有，验证性实验他俩根本就没有做。

幸运的是沃森和克里克所处的学术环境还很宽松、很有点包容性，不但文章照发不误而且从递交论文到发表仅只有区区21天。

沃森对他们的无验证、无数据、无对照的“三无论文”没有实验证据心知肚明，所用的X射线衍射数据也不足以严格地检验他们的结构模型。在写论文时沃森底气就不足，不同意按克里克方式直白而大胆地亮明观点，而是反复地感到担忧，生怕这个结构模型是错误的，所以其陈述就很是婉转，只是暗示了某些可能性，以至这篇诺贝尔奖级的论文竟被洋人评论为“科学文献中最忸怩的陈述之一”。

由于没有实验结果的验证，这个DNA双螺旋模型理论虽得到了空前的认同但人们的质疑声也源源不断。

虽然碱基互补的概念被广泛地接受，但也难以掩盖这个双螺旋模型极其脆弱的一面：DNA半保留复制时“双螺旋两条链必须解开”。这个概念让当时的人就很难接受，因为这个“解开”的机制在文内既没有作任何理论解释也没有任何实验证据来支持。这个问题就成了他们理论模型的软肋。

所以，DNA的其他模型也随之纷至沓来。有的人甚至还根据某些晶体学实验数据提出过两条核苷酸链是平行而不是相互螺旋缠绕的“平行模型”。也有人提出过DNA复制时母体双链全部降解掉、什么都不保留的“弥散型复制模式”。还有人提出过DNA复制时母体双链原封不动，而合成的新双链中两条链全都是新链的“全保留型复制模式”等。

这个问题一直争论了5年才有了明确的结论。

为啥这点小事就花了5年时间？因为从理论上来讲，要解释双链解开不仅涉及一系列复杂的生物化学理论，据说还涉及数学中那高深莫测的“拓扑学”，拓扑学不仅对当时的沃森和克里克，就是对现代很多很多的生物学家而言那几乎都是高不可攀的。验证性实验呢，当时研究这些分子类问题最流行、最先进的技术就是放射性同位素标记和示踪。沃森和克里克他们的“三无论文”发表后，一些人也用放射性同位素标记做过一些试验，但这个方法对于区分DNA两条链的新旧根本就无能为力，全都无果而终。全世界科学家耗了5年都没有想出更好和更有效的办法来。

直到1958年，美国加州理工学院的梅塞尔森（M. Meselson）和史塔赫尔（F. Stahl）发表了他俩用十几年前曾经流行过但当时已很不时兴的非放射性重同位素标记法来验证DNA半保留复制的研究结果，才使这一悬案得以了结。这两位都是少壮派，前者是个研究生，后者是个才取得博士学位不久的研究助理。

他们的实验方案是，先用氮原子重同位素（^{15}N）化合物的“重氮”氯化氨来配制细菌培养液。普通

轻氮相对原子质量是14，重氮相对原子质量是15。把大肠杆菌在这种重氮培养液上繁殖十几代后，长出的所有大肠杆菌细胞内DNA双链上的氮原子都是^{15}N的，就变成了“重氮双链”的大肠杆菌。

随后他们把这些重氮双链大肠杆菌再重新接种到用普通“轻氮”氯化氨配制的普通培养液中培养，定时收集重氮双链大肠杆菌在轻氮培养液里繁殖出来的大肠杆菌后代，把这些新后代菌体和最初的轻氮大肠杆菌以及上述起始的重氮大肠杆菌放在一起来比较它们DNA重量的区别。

为什么他们就能区分出DNA链的重量？各位请好好看下面这两幅图就会明白（中文是洒家加的）。

左边的图所示的是理论设想：如果是半保留复制的话，两条DNA链都是重氮的重链双螺旋大肠杆菌在普通轻氮培养液中繁殖，因培养液中只有轻氮元素化合物，新合成的那一条链就一定是条轻链，其繁殖出的第一代细胞内的DNA都应该是“一条轻链一条重链”的杂合体。如果再繁殖一代也是到第二代，其群体就会有出现一半细胞两条链都是轻链另一半细胞还是一轻一重杂合体的情况，原来论文中把第二代也画了，洒家为了简化给砍掉了。

梅塞尔森正在操作当时的超速离心机
（引自沃森《DNA：生命的秘密》）

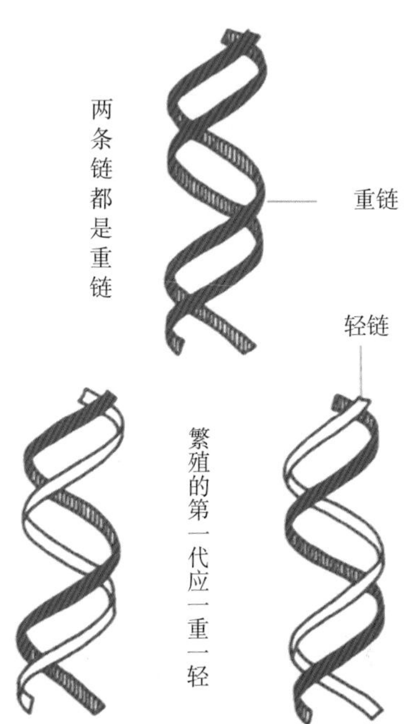

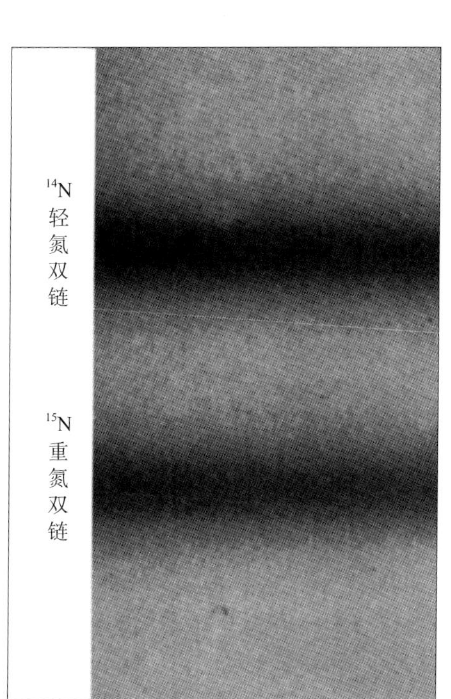

非放射性重同位素标记法验证DNA半保留复制
（引自M. Meselson等，1958）

各位看官会说，理论上说说的确容易，但分子怎么能被看咱见、又该用啥神器来称轻重呢？

不瞒各位，就是用现在的高级仪器设备，一轻一重两条链也是看不出来、称不出来的。这两个小年轻巧妙地利用了阿基米德定律，用简简单单的密度梯度离心方法就把这个能拿到诺贝尔奖的人都束手无策的大难题给解决了，太聪明了。

通过预试验他们发现，在浓度为6摩尔/升的重金属盐氯化铯溶液中，DNA分子处于刚能浮起来的状态。他们就把DNA样品铺在离心管内的6摩尔/升氯化铯溶液上，再在44 700转/分下离心24小时。在强大的离心力驱使下，氯化铯离子就会沿离心管纵轴方向被甩向离心管底部，形成越靠管底密度越大、越靠管口密度越小的、渐变的“有梯度的密度”。DNA样品也会全部集中到与自己比重相同的密度之处形成一条带。

右边的图就是他们把重氮大肠杆菌DNA样品（两条都是重氮链）和轻氮大肠杆菌DNA样品（两条都

是轻氮链）同放在一支装有6摩尔/升氯化铯溶液的离心管上离心之后的照片：重氮双链DNA在更靠管底之处形成一条带，轻氮双链DNA在更靠管口之处形成另一条带，重氮双链DNA和轻氮双链DNA经过离心后被很明显地区分开来了，分子的轻、重就实现了肉眼可见。

如果把重链双螺旋大肠杆菌在普通轻氮培养液中繁殖一代后的DNA样品也拿去离心，理论上，这种“一轻一重的杂合双链”就应该在重氮双链DNA和轻氮双链DNA两条带之间形成另一条新的带。

实验的结果与理论预期完全一致!

这二位年轻人做的实验远不止第一代，他们在每个世代定时取样3次，从0代一直取到4.1代，离心实验结果均与理论预期完全相符。这篇文章共12页，包含了很多次离心实验，展示了大量的照片和图表等实验证据，他俩用简单的密度梯度离心实验无可辩驳地证明了DNA双螺旋及其半保留复制模型理论完全正确。

这个实验的另一个巨大贡献是，沃森和克里克提出DNA双螺旋模型理论时是基于富兰克林等人用小牛胸腺DNA样品所作的X射线衍射资料，而梅塞尔森和史塔赫尔密度梯度离心实验用的是大肠杆菌DNA样品，这就说明，所有生物DNA的分子结构相同。

这个实验既不复杂，又不难做，但的确是太精彩了。实验结果清楚而干净、毫无争议。这个简单的实验被生命科学上最负盛名的冷泉港实验室的一位叫凯恩斯（J. Cairns）的主任评价为“生物学中最漂亮的实验”。

第十五回：

克里克推崇中心法则为教义，反转录酶将其无错神话终结

为了简明易懂，不要一开头就把看官们弄迷糊了，洒家在前面白话的核酸统统都是指常说的DNA。实际上DNA并不是细胞中唯一的核酸。

生物体内的核酸不光是DNA，还有一种核酸叫RNA。

据记载，RNA是在19世纪末被前面第八回白话过的那个德国生化学家科塞尔实验室发现的。当时发现生物体内有两种不同的核酸：一种是从胸腺中提出来的，称之为“胸腺核酸”，也就是现在说的DNA；另一种是从酵母菌中提出来的，称之为“酵母核酸”，也就是现在说的RNA。一直到20世纪30年代，还有书把DNA称之为动物核酸，RNA称之为植物核酸呢。

DNA和RNA都是缩写。它们的英文全名有几十个字母，念起来有十几二十几个音节，那舌头弯过来绕过去的，肺活量小点的一口气都念不过来。这样说、这样写，就连外国人自已都嫌太过麻烦了点，所以不管是外国、中国，也不管是科学论文还是报纸、电台、电视台，大家都总是用缩写名DNA和RNA，几乎没有人去用全名。

DNA的正规中文译名叫脱氧核糖核酸，RNA的正规中文译名叫核糖核酸。

DNA和RNA两种核酸不仅是名字不一样，在分子结构上也有很大区别。

区别1：RNA是单链，DNA是双链。

区别2：RNA分子量很小，分子链很短很短；DNA分子量很大，分子链很长很长。

区别3：二者碱基不同。RNA分子内没有T，而是以U代之。U是Uracil的简写，中文名叫尿嘧啶。RNA分子内的4种碱基是A、U、G、C。而DNA分子内的4种碱基是A、T、G、C。

区别4：RNA分子内的五碳糖是核糖，DNA分子内的五碳糖是脱氧核糖。

核糖和脱氧核糖分子结构式大模样是一样的，五边形五碳糖上顶角是个氧原子（O）、左上角边上挑着个碳原子（C）。

不同之处在五边形的右下角：核糖在这儿连着一个羟基（–OH），而脱氧核糖这儿只连着个氢原子（H），少了个氧原子，脱氧核糖这个名字就是这样来的。

在沃森和克里克提出DNA双螺旋模型之前，不仅上面这些都已经明明白白，而且人们还已经知道蛋白质不是在核内遗传物质DNA身边合成，而是在远离DNA的细胞质里合成。这就是说：DNA并不直接参与蛋白质的合成。人们还知道，RNA不仅在细胞核内有，而且更多的RNA是富集在细胞质中的核糖体上（那时核糖体曾被称之为微粒体）。

在沃森和克里克提出DNA双螺旋模型之前，人们已经对DNA和RNA做过许多研究，但对RNA在生命过程中的作用还不太清楚。

当时人们已经了解到，细胞中DNA的量是恒定的，并且它总是待在细胞核内，不参与占细胞大部分空间的、细胞质内的、极为繁忙的生化活动。

而细胞中RNA的数量变化很大，正生长着的细胞中RNA的数量远大于“静止”的细胞。在那些正忙于合成蛋白质的细胞中，RNA含量就特别丰富。因而，当时许多人认为RNA在细胞的生命过程中起着比DNA更重要的作用。

恩格斯说过“生命是蛋白质的存在形式”，科学家克里克说过“蛋白质几乎能做任何事情”。蛋白质主要是酶，在生命活动中起着各种催化作用，蛋白质同时又是有机体结构的直接组成成分。沃森和克里克提出了DNA双螺旋模型，成功地解释了遗传物质DNA的结构和自我复制的理论模式，发现了基因的化学本质，但对一些很重要的东西在这个模型里并没有做出任何解释，那就是：

①这个双螺旋DNA中包含的、控制着一切生命现象的各种生命信息是如何通过蛋白质将其表现出来的呢?

② DNA是怎么转化成细胞和生物体丰富多彩的生命活动的呢?

③ DNA、RNA都是遗传物质，而蛋白质又是无所不能的生命活动承担者，它们三者之间在生命活动中是怎么样一种协同关系呢?

这些问题是用克里克提出的、分子遗传学的“中心法则”理论来解读的。

一些书中提到，“沃森和克里克对中心法则起到了重要的作用”“沃森甚至在提出DNA双螺旋模型之前就把自己的猜测，也就是中心法则的主要内容：DNA→RNA→蛋白质，写在纸上，贴在办公室墙上”。这些说法也许或很可能真有其事，但也不能排除是某些写书人受了沃森那本自述体书的影响，跟着名人后面瞎哄哄。

不容置疑的是，沃森从未公开正式发表或宣布过上面引号中的这些观点。从他的自述体书和其他人写的评述文章来看，沃森为人谨慎有余，还有点儿患得患失，生怕弄错出丑，是个一句话讲半句留半句的主，与克里克相比他的锐气和勇气还真太缺乏了。别人提出新理论来了、成功了，又说我早就这样想的，那些顶沃森的同志们难免也有点不太“绅士”了吧？按你们说的，这理论都闷心里6年了，你要是有把握认定这是正确的，为啥不早点发表出来呢?

事实上，中心法则理论应该无可争辩地是克里克独立提出来的。

1957年，克里克在英国实验生物学会作了说明分子遗传学中心法则的关键性演讲：“论蛋白质合成”，正式提出了中心法则理论，1958年克里克独立署名发表了以中心法则为核心内容的论文《论蛋白质合成》。克里克的演讲和论文上全都没沃森啥事。

克里克当时所提出的中心法则内容是：遗传信息在不同大分子之间的传递是单向、不可逆的，也就是说只能从DNA到RNA，再从RNA到蛋白质，即遗传信息的传递是一条从DNA→RNA→蛋白质的“单行线”，反方向的传递则不可能。而从DNA到RNA和从RNA到蛋白质这两种形式的遗传信息转移当时已在所有生物细胞内都得到了证实，于是中心法则立马就在争论声中成为了分子遗传学的一个崭新理论。

天晓得克里克当时是不是太过自信了点？他给这个理论起的名字是“central dogma”，前面一个单词是中心，后面一个单词则是宗教词汇“教义”。若把它直接翻成中文就应该叫做“中心教义”。

克里克从小学一直读到博士，该上过多少门诸如数理化生之类的自然科学课程？他对各门课本中反复出现过的公理、定理、定律之类的英文科学词汇应该很熟悉。奇怪的是，它们却全都遭克里克同志废弃，偏要去弄个哪本教科书里都找不到的教义来命名他的新理论。

啥叫教义？那就是没有错误、不可更改的。可有哪本经书被修改过？都是念了几千年都不变的、永恒的。难怪一些洋人评论说，“一个像克里克这样的唯物主义者竟然会使用教义这样一个充满宗教意味的词来命名他的科学假说”。是不是有点儿滑稽呢?

心口如一、敢想敢说，为科学追求极致而不给自己留半点余地，这大概就是克里克行事的风格。

也许沃森的政客式谨慎还是有点道理，也许克里克半点余地都不留的做法正应了中国那句老话“满招损”了吧。1970年，特明（H. Temin）和他的助手水谷哲（Satoshi Mizutani）终于用实验证实生物体内存在着一种能将RNA拷贝成DNA的酶——反转录酶，给了克里克中心法则的不可逆性致命一击。

事实上，特明早在1964年就提出了反转录假说但却无人喝彩。历经了6年的不懈抗争，特明于1970年成功分离出实实在在的反转录酶，以此终于终结了克里克“中心教义没有错误和不可更改”的神话。看来，搞科学不光是靠聪明和机遇，没有超强的毅力和超坚韧的神经也搞不出什么大名堂。

特明（1934—1994），美国费城人，病毒学家，美国威斯康星大学教授，1975年诺贝尔生理学或医学奖获奖人之一。

据载，特明是因为在15岁那年参加了当时美国著名的生物医学研究中心杰克逊研究室举办的中学生生物暑期夏令营后被激发出对生物学的好奇心的，中学毕业之后就报考了美国最顶尖文理学院之一的斯沃斯摩尔学院生物学系。特明大学毕业后于1955年到美国加州理工学院杜尔贝柯（R. Dulbecco）教授门下读研究生，刚开始是做实验胚胎学方面研究，由于他对动物病毒极感兴趣，一年半后就转向作病毒研究，开始研究劳氏肉瘤病毒。

特　明
（引自诺贝尔奖委员会官网）

劳氏肉瘤病毒是一种能使动物致癌的RNA病毒，病毒颗粒内的遗传物质是单链的RNA，是一个名叫劳氏（Rous）的洋人在20世纪初发现和命名的。当时已经知道劳氏肉瘤病毒能致癌，如果把患有这种癌的病鸡身上的肉瘤取下来，经过细胞破碎，制成的无细胞的提取液再注入健康鸡体内也能诱发出癌症。

读研究生期间，特明在病毒研究方面就已经小有成就，他和鲁宾（Rubin）研制出第一个可重复的瘤病毒离体测试方法。特明1959年拿到博士学位后留在加州理工学院做了一年博士后，1960年到威斯康星大学医学院肿瘤系工作，历任助理教授（相当于中国的讲师）、副教授、教授。

特明到威斯康星大学后继续从事劳氏肉瘤病毒研究。

20世纪60年代，科学家从金毛羊链霉菌中分离出了一种新的抗生素——放线菌素D（actinomycin D），这种抗生素能够专一地抑制DNA转录为RNA，但对由RNA病毒复制成RNA却没有影响。这也就是说，在有放线菌素D的环境中，细胞中的DNA不能转录出RNA，但细胞中的病毒RNA仍能复制出RNA。

1960年特明在威斯康星大学研究病毒时发现，放线菌素D对普通的RNA病毒的复制没有影响，但感染了劳氏肉瘤病毒的细胞在加入放线菌素D之后就不能再产生更多的病毒，这就是说，放线菌素D也能抑制劳氏肉瘤病毒RNA的复制。

众所周知，放线菌素D只能抑制DNA转录为RNA，不能抑制RNA复制为RNA。为此，特明于1964年提出了他著名的“原病毒假说”来解释放线菌素D能抑制劳氏肉瘤病毒RNA的复制的实验结果。

特明的假说认为，劳氏肉瘤病毒感染细胞后就以单链RNA为模板合成了一个DNA的中间物，他把它叫做“原病毒”或“前病毒”。原病毒具有RNA劳氏肉瘤病毒的全部遗传信息，还可以整合到寄主细胞DNA上去，子代的劳氏肉瘤病毒是以原病毒DNA序列为模板转录为RNA的方式繁殖出来的。

因为以DNA为模板合成RNA叫做转录，这种由RNA为模板合成DNA的方式就叫做“反转录”。

特明的原病毒假说是完美的，它不仅能解释抑制DNA转录的放线菌素D为啥能抑制劳氏肉瘤病毒的复制，还能解释劳氏肉瘤病毒将寄主细胞转化成癌细胞后能稳定遗传的事实。但是特明的假说在很长时间内不被众多科学家接受，主要原因就是特明的原病毒假说与克里克的中心法则发生了直接的冲突。

克里克1957年提出中心法则，1962年又因1953年与沃森联手提出DNA双螺旋模型才得了诺贝尔奖，1964年的克里克正好比如日中天，人们自然对他充满了尊重和崇拜。权威的中心法则认为遗传信息的流向是DNA→RNA→蛋白质，原病毒假说竟使遗传信息流从RNA →DNA逆向运行，这不仅使很多人大惑不解，甚至有人还认为是异端邪说。

特明苦苦支撑到1970年，转机终于到来。这一年他发现在劳氏肉瘤病毒颗粒内含有一种能将单链病毒RNA拷贝成DNA的酶并将其命名为反转录酶。几乎同时，美国麻省理工学院的教授巴尔梯摩（D. Baltimore，1938—）报道在另一种动物RNA病毒、鼠类白血病毒中也分离出了反转录酶。科学界才最终确

巴尔梯摩
（引自诺贝尔奖委员会官网）

信特明的假说正确，中心法则不是完美无缺和没有错误的。

有意思的是，同特明一样，巴尔梯摩也是在中学时代参加了杰克逊研究室生物夏令营，而巴尔梯摩参加的那一期夏令营正好是由考上了研究生的特明在当夏令营辅导员，巴尔梯摩随后也和特明一样报考了斯沃斯摩尔学院生物学系。1975年，特明和巴尔梯摩一起与另一个科学家、他们俩的老师杜尔贝柯（R. Dulbecco）3人分享了诺贝尔生理学或医学奖，也太巧合了点！

1970年，克里克修改了中心法则，但他认为中心法则的核心内容没有问题，那就是遗传信息从核酸流向蛋白质。反转录酶与中心法则并没有真正的矛盾，只不过是把遗传信息从一种形式的核酸转录到另一种形式的核酸上去而已。下图是修正后的中心法则的中学生物课本版。

为啥给看官们看中学课本上的图？洒家认为这图就足够了。

大概是吃一堑长一智吧，克里克在修改了的中心法则中把所有可能性都给标出来啦！就连DNA与蛋白质之间都有个单向的虚线箭头相连，意思是DNA的遗传信息也有可能直接流向蛋白质。

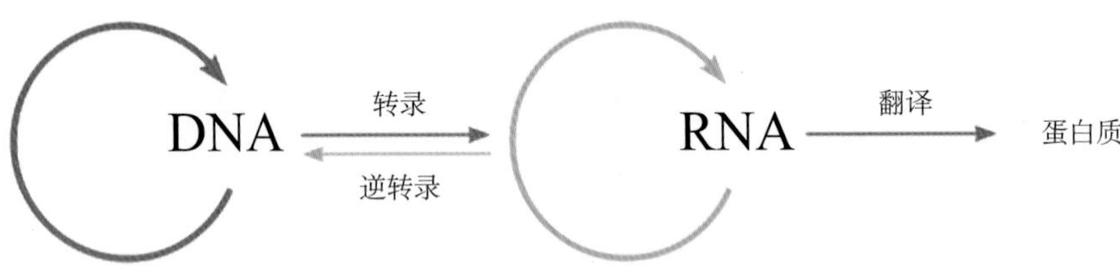

中心法则

据载，克里克同志出于自卫，他辩称他当时并没有意识到“法则（dogma）”这个词在神学上的意义，他说是他把这个词同“公理（axiom）”混淆了。各位看官，要是个非英语国家的人这样说还有点可信性，可克里克是个从娘胎里爬出来就开始学英语的正宗英国人！

科学家不是神，再伟大也只是个人，凡是人容易犯的过错，也是一样照犯不误。

第十六回：

世纪瘟疫艾滋病毒毒性起底，
反转录潜伏基因组谁奈它何

要说是看官们对劳氏肉瘤病毒很陌生，什么反转录不反转录也不关咱啥事，这很容易理解。毕竟只有学畜牧兽医那些人才去关注什么鸡病、老鼠病啥的。不过这个反转录酶倒不是只在单链RNA病毒里才有，现在在各种生物内都发现了反转录酶，就连人的某些特定组织内也能检出反转录酶活性，不过至今人类对反转录的了解还相当不足。

然而另一种由RNA反转录病毒引起的人类疾病却早已经如雷贯耳、无人不知了，这就是人见人怕、人见人嫌、被称为20世纪瘟疫的艾滋病。

据说，艾滋病最早在20世纪70年代就已经在西方发达国家的中产阶级年轻男性同性恋人群中出现过，但限于当时科技水平，人们还没有认识到这是一种新的、极其危险的传染病。

1981年初，美国加利福尼亚大学洛杉矶医学院和纽约亨利马莎医院零星接诊了几位这种从未见过又无法治疗的病人，这几位病人无一例外地都在短期内不治身亡。到这年下半年，这种患者成批出现并都死于不常见的各种偶发性感染和恶性肿瘤，预示着这是一种新的、染病必死的不治之症。与此同时，同样的病例在欧洲一些发达国家也成批出现，这引起了人们和医学界的恐慌。很快，美国将其命名为“后天性免疫缺损综合征”。

这个后天性免疫缺损综合征的英文名字由4个英文单词、32个字母组成，可能洋人们自己都觉得太麻烦，干脆把每个单词的第一个字母拿出来缩写为“AIDS”，其发音就是中文“艾滋”。海外一些中文报刊干脆把它叫做“爱死病”。

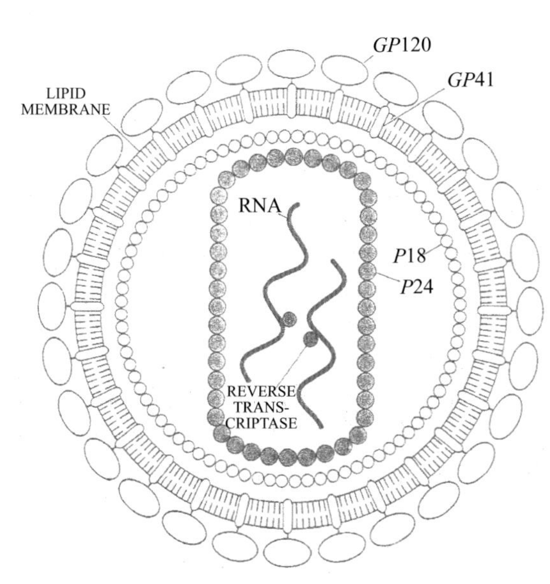

艾滋病毒结构示意
（引自R. C. Gallo）

盖　洛
（引自wikipedia.com）

艾滋病的病原是什么？大概在1983年，科学家就鉴定出该病由一种单链RNA反转录病毒引发，并于1986年正式被命名为人类免疫缺损病毒。

是谁首先鉴定出艾滋病毒？

国内报刊大多转载美国人观点，基本上都说艾滋病毒是法国巴士德研究所的蒙塔尼尔（L. Mon-Tagnier）、巴尔西诺斯（F. Barre-Sinouss）和美国国立癌症研究所的盖洛（R. C. Gallo）两个实验室“不约而同地”分别鉴定出来的。但法国人却一直认为他们才是首先。

为此，美法两国曾争论不休，连国家领导人都被裹进这件事中。据说在1987年，美国总统里根与法国总理希拉克达成了协议，两国平分艾滋病毒血液检测专利费，这事才算平息了点。

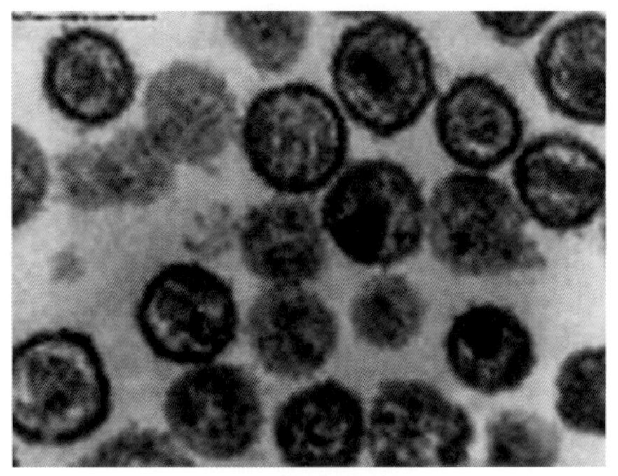

艾滋病毒电镜照片
（引自99.com.cn）

不过那个诺贝尔奖委员会并没有买美国人的账，将2008年诺贝尔奖只授予法国巴士德研究所研究艾滋病毒的蒙塔尼尔和巴尔西诺斯。美国人盖洛没有份，不服气也没办法，诺贝尔奖不是美国人创立的。

蒙塔尼尔
（引自新华社新闻图片）

巴尔西诺斯
（引自新华社新闻图片）

那么，艾滋病毒和艾滋病是从哪里来的呢？

按美国的研究结果，一说是艾滋病毒起源于“非洲绿猴”，另一说是起源于“黑猩猩”，全都是非洲的野生动物惹的祸。这样说不仅那些非洲哥们不乐意，其他人也想不通啊！

一是美国人的论文里不也说那些猴啊、猩猩啊体内带着那个病毒但自己并不得病，咋个传播到了人体就变成要人命的了呢？

退一步讲，即便是有些非洲猴、非洲猩猩体内真的带着艾滋病毒，它们为什么能远跨重洋，在你们西方国家流行？

二是非洲那些猴和猩猩自古就有，非洲人和这些野生动物共处起码几万年了，要能传染艾滋病早该传上了。按非洲的经济和医疗水平，非洲人应难以存活到现在，还等得到你们西方国家现在去发现什么艾滋病吗？

三是艾滋病明明是从你们那些同性恋男“同志”们中发现的，咋能怪别国别人呢？

四是你们西方国家境内野生动物也多得是啊，就找不到类似的病毒？骗人吧！艾滋病毒也就九千多个核苷酸，找出点与之有同源性的病毒很容易，为啥非要不辞辛苦地、年复一年地跑到非洲荒野上去追寻那些野生动物的臭粪便来分析化验？

再说，人有30亿对核苷酸，都和老鼠有95%以上的同源性了，也没人敢跳出来说人是从老鼠进化来的，凭啥就非得说艾滋病毒是非洲野生动物身上的病毒进化来的呢？

所以，艾滋病究竟是怎么来的现在还真是一本说不清的烂账。

说了这许多，有些看官一定会说，不就是个病嘛，有啥不得了的，找个好医院治呗。

各位看官，艾滋病没药可治愈，即便是有药也没法治愈！

先白话这个没药可治愈。自1928年英国科学家弗莱明（A. Fleming，1881—1955）发明青霉素以来，现在已投入生产的抗生素已超过了200种，这些抗生素极大地提高了人类的生命质量。但遗憾的是至今还没有一种抗生素能扑杀病毒。也没有其他的化合物既能杀死病毒而又无害于人体。所以人患了病毒感染的疾病现在还都是无药可治的。

瞎说！要这样说，岂不是患了病毒性疾病的人都得死掉？其他的不讲，病毒性感冒哪年不闹？没听说过感个冒就全都要死的，不是都给医院中药加西药、吃药加挂水地治好了吗？

别误会，洒家的意思是，病毒性疾病绝不是医生用药把病毒给杀死后治好的。目前医生们对付病毒性疾病的绝招还只有注射预防针。没防住，得了病，给的药都是保护性措施。一是退热、止痛啊等之类的各种对症处理来减轻病人痛苦。二是防治乘虚而入的其他并发症。目的是不要让症状过重而危及病人的生命。病是等到病人身体内的免疫能力被充分地调动起来后，人体内自己的免疫体系把病毒杀死后自愈的。所以病毒性疾病都不是医生用药把病毒给杀死而治好的，而是在医生的协助下你自己“熬”过来的。

再来白话即便是有药也没法治。

艾滋病的凶险在于这个病毒是个反转录病毒，看官们看前面引自盖洛论文的那个模式图，中心的曲线代表病毒单链RNA，上面带着的那个黑圆点，表示病毒颗粒自带着的反转录酶。

艾滋病毒进入人体之后不是从哪儿进来就在哪里闹病，它有一个特定侵染目的地：人的T_4淋巴细胞。T_4淋巴细胞是一种血液白细胞。

艾滋病毒进入T_4淋巴细胞后，自带着的反转录酶随即将病毒单链RNA反转录为DNA，并在一些病毒基因的协助下插入到T_4淋巴细胞内细胞核的DNA长链上去，变成了T_4淋巴细胞核DNA的一部分，它“潜伏”在人染色体内，不再是病毒颗粒了。人的基因组有30亿碱基对，插进去的9 000对艾滋病毒DNA，仅为人类基因组的33万分之一。即便是有药能杀灭艾滋病毒，这艾滋病毒也已经不再是病毒颗粒了，已经成了你自己细胞成分的一部分了，还怎么去杀？即便是有药品聪明到能从30亿碱基对中找到它，人和病毒基因都是A、T、G、C 4种碱基，化学成分完全一样，怎么可能只杀死病毒那一小段？

所以，人一旦感染了艾滋病，那艾滋病毒就会一直呆在T_4淋巴细胞核内DNA里面，一直到人死亡，一点办法也没有。

慢着，不是美国有个何大一博士发明了个什么“鸡尾酒疗法”可以治疗艾滋病吗？

何大一
（引自 Rockefeller University）

是有这么个人，还是个祖籍江西出生于台湾的华裔美国人。他是美国纽约洛克菲勒大学艾伦·戴蒙德艾滋病研究中心主任、教授，还是美国科学院院士和中国工程院外籍院士。

不过，这个鸡尾酒疗法只能“治疗”艾滋病，不能“治愈”艾滋病，只能大幅度地抑制艾滋病毒复制，使之不会很快“暴发”而置人于死地。据称“鸡尾酒”能使艾滋病死亡率降到20%。但鸡尾酒疗法不能将患者体内的病毒DNA清除掉，也就不可能使艾滋病患者痊愈。这些患者的病因还“长”在那儿，只是暂时不恶化而已。病人天天鸡尾酒喝着，大把大把的钱花着，但仍被死亡的恐怖笼罩着，过了今年不知有没有明年，精神和身体都还是同时老痛苦地多活一阵。

所谓鸡尾酒疗法就是把现有的、不同类型的、对艾滋病有点疗效的药都一道吃。洒家也看过几个杂志上登的病案，每天吃专门针对艾滋病毒的药起码三四种，而艾滋病又是个对身体损害很大的重症，病人常常会有好些其他病症，这些也得用药，不然也会要人命，这样一来吃药的数量就可观了。说白了，这个鸡尾酒就是把西药当成中药来抓，一堆堆地吃药罢了。或者说就是中国人以前常用的大处方。中国人早就这样用了千百年，前些年以药养医严重的时候，看个感冒就要吃五六种药，还要打针、挂水，哪一张处方不是鸡尾酒？可美国人却把它变成他们的发明了。

为了治艾滋病，美国人啥怪招都试了。前些年报纸上还登过美国一家大医院甚至把野生动物狒狒的骨髓注入艾滋病人体内，结果也没有用。要是有效，那全世界早就该流行这种“狒狒疗法”了！

那么，这艾滋病毒是怎么样使人致死的呢？

艾滋病毒本身并不产生致命的毒素，使人致死是因它独特的侵染方式。

前面已白话过了，艾滋病毒进入人体后就跑到人的T_4淋巴细胞里去，反转录成DNA后插入细胞核内基因组中，就当自己是人基因组的一部分一样，赖在那儿就不走了。

但这些艾滋病毒DNA并不会老老实实地待在那儿不动。潜伏期后它们就会用人细胞内的养料不断地、迅速地转录出大量的病毒RNA，包装出大量的艾滋病毒颗粒，直到把这些T_4淋巴细胞耗得油尽灯灭。这些新繁殖出来的艾滋病毒颗粒会穿过细胞膜去侵染其他的T_4淋巴细胞，最终结果是艾滋病毒将患者体内的T_4淋巴细胞差不多都弄得死光光了，淋巴结构也都给弄崩溃了。

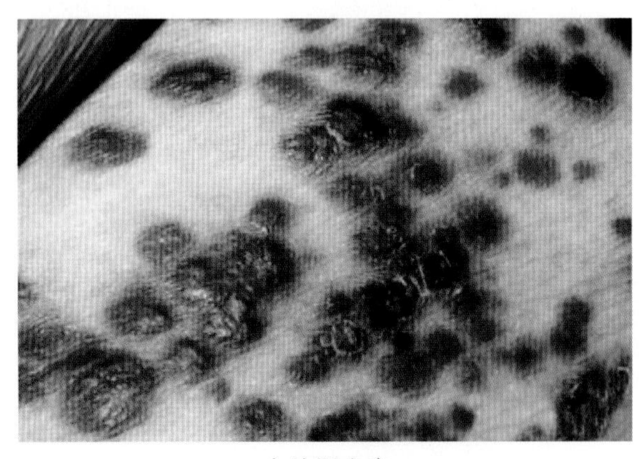

卡波斯肉瘤
（引自biodiscover.com）

T细胞是担负细胞免疫功能的血液白细胞，成员之一的T_4淋巴细胞的分工是“免疫记忆”，是在人体被感染后调动起无数致敏淋巴细胞，合成大量抗体，将入侵的病原体消灭掉。T淋巴细胞就好比是人体的国防体系，T_4淋巴细胞被弄死了就好比一个国家没有了国防。国门洞开，任谁都可以来欺侮你。

艾滋病毒弄死了人的T_4淋巴细胞就等于是摧毁了人体的免疫体系，这时啥样的微生物都可以侵入人体，啥样的疾病都能滋生，即便是正常情况下并不致病的微生物此时也能侵犯人体，造成重症。所以艾滋病患者除了常出现普通人中罕见的卡波斯（Kaposi）肉瘤之外，还常伴发癌症和被美国学者称之为“机会主义感染”的各种不常见病症，最后艾滋病人是因为没有了自己的免疫功能，众多疾病齐发，把人折磨死的。

这种免疫功能的缺失不是人自身的问题，而是由入侵的艾滋病毒破坏所造成的，所以被称之为后天性免疫缺损综合征。这个后天性说白了就是：你害这个病怨不得你爹妈，都是你自己瞎胡闹、自己招惹来的杀身之祸。

看官也许会说，不就是个病毒性疾病嘛，又不是没见过，那个天花呀、麻疹呀、乙肝呀不都是病毒疾病吗？全都可以打疫苗预防。像那个天花，几十年疫苗打下来，世界卫生组织都宣布天花被消灭了。现在你到大学里任找一个班学生问一下，保准没有一个人知道“麻子”是什么。

电视、报纸啥的，不都报道过外国、中国已经研究出艾滋病毒疫苗了吗？不是早就宣布进入了临床试验吗？不是都公开征集自愿者了吗？不是都早打过广告了吗？告诉咱，到哪里可以注射艾滋病毒疫苗？都小康了，自费也没问题，多贵也不怕。

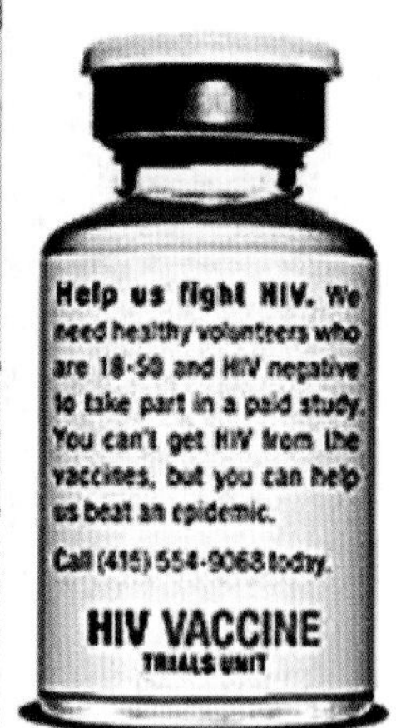

艾滋病毒疫苗相关广告

洒家可要泼一大盆凉水，看官们千万不要将这些都当成真的了。这只是一种宣传，一种为了争取经费支持的宣传而已。有些搞疫苗研究的人相信一定能研究出艾滋病毒疫苗，他们也一直都在努力拼搏着。这是为人民谋利的大好事，政府和老百姓应该大力支持。

遗憾的是，到目前为止的理论和实践似乎都在说：艾滋病毒疫苗几乎就是不可能的事。除非又出来个什么非常了得的高人，又有个什么了不起的新发现，又出现个什么科学奇迹。

为啥这就不可能呢？请看下面两个事实。

第一，疫苗防病的原理是，注射疫苗会刺激人体免疫系统产生对相应病毒的免疫反应，而用病毒生产的疫苗又不至于引起这种疾病，但激发出的对这种病毒的免疫反应信号却被人体免疫系统储存下来。真正的病毒侵入人体后就会触发自身的免疫反应，用大量的抗体将入侵的病毒斩尽杀绝，病就被预防住了，人就不会生病。

而艾滋病毒却很特殊，它虽也能刺激人体免疫系统产生免疫反应，但艾滋病毒产生的免疫反应较弱，产生的抗体根本不足以杀死艾滋病毒。也就是无论怎样，人体中产生的艾滋病毒抗体的效力和剂量都令人烦恼地低下。所以，有效的艾滋病毒疫苗可能根本就做不出来。

第二，艾滋病毒的遗传变异也太大了。一般的病毒也有变异，如流感病毒几乎年年都在变，但毒株类型相对较少，每年都可以针对流行毒株推出对应的疫苗。艾滋病毒却有一系列为数众多的连续变异毒株，临床研究发现几乎从每个艾滋病患者身上分离出的毒株的基因组都不相同。艾滋病毒基因组总共就9 000多个核苷酸，而不同毒株的基因组之间可以有80 ～ 1 000个核苷酸序列的差异，差异部分占到了基因组的0.8% ～ 10.3%。更要命的是这些核苷酸序列的差异部分正是负责编码病毒外壳蛋白的，这些不同的核苷酸序列就会使不同的艾滋病毒毒株合成出许多不同的蛋白质。而免疫反应是以蛋白质之间、以一把钥匙开一把锁的特定反应为基础的。面对这么多的变异怎么办？这也使得研制艾滋病毒疫苗成了几乎不可能的事。

想当年，风流倜傥的美国总统克林顿在1997年信誓旦旦，要在8 ～ 10年内研制出有效的艾滋病毒疫苗。当时掀起的全球艾滋病毒疫苗研制热潮何等之壮观！一度曾有几十种艾滋病毒疫苗投入临床试验，但结果无一例外，均令人沮丧。

所以，事实是，艾滋病毒疫苗的研制已经快30年了，一直未取得实质性的突破。

所以，那些期望着艾滋病毒疫苗横空出世，好去自由自在地享受性福的人们还是死了这份心吧。

毕竟是：性福诚可贵，生命价更高。

毕竟是：得了艾滋病就好不了。

毕竟是：生活小康了、社会宽松了，活得久才是硬道理。

那么，怎样才能不得艾滋病呢？一句话：管理好、约束好自己的性行为。

不是艾滋病有性传播、血液传播、母婴传播等3种传染方式吗？干吗只抓住性不放呢？

看官们，那血液传播是政府该管的事。前些年政府将非法采血卖血彻底禁绝后又颁布了一系列极为严厉的血液管理法规，现在从正规医疗渠道，尤其是在大中城市获得的血和血制品是安全的。

至于共用注射器的吸毒者，都知道了血液可以传染艾滋病还非要这样干就是自己要去找死。他一定要去作死，哪个有办法管得了他？

看官们，那母婴传播也不干你们啥事。试问哪个母亲能伟大到刚生出来的你就是一个立刻能读白话转基因的大人呀？至于个别已感染了艾滋病的育龄人，你就别去想怀孕生孩子这档子事啦，这么要命的病缠在你身上甩都甩不掉，你应该多想想自己，把所有精气神和金钱都调动起来去与艾滋病毒作斗争，没准哪一天科学奇迹出现了，或许能熬出个头呢。

是的，感染了艾滋病毒的人也有生孩子的权利。但权利这两个字中最重要的是后边那个“利”字，要权是为了获利，不能获利，这权要来干吗？老话不是讲无利不起早吗？艾滋病患者生孩子于社会、于自己、于孩子都毫无利益可言。

想想吧，即便是通过什么阻断措施可能会生下个没有艾滋病的孩子，但你不能奢望老百姓都能那么有觉悟，能与你和你的孩子亲密无间。现实是，打个喷嚏咳个嗽都还有人要躲开，何况还是断不了病根、能传染、染上就难逃一死的艾滋病？

乙肝远没有艾滋病那么可怕，但乙肝人至今还没得到全社会的平等待遇呢。天晓得这社会啥时才能跟对待头痛、脚痛、肚子痛一样平静地对待艾滋病人？再说这艾滋病现在还无法痊愈，天晓得患者能活多久？患者死了孩子咋办？

艾滋病感染者为啥还想有个家、艾滋病感染者为啥还想有个孩子？说到底，是想摆脱孤独。

结婚是成年人的事，有人愿意和艾滋病感染者结婚是他（她）的权利。生孩子就不同了，孩子是被剥夺了选择权利的倒霉蛋，孩子是无辜地被当艾滋病感染者子女，你除了把社会对你的偏见和歧视传给孩子之外，啥好事也给不了孩子，孩子一辈子都在“我妈（爸）是个艾滋病人”的阴影笼罩下。这样的孩子不过就是艾滋病感染者借以怃慰自己心灵的玩具罢了。你倒是痛快了一点儿，但你考虑过孩子将来的感受吗？这样生孩子是不是太自私了点呢？

所以，对咱老百姓而言，防治艾滋病最有效的措施就是管好自己的性行为。

尽管这方面研究最为详尽和深入的美国把男同性恋列为传播艾滋病的元凶。例如，曾有报告说美国旧金山的全部艾滋病例中有85%为同性恋者，这些人还都否认有过静脉注射毒品的行为。但这并不意味着艾滋病只通过“男同”传染，“女同”也能传染艾滋病。

美国人的研究指出，异性性行为也能传染艾滋病，艾滋病可以从男人传给女人，也可以从女人传给男人。因为在被艾滋病毒感染后，这些人血液和体液中都带有艾滋病毒颗粒，而生殖器官和直肠等处组织为艾滋病毒易侵入区。

美国人的研究都言之凿凿地说日常社交活动不会传染艾滋病。但在美国校方下发给师生员工的宣传品中却明确地指出，艾滋病毒感染者的口水(saliva)里也有少量的艾滋病毒，所以专家们反对与艾滋病毒感染者进行“深入的、长时间的法国式接吻(deep, prolonged French kissing)”。

总之，各位自己瞧着办吧，反正这事无论咋样弄都只能是责任自负。

第十七回：

伽莫夫创立三联体假说，错认密码子阅读可重叠

各位看官，第十五回白话的克里克中心法则只解决了遗传信息的流向问题，是个非常宏观的大理论，只是解释了一切生命活动与DNA之间的关系，即生命活动的所有信息是从DNA到RNA再到蛋白质。

科学家把从DNA到RNA的过程叫做“转录”，把从RNA到蛋白质的过程叫做“翻译”。然而，DNA又是咋样指导各种不同蛋白质合成的则是一个非常具体、非常精确的科学问题。

DNA是怎么样来编制各种蛋白质信息的呢？这就是下面要白话的遗传密码。

遗传密码这个词的提出可以追溯到第十三回白话过的、影响到克里克和沃森进入DNA研究领域的奥地利理论物理学家、1933年诺贝尔物理学奖获得者薛定鄂。薛定谔在1944年出版了一本百页小书《生命是什么》，上面就提到了“生命密码”一词，不过当时他错误地认为是蛋白质携带着生命密码，他也没有说这个生命密码是怎么样的，只是笼统而模糊地暗指类似于电报密码一类的东西。

1953年5月30日沃森和克里克在其发表于《自然》杂志的第二篇DNA论文中曾写到“碱基的精确顺序就是携带着遗传信息的密码”。但这并不意味着沃森和克里克当时已经对遗传密码有什么清晰的认识，只反映了当时密码和信息之类的概念已为分子生物学家所接受的事实。当时的沃森和克里克对此的认知就好比看官看谍战片时听到那些长短不同的滴、滴、滴、滴的电报声，知道是密码，但这些密码是怎样组成的，是什么意思只有特工自己知道。

首先尝试对遗传密码进行解读的也是一位理论物理学家，他叫伽莫夫（George Gamow，1904—1968），虽说他开始的假说是错误的，但却为遗传学提出了非常重要的概念和思考方向，并用聪明的物理学头脑积极地参与到分子生物学研究之中来。

伽莫夫，乌克兰裔美国人，出生在沙皇俄国的敖德萨（现属乌克兰），1922年进入苏联敖德萨的挪沃罗细亚大学（也译为新俄罗斯大学）就读，次年转入国立列宁格勒大学，1928年获得博士学位。1931年，28岁的伽莫夫当选为苏联科学院历史上最年轻的通讯院士，1931—1933年在位于列宁格勒的镭研究所物理系工作。

1933年，趁出席比利时布鲁塞尔一次会议之机伽莫夫到了法国。1934年移居美国，先后在美国乔治·华盛顿大学、加利福尼亚大学伯克利分校等任助理教授和教授。在此期间，他将相对论引入宇宙学，于1948年发表了著名的、被称之为α、β、γ理论的《热大爆炸宇宙学模型》。1956年任科罗拉多大学教授后，将其研究从理论物理学转向分子生物学。

1953年沃森和克里克在《自然》杂志上发表了有关DNA结构模型论文之后不久，伽莫夫就给他俩写信，提出了DNA分子“遗传密码”假说。

伽莫夫当时观点是：

① DNA碱基和氨基酸之间有直接对应的关系，密码可直接破译出来。

伽莫夫
（引自wikipedia.org）

（注：氨基酸是组成蛋白质的基本零件，蛋白质是由若干个氨基酸分子相连的长链折叠而成）

② DNA双螺旋结构碱基的排列会形成一系列形状略有不同的空洞，每个洞的形状取决于该洞周围的碱基类型。所有的蛋白质都由20 种基本氨基酸相连接而成，这种空洞也是20种，各个氨基酸就插在DNA上相应的洞内，共价键将这些氨基酸相连就形成了蛋白质。

③每3个碱基叫做一个三联体或密码子，编码一种不同的氨基酸，三联体密码是可重叠的。

啥叫可重叠？举个例就明白了。如果有一串碱基，如果可重叠就是：1、2、3号碱基是一个氨基酸，2、3、4号碱基是另一个氨基酸，3、4、5号碱基又可以是另一个氨基酸，等等。

在收到伽莫夫第一封信时沃森和克里克都没当成一回事，还认为是伽莫夫又在搞笑。一是他俩认为这些观点基本上都不对，因为当时科学已证实蛋白质不是在细胞核内合成，伽莫夫所称的“空洞”也装不进这些氨基酸。二是伽莫夫是一个以爱搞笑出了名的物理学家，他那篇著名的、有关宇宙的α、β、γ论文的α、β、γ是3个人名字的“缩音”。他学生叫阿尔法（R. Alpher），他叫伽莫夫，但还缺个β，他为了赶在愚人节时发表来搞笑才把他的朋友贝特（H. Bethe）的名字硬加上去，因为贝特与这篇文章毫不相干。

几个月后克里克在纽约市见到了伽莫夫本人，面谈使克里克和沃森改变了主意，决定欢迎伽莫夫立即加入到DNA研究圈子里来，因为见面方知伽莫夫才华横溢，绝不是等闲之辈。

伽莫夫的假说还是极富成果。克里克采纳了伽莫夫把氨基酸分为基本氨基酸和衍生氨基酸的提议，克里克根据自己多年研究蛋白质的经验，从当时已发现的百来种氨基酸中遴选出另外20种基本氨基酸，其他的各种氨基酸都是从这20种基本氨基酸衍生出来的。这个克里克还真是诺贝尔奖没白拿，他提出的这20种基本氨基酸竟然全是对的，一直用到现在都没人提出异议。克里克还采纳了伽莫夫有关遗传密码的想法，即DNA碱基序列与氨基酸之间有对应关系。

这个DNA碱基序列与氨基酸之间的对应关系是怎么被弄明白的呢？这个DNA碱基序列又是怎么变成为蛋白质的呢？这就要先白话一下RNA的故事了。

中心法则的核心内容是遗传信息的流向，是DNA→RNA→蛋白质。当时，RNA对生命科学家们极具诱惑性。量大、变化大、不稳定等特点都暗示着RNA中隐藏着生命的秘密。蛋白质是由各种氨基酸连在一起形成的，那么这RNA是怎么样把游离的氨基酸分子们连在一起的就成了解开遗传信息从DNA→RNA→蛋白质之密的首要研究课题。所以伽莫夫和沃森一道发起和成立了“RNA领带俱乐部”，这个俱乐部以研究RNA、破解遗传密码为中心任务。

RNA领带俱乐部1963年部分成员合影
（引自刘望夷2010年论文。左起：克里克、瑞奇、伽莫夫、沃森、卡尔文）

RNA领带俱乐部共20个成员，每个人分工研究20种基本氨基酸中的一种。大概伽莫夫算是这个小团体的“头”吧，照个相都站在中间。他还设计了俱乐部的领带和领带夹，每个领带夹上标有不同的、代表所负责研究的那个氨基酸的缩写的3个字母，也是他向各个成员发出了该俱乐部的第一封“公函”。

RNA领带俱乐部里不光是生物学家，还有好几个物理学家。回想一下咱遗传学的奠基人也只是个没有科技专业技术职称的神职人员，看来咱这遗传学和分子遗传学的建立和发展全托这些外行人的福。那年头若没有这些优秀的外行人和物理学家转行投入遗传学研究，这分子遗传学和基因工程还不知要拖后多少年呢！

第十八回：

转移和信使RNA现身，遗传密码在何处方明晰

要弄懂遗传密码和RNA间的关系就要先白话一下RNA。

RNA有三大类：rRNA、tRNA、mRNA。

rRNA叫核糖体RNA，中文全称叫核糖体核糖核酸，不过念起来不但忒拗口，还容易听得人稀里糊涂的。所以，还是叫核糖体RNA顺口些，反正这年头也没啥人把DNA和RNA这两个词当成外文。

什么叫核糖体RNA？很简单，就是组成核糖体的RNA。

这不跟没说一个样吗，谁知道那个“核糖体”又是个什么东西呀？

各位看官，核糖体可是个超级重要和非常了得的东西。2009年的诺贝尔化学奖就又发给了3位研究核糖体结构有功的科学家：英国剑桥大学拉马克力斯南（V. Ramakrishnan）教授、美国耶鲁大学斯坦兹（T. A. Steitz）教授和以色列魏茨曼科学研究所雍纳丝（A. E. Yonath）教授。

这个核糖体为什么就恁重要啊？现在的诺贝尔奖还在关照它。

一句话，核糖体是生物细胞中制造蛋白质的工厂。

恩格斯说过，生命是蛋白质存在的形式。看官想想，没有这个工厂，还能有生命吗？

马克力斯南、斯坦兹、雍纳丝在诺贝尔奖颁奖仪式上
（引自诺贝尔奖委员会官网）

核糖体最早在1941年由美国人布拉切特（J. Brachet）和卡斯波森（T. Caspersson）发现。他们用显微紫外分光光度计和组织化学显色法来研究细胞，发现那些正在大量合成蛋白质的细胞的细胞质里有很多富含RNA的小颗粒，他们将这些东西称之为“微粒体”，还错将这些微粒体认为是细胞质中的碎片。限于光学显微设备的分辨力已到了极限，无法研究微粒体的细节。

1953年，英国人罗宾逊（E. Robinson）用电子显微镜也在植物细胞里观察到这类颗粒状东西，但未能对此做出明确的解读。

直到1956年，罗马尼亚裔美国科学家帕拉德（G. F. Palade，1912—2008）发表了他用新改进的电子显微镜制片方法获得的发现：这些细胞质中富含RNA的小颗粒，即前人所谓的微粒体是细胞制造蛋白质的地方。人们这才知道这些富含RNA的小颗粒原来是一种对生命活动极其重要的细胞器。这些直径仅为20纳米的小东西就又被大伙改称为“帕拉德粒子”。当时就已发现，细胞中这种帕拉德粒子的数量不是一般地多，在细菌细胞中就多达2万个，而在哺乳动物细胞中更是多达近百万个。

1958年，美国科学家罗伯茨（R. Roberts）根据这些小颗粒的化学成分是核糖核酸和蛋白质将其命名为“核糖核蛋白体”，简称为“核糖体”，核糖体这个名字就一直用到现在。帕拉德也因其研究核糖体的成

帕拉德
（引自诺贝尔奖委员会官网）

就获得了1974年诺贝尔生理学或医学奖。

核糖体RNA是组成这些核糖体的“骨架”。前面白话过了，核糖体是制造蛋白质的工厂，rRNA骨架就相当于厂房的柱子和承重墙，没有了核糖体RNA，核糖体这座蛋白质制造厂就会倒塌，就会丧失制造蛋白质的功能。

看官说说，这核糖体RNA是不是要多重要就有多重要啊，要不，连这显微镜下都看不清楚的小不点儿就叫那高不可攀的诺贝尔奖发了一个又一个地呢。

tRNA中文全称叫转移核糖核酸，大伙习惯于叫它转移RNA。这个转移RNA的研究始于一个“接头分子（adaptor molecule）”的假说。

RNA领带俱乐部成立后经常聚在一起讨论遗传密码和蛋白质生物合成的问题，在讨论中大伙都认为DNA与蛋白质合成之间一定会有一个“中介”来介导，当时他们把它称之为“接头”。最先，RNA领带俱乐部成员之一的布雷纳（S. Brenner）认为接头分子可能就是蛋白质。1955年，克里克在一篇仅供RNA领带俱乐部成员内部传阅的短文中提出，这种接头分子不是蛋白质而应该是一种RNA分子，这种特殊的RNA分子不仅应该能连接上氨基酸分子还能与合成蛋白质的模板结合。克里克还指出，20种不同的氨基酸就应该由20种不同的接头分子来携带。克里克还预言，接头分子应该是小分子RNA，因他认为太大的RNA分子不容易结合到合成蛋白质的模板上。

历史常常会给人们开玩笑，克里克提出了接头RNA的假说并周知了RNA领带俱乐部全体成员，这些高人都以解开RNA到蛋白质之谜为己任。但这个接头却是被RNA领带俱乐部圈外的人发现的，他叫查美尼克。

查美尼克（P. Zamecnik，1912—2009），美国俄亥俄州人，1936年获哈佛医学院医学博士学位，哈佛医学院教授和波士顿马萨诸塞州总医院高级研究员，美国科学院院士。查美尼克是医学博士但对治病救人并无太大的兴趣，他醉心于科研。据说这位医学博士除干过两年的临床医生之外，一生都待在分子生物学、蛋白质化学研究的实验室里。从哈佛医学院退休后仍待在马萨诸塞州总医院实验室搞科研，一直到97岁他死前几周才停止科研工作。他是蛋白质合成的“无细胞系统”的开拓者，是他在1955年用其所建立的老鼠肝脏组织无细胞系统和放射性同位素标记技术证明了核糖体是蛋白质的合成地点。据沃森说，伽莫夫一开始并不接受这一观点，因为按伽莫夫理论蛋白质是在DNA上合成的。

查美尼克
（引自刘望夷，2010）

此后不久，查美尼克就又有了惊人的新发现，他和他的同事霍格兰德（M. Hoagland）用此技术发现，氨基酸在形成蛋白质长链之前是与小分子质量

的RNA分子结合在一起的。起初，查美尼克及其同仁们都对此结果颇感迷惑不解，直到当时在哈佛大学任职的沃森得知这一消息后于1956年造访了查美尼克实验室，给他们讲解了去年克里克提出的接头RNA分子理论他们才“有点恼火”地茅塞顿开。因为克里克去年这篇短文只是他们RNA领带俱乐部的内部文件，圈外人虽然无从知晓但又不能就此否认别人早就预言过的事实。

接着，查美尼克实验室很快就证实了克里克这个接头分子理论是正确的。确实是每种氨基酸都有自己特定的RNA接头分子，他们将其称为“转移RNA”，即tRNA。他们提出，每个tRNA分子都有连接特定氨基酸的碱基序列，都有能连接到对应RNA模板的碱基序列，这样才能在合成蛋白质时按遗传信息规定将氨基酸按序排列并连接成蛋白质长链。

在此之前，人们认为细胞中的RNA分子全都扮演着蛋白质合成模板的角色，tRNA的发现使人们认识到，原来RNA还具有不同的类型和不同的功能。

1958年，查美尼克发表了发现转移RNA（tRNA）的论文。此后科学家们都知道了具有特殊生物活性的、小分子量的tRNA这件事。但这个tRNA是怎么样去实现携带氨基酸和按遗传信息定位于合成蛋白质的RNA模板上的呢？弄清tRNA的核苷酸（碱基）序列，弄清tRNA的分子结构便成了当时科学家们最急迫需要研究的问题。

查美尼克不仅发现了转移RNA（tRNA），开创了无细胞翻译体系，还有不少开创性的科研成果，但他没有获得过诺贝尔奖，至今还有不少科学家在为他叫屈呢。

在7年多之后的1965年，美国科学家霍利（R. W. Holley）和他实验室同仁们首次完成了酵母菌丙氨酸tRNA碱基序列的测定工作并绘出了那张著名的tRNA“三叶草”二级结构图（汉字是洒家加的）。顶头单链区是携带氨基酸的地方，即氨基酸结合位置，底部短线所指的3个碱基（CGI）叫“反密码子”，它们会按A配U、G配C碱基互补的原则与合成蛋白质的RNA模板上相应碱基相连。三维图是2000年英国剑桥大学根据X射线衍射实验测定结果画出的tRNA二级结构，与1965年霍利等的理论推断一致。

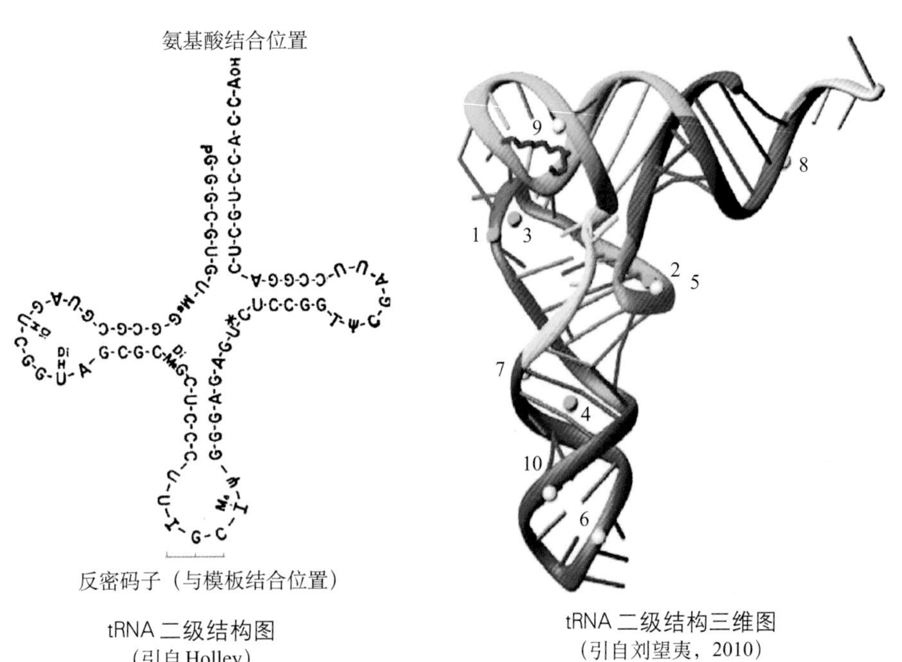

tRNA 二级结构图
（引自Holley）

tRNA 二级结构三维图
（引自刘望夷，2010）

霍　利
（引自诺贝尔奖委员会官网）

霍利（1922—1993），美国伊利诺伊州人，1942年伊利诺伊大学毕业，同年入康奈尔大学读研。第二次世界大战时学业中断，在该校工作两年，期间曾参与了青霉素合成研究工作。1947年获得博士学位后留康奈尔大学工作，先后任有机化学助理教授、副教授，1958年起在设于康奈尔大学校园内的美国农业部植物、土壤和营养实验室兼任化学研究员，1962年任康奈尔大学生物化学、分子生物学教授。1968年因tRNA研究获诺贝尔生理学或医学奖。

细心点的看官或许会问，前面白话过RNA是单链的，这里的RNA咋会成了一朵花儿似的，又有环、又带柄的“双链”了啊？

细心点的看官还会问，前面白话过RNA碱基是A、U、G、C 4种，没有T的，咋这张tRNA结构图上A、U、G、C和T 5种碱基全都有？不仅如此，还有一些从没见过的“I”啊、“三尖刀Ψ”啊什么的。

有没有搞错哟？

没搞错。RNA都是单链核酸，转移RNA（tRNA）也是单链核酸。之所以会这样是因为tRNA分子虽不大，才几十个核苷酸，但其碱基序列中却有好几小段是反向互补的，就是说有些小片段反折180°回来会与另一小段符合碱基间的C配G、A配U的互补配对原则，彼此间就能形成氢键而使这一小段呈双链状态。中间那段跟谁也不互补的就只能弯曲成一个环，分子生物学把这个称之为“发夹环”。从前面丙氨酸tRNA结构图上就可看出，它有四小段双链，三个发夹环，中间还有个大空心。

至于那三尖刀啊、I啊、字母头上还加有小字母什么的，那叫稀有碱基，据说是RNA从DNA转录出来后被一些酶修饰出来的，据说目前还只在tRNA分子中出现。前面图中的反密码子CGI就是跟合成蛋白质的RNA模板上的GCC相配，这个I是“次黄嘌呤核苷（inosine）”的简写，嘌呤配嘧啶，I就与C（胞嘧啶）配对。至于三尖刀Ψ边上的那个T，看官就别在这再穷追不舍了，现在还解释不了，只能说这就是个事实。tRNA分子里就是还要有那个T。生命科学中像这种出格的连现行科学理论都还无法解释的东西多了去了，就等着看官去破译、去拿大奖呢。

为啥要这样啊？怎么成了这样啊？

没人能回答你，它们天生就这样。现在的生命科学还只处在发现是咋样的初级阶段，还远不到能够奢谈为什么要这样的地步。所以，按咱已经知道的这点可怜的科学知识还理解不了它就极其正常。

只能说，转移RNA（tRNA）分子就需要有这样的结构。看官看吧，顶部的柄上结合着单个的氨基酸分子，底部的反密码子按碱基互补原则坐到合成蛋白质的RNA模板上，不同的tRNA分子举着不同的氨基酸，在模板上对号入座后，上面的单个氨基酸分子彼此间以共价键相连成链，蛋白质不就合成了吗？到哪儿去找这么完美的理论解释？

其他的？洒家就没得说了，这生命科学还有数不清的为什么和怎么样，正等着看官去发现和解密。看官要是钻进去了，干劲也足够大、运气也足够好的话，这生命科学里埋着的诺贝尔奖比哪门学科都多，拿都拿不完的。

一句话，转移RNA（tRNA）就是生物体内蛋白质制造工厂的“搬运工”。只不过这些搬运工也太聪明、太有文化了点，它们不仅能识别、携带不同的氨基酸，还会自动找座位对号入座，而已。

mRNA中文全称叫信使核糖核酸，简称信使RNA。顾名思义这个信使RNA（mRNA）就是携带着DNA上编制的、制造蛋白质信息的、遗传密码的RNA。

前面已经白话过了，在发现转移RNA（tRNA）之前，科学家们普遍认为RNA全都具备制造蛋白质模板的功能。那时科学家们虽也已发现核糖体是富含RNA的，但也发现了各种核糖体内的RNA（即现在被叫做rRNA的）分子大小是基本相同的，同时也很稳定，一点不像是制造蛋白质的模板。理由很简单，这DNA上数不清的基因编码着数不清的不同蛋白质以控制那些数不清的不同性状，就应该也有各种各样、大大小小、数不清的不同RNA模板。核糖体内就两个核糖体RNA（rRNA）分子，几万个核糖体里面都是这个样子，把它当作合成数不胜数蛋白质的模板无论如何也讲不通。再说，当时科学家们也发现这些rRNA序列和绝大多数核DNA序列之间没有关系，根本就不像是众多不同基因们"下的崽"。

那究竟啥玩意才是生物细胞合成蛋白质的模板呢？科学家们一直都非常之困惑。

这个问题直到1960年才由法国巴士德研究所的贾科布（F. Jacob，1920— ）、莫诺德（J. Monod，1910—1976）和利沃夫（A. Lwoff，1902—1994）研究大肠杆菌在乳糖代谢中的半乳糖苷酶产生过程时发现和命名信使RNA（mRNA）之后才慢慢清楚了。

贾科布
（引自诺贝尔奖委员会官网）

莫诺德
（引自诺贝尔奖委员会官网）

利沃夫
（引自诺贝尔奖委员会官网）

他们原本的研究课题是大肠杆菌对乳糖的代谢。拿现在的话来说，他们研究的是乳糖代谢基因的"开"与"关"的问题，学术一点就是基因的调控问题。

大肠杆菌合成的半乳糖苷酶可将乳糖分解成葡萄糖和半乳糖以供大肠杆菌"享用"。在正常的情况下，大肠杆菌只在加有乳糖的培养基上生长时才会合成大量的半乳糖苷酶，当乳糖被耗尽或把这些大肠杆菌转移到没有乳糖的培养基上后，大肠杆菌就不再合成半乳糖苷酶。这是正常的生命现象，有需要就合成，不需要就停止。他们把这种酶叫诱导酶。

为了深入研究，他们鉴定出了好些突变体菌株，特别值得一提的是下面两种半乳糖苷酶突变体菌株。

一种突变体是不管外部环境中有没有乳糖都不合成半乳糖苷酶，拿现在的话来说，也就是它没有半乳糖苷酶基因。

另一种突变体则不管外部环境中有没有乳糖，这个半乳糖苷酶都一直在合成着。拿现在的话来说，它不仅有半乳糖苷酶基因而且这个基因还一直开着。

用这些突变体他们开展了大肠杆菌的有性杂交实验。

有没有搞错？单细胞的细菌还能搞有性生殖杂交？难道细菌还分雄、雌不成？

是的！细菌还真有雄、雌之分。这是1946—1947年，美国分子生物学家莱登伯格（J. Lederberg，1925—2008）在耶鲁大学做博士论文期间发现的。

细菌可分为雄性细菌和雌性细菌两种不同结合型，雄性菌细胞外面长有性伞毛，细胞内还有“性因子（F因子）”。雄性菌和雌性菌相邻时二者之间就会形成一条通道——结合管，雄性菌的遗传物质（DNA）就会经由这条结合管，慢慢地注入雌性菌细胞内而实现基因重组，这一现象被称为“细菌结合”。为此，莱登伯格还获得了1958年诺贝尔生理学或医学奖呢。那年他才33岁，摆那个姿势还真是有点现代帅哥范儿。

莱登伯格
（引自诺贝尔奖委员会官网）

贾科布和莫诺德他们用这些突变体大肠杆菌做有性杂交实验时第一个重要的发现是，所有的遗传信息从雄性菌传向雌性菌约需2小时。这个过程慢得跟挤牙膏似的，这就给他们一步步地研究细菌间遗传物质传递进程创造了一个极好的机会。

他们做了“中断杂交实验”，即用缺失某些基因的雌性菌与带有这些基因的雄性菌进行有性杂交，随后分不同时间取样测定基因传递的状况。他们发现一个基因的转移大概耗时10来分钟，两个基因转移需15分钟，等等。再通过一系列不同时段的中断杂交实验，他们发现，一旦半乳糖苷酶基因进入到原来缺失该酶的雌性突变体菌中之后，半乳糖苷酶的合成便以最高速度进行。但这种细菌的有性杂交只把雄性菌的DNA转移给雌性菌，并没有将雄性菌的核糖体转移给雌性菌。

当时，蛋白质是在核糖体上合成已成为被实验证实的科学共识。在DNA上面不能合成蛋白质，但这种DNA转移过去就能立马高速合成该酶的实验结果明显地与上述共识相矛盾。为此，贾科布和莫诺德提出了一种假说来解释这个结果，他们认为细胞中应该有一种寿命较短的、从基因（DNA）到核糖体颗粒的中介物，这个中介物可能是RNA分子，并于1960年正式将其命名为信使RNA，即mRNA。当时大家已经知道：tRNA（转运RNA）是负责搬运氨基酸的；rRNA（核糖体RNA）是组成核糖体的骨架，非常稳定。这两种都不可能是mRNA，这就是说，生物细胞中一定还存在着第三种类型的RNA——mRNA。

1960年冬天，贾科布访问了剑桥大学并和克里克等人对他们的实验结果进行了研讨，克里克等人意识到贾科布等的结果与先前沃尔金（E. Volkin）等研究T_2噬菌体（专门感染细菌的一种病毒）侵染了大肠杆菌后在大肠杆菌中复制时观察到的现象惊人地相似。沃尔金等曾发现在噬菌体感染大肠杆菌后很短时间内，一种与噬菌体DNA有一定可比性的RNA分子便被合成出来。当时他们只是推断这种RNA是噬菌体复制所必需的，但都不懂得这是什么。现在贾科布等的实验结果和科学假说给了这种RNA一个全新的解释：沃尔金等前面观察到的这种RNA分子就是控制噬菌体复制所需蛋白质合成的信使RNA，即mRNA。

这时，有关遗传信息传递和RNA之间的关系才变得清晰，核糖体本身的RNA绝不是合成蛋白质的模

板，就跟录音机的磁头只能读取声音信号而不能储存任何声音信息一样，核糖体也只是充当一个遗传信息的“阅读头”而已，mRNA才是合成蛋白质的模板。按克里克的说法，mRNA的发现是晚了一点。不过，让咱们这些事后诸葛亮看来，细胞中量最大、最稳定的就是核糖体RNA，很容易被检测到，而mRNA不仅寿命短、种类多而且每种mRNA的量都不大，最后才被发现也在情理之中。

这次会见的研讨从办公室一直延续到克里克举办的晚宴及之后，他们讨论并设计了一系列验证实验来证明这种mRNA分子的存在，主要是放射性同位素和重同位素标记、密度梯度离心等方法。随后，在哈佛大学沃森实验室、加利福尼亚大学梅塞尔森（M. Meselson）实验室、法国人贾科布、英国人布雷纳（S. Brenner）等的实验都显示mRNA是确实存在的，而此前很多人抱有厚望的核糖体只是一个制造蛋白质的分子加工厂而已。

mRNA是从两个核糖体亚基间穿过，就像送入老式计算机的穿孔卡片一样。携带着不同氨基酸的tRNA附着到核糖体内的mRNA上，排好顺序，让氨基酸们以化学键相连，形成蛋白质链。

贾科布和莫诺德发现了mRNA，但他们的志趣并不在遗传密码，而是基因调控机制。通过对大肠杆菌乳糖代谢基因“开”与“关”的详尽研究，他们在1961年提出了乳糖操纵子模型（Lac operon），首次提出了基因的调控模式，首次把基因区分为结构基因、操纵基因、调节基因和启动基因。为此，他俩和他们的老板利沃夫3人一起获得了1965年诺贝尔生理学或医学奖。这对法国可是非同一般的事件，因为自诺贝尔奖开颁到1935年居里夫人之女约里奥·居里得诺贝尔化学奖为止，法国人此前共得诺贝尔奖11次，但此后30年都颗粒无收，直到1965年才重登诺贝尔奖榜单。

mRNA发现之后遗传密码的破译才真正走上快车道，因为人们此时才明白，原来遗传密码指的就是mRNA上的碱基顺序，而不是DNA上的碱基顺序。DNA上由碱基编制的遗传信息要经碱基互补原则转录出mRNA前体，再经过剪接形成成熟的mRNA分子后才能到细胞质里的核糖体上，按上面碱基排列出的遗传密码合成生命所需的各种蛋白质。

第十九回：

布雷纳重炮轰垮重叠读码论，破译遗传密码尼伦伯格第一

破译遗传密码研究的第一个实质性进展是否决了伽莫夫理论中“可重叠”编码方式。

1954年伽莫夫提出的遗传密码假说是以3个碱基编码1个氨基酸的三联体密码，但他认为密码子是可重叠的阅读方式。前面白话过了，如果有1、2、3、4、5、6等6个碱基，按他假说，这6个碱基就可读出123、234、345、456等4个三联体密码即4个氨基酸。按这种假说，在蛋白质长链上永远不可能有同一种氨基酸相邻排列即连续几个氨基酸都是同一种的情况出现。道理十分简单，就A、U、C、G 4种碱基，3个碱基1个密码子，咋样排也不可能排出123=234=345=456的结果来。

布雷纳及其领诺贝尔奖照
（引自诺贝尔奖委员会官网）

向伽莫夫理论开头炮的是伽莫夫领导下的RNA领带俱乐部成员、他的亲密战友、分工研究缬氨酸的南非裔英国人布雷纳（S. Brenner）。他在1957年发表了一篇论文，在分析了当时已有的所有蛋白质链的氨基酸序列之后给了伽莫夫假说中重叠式三联体密码子理论以致命的一击。因为事实表明蛋白质长链上同一种氨基酸相邻排列的现象很普遍、很常见。所以三联体密码子绝不可能重叠读！

这个布雷纳在遗传密码这事上没拿到诺贝尔奖，但他也绝非等闲之辈，后来他在75岁时因发现“器官发育和程序性细胞死亡中的基因规律”获得了2002年诺贝尔生理学或医学奖。

随后，在1960年又有梯苏基塔(A. Tsugita)、佛伦克尔康拉克(H. Fraenkel-Conrat)、魏特曼(H. G. Wittman)等在期刊和会议上报道了他们用亚硝酸处理烟草花叶病毒mRNA后再用这种诱变后的RNA去合成蛋白质的研究，用直接的实验结果证明三联体不能重叠读码。

其原理一是当时已弄清楚了烟草花叶病毒所合成的蛋白链由158个氨基酸组成，只要将突变体蛋白链与野生型蛋白链进行比较就能知道突变体蛋白链上是哪几个氨基酸改变了。二是亚硝酸处理可使RNA链上的A变成G或使C变为U。如果是可重叠读码的三联体方式，只要一个碱基发生了变换必将引起相邻三个氨基酸的改变。但他们的实验结果是，用亚硝酸处理烟草花叶病毒mRNA通常只造成蛋白链上一个氨基酸的改变，出现两个氨基酸改变的情况不仅罕见而且这两个改变了的氨基酸都不在相邻的位置上。

就这样，既有理论推断又有直接的实验证据，可重叠编码方式假说便寿终正寝了。

破译遗传密码研究的第二个实质性进展是，在美国国立卫生研究院（National Institutes of Health, NIH）

任职的尼伦伯格和马泰伊（J. Matthaei）破译出了第一个遗传密码：苯丙氨酸的遗传密码“UUU”。

尼伦伯格
（引自诺贝尔奖委员会官网）

尼伦伯格（M. Nirenberg，1927—2010），犹太裔美国人，美国科学院院士和美国艺术与科学院院士。生于纽约，1945年入美国佛罗里达大学学习，1948年获学士学位，1952年获硕士学位，1957年获密歇根大学生化专业博士学位。1957年到美国国立卫生研究院（NIH）做博士后，1959年成为NIH研究员，1962年任NIH生化遗传学部主任，1968年因遗传密码研究的成就获诺贝尔生理学或医学奖，时年35岁。

要白话尼伦伯格是怎样破译第一个遗传密码必须要先白话奥乔亚和马纳果1955年发现多核苷酸磷酸化酶的故事，这个发现虽说纯属无意插柳，但没这个发现就不可能有尼伦伯格领先破译遗传密码那事。

奥乔亚（S. Ochoa，1905—1993）和马纳果（M. G. Manago）都不是RNA领带俱乐部的成员，而是遗传密码研究的圈外人。奥乔亚是生于西班牙的美国生化学家，就职于纽约大学医学院，马纳果则是在那儿工作的法国生物学家。

当时他们研究的课题不是遗传密码，而是研究各种酶对“三磷酸腺苷”所携带能量的利用。

三磷酸腺苷就是RNA 4个碱基中那个A的原料，A“长”在RNA分子上时只有一个磷酸基团，而其原料三磷酸腺苷却有3个磷酸基团，三磷酸腺苷很多时候被简称为ATP。ATP是合成新核酸链的必需原料之一。这个A就是RNA长链中A、U、G、C中那个A，T是三的意思，P是磷酸基团的意思，ATP就是指带有3个磷酸基团的A碱基。以此类推就还有GTP、CTP、UTP等。

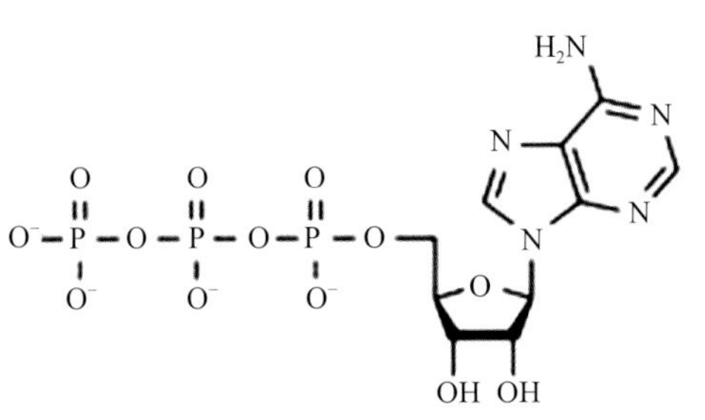

三磷酸腺苷

奥乔亚
（引自诺贝尔奖委员会官网）

为啥RNA分子里面的A只有一个磷酸基团，而其原料ATP却要有3个磷酸基团？

三磷酸腺苷多出来那两个磷酸基团是以高能磷酸键与原来连在五碳糖上那个磷酸基团相连。高能磷酸键与普通共价键不同的是，高能磷酸键在水解时能放出大量的自由能量供生化反应所需，键能为每克分子50 230 ～ 66 974焦耳（12 ～ 16千卡）。所以，三磷酸腺苷不仅是合成RNA新链的必需原料，还是生物体内组织和细胞一切生命活动所需能量的直接来源，负责细胞内能量的储存和传递，很多体内的生化活动都需要它参与才能进行，尤其是在蛋白质的合成中，三磷酸腺苷（ATP）是必不可少的。三磷酸腺苷（ATP）还是一种临床使用的药品，可促使机体各种细胞的修复和再生，增强细胞代谢活性等。

他们的研究是考察三磷酸腺苷作为能量载体的功能。他们把一定量的三磷酸腺苷（ATP）与酶混合，观察酶对ATP所载能量的利用。但是，有一种酶的实验结果与其他酶的实验完全不同，这种酶非但没有以奥乔亚等预料的方式利用三磷酸腺苷（ATP）所载的能量，反而将ATP制造成了一种他们不认得的神秘物质。

他们虽颇感困惑但又觉得这个事很有意思，就对此进行了继续研究。经过几个月的努力，他们终于发现这种酶是将三磷酸腺苷（ATP）末端那两个磷酸基团去除后将其一个又一个地连成了一串单链的核苷酸长链“AAAAAA……”，它既不是DNA也不是RNA。这个人工合成的、同一碱基重复连接的单链核苷被命名为多聚腺苷或多聚A。这种酶就被称为多核苷酸磷酸化酶。

这种酶不仅能将三磷酸腺苷合成多聚腺苷（多聚A），也能将三磷酸鸟苷（GTP）、三磷酸胞苷（CTP）、三磷酸尿苷（UTP）分别合成为多聚鸟苷（多聚G，GGGGGG……）、多聚胞苷（多聚C，CCCCCC……）、多聚尿苷（多聚U，UUUUUU……）。这种酶也能将几种不同的三磷酸核苷（ATP、UTP、GTP、CTP）合成不同组合的多聚核苷。所以，发现了这种功能的酶才成就了尼伦伯格破译出第一个遗传密码。

这个奥乔亚也是个非常了得的人物，他不仅发现了多核苷酸磷酸化酶催化反应并于1959年获得了诺贝尔生理学或医学奖，之后还积极投身于遗传密码研究并有所成就。

回过头来再来白话尼伦伯格首破遗传密码。据文献披露，尼伦伯格在1959年对遗传密码产生了巨大兴趣，但他的同事们大多不看好他的转行想法，因为他们认为尼伦伯格是学生物化学出身的，缺少分子遗传学的专门训练，想靠自学成才进入这个全新的前沿领域显得太幼稚。甚至还有人认为尼伦伯格的转行无异于学术自杀。但尼伦伯格不改初衷，决心要在遗传密码研究中一展身手。1960年他和从德国波恩大学来美国做博士后的生化学家马泰伊（J. Matthaei）结合，对遗传密码问题的研究就此进入快车道。

他们采用的基本实验方法是前面第十八回白话过的查美尼克所创建的无细胞合成系统，不同之处是，查美尼克用的是老鼠肝细胞，尼伦伯格用的是大肠杆菌细胞。

尼伦伯格建立的大肠杆菌无细胞系统是把活的大肠杆菌细胞在低温下破碎成无细胞状态，并将细菌内原来的DNA去除掉，只留下细胞内的核糖体和其他小分子活性成分，便成为现在被称为无细胞翻译系统的东西。在这种无细胞系统中加入合成蛋白质所需的20种必需氨基酸原料，就能在离体条件下清楚地监视蛋白质的合成情况。

他们首先在这种无细胞系统中分别加入DNA和RNA，结果加入DNA之后蛋白质的合成状况没有改观，而加入RNA之后这个无细胞系统便能快速合成蛋白质。实验结果明确地显示了是RNA在直接指导着蛋白质的合成。

尼伦伯格思路是，将已知序列的RNA加入到无细胞系统，使之合成蛋白质，用分析参加蛋白质合成的氨基酸的类型来推断对应的遗传密码。当时美国国立卫生研究院（NIH）的同事已经用上述奥乔亚和马纳果发明的酶促反应成功地合成了一系列的多聚核苷。尼伦伯格决定用多聚U（UUUUU……）来做实验。因为科学界已公认U是RNA分子里独有的碱基，DNA分子里没有U，这样就可避免对实验结果带来究竟是由RNA还是DNA在起作用的争议。这个实验由以实验技术高超著称的马特伊博士后来实施。

据记载，正式破译遗传密码的实验始于1961年5月22日星期一15：30，马泰伊博士后在一支试管里加入了以下试剂：

大肠杆菌无细胞系统悬液（他们自制的）。

20种氨基酸溶液（为合成蛋白质提供的原料，其中16种经放射性同位素标记以监测其去向）。

ATP溶液（为生化反应提供能源）。

盐及缓冲液（提供稳定的酸碱度等反应条件）。

多聚尿苷（多聚U，即UUUUUU……，合成蛋白质的模板）。

混合物经过在35°下1小时的化学反应，结果发现，加了多聚尿苷（UUUUUU……）的无细胞系统里新合成了蛋白质，放射性同位素标记的氨基酸被掺入了蛋白质。而没有加多聚尿苷（UUUUUU……）的对照试管内没有监测到放射性同位素标记的氨基酸掺入蛋白质的现象。这表明，多聚尿苷（UUUUUU……）在离体条件下可以指导蛋白质合成。

接下来的事就是要弄清楚在加有多聚尿苷（UUUUUU……）的情况下是哪一种（或几种）氨基酸掺和进了蛋白质。

马泰伊博士后在这一周随后的时间里没日没夜地工作，经过多次多种方式的实验，包括冗杂的、在

每个反应试管中分别只加入一种放射性同位素标记的氨基酸等甄别实验等，一直到5月27日星期六6：00，他才终于找到了答案：在加有多聚尿苷（UUUUUU……）时新合成的蛋白链上就只含一种氨基酸——苯丙氨酸，就是说，多聚尿苷指导合成的是一条多聚苯丙氨酸链！

这也就是说多聚尿苷（UUUUUU……）可以编码苯丙氨酸。

这个时候，研究小组领导人尼伦伯格还正在加利福尼亚大学伯克利分校访问呢。

所以，是马泰伊博士后的实验破译出了第一个遗传密码。

看官们也许会问，这个实验很简单，没有啥难度，所用的实验体系和实验材料大家都熟知，为啥其他科学家，包括发明多聚核苷合成的奥乔亚，大名鼎鼎的克里克、沃森及其RNA俱乐部20位大科学家，咋就没有想到这么去做呢？

答案可能要让诸位大跌眼镜。

因为这二位都是分子遗传学的外行，所以才能做出这样成功的实验。也就是说，这二位是托了他们是很年轻的生化学家而不是分子遗传学家的福，才有了这世界第一的突破性进展。要不是外行，这尼伦伯格就拿不到1968年诺贝尔生理学或医学奖了。

为啥呢？难道外行还能比内行更有优越性？外行人他懂啥呀，这些行家里手们在这个领域摸爬滚打了多少年，吃的盐都比他们啃过的面包多，咋就不如外行啦？

你还别说，在科技界里，好多重大突破性进展都是由那些初出茅庐的年轻人和外行人做出来的，大佬们基本上没戏。因为他们吃的“专业盐”太多了，他们的思维被那些现行的理论、规律啥的束缚得紧紧的，他们对这些东西的态度总是宗教般地笃信无疑，思维总是在这些东西里打转转。他们的地位又使得那些想加以利用的人把他们吹捧得跟天神一般，这些大佬们成年累月地就这么既心高气傲又晕晕乎乎地过着，靠他们领着人去搞什么突破那才真是活见鬼呢。

究竟具体是为啥呢？各位看官请看好啦。

在遗传密码研究的圈内人都知道，1957年克里克就曾经正式地说过：由单一“字母”即仅一种单一核苷酸（例如上述实验中用的U）所组成的“词汇”是不能编码任何东西，是无遗传意义的词汇。

在这些所谓圈里人和生化界都有一种很少公开发表但却很是根深蒂固的观念：RNA的构型在蛋白质合成过程中至关重要。

有关核糖体内就含有合成蛋白质的RNA模板的观念还在这些所谓圈里人里流行着。

看官们想一想，那些受过严格分子遗传学专门训练的老少爷们还能不把这些当成圣经一般地熟记于心？他们敢越过这雷池去用DNA之父级大专家断言过的、不能编码任何东西的、无遗传意义的单字母词汇“UUUUUU……”来做蛋白质合成实验吗？

尼伦伯格和马泰伊都是生化专业博士，尼伦伯格由“临时工”博士后转正为研究员，能自己说了算也才个把年，而马泰伊也刚拿着北大西洋集团的资助从德国来美国镀金做博士后，俩人都很年轻。他们要么是根本就不知道这些，无知而无畏；要么是根本就没有理睬这些行业内的传统观念，所以才有了这天下第一的创新。洒家看到一些文献说，有的人还不服气，认为他俩的成功完全是靠运气，就是中国人常说的瞎猫碰上了死老鼠。不过醋劲再大也没有用，诺贝尔奖没有吃醋奖。

尼伦伯格从加利福尼亚大学伯克利分校回来后，马泰伊博士后便去进修细菌遗传学课程，尼伦伯格则接着对实验产物进行了一系列的鉴定，随后他俩将实验结果写成论文于1961年8月投寄《美国科学院院刊》（*PNAS USA*），并于1961年11月发表。

1961年8月，在他们的文章发表之前，尼伦伯格带着这一研究结果参加了在苏联莫斯科举行的第五届国际生物化学大会。在这个有5 000多会员正式报名、最多时参会人数达7 000人的超级大会中，尼伦伯格这样默默无闻的小人物要想靠提交的论文摘要来引起大会组织机构的注意是不可能的。通常的国际会议程序都是请若干位声名显赫的大科学家在大会场作些大报告，其他的参会者则被分成若干小组在若干个小分会场里作10来分钟的短小报告，分组报告可任由参会人根据大会指南自由选听。无名小卒尼伦伯格理所当然是在小分会场作短小报告，据说也没多少人去听，沃森、克里克自然没有去听，但是有一个能与这些泰斗级人物直接对话的圈内人，前面第十四回白话过的、用实验证实了DNA半保留复制的生化学家梅塞尔森（M. Meselson）去这个分会场听了尼伦伯格的报告。

据载，梅塞尔森当即被尼伦伯格报告的东西所“惊到”，他马上去报告了大会负责人之一的克里克，对破译遗传密码研究几乎绝望的克里克听后也是“大吃一惊”，随即与尼伦伯格面谈并安排尼伦伯格第二天在大会场重新宣讲他的报告。据载，尼伦伯格的大会报告结束后，梅塞尔森仍然是止不住的激动，他跑向前与尼伦伯格拥抱，向尼伦伯格表示热烈祝贺。尼伦伯格大会报告的效果是轰动性的，不仅引起了分子生物学界的高度重视，就连新闻界也开始以极大的兴趣来报道遗传密码破译的研究进展。

第二十回：

克里克布雷纳证实三联体，众联手遗传密码字典编成

破译遗传密码研究的第三个重大进展是，克里克和布雷纳在英国剑桥大学于1961年用删除碱基的实验方式证明，遗传密码确实是三联体的。

上述尼伦伯格实验结论也只能说明一长串的U在无细胞系统中合成了一长串的苯丙氨酸长链，根本就不能说明苯丙氨酸是由几个U编码的。虽然包括克里克在内的不少人以前都认同三联体，但全都是没有实验证据的假说。对尼伦伯格这个实验结果，既可以解释为3个字母编码也可以解释为3个以上字母编码。为此，克里克从莫斯科会议回来后立马开始了密码究竟是几联体的确证性实验。

咱们先从理论上来分析一下生物以A、U、C、G 4个碱基指定20种基本氨基酸的几种可能性。

若是用1个字母指定1个氨基酸就只有4×1=4种密码子，太不够了。

二联体即2个字母指定1个氨基酸，就应有4×4=16种密码子，还是不够20个基本氨基酸用的。

三联体即3个字母指定1个氨基酸，就应有4×4×4=64个密码子，肯定是够用了，但多出的44个密码子是不是意味着每个氨基酸有好几个密码子？

要是这样的话，那四联体原则上也能用啊，只不过总共有4×4×4×4=256种密码子，每个氨基酸就拥有更多的密码子啦。

看来密码子是三联体或四联体都有可能，就是还没有实验证据。

克里克和布雷纳他们的实验是用化学诱变剂在T_4噬菌体DNA分子上删除或插入碱基来观察对噬菌体生长的影响的。结果发现，删除或插入单个碱基或两个碱基都会破坏蛋白质的合成而阻断所有的生化活动，使这种突变体不能在原来本可侵染的大肠杆菌菌株上生长。而当沿DNA分子删除或插入3个碱基时则不会给噬菌体带来活不成的灾难性后果。

克里克和布雷纳认为，这就能证明遗传密码是三联体的。他们提出，遗传密码必须从一个固定的起点开始“阅读”，每3个特定的碱基组成1个密码子指定1个氨基酸。当删（或增）一个或两个碱基时，细胞仍按此起点来读三联体时就会造成“移码”，移码后读出来的就不是原来的三联体密码而全是一些细胞不认得的“乱码”了，那就不能合成蛋白质。如果按此顺序删去（或增加）3个碱基即1个三联体，只会在细胞合成的蛋白质链上消除掉（或增加）一个氨基酸，蛋白质照常能合成，生化活动还照样能进行，细胞就不至于活不下去。就这样，遗传密码是三联体就被实验确定了。

据记载，在1961年的某天深夜，克里克和他的同事巴奈特（L. Barnett）一起去实验室查看三联体删除实验的最终结果，克里克立马就意识到这个结果的重要性，他当即对巴奈特说：现在全世界只有你我知道，遗传密码是三联体的。

这样，尼伦伯格的多聚尿苷（UUUUUU……）指导合成了多聚苯丙氨酸蛋白链的结果就可明确而肯定地解释为：苯丙氨酸的遗传密码就是UUU。

看官们也许会说，什么T_4噬菌体DNA分子删一两个碱基就乱码了、活不成了，什么删3个碱基就不乱码了、能活了，还有什么移码、乱码啥的，不大好懂，让人看得迷迷糊糊的。

如果用原来论文中的碱基呀、+呀、−呀、突变体什么的来叙述，会更让人迷糊。要弄懂这删除碱基实验证明三联体的原理，看看下面洒家编造的几句中文“三联体”就很容易明白了。

牛耕田　鸡下蛋　羊吃草　狗看门

按每3个字为一组念出来，每个三联体都有特定的意境，好一派田园风光。

如果把第一个“牛”字删除，还按3个字为一组念出来的三联体就成了“耕田鸡　下蛋羊　吃草狗”。

如果把第一、第二两个字都删除，还按3个字为一组念出来的三联体就成了“田鸡下　蛋羊吃　草狗看”。

这就是科技论文中所指的“移码”的原理。删除1个或2个碱基后，顺次后移再读出来的三联体都全是乱码了。移码后读出的每个三联体都没有正常的意境，全都像是胡说八道的神经病语言。这就是克里克实验中出现的、删除一个或两个碱基就会严重破坏蛋白质的合成而阻断所有的生化活动的原因，因为这些移位之后读出的“三联体”是细胞级的神经病语言，细胞全都不认得了、搞不懂了，咋能以它们去合成蛋白质啊?

如果把一组3个字全都删掉，比如把“牛耕田”删除了，再读出来的是“鸡下蛋　羊吃草　狗看门”，还是原来有农村意境的三联体，只是少了一个景色而已，但绝不会出现全盘乱码的神经病语言。这就是克里克实验中依次删除3个碱基后蛋白质照样能合成只是使蛋白质链上少了某个氨基酸的道理。

克里克他们的删码实验就是这样简单。他们的实验结果认为，每个氨基酸都应该有特定的3个碱基来编码，生物体也只认识这样的编码方式，其他的碱基组合生物体则全不认得。

克里克他们这篇论文发表于1961年12月31日出版的《自然》杂志，文内引用了尼伦伯格11月发表的论文并记叙了8月在莫斯科大会上听到尼伦伯格实验时克里克“大吃一惊”的事，并说他们的实验已证明了遗传密码是三联体的。也就是说，克里克他们承认尼伦伯格破译第一个遗传密码在先，自己确定遗传密码是三联体在后。

自此，苯丙氨酸的遗传密码是三联体UUU就成为科学界共识。

万事开头难。这难不在金钱、设备和技术上，这难就难在怎样去做的思路上。科学家们都受过类似的高等教育，都具有类似的基本技能，有了正确的研究思路，茅塞顿开之后遗传密码破译研究很快就掀起了热潮，也激发起广大民众极大的热情。据说在后来有一段时间，美国的主要报纸几乎天天都会报道遗传密码破译进展的消息。

很快，AAA是赖氨酸的密码子、CCC是脯氨酸的密码子也用与上述多聚U相同的方法确定下来。同时，用在多聚尿苷（UUU……）长链后再加上一串GGG……的蛋白质离体合成实验也证明GGG是甘氨酸的密码子。很显然，其他的16种氨基酸必定是由不同的字母组成的三联体来编码的。

霍拉纳
（引自诺贝尔奖委员会官网）

要用人工合成的RNA类似单链在无细胞系统里合成蛋白质来研究其余的氨基酸密码子是什么样的，最棘手的问题是如何才能制造出由不同字母组成的、各种类三联体组合的人工模拟RNA链，这样才能去探索其他的氨基酸密码子。在这方面做出巨大贡献的是美国威斯康星大学生物学和化学教授霍拉纳（G. Khorana，1922—2011）。他建立起一种有效的化学方法，能合成出具有特定碱基序列的多核苷酸，使遗传密码破译得以深入进行，为此他也获得了1968年的诺贝尔生理学或医学奖。

霍拉纳出生在印度旁遮普的一个小山村（现属巴基斯坦），1945年拿印度政府奖学金去英国利物浦大学读博士研究生，1948年获博士学位，1948—1949年在瑞士苏黎世做博士后，1950年后在英国剑桥大学、不列颠哥伦比亚大学等工作。1960年到美国威斯康星大学任职并加入美国国籍。

经过包括尼伦伯格、霍拉纳、奥乔亚、克里克等一批科学家的共同努力，到1966年所有的密码子都被相应的实验破译出来，

遗传密码也从最初不知在何处、是何物的假说成长为具有相应实验证据的科学结论。科学家们根据实验结果编制出了下面这个每本遗传学教材上都要出现的遗传密码字典。

	U	C	A	G
U	UUU UUC 苯丙氨酸 UUA UUG 亮氨酸	UCU UCC UCA UCG 丝氨酸	UAU UAC 酪氨酸 UAA UAG 终止信号	UGU UGC 半胱氨酸 UGA 终止信号 UGG 色氨酸
C	CUU CUC CUA CUG 亮氨酸	CCU CCC CCA CCG 脯氨酸	CAU CAC 组氨酸 CAA CAG 谷氨酰氨	CGU CGC CGA CGG 精氨酸
A	AUU AUC 异亮氨酸 AUA AUG 甲硫氨酸	ACU ACC ACA ACG 苏氨酸	AAU AAC 天冬酰氨 AAA AAG 赖氨酸	AGU AGC 丝氨酸 AGA AGG 精氨酸
G	GUU GUC GUA GUG 缬氨酸	GCU GCC GCA GCG 丙氨酸	GAU GAC 天冬氨酸 GAA GAG 谷氨酸	GGU GGC GGA GGG 甘氨酸

遗传密码字典

从该字典可见，除甲硫氨酸（AUG）和色氨酸（UGG）只有1个密码子之外，其余18种氨基酸的密码子的数目不一。一个氨基酸有6个密码子的，还有4个密码子的、3个密码子的和2个密码子的。显然，这个密码本有点乱糟糟地很易让人产生疑问，此后还的确有人在一些生物上发现了与此密码本不大一样的编码方式，所以到现在还有遗传密码的论文在发表。

为什么会有的多有的少？只能说，当年科学家们研究的结果就是这样。克里克他们及现在的科学家们中还没有一个人能给出令人信服的解释。

除编码20种氨基酸之外，还有3个专司合成终止信号的终止密码子（UAA、UAG、UGA，黑色块），这3个密码子不编码氨基酸。此外，编码甲硫氨酸的AUG还是起始信号（白色块）。

克里克领导下编制的遗传密码具有以下特点。

①遗传密码都是三联体。

②所有生物的遗传密码都相同。

③大部分氨基酸都有好几个不同的三联体密码，这被称为遗传密码的简（兼）并性。

④有起始和终止密码，但一条蛋白质链上各氨基酸之间没有标点符号密码。

⑤三联体遗传密码中第一和第二个字母对编码何种氨基酸至关重要，第三个字母可有2～4种搭配。

白话到这儿，基因的分子水平基本理论已经完备，各位看官可以放心大胆地走进分子遗传学、走近基因工程，心中有数地去看一看那转基因里面究竟有些啥玩意儿，看看那些基因工程专家们究竟在做些个什么，看看一些反转斗士又在说什么、做什么。心里有了一杆科学理论的公平秤，自己去分析一下谁究竟有多少道理就不难了。

简单总结一下基因在分子水平的理论就是：

①生物的一切性状和生命活动都是由基因控制。

②基因位于生物体细胞核内的染色体上。

③染色体上缠绕着超级长的DNA长链。

④这些DNA长链上的A、T、G、C 4种碱基的超级多的排列组合顺序就编制了控制一切生命活动所需的生命信息。

⑤基因就是DNA长链上某一段碱基序列。

⑥基因要表现出来，必先按A→U、T→A、G→C、C→G的原则转录出与DNA序列互补的信使RNA（mRNA）。

⑦信使RNA从细胞核里出来后来到细胞质的核糖体上。

⑧各种转移RNA（tRNA）搬运来各种氨基酸。

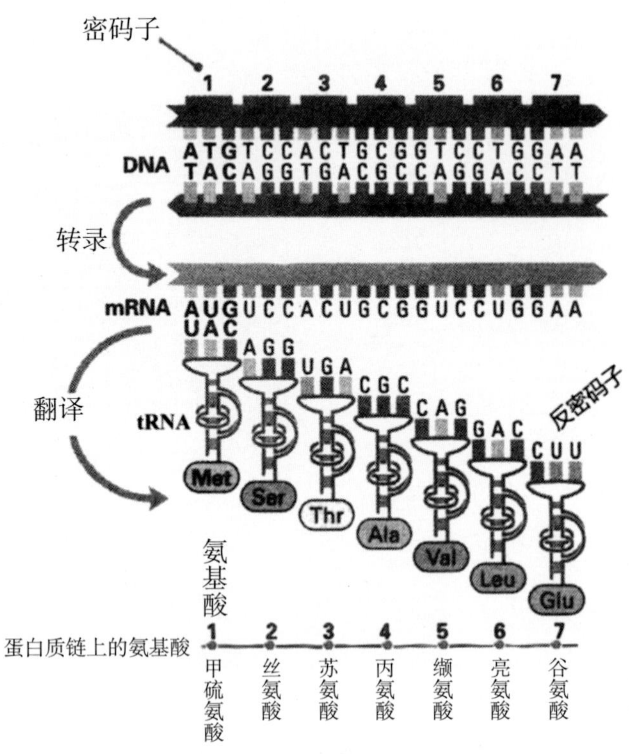

基因在分子水平上的理论示意
（引自Denlel等，*Genetics: Analysis of Genes and Genomes*）

⑨转移RNA再按照信使RNA上的三联体遗传密码与自己的反密码子互补原则各自对号入座。

⑩入座后的各转移RNA上的氨基酸之间彼此相连成为蛋白质长链。

⑪合成的蛋白质长链再经折叠成为有生物活性的酶，各种酶促反应便使生命活动或性状表现出来了。

其实，基因的分子理论就是这么简单。如果哪位看官看了这段文字还不大清楚，再瞧瞧下面这幅图（中文是酒家加的），把上面的文字与之逐条对应，一步步地往下看，立马就会明白。

第二十一回：

吉尔伯特饭桌获灵感，化学降解测序法建立

各位看官，人类研究基因到了上一回白话的地步，可以说基因已经从一个不知是何物的符号、字母、假说变成了一个具体的物质——DNA。这个DNA是咋样在控制生物体的一切生命现象的理论分析也已全部走通。既然包括人的生、老、病、死在内的各种生物的一切生命活动都是由基因来控制的，而基因只不过是DNA长链上一段碱基排列出来的序列。都这么具体了，就连普通人都会自然而然地想到：

咱们把DNA长链上的4种碱基是如何排列的全都弄清楚不就能揭开生命之谜了吗？

这个谜底要能揭开，人类生命质量的提高幅度那真是难以形容的、超级大的无数次方了。想想看，人类若是能手握着生命之谜的万能钥匙，那所有的生物都能随人类的意愿来为人类服务，人可以想咋样这些生物就咋样，人自己可以想怎样活就怎样活，那该是多么美好的境界啊！

老百姓都能想到这一点，何况是聪明绝顶的科学家？因而，在遗传密码全部被破译之后，如何测定DNA长链上碱基们排列的顺序即碱基序列（简称为DNA测序或测序）就成了一个相当热门的科研课题。

测序热到啥地步？告诉各位，1980年就有两位研究DNA测序技术的科学家同时获得了诺贝尔化学奖，他们是美国人吉尔伯特（W. Gilbert）和英国人桑格（F. Sanger）。他俩都是在1977年分别发表了不同的DNA测序方法。各位注意，这二位都只是发明了测序的技术方法而不是已经测出了多少DNA序列，而且从文章发表到获诺贝尔奖才3年，可见这测序方法该是多么重大的一件事情。

除了人们认为知道了DNA序列才能读懂基因之外，这个DNA分子虽是又长又大，但哪怕是在最先进的电子显微镜下也就是一堆蜘蛛丝般的细线而已，根本就没有办法用现有的什么仪器能直观地看到前面白话过的单间屋、双间屋形状的碱基之类的。它在细胞内跟堆乱麻似的，看不清摸不着，要想把它分子内的碱基序列搞清楚难度真是太大了。这件事在号称尖端科学的分子生物学中也属于顶级尖端的研究，没有现成的办法，必须另辟蹊径。要没有点创造性能获诺贝尔奖吗？

先白话吉尔伯特（W. Gilbert，1932—）。

吉尔伯特
（引自诺贝尔奖委员会官网）

吉尔伯特，生于美国波士顿，物理学家与生物化学家，美国科学院院士。此君可是个一生“名牌”、一生都在世界顶尖大学圈子里转的人。他父亲是美国哈佛大学出身的经济学家，他自己1953年毕业于哈佛大学，主修化学和物理。因对理论物理兴趣浓厚，研究生时专攻基本粒子理论，第一年在哈佛大学，后来转到英国剑桥大学，1957年获英国剑桥大学博士学位。回哈佛大学做了一年博士后，1959年获得哈佛大学教职，先后任助理教授、副教授、教授。

在剑桥大学读研究生时吉尔伯特就结识了前面白话过的分子遗传学奠基人沃森。1956年沃森从英国剑桥卡文迪什实验室回美国后到哈佛大学工作。1960年，当沃森向吉尔伯特介绍了自己正在进行的RNA研究后，吉尔伯特对此产生了极大的兴趣，开始由理论物理转入分子生物学领域。最初研究信使RNA，后来又分离出上面第十八回白话过的、贾科布和莫诺德在1961年提出的乳糖操纵子假说中的“抑制蛋白”，随后又对DNA测序方法产生了浓厚的兴趣。

吉尔伯特的科学成就也全在分子生物学领域，除了得诺贝尔奖的DNA测序方法之外，另一个重大成就是提出了基因分子结构的“内含子”和“外显子”概念（见第三十六回）。在提交给诺贝尔奖委员会的自传上，吉尔伯特没写在哈佛大学的教授是那年当上的，但特别提到他在1974年成为美国癌症协会的分子生物学教授这事，可见他是以转行当分子生物学教授为荣。1980年获诺贝尔奖时他在哈佛大学生物学实验室任职。

吉尔伯特获得1980年诺贝尔化学奖是因为1977年所发表的《化学法DNA测序》。

很多看官会担心，一种实验方法都能拿到诺贝尔奖，那一定是超高深莫测、复杂透顶的吧，这么尖端的科学技术咱普通人能看得懂吗？

各位看官都把心好好放在肚子里，洒家已承诺过，能看懂《三国演义》就能看懂这本书。洒家根本就不相信要把什么都说得天花乱坠地才算有水平，所谓的尖端只是现实还没有人能够提出解决方法。其实所谓的尖端就是被一层窗户纸挡着，你看不见真相而已，一旦纸被捅破，里面的东西真的非常非常简单。

据吉尔伯特自己讲，DNA化学法测序是他们实验室的偶然发现。20世纪70年代初他分离出了乳糖操纵子中的抑制蛋白后又分离出了被抑制蛋白保护下的DNA片段，随后将其拷贝成RNA，用桑格以前建立的RNA测序技术来测定这段DNA的碱基序列。1975年，苏联科学院的化学家米尔扎别科夫（A. Mirzabekov）来哈佛大学访问，吉尔伯特带着他实验室的人陪米尔扎别科夫吃了一顿饭。席间，米尔扎别科夫的建议给了吉尔伯特一个极好的测序新思路：用特定化学试剂去处理DNA分子，让化学试剂去攻击某个特定的碱基，使DNA长链从特定的碱基处断裂。

午餐上讨论的内容就成了DNA化学法测序的技术基础，吉尔伯特和他的同事马克萨姆（A. M. Maxam）一起于1977年发表了《Maxam-Gilbert DNA化学降解测序法》，简称为化学法或Maxam-Gilbert法。这个方法的原理是先用不同的化学试剂（或组合）分别特异性地去攻击DNA长链上的4种不同的碱基A、T、G、C，使之在该碱基处断掉，再把4种碱基处断裂形成的各个片段放在一起比较长短，各片段结尾处就是被降解掉那个碱基的位置。

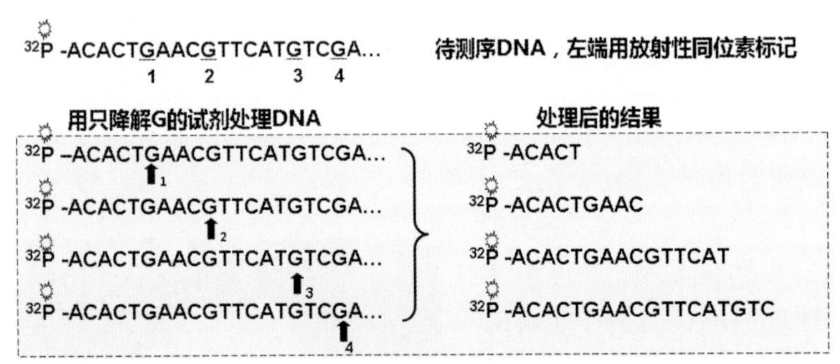

以测定碱基G的位置为例图解化学降解法原理

现以测定碱基G的位置为例，图解一下化学降解法的原理。

这段待测序DNA里共有4个G，从左至右分别标为1、2、3、4。

第一步，先将DNA左边加上一个放射性同位素^{32}P（磷32）的标记以便识别。

这一步看起来仿佛高深得都有点吓人，其实是超级的简单：买点放射性同位素^{32}P的试剂加在DNA溶液中，再买一种专往DNA左末端上连接基团的酶加进去，混匀了短时保温即大功告成。与复杂和困难之类一点也不沾边。

第二步，在标记后的DNA样品溶液中加入少量专门降解碱基G的化学试剂，这种化学试剂就会只“攻击”DNA链上的G碱基使DNA链从G碱基处断掉。只要加的降解试剂的量“少”得合适，降解反应后就能获得图右半边所示从第一个G处、第二个G处、第三个G处、第四个G处断裂的4种DNA片段，把它们放在一起比较一下长短，各个断头处就是G的位置。

看官也许会问，那化学试剂咋就那么听你话，只去攻击某一个G，而不是同时攻击同一条链上的其他G？

化学试剂没有大脑肯定不会这么听人话，它们只是随机地在降解着G。实验时只加很少量的降解试剂，使其绝不可能把DNA溶液中的所有G都降解掉，而分子又是多么的小啊，溶液里DNA分子多的是，所以反应产物中就一定会有在这4个不同G位置断裂的片段。至于试剂以其他非希望方式降解出的其他非希望片段类型，反应产物中肯定会有，但咱只检测左末端带放射性标记的片段，后面的其他类型片段再多

因没有放射性标记，也就被人故意地视而不见了。

这就是科学家的聪明之处，只看需要看的东西，不需要的东西再多也不让它被看见。

其他3种碱基定位原理都是这样，只不过不同碱基降解反应里加入的降解试剂不同。

不过，天下的事并不是啥都能全遂科学家的愿，科学家没能找到专门只降解A或T的化学试剂。吉尔伯特和马克萨姆建立的化学降解法中降解A的试剂同时也降解G，降解T的试剂同时也降解C，因而碱基虽只有4种却要同时作5组降解反应才能正确判断出4种碱基的排列顺序。

这也就是说，要测出一段DNA的碱基序列只要把DNA样品分成5份，在5支试管里同时进行不同碱基的降解反应，之后把5个反应的产物放一起来比较这些有放射性的DNA片段的长度就行了。

例如，5个反应产物之中最长那个片段是G反应产物，那这个位置就是G。第二长的片段是C反应的产物，那这个位置就是C……依次类推就把整个DNA片段的碱基序列读出来了。

各位看官，是不是感觉这也太过简单了点？可能不少人都会想，5支试管的化学实验，这么简单，咋就能拿上那让咱们都望眼欲穿的诺贝尔奖？中学一节化学实验课还要用个10支、8支试管呢，真有点不可思议！

看官，你是被那些从没做过科研的专职作家和新闻记者们“蒙骗”了。为了吸引人眼球，通过艺术的夸张和拔高，在他们的笔下，科学家不是走路要撞到树上的、过桥要先算走几步的、行事和思维特怪异的、与众不同的另类，就是动则精通八门十门外语的、动则一年要发表个十几篇几十篇论文的、多才多艺的、神一般的或半人半仙般的角色。科研那就更神秘了，都是在一座座塞满高级仪器的大楼里，日夜灯火通明，在大将军般的大科学家率领下，“眼镜”们前仆后继地玩命奋战。

其实并不是那样。科学家跟你一样也是些凡人，不经心在闹市区走走，没准身边过去的人就有那么三个、五个。科学家日复一日地也是在重复做一些根本谈不上需要多高技巧的工作，那些辉煌的发现也就是在这些看似简单的实验中发现的。科学家与别人唯一不同的是，别人看到这个现象无动于衷，而科学家却能从中发现点新的东西而已。

不是吗？学过化学的地球人都知道，单质也好，化合物也好，总是会有啥化合物能与之产生化学反应。吉尔伯特和马克萨姆就用这么基本、这么浅显的化学知识拿到了诺贝尔奖，为什么？

因为他们是一流的科学家呀！

化学测序原理虽然很简单，但各位看官会问，前面才白话过，那DNA分子连最先进的电子显微镜看起来也就蜘蛛丝般的乱麻，怎么才能分出这些超级细片段们的短、长来？何况相差就只有一个核苷酸（碱基），谁能有这等火眼金睛？

靠眼力肯定不行，也不能指望还能有什么超级神镜问世。科学家是靠现有的“电泳”和“放射性自显影”两种简单的实验方法结合在一起将这些DNA片段排出大小并读出来的。

电泳，顾名思义是不是在电场里游泳啊？

是的，看官也太聪明了。不过把这个外文科技词汇翻译成中文的人当然就更聪明了，一个科学技术词汇让人一看就明白是咋回事，真是高人。不过洒家还真不知道他是谁，没法点赞他。

电泳现象是俄国物理学家裴育史（Peuce）1809年研究土壤颗粒在电场中的状态时发现的，电泳指的是带电荷颗粒在电场中朝着与其电荷相反电极移动的现象。电泳现在已经成为生物化学和分子生物学领域中研究生物大分子的一种最重要的基本实验手段。

DNA分子在偏碱性条件下带负电荷，在直流电场中会朝正极跑。把DNA放在一种具有一定阻力的“跑道”中，通上电，这些DNA片段就会在电场驱动下朝正极方向移动，片段越大受到的阻力越大、跑得越慢，片段越小受到的阻力越小、跑得越快，跑到一定时候，各种不同大小的DNA片段就会在跑道上彼此分开，只要把阻力、电压和时间3个要素控制好，长度相差一个碱基的各个片段都可以分得清清楚楚的。

这条生物大分子用的跑道叫凝胶。

啥叫凝胶？这词也忒科学了，说白了就是一块郭达小品中的凉粉。实验用的“电泳凉粉”品种也不少，有淀粉凝胶（真真的凉粉）、琼脂凝胶、琼脂糖凝胶、聚丙烯酰胺凝胶等，区别就是做这些电泳凉粉所用的原料不同。咱DNA测序用的凉粉是聚丙烯酰胺凝胶。

聚丙烯酰胺凝胶是由一种叫“丙烯酰胺”的白色粉末加少量聚合试剂在水里加热融溶后冷凝而成的半固化胶状物。成为电泳凝胶是因为这些丙烯酰胺分子彼此之间以各种方向相互交联，聚合成了网巢状，在里面跑电泳就必须要从这里面数不清的网巢洞眼中穿行，所以这凝胶就是一种“分子筛”。要想分子筛的孔眼密集点就把这凉粉打得稠点，要想分子筛孔眼稀少点就把这凉粉打得稀点，就这么简单。

做这种电泳凉粉的主原料丙烯酰胺是有剧毒的神经毒素，能通过皮肤吸收，毒性还有积累性。美国实验室规定称取、配制丙烯酰胺溶液必须戴防毒面具和胶皮手套，还要在通风橱里操作。但是，竟有人给聚丙烯酰胺凝胶取了个“奥美定”的洋名字，称其为人造脂肪，用来注射丰胸美体。虽然理论上聚丙烯酰胺无毒，但谁能保证那丙烯酰胺都百分百地被聚合完了？又有谁能百分百地保证那聚丙烯酰胺里不会再游离出单体丙烯酰胺来？因不能保证聚丙烯酰胺凝胶对人体百分百安全，所以，注射奥美定丰胸美容已被国家明令禁止。

下面咱来白话一下是咋样用这凝胶把测序结果读出来的。

化学降解反应完成之后就将5个独立反应试管里的反应产物分别加在同一块聚丙烯酰胺凝胶上相邻的5个加样孔中，然后加电让这些DNA片段在各自的跑道里面“跑电泳”。结果是每个反应里所有DNA片段就会同步地、从正极到负极、按片段长短，从短（小）到长（大）依次排开。当然那些我们不需要看的、不带放射性标记的非特异性片段也会按分子量大小混在里面，因为它们没有放射性，咱就看不到，不会干扰结果。

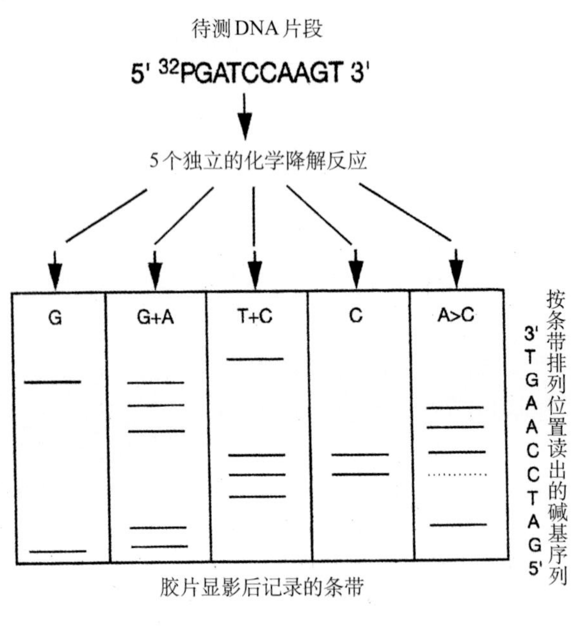

凝胶测序结果示意
（根据《分子克隆实验指南》第三版改绘）

电泳跑完后，把凝胶拿到暗室，放在一个暗盒里，上面放一张X射线胶片夹紧，让DNA片段上的放射性同位素使X射线胶片曝光，胶片冲洗后就呈现出一条条的黑色带，各个反应中各种带放射性的DNA片段的相对位置就一目了然，拿把直尺就能把序列读出来。凝胶测序结果示意图中的DNA只有9个碱基，有兴趣不妨拿把尺子比比看，保证能懂。

刚开始的时候，化学法曾经因操作简单、重现性高而很是流行。但是化学降解法能测定的DNA片段比较短，所用的降解试剂对人体毒性大，而且末端标记方法加入的放射性剂量少，片段数目多的带信号就很强，片段数目少的带信号就很弱。曝光时间长弱信号出来了、强信号带区就会使附近一片漆黑，曝光时间短强信号带清晰了、弱带就可能看不见，常造成判读困难。所以现在日常DNA测序大多不再使用化学法，只是作为一种替代方案或在一些局部的研究中运用。

第二十二回：

双脱氧链终止横空出世，桑格测序方法一统天下

现在广为应用的是桑格发明的DNA双脱氧链终止测序方法。

桑格（F. Sanger，1918—），英国皇家学会院士，剑桥大学研究员，1958年和1980年诺贝尔化学奖获得者。桑格生在英国格洛斯特郡（Gloucester shire）的一个乡村，父亲是医生。桑格1939年获剑桥大学自然科学学士学位，读研究生期间主攻生物化学，1943年获得剑桥大学博士学位，随后在剑桥医学研究协会的分子生物学实验室工作（MRC Laboratory of Molecular Biology，Cambridge）。1954年当选为英国皇家学会院士，曾多次荣获英国的勋章和勋位。

桑　格
（引自诺贝尔奖委员会官网）

要说这个桑格，真不像大多数人心中的大科学家、双料诺贝尔奖得主。据他自己和其他人的描述，他在求学期间学习成绩就是个一般般的，从来就不是所谓的英才，也从来就没有获得过奖学金。桑格自己说他大学能就读于剑桥大学圣约翰学院是因其家境富裕，大学毕业后一开始感觉自己成绩不好连研究生都不敢报考。他的社会活动力也一般般。洒家在书里网上捉摸了好些日子，不仅没找到他有过啥“领导”头衔的蛛丝马迹，就连有没有教授职称都没法确定。就是说，桑格他既不是那种从小就很聪明、门门都考满分的、神童级的人物，也没有啥能利用的行政资源。所以，那些考试从来都进不了前几名、成绩总是一般般的人们，可不要因为考不进一流、顶尖的大学就丧失掉当科学家的梦想啊！各位看官，科学成就是干出来的，绝不是考出来的。

据说，他性格属内向型，不善言谈和交际，不擅长工作上的沟通与合作，既不善于当领导也不善于去搞科研经费，讲课也乏味，他就喜欢做实验，是个纯科学家。他在实验室里乐呵呵地一直干到1983年65岁时退休，退休后在自家院子里弄点花花草草，偶尔也会到实验室去转转。

拿中国人的话来说，桑格也绝对称得上是个淡泊名利的人。因为他为人谦虚，一直都很低调，没有架子，也从不宣扬自己的成就。别人得个啥奖后都爱把证书、奖章什么的放在房间里最醒目的地方，唯恐别人看不见，他却把诺贝尔奖章锁在银行保险箱里、诺贝尔奖证书放在阁楼上。据说他还曾拒绝接受其他英国人梦寐以求的、皇家的爵士爵位呢。所以桑格被外国人形容为“是一位典型的老古董式但富有献身精神的研究者，一位不善于显示个人魅力且谦虚得令人难以置信、全身心投入科研的人”。

依洒家看来，这个桑格绝对称得上是属于“球宝”一级的人物！

啥叫球宝？看官可别往歪处想，球宝就是全球之宝，简称球宝。

为啥要用球宝来称呼他？因为国宝的头衔已经不足以用来夸奖桑格了。

想一下咱的国宝大熊猫有多少？野生的、全球各动物园养着的加起来最少也有几百只吧？桑格拿过两次诺贝尔奖，能与之相提并论的人全球就只有两三个而已。

各位看官，自1900年诺贝尔奖开颁以来一百多年了，全球拿过两次诺贝尔奖的人一共只有4位。其中一位，就是第十三回白话过那个美国加州理工学院的化学家鲍林（L. Bauling），第二次拿的是诺贝尔和平

奖。两次全都拿诺贝尔科学奖的，全世界110多年来就只有3个人：研究放射性的波兰裔法国科学家居里夫人（M. Curie），发明世界上第一支晶体管和提出超导理论的美国科学家巴丁（J. Bardeen）和正在这儿被白话的这位桑格。

就连超天才的爱因斯坦也只因量子理论拿过一次诺贝尔奖，相对论都没有拿到过。

可见，桑格比大熊猫要稀罕得多。

桑格不仅被DNA之父沃森称之为"分子生物学早期历史上首屈一指的技术天才"，英国人也很看重这位笑起来很有喜剧感的科技实干家。他退休10年后的1993年，英国人还专门在剑桥成立了以他名字命名的研究机构——桑格中心以资纪念，并拨专款对桑格的实验和研究记录进行建档和保存，现在桑格中心已被升格为桑格研究院，成为世界基因组研究的主要成员之一，专门从事基因组测序研究。

桑格因发明了测定氨基酸序列的方法、搞清楚了胰岛素化学结构获得了1958年诺贝尔化学奖，因发明DNA双脱氧链终止测序方法又一次获得了1980年诺贝尔化学奖。看官们可能会问，桑格两次诺贝尔奖都是测序，会不会是诺贝尔奖委员会犯迷糊把奖发重了？

看官放心，在这点上诺贝尔奖委员会一点也不糊涂。桑格的DNA测序方法和蛋白质测序方法之间毫无关联，无论从思路、技术、方法上，二者之间都没有任何因果关系。蛋白质测序与咱白话的基因和转基因关系不大，不知道也不影响看官弄懂转基因的秘密，咱就甭管它啦。

桑格的DNA双脱氧链终止测序方法与前面白话过的吉尔伯特的化学降解法究竟有何不同？

大的原理都是相同的，都是通过制造出一系列长短不同、彼此相差一个核苷酸的DNA片段间接地把DNA序列解读出来，因为谁都没有直接看到不同碱基的火眼金睛。

这个被称为20世纪70年代最了不起的发现之一，这个被称为高精尖的测序技术的原理其实非常地简单。先打个比方，各位看官再往下看就很容易懂了。

吉尔伯特的化学降解法就好比是在搞"拆迁"、搞"破坏"，把一个个完好的DNA分子从不同的地方打断，把它们拆得七零八落的，形成一系列测序所需的DNA片段，外加一大堆无用的垃圾片段。

桑格的DNA双脱氧链终止法就好比是在搞"建设"，以待测序的DNA序列为模板（图纸），重新合成出一系列测序所需的、长度相差仅一个核苷酸的DNA片段。除了没用完的原料之外，基本上没啥垃圾。

前面第十三回曾白话过了，DNA是双螺旋结构，DNA复制时是半保留复制，即双螺旋在复制时首先解螺旋成两条单链，随后以这两条单链为模板，细胞中游离态的A、T、G、C 4种单核苷酸按A/T、G/C的配对原则结合到解开的单链上合成两条新的互补单链，最终形成两条新DNA双链。这个过程是酶促生化反应，将游离态的A、T、G、C 4种单核苷酸连在一起形成新DNA链的酶叫"DNA聚合酶"，这种酶在桑格之前已被科学家鉴别和纯化出来。

桑格就是以待测的DNA单链为模板（图纸），用4种单核苷酸为合成原料，用DNA聚合酶将这些原料合成一系列长短不一的DNA片段，来测定DNA序列。

咋样才能合成只差一个核苷酸的各种片段，难道这种DNA聚合酶就这么聪明、听话，人叫咋干就咋干？

天底下根本就没这样的东西，要做到这点只能靠科学家的奇思妙想。

桑格一开始曾设想过用偷工减料的方法来合成一系列不同长短的DNA链。例如，想要测定碱基G就在G反应试管中只加少量G原料，其余3种原料（A、T、C）全部加足量，G的量不够合成全部、全长DNA链所需，不就可以合成出一系列在不同G处结束的、长短不一的DNA片段了吗？但是实验结果证明这办法不那么行。

后来，桑格和他的伙伴们终于想到使用一种被称为"链终止剂"的特殊试剂——"双脱氧单核苷酸"，才使合成一系列不同长短的、可供测序用的DNA片段的想法成为可行，桑格才拿到了第二个诺贝尔奖。

那么，这个双脱氧单核苷酸究竟是何方神圣？它又是怎样完成这个DNA测序使命的呢？

其实所有科学研究都是一样的，没研究出来时都被认为是超级神秘和高不可攀的，想象中不知要有多

么复杂、多么困难。但一旦问题被解决，这层窗户纸被捅破后，任人一看，都会大吃一惊地说，原来就这么简单啊呀？所以各位看官千万不要被所谓能拿诺贝尔奖的尖端科技给吓唬住了。洒家以为，要叫看官去拿诺贝尔奖肯定不太现实，但别人拿了诺贝尔奖要叫看官去瞧瞧是咋回事，那可是一看就懂。因为挡住看官眼睛的窗户纸已被别人撕开了！

这不，洒家就用小学一年级的看图说话也能把这个高精尖白话得一清二楚。

下面第一幅图是DNA分子结构示意。前面第十三回已白话过了，DNA两条链之间是靠碱基间即两间套房和单间房之间的氢键相连的；而每一条单链上那些单核苷酸之间是靠五碳糖之间以磷酸二酯键（共价键）彼此相连成链状的。

第二幅图是两个单核苷酸间连接细节示意。前面第十三回也已白话过了，五碳糖那个五边形顶角上是个氧原子（O），其余4个角上都是碳原子（C），这4个碳原子一般都不画出来。叫五碳糖肯定就有5个碳原子，第五个碳原子就在左边角上一根杆上“举”着呢，这个碳原子就是图上标了个5′序号那一个，这个末端叫5′端。在五碳糖的底部左边那个拐角标了个3′的，指的是这个角上碳原子序号为3′，这个末端叫3′端。3′端和5′端两个碳原子（3′端C原子没画出来）之间、就是两个箭头指向处中间就是一个磷酸基团，这个磷酸基团与上下两个碳原子之间的连接方式就是磷酸二酯键。

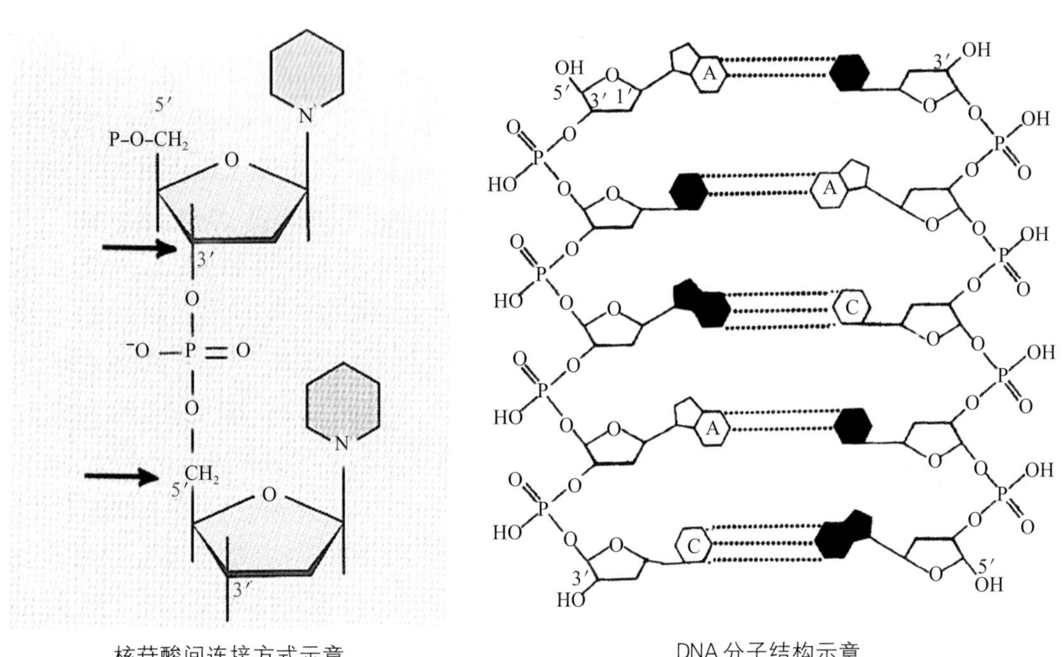

核苷酸间连接方式示意

DNA分子结构示意

看官可要看清楚啦：上一个核苷酸3′端那个碳原子（C）与下一个核苷酸5′端连着的磷酸基团的磷原子（P）之间是通过一个氧原子（O）连在一起的！

什么5′、3′的？是不是电脑中了病毒瞎搞啊？反正搅得人有点迷糊。

别急，各位看官。数字上加的不是逗号，是加了一撇，这念作“五撇”“三撇”，是有机化学上惯用的方式。看官会问：为啥数字上要加一撇啊？数字无穷无尽的，永远也用不完的嘛。

各位看官，请看脱氧三磷酸腺苷的分子结构图，这个就是合成DNA新链时所需的、正常的4种单核苷酸A、T、G、C中那个A。这分子里有两个环：一个是右上角那个多边形的碱基，另一个是下面那个五边形的五碳糖环。两个环上的原子都要编号，有机化学家就把碱基上原子编为1、2、3、4、5……由于组成几种核苷酸的碱基们的环和原子数目都不同，下面那个五碳糖上碳原子如果还按此编号就会乱了套，让人不知道在说谁，所以有机化学家就将五碳糖环上碳原子编号为1′、2′、3′、4′、5′以示区别。看官只要记住加了一撇的数字是指五碳糖上碳原子就得了。

脱氧三磷酸腺苷的分子结构（dATP）

DNA为啥叫做脱氧核糖核酸？就是因为它里面的五碳糖在2′位上没有氧原子，只有一个氢原子（画红钩处），所以叫脱氧核糖。第十九回白话的ATP在五碳糖2′位置是一个羟基基团（–OH），那叫核糖，是RNA的零部件。

所以前面图画的那个核苷酸就叫做脱氧三磷酸腺苷，简称dATP，这个d是英语“脱”那个词的第一字母，表示2′位处少了一个氧原子，只有一个氢原子（画红钩处）。

DNA合成时，下一个单核苷酸是由5′端碳原子连着的磷酸基团与上一个核苷酸3′碳原子处的羟基基团在酶催化下、由脱氧三磷酸腺苷上两个“多余”的磷酸基团水解提供生化反应所需能量，然后与那个氧原子交连在一起形成所谓的磷酸二酯键，单核苷酸便以此方式一个又一个地连接起来成为一条长链。

看官，洒家再重复一次：上一个脱氧核苷酸3′端那个碳原子（C）是通过一个氧原子（O）与下一个脱氧核苷酸的磷原子（P）连在一起的！

桑格能拿诺贝尔奖的贡献就是他们想到了：如果把3′端碳原子上连着那个氧原子给去掉，下一个单核苷酸不就没法往下连接了吗？这DNA新链的合成不就可以在此被终止了吗？

于是他们就采用链终止试剂——双脱氧三磷酸核苷，就是在3′端碳原子上也只有一个氢原子，比原来又少了（脱掉了）一个氧原子，即在2′、3′两个位置各少了一个氧原子（见两个画红钩处），故叫做双脱氧三磷酸核苷。由于DNA分子中碱基有A、T、G、C 4种，所以双脱氧三磷酸核苷也有4种，分别是双脱氧三磷酸腺苷、双脱氧三磷酸胸苷、双脱氧三磷酸鸟苷、双脱氧三磷酸胞苷。

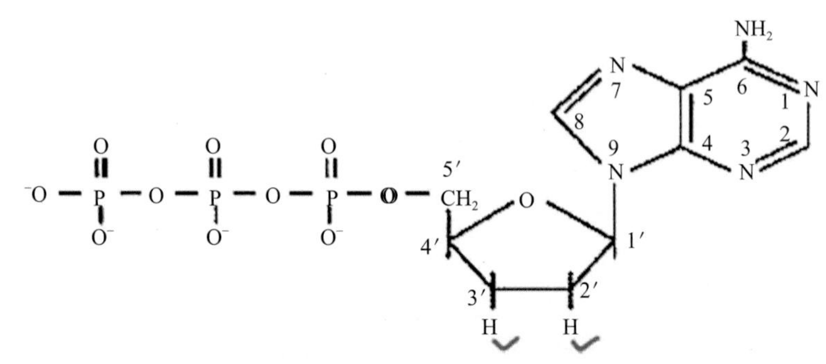

双脱氧三磷酸腺苷（ddATP）

由于英语中“脱”和“双”两个字打头字母都是d，所以双脱氧被简称为dd，所以4种双脱氧三磷酸核苷就被相应简称为ddATP、ddTTP、ddGTP、ddCTP。图中画的是ddATP，其他3种只是1′位上连接的碱基不同，其他部分都是一样的。

英语极为烦琐，每个脱氧三磷酸核苷的全名都有4个单词，念起来很拗口，就缩写成4个字母。在DNA合成反应中，4种正常的脱氧三磷酸核苷都要加，把4种脱氧三磷酸核苷的缩写连着念也会把人念晕。为了简便，分子生物学中就把dATP、dTTP、dGTP、dCTP等4种的混合物称为“dNTP”。这个N就代表A、T、G、C等4种不同的碱基统统都在内啦！所以，看官们再要见到dNTP不要被吓住，以为又出来个什么N碱基呢。

为啥分子遗传、基因工程可以懵住那么多人啊？就是很多写书人对这些数不胜数的缩写和“无厘头”的数字们，常常不加任何解释，也就常常把行外人脑子弄得乱七八糟的，一看就举手投降。其实不过是拉

大旗作虎皮——故弄玄虚罢了，根本就没那么高深。

双脱氧链终止法测序比上面白话过的化学法更简单，只要做4个反应就行。

4支试管中均加入合成DNA所需的原料——4种脱氧三磷酸核苷（dNTP，其中有一种是放射性同位素标记过的）和待测序DNA单链模板（合成DNA的图纸），再在每支试管中分别加入4种双脱氧三磷酸核苷（ddNTP，链终止试剂）中的一种，再加入DNA聚合酶保温一段时间，测序反应即告完成。

现在以加入了ddATP的ddA反应即A链终止反应来说明该测序方法的原理。

由于反应管内既有正常的原料dATP，又有链终止剂ddATP，在DNA新链合成反应中到了该加入A的时候，正常的dATP和链终止的ddATP两种原料都有同等可能性随机地进入到新合成的DNA链。如果某一步是正常的dATP加上去了，这条DNA链就会继续沿着待测序模板往长处延伸，如果某一步是链终止剂ddATP加上去了，该条新链合成即告到此而止。由于这个反应管只加了链终止剂ddATP，其他3种（T、G、C）都全只是足量的正常原料，所以这个ddA反应结果只能产生一系列不同长度、以A结尾的、新合成的DNA片段。

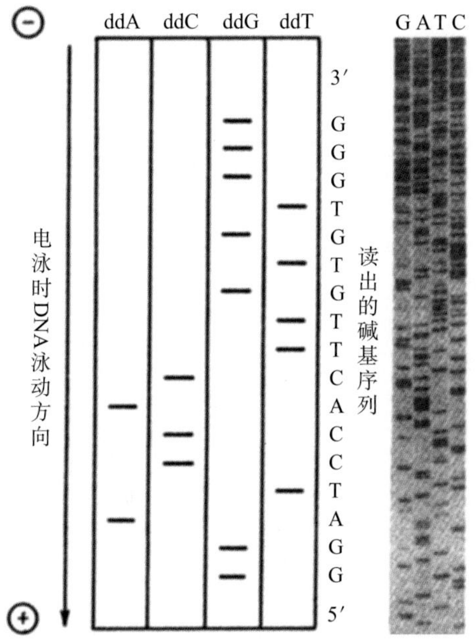

双脱氧链终止法测序结果示意（引自冷泉港实验室出版社出版的《分子克隆实验指南》第二版）

双脱氧链终止测序结果胶片

同理，ddC、ddG、ddT反应将分别合成以C结尾的、以G结尾的、以T结尾的系列测序所需片段。

链终止合成反应完成后将4个反应产物在同一块聚丙烯酰胺凝胶上跑电泳，电泳完成后跟前面白话的一样在暗盒里让X射线胶片曝光，胶片冲洗后拿把直尺就能读出来了。左图分别是原理图和真实的双脱氧链终止测序结果胶片照片。

各位看官，你们是不是觉得这也忒过简单了点？

真的就是一个氧原子引发的诺贝尔奖啊！真就这么简单吗？

看官们放心，一开头洒家就说过不敢戏说科学。这桑格测序方法的的确确就是一个氧原子就拿了个诺贝尔奖。而且这氧原子还不是桑格自己"脱掉"的，那双脱氧试剂啊、DNA原料啊、DNA聚合酶啊等都是别人制造出来的。他的贡献只是他想到了用这个东西来测序而已。洒家这里只不过是在实话实说，因为科学家和科技成果本来就不像被某些人包装出来的那样神秘和高深莫测。

当然，这一切都只是事后诸葛亮们的评论而已。

看官或许会问：既然是那么简单一件事，为啥当时全世界那么多人只有桑格一个人想到了呢？

结论只有一个：桑格比其他自认为很聪明的人还要聪明得多，当然，也包括咱这些事后诸葛亮们。

桑格发明的双脱氧链终止DNA测序法发表之后很快便得到了科学界和商界的青睐，因为它有两大优点，一是操作不但安全容易而且能够标准化，二是能标准化就能实现机械化和自动化。

此后使桑格的双脱氧链终止DNA测序法风靡全球、成为一统天下的主流测序方法主要是基于以下两条技术上的改进。

第一个重大改进是把荧光标记和激光检测技术运用于双脱氧链终止DNA测序。它不仅使双脱氧链终止DNA测序法更加简便而且摆脱了放射性同位素标记和X射线胶片显影等手工操作，使双脱氧链终止DNA测序法从此走向了机械化和自动化。

第二个是将毛细管电泳方法引入测序机器，毛细管和荧光标记相结合后使测序的效率比双脱氧链终止DNA测序法原型提高了千倍。

这一自动化测序技术体系最初是在美国加州理工学院胡德（L. Hood，1938—）实验室里发展起来的。

在胡德手下工作的杭卡皮勒（M. Hunkapiller）有了一种可数倍提高桑格测序效率的思路：用4种不同颜色的染料去分别标记4种不同的双脱氧链终止剂（ddNTP），这样不仅可以将4个测序反应在一支试管中进行，反应产物还能在一条凝胶跑道上跑电泳就读出DNA序列。他把这个想法与激光应用专家史密斯（L. Smith）研讨，一开始史密斯并不太看好这一思路，因为他担心桑格法每条新合成的DNA片段上都只有一个链终止剂分子，所带的染料太少，很可能无法被激光检测出来。但只要思路正确、点子对头，科学家总归会找到出路。杭卡皮勒和史密斯很快就找到解决方案——使用在激光照射下会发出不同颜色的荧光染料，并用电子眼来扫描。

1983年，世界上第一台半自动化测序仪诞生了。原理是将不同颜色荧光染料标记的ddNTP与待测序DNA进行测序反应，随后将反应产物加在凝胶上电泳。电泳结果使新合成的DNA测序产物片段按分子质量大小依次排列，而这些片段的链终止剂上都带着荧光标记。经激光照射，4种不同链终止剂就会发出4种不同颜色的荧光，电子眼扫描检测到结果就直接记录到计算机上。这种仪器不仅使测序的4个反应合而为一，也使电泳4条跑道合而为一，还免除了费时费力的胶片曝光、冲洗、人工读图和人工输入等麻烦，但这种机器还需要人工制凝胶板。如图示ABI 377型DNA测序仪。

ABI377型DNA测序仪内装胶板处

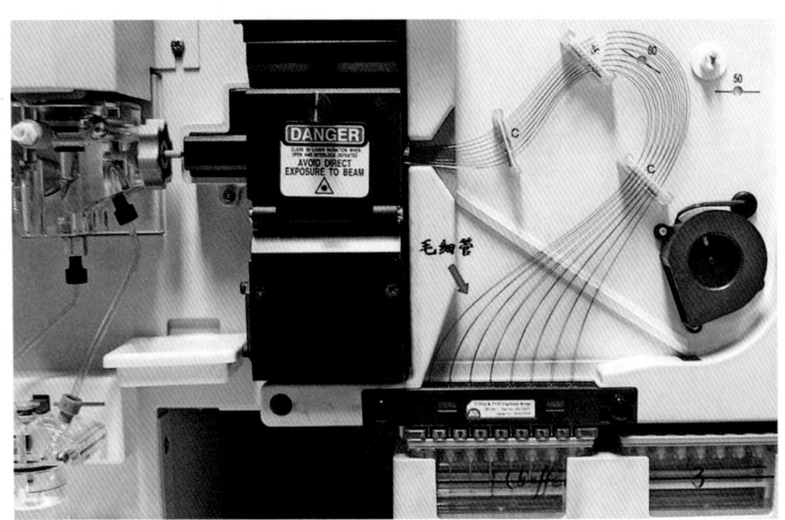

ABI3130xl型基因测序仪内的毛细管束

杭卡皮勒、史密斯、胡德等都于1983年后以不同形式加入了应用生物系统公司，在科学家、商人的合作下，不仅制造出了上述的测序仪，还将毛细管电泳技术引入测序并于20世纪90年代制造出新型毛细管测序仪。这种测序仪与上述测序仪的区别是不用人工制凝胶板，而是采用工业化制造的专用胶液、自动加胶，测序反应产物在细长的毛细管中电泳并由“激光、光电检测、计算机”系统自动读出结果。如图示ABI 3130xl型基因测序仪内的毛细管束。

由于毛细管很细，直径仅50 ~ 100微米，电泳中产生的热量能被迅速散掉，故能采用很高的电泳电压。电压高、DNA片段电泳分离速度就加快，测序效率就大大提高。一般而言，平板胶自动测序仪每天只能做2 ~ 4次，而毛细管测序仪一天能做6 ~ 8次，加上其他一些改进，其效率是平板胶机器的10倍左右。

值得一提的是，这个胡德也是位非常了得的科学家，被称为是分子生物技术和基因组学方面举世公认的世界级科学领袖之一 。

胡德1938年生，美国蒙大拿州人，1964年获约翰 · 霍普金斯大学医学博士学位（MD），1968年获加州理工学院博士学位（PhD）后一直在该校任教。

这位双料博士不仅是加州理工学院教授、美国系统生物学研究所创始人兼所长，还担任着美国总统科学顾问，还是美国科学院、美国工程院和美国医学院的三料院士。他负责研发成功了DNA测序仪、蛋白

质合成仪等生物学研究仪器，他是人类基因组计划的最初几位倡导者之一，并扮演了极为关键的角色。胡德先后发表了600多篇论文，获得专利14项。自1987年来共获得了7项奖励和荣誉，包括2011年获得的美国国家科学奖。胡德虽然没有拿到诺贝尔奖，但在国内外都很受人待见。咱中国，包括清华大学在内的好几所名牌大学都给他发过荣誉职称、职务证书。

2011年美国国家科学奖颁奖典礼上的胡德和奥巴马
（引自美国国家科学奖网站）

自1983年首台DNA测序仪研制出来后，测序仪的发展可以说是一日千里，尤其是1990年人类基因组计划开始之后，测序仪的发展都迅猛得连搞分子遗传学的科学家们、也就是这些仪器的最终有效利用者们都有点目瞪口呆。

现在，那些做基因研究的科学家们并没有哪个跳出来叫喊需要什么新型的测序仪，倒是那些测序仪生产商们在喋喋不休地嚷嚷所谓的新一代测序仪器。网上叫、公司出版物上叫，广告都成摞地摆到你的办公桌上。

目前，以桑格双脱氧链终止测序法为基础的测序仪仍然是主力，所谓非双脱氧链终止测序法的第二代测序仪也才刚开始进入测序仪市场竞争之中。但这公司那公司的，已经在卖劲吆喝非双脱氧链终止测序法的第三代测序技术设备了。这一盘，连咱中国人也从睡梦中醒了过来。据传，中国科学院与我国某电脑集团联手也在研制第三代测序仪。不过这公司、那公司都号称他们的新式测序仪最先进、最科学，比双脱氧链终止测序法还要好多少多少，但都喊叫这么些年了，诺贝尔奖委员会硬是没有去理会它们。要知道，双脱氧链终止测序法发表3年后，桑格就得到了诺贝尔奖。

DNA测序仪更新换代的形势真可谓是皇帝不急太监急。

仪器发展远超科学发展的需要，这究竟是为哪般呢？

欲知此事为何，且听下回分解。

第二十三回：

人类基因组计划评说，起因竟是天文望远镜

各位看官，这基因研究到了上回白话的地步，好像是啥问题都被解决了。

咱们可都知道了：基因是控制一切生命活动的东西，基因是在染色体上，基因的成分是DNA，DNA上碱基的排列顺序就是基因。

现在DNA上碱基序列已能够测定出来，测序机器都被商人制造出来满世界地叫卖，那就很容易想到：要是能把一种生物的DNA序列都测出来，那这些基因不就明明白白地摆在人们面前了吗？那咱人类岂不是想干什么就能干什么了么？

被人们想到最多的、最迫切需要了解的莫过于人类本身的DNA序列了。

为啥呢？每个人对死亡都充满了莫名的敬畏和恐惧。

尽管人人都知道生、老、病、死是不可抗拒的自然规律，但却没有人喜欢早死。所以，连小老百姓都会说好死不如赖活。

所以，此时此刻从国家元首、官员、富豪到平头百姓，都会不约而同地想到，要是把人的DNA全序列都测出来，那些控制人生、老、病、死的一切基因不就被摆到桌面上来了么？即便是做不到不老、不病、不死，哪怕能捞出一根与生、老、病、死有那么一丝一毫关系、沾得上边的基因稻草也是件大好事。

这个把人的DNA全序列都测出来的科研项目就叫做“人类基因组计划”，英文缩写为“HGP”。这可是一项耗资、耗时都超级大、人类历史上从未有过的生物学科研。它被誉为“一项可与曼哈顿原子弹计划、阿波罗登月计划相媲美的伟大工程”和“人类自然科学史上最伟大的创举之一”。

人类基因组计划不像转基因研究那样总是被“冤魂”缠身，三天两头地遭受攻击和谣言诽谤。至今人类基因组计划早就被完成了，但从没有人、没有啥组织跳出来说它有啥害处，绝对算是一项毫无争议的基因研究项目。

都是基因研究，这差距咋就那么大呢？

且听洒家先将这基因组计划的由来白话白话。

“基因组”不是新名词，是德国汉堡大学植物学教授温克勒（H. Winkler）在1920年提出的，原指一套单倍染色体即精细胞核或卵细胞核内所包含的一套遗传信息。就人来讲，我们每个细胞核里都有两个基因组：一来自父亲的精子，一来自母亲的卵子。基因组在很多时候也被称为染色体组，也就在遗传学中偶尔出现，以前这个名词并不时兴，也只有搞细胞遗传染色体研究的那几个人经常念叨它。温克勒可能做梦也想不到，90几年前的这碗冷饭现今被DNA测序炒成了非常时髦的流行语。

尽管在沃森和克里克揭开DNA结构之谜后很多人都想过测定人类DNA全序列的事，但最早正式考虑此事的却是美国能源部，1984年它在美国犹他州组织了一个小型会议，会上讨论了测定人类DNA全序列的意义和前景，但没有提出计划。

据沃森书中的记述，人类基因组计划的正式提出是基于一笔原本用于制造望远镜的私人基金。

1985年5月美国加利福尼亚大学圣克鲁兹分校校长辛谢默（R. Sinsheimer）为了争取到霍夫曼基金会（M. Hoffman Foundation）原来准备捐给加利福尼亚大学兴建世界上最大的天文望远镜的3 600万美元科研经费，在圣克鲁兹召开了一个研讨会，会上他首次提出了人类基因组计划的草案，其核心内容就是把人类基因组的全部DNA序列都测出来。

这钱本是造望远镜的，为啥辛校长要整来搞基因组计划呢？因为造这架望远镜共需7 500万美元，筹款时，霍夫曼基金会第一个表态愿意捐款3 600万美元，加利福尼亚大学为了表示感谢就将这架待建的望远镜命名为“霍夫曼”。这下反而把事情办坏了，其他人都不愿意为已经以他人名字命名的望远镜再捐款。后来一个更富有的凯克基金会（W. M. Keck Foundation）提出由其来全额捐助，世界上最大的天文望远镜才开建了，原先霍夫曼基金会承诺要掏的3 600万美元就被挂在了半空中。

辛校长是个分子生物学家，他认为这一大笔钱足以支持一项重大的分子生物研究项目而使圣克鲁兹分校扬名于世，于是他提出了人类基因组计划的草案并召开了这次会议。但与会者都认为辛谢默构想忒过野心勃勃，单由圣克鲁兹分校来干这事很不靠谱。因为有人估计，以当时的技术水平要将人类DNA全序列测完很可能要耗时1 500年。会议无果而终，辛校长也没拿到钱。然而这次会议却让人们知道了人类基因组计划这件事，播下了人类基因组计划的种子。

1985年秋，美国能源部也召开了会议，正式讨论能源部的人类基因组计划。尽管生物学界的专家们对此并不看好，甚至被一位遗传学家谴责为“能源部为失业的炸弹制造者所做的计划”，但对后来成为人类基因组计划领导者的美国国家卫生研究院和该计划的正式启动则是一个很大的促进。客观地讲，美国能源部做这件事还是真心实意的，据最后统计，美国能源部完成了11%的人类基因组序列测定。

1986年，诺贝尔奖获得者、意大利裔美国病毒学家杜尔贝科（R. Dulbecco，1914—2012）在美国《科学》（*Science*）杂志上发表了一篇文章《肿瘤研究的转折点：人类基因组测序》，也提出了人类基因组计划并热情宣传其伟大意义。这个杜尔贝科就是第十五回白话过的发现反转录酶的特明和巴尔梯摩的老师，师生三人因“肿瘤病毒和细胞遗传物质间相互作用的发现”而同获1975年诺贝尔生理学或医学奖。

杜尔贝科
（引自诺贝尔奖委员会官网）

杜尔贝科是研究癌症的，为啥他要来鼓吹人类基因组计划？

因为在研究癌变过程中，他发现插入细胞染色体的肿瘤病毒基因激活了癌细胞的疯狂增殖，而不同类型细胞中又常常存在着好多种表达异常的基因，他认为要确定是哪些基因与癌症相关，在不了解一个物种全部基因序列的情况下是极其困难的。

杜尔贝科在文章中提到，“如果我们想更多地了解肿瘤，从现在起必须关注细胞的基因组；要么用零碎研究来鉴定与恶性肿瘤相关的重要基因，要么干脆对选定物种进行全基因组测序；如果我们想理解人类肿瘤，那就应该从人类基因组开始。”

他说：这一计划的意义，可以与征服宇宙的计划媲美，我们应以征服宇宙的气魄来开展这一计划。他还说：人类DNA序列是人类的真谛，这个世界上发生的一切事情都与这一序列息息相关。

《科学》是世界一流的科技杂志，其影响之大以至中国好些单位都曾有土政策，给在《科学》或《自然》杂志上发表论文者奖以每篇10万元人民币奖金。杜尔贝科是诺贝尔奖得主，而癌症也是人人都非常关注的绝症，所以他这篇文章对人类基因组计划起到了非常重要的推动作用。

1986年6月在美国冷泉港实验室一个重要的人类遗传学学术会议期间，鉴于对人类基因组研究的热情不断高涨，沃森专门安排了一场特别会议来讨论人类基因组计划。会上，1985年曾参加过加利福尼亚大学圣克鲁兹分校校长辛谢默提出的人类基因组计划草案研讨会的哈佛大学教授吉尔伯特（W. Gilbert），就是第二十一回刚被白话过的那个化学测序法的发明人，也是诺贝尔奖得主，在会上提出了人类基因组计划之可怕的成本预算：人类基因组约有30亿碱基对，每碱基对花1美元，总花费为30亿美元。

当时发射一次航天飞机花费为4.7亿美元，人类基因组计划的费用相当于发射六次航天飞机。这笔钱对航天科技来说可能并不算个啥，但对生命科学的科研而言这笔钱就好比原子弹爆炸一样地惊人，多得难以想象。所以会上对此计划颇多争论，主要是担心这个成败未卜的超大科研项目会成为最大的烧钱项目，担心人类基因组计划会抢走其他重要生命科学研究项目的经费。同时以当时的技术水平，要进行人基因组全序列测序还有不少尚未解决的技术难题，有人甚至说，这计划也许庞大、冗杂得可能一辈子都搞不完。这次研讨会上，对人类基因组计划的反响虽没有沃森预想得那么热烈，但却没有一个人认为这件事对人类有害，几乎所有置疑都指向了金钱和可行性上。

随后，在沃森的建议下美国国家科学院组织了一个由麦克道尔基金会（J. S. McDonnell Foundation）资助的15人委员会对人类基因组计划动议进行专题研究，该委员会由加利福尼亚大学旧金山分校生化教授艾尔伯特（B. Alberts）任主席，沃森等多位诺贝尔奖得主均在他的领导下工作。这个艾尔伯特教授虽没拿过诺贝尔奖但也相当地优秀，他是美国两院院士，连任过两届美国科学院院长，还担任过《科学》杂志主编。在他的领导下，委员会对人类基因组计划按技术水平和难易程度进行了科学的规划，估计整个计划约需15年，每年约需2亿美元经费，总经费仍是吉尔伯特先前估计的30亿美元。

1988年美国国家卫生研究院成立了以沃森为主任的基因组研究办公室，随后又升级为人类基因组研究国家中心来领导人类基因组计划。

人类基因组计划徽标

1990年10月，美国国会正式批准人类基因组计划启动，计划15年投入30亿美元经费。最初目标是通过国际合作构建详细的人类基因组遗传图和物理图，确定人类DNA的全部核苷酸序列，定位约10万个基因，并同时对其他生物进行类似研究。

1993年又增加了人类基因的鉴定和分离等内容。其终极目标是：阐明人类基因组全部DNA序列；识别基因；建立储存这些信息的数据库；开发数据分析工具；研究人类基因组计划实施所带来的伦理、法律和社会问题。

人类基因组计划先后有美国、英国、日本、法国、德国、中国等国家正式加入。

美国财大气粗科研力量雄厚，测定了全部序列的54%。中国于1994年启动人类基因组计划研究，1999年被获准正式加入人类基因组计划，测定了人类基因组全部序列的1%。

想当初，我国的人类基因组计划研究才开张时，中国科学院只有10万美元和90万元人民币的投入，后来科学技术部又投了50万元人民币，这点钱哪够用啊！艰难之时，所幸的是时任浙江省温州乐清市市长的陆光中筹集了800万元人民币借给中国科学院，人类基因组计划研究工作才得以顺利开展，使中国没在这件世界大事中缺席。一个县级市的市长竟然有如此博大的胸怀，不禁让人潸然泪下。

1999年5月，国际人类基因组计划决定将全部测序工作提前到2000年春季完成“工作框架”，即工作草图。

2000年3月14日，美国总统克林顿和英国首相布莱尔发表联合声明，呼吁将人类基因组研究成果公开，以便世界各国的科学家都能自由地使用这些成果。

2000年6月26日，美国总统克林顿与英国首相布莱尔同时宣布人类基因组计划工作草图完成。

2001年2月12日，中国、美国、日本、德国、法国、英国等6国科学家联合在学术期刊上发表人类基因组工作框架图及初步分析结果。

2003年4月14日，中国、美国、日本、德国、法国、英国等6国科学家宣布人类基因组序列图绘制成功，人类基因组计划的所有目标全部实现。已完成的序列图覆盖人类基因组所含基因区域的99%，精确率达到99.99%，进度比原计划提前两年多，共耗资27亿美元。

2004年，国际人类基因组测序联盟的研究者宣布，人类基因组中所包含的基因数为2万～2.5万个。

兰　德
（引自《科学时报》）

最早，科学家们估计人的基因数为10万个，这都写进了教科书。后来又估计有4万～5万个。沃森在其2003年出版的《DNA：生命的秘密》一书中一会说不到3万个，一会又说3.5万个，按平日大伙心目中对科学这词就是准确和精密的同义词的理解，这误差是不是也忒过大了一点。

人究竟有多少个基因？拿基因组（公共）计划五大研究中心（G5）之首的兰德实验室负责人、美国科学院院士、美国麻省理工学院教授兰德（E. Lander）博士的话来说：没人能知道。其实这才是最不掺水、最诚实的回答。

各位看官肯定会问，人类基因组计划都完成了10多年啦，有些啥成果呢？当初科学家们宣传可以揭开人类生老病死之谜的目标实现了吗？科学家们现在已鉴别出多少个能决定人生老病死的基因？咱以后是不是就可以不病不死？或者是人病了后医生像按电门一样把啥基因动动就能好？或者人快死了医生把管死的基因弄弄就能多活几天？

基因组计划有可能破解生老病死谜团的类似报道，从国外到国内、从中央级大报到各级地方小报，多的去了。看官可千万别把这些人传的话当真，也千万不要去责骂这些人。打个不太合适的比方，一个硕士在人类基因组计划这个优秀人才成堆的圈子里的地位也就跟大工厂流水线上的操作工差不多，这些话绝不是这些人自己敢说的。这些在基层干苦力的高级“农民工”只是奉命接待记者，把他老板的话传给记者们，他老板的话则是从更大的老板们那儿传下来的，最终源头都是诸如诺贝尔奖得主沃森等世界级大牌名流。

人类基因组计划完成时间提前
生老病死之谜三年内解开

北京消息　记者从中科院遗传所人类基因组中心获悉，正在进行中的人类基因组计划全部完成时间已由2005年提前至2003年。这意味着在未来三年内，人类将有可能破解关于生老病死的种种谜团。

本月初，英国[illegible]布完全解开了第22对染色体的基因密[illegible]人类染色体的化学结构，人类有望由此告别绝症。在中国科学院遗传研究所人类基因组中心，参与人类基因组计划的张猛硕士介绍，一旦人体23对染色体基因密码被全部破译，科学家就会清楚地了解隐藏其中的有关人类生老病死、性格形成、生命本质。这一基础研究成果会被迅速开发应用，在帮助人们治疗疾病和延长寿命方面发挥难以估量的作用。

（李新）

福州晚报 电子版 FUZHOU EVENING NEWS

关于人类基因组计划有可能破解生老病死的新闻报道

那么，是不是说人类基因组计划就毫无成就了？洒家既不敢这么说也绝不会这么说。最起码，通过这个伟大的计划我们知道了人类基因组全序列是个啥样儿，也知道了靠目前的科技水平，基因组全序列并不能揭开生命之谜。

但要说这人类DNA全序列测出后跟预期那样已经发挥了点啥实在的作用，洒家也绝难赞同。

因为，最早使劲鼓吹人类基因组计划的诺贝尔奖得主杜尔贝科和许多生物学家都已质疑：当初的想法是否过于乐观了点？比如，人类基因组全序列测出来了，也没见杜尔贝科从中把癌症相关基因找了出来，人们对癌症的了解水平仍旧停留在与测序前相同的水平上。

因为，这基因组计划完成了，科学家们并没有像预期那样从中解读出啥实质性的生命的秘密，并没有带来啥可见的生物学进步，这和人们预期之间的差距也忒大了点。

因为，至今也没听说根据人类DNA全序列制成的什么基因灵丹妙药问世。

因为，至今医院里的癌症病人也照死不误。

因为，DNA金螺旋的创立者之一、DNA之父沃森同志个人的DNA全序列在2007年就被罗氏公司测完了，大伙瞧瞧沃森同志的近照，他早已手握着自己的“生老病死之谜”啦，怎么还是照样老得不成个样子呢？

沃森老年照
（引自科学松鼠会网站）

大伙一定会问：人类基因组计划被完成已10多年啦，为啥还是啥盼头也没有？

按原先的设想，人的基因组全序列一旦被测出来，那生命的秘密肯定会十个、八个地不停往外冒，可至今咋就一个能管用的基因秘密都没被揭开来呢？

究竟是为什么？请冷静地听听洒家白话。

第一，人类基因组计划用27亿美元换来的是一部无人能读懂的天书，一部真正的天书。

30亿碱基对意味着什么？

按每秒钟读2个碱基的语速，1小时就能读7 200个碱基。一天不吃不喝不上厕所地读上整整10小时，也就能读7.2万个碱基。要从头到尾将这30亿个碱基读一遍就需要4 166天。在这漫长的11年零5个月里，翻来覆去地就只有A、T、C、G 4个字母在变换，简直比那庙里老和尚念的经还要乏味千万倍，看官能坚持多久？恐怕还没读完就读成神经病啦。人读不懂的，不是天书是什么？

如果还不大明白，洒家再来个实物对比。

右边照片上这本辞海，大小跟A4纸差不多，2 600页，厚9厘米，重约3千克。看官猜猜，30亿个碱基长的人类基因组全序列要印成《辞海》这样大本书该有多少本？

用A4纸、5号字，要印完整个基因组序列30亿个字母就需印126.26万页，装订成《辞海》一样厚的书共485本。这套人类基因组序列天书总厚度超过43米，有十几层楼高，总重量1.455吨。看官，读起来是不是也太艰苦了点呢？

看官也许会说，可以用计算机去读，要多快有多快的，30亿个字母对对它只是小菜一碟。

看官那是看好莱坞科幻大片中毒太深啦。在电影里计算机是无所不知、无所不能，而事实上计算机只是一个办事速度极其快的、容量极其大的、极其忠实的一个超级大笨蛋而已。计算机只会按人编定的程序去执行，你要它干啥必须先告诉它怎么样去干，你要计算机去发现生死的秘密，你就得先告诉计算机啥是生死之谜。人都不知道，那没生命的笨蛋机器咋能找得到生死之谜？

事实上，人类基因组计划圈内既不缺计算机也不缺计算机高手。举一个小小的例子，人类基因组计划在后期整合天量测序数据的时候，就是由一位叫肯特（J. Kent）的加利福尼亚大学圣克鲁兹分校的研究生，用一个月时间编出一个能指挥100台计算机协同运行的程序，发起了一场计算机“百台大战”，才最终将全世界各实验室分工测定的DNA数据装配成完整的人类基因组草图。看官，能胜任百台计算机军团大将军的人能不是电脑高手吗？计算机要能找出生死之密还会等到今天？

第二，所测出的人类基因组序列的正确性还极其难说。因为这世界上没有客观的标准答案，就算你能把神请出来也无法检验它的正确性。人类基因组计划官方宣称的只是“精确率”达到99.99%而不是“正确率”，所谓精确率只是多次重复测序结果的比较。机器都是同样原理，甚至是同一部机器做了好多遍，这最多只能说明测序的标准化工作做得很好、机器的稳定性很高，但不能说明测出来的就完完全全是人类本身的基因组序列。

凭啥这样说？是不是你洒家没参加上人类基因组计划有酸葡萄心理，故意贬低人家。

绝不是。洒家也极怕病、极怕死，巴不得这些谜底能被揭开一二，至少也能少病点、多活几年。

洒家要告诉各位看官，这问题的核心是：得出结果和检验结果的全都是测序仪，这不犯了平日咱们报纸电视上经常批判的“自己儿既当运动员，又当裁判员”之大忌了么？也太不客观了。

第三，测序仪就没有差错？工业革命都200多年了，螺丝算是最简单的机械零件，时不时还总有个把螺丝拧不上扣呢，何况这是要把30亿个看不见摸不着的、仅仅相差一个碱基对的分子们分开的、极其极其又极其精密的工作？

再说，30亿是一个极其可怕的基数，啥样的差错率和30亿一乘就能吓死人。

就按基因组计划官方说的99.99%精确率，那就是有0.01%的差错率。这就意味着所测出的30亿碱基对中有30万碱基对是错的。就算人类基因组全序列只有70%是有基因的序列（已经是太过高估啦），平均摊下来这些编码基因序列中就有21万碱基对是错的。要知道人总共才测出有两万多个基因，要知道一个碱基错了就有可能造成某基因的起、止点或长短、个数的发生变化。要知道人类基因组计划得出的结果是“人DNA中只有大约2%的序列是为基因编码的”。这样一想，现在要在这部充满错误的天书上找到任何有实际价值的生命之谜简直无异于痴人说梦。

第四，这测序的原理是用电泳将相差一个碱基的各DNA片段分开。做过电泳的人都知道，理论和实际间差距也太大了，做一个群体的分离还只能大体靠谱呢。例如，我们很精细地把某一个长度的DNA片段用电泳分离得很开、眼看得清清楚楚的再切割下来，可得到的东西也就大体上是这个分子量的，里面常混有部分不是这个长度的片段，短很多的和长点的都会有。这是因为两个或几个短片段勾缠在一起就会比单个跑得慢，单个片段也可能卷曲成团而改变泳动的速度使这部分片段处于不正确的位置。

再说，测序反应产物溶液里大大小小的众多分子们就能那么听人话，百分百地一个个都能与别的分子不挨不靠吗？所以要让测序反应合成的每一片段都严格按分子量大小，全都一个一个有组织、按秩序地通过泳道，这根本就是人的一厢情愿。这段话就意味着被机器读出来的信号中肯定也会有一部分是勾缠或卷曲片段们假冒的，不是真实的分子量。

都测完10多年了，科学家能给民众的还是在测序前描绘的若干个美丽的画饼：全都叫“可能”。

100年后民众能否从中得益？那只有100年后还活着的人才有资格评说。如果有人说也许1 000年后才可能获益看官也相信，恕洒家斗胆，那绝对是有毛病。

第二十四回：

公私基因组计划比拼，犹演科学界鹬蚌相争

也许看官会说，要按洒家这么讲，这耗费了27亿美元的人类基因组计划就没有人获益了？

有的。现在看来，已经真金白银地获得具体利益的只是某国测序仪和测序试剂的生产商们，他们赚得是锅满盆溢、满嘴冒油。但全世界的纳税人能否从中得益、能得多少益还真是个未知数。

人类基因组计划虽没有像转基因一样被人攻击、被人泼脏水，但一开始就没完没了地和私人公司比拼，这种竞争也就不断地促使公共基因组计划花费更多的纳税人的钱去买更多的机器、雇用更多的人来加快竞争的速度。现在猛然回想，这人类基因组计划真好像是中了私人公司的诡计、被他们牵着鼻子一样，咱烧钱、他来赚。

首先，人类基因组计划的尽快启动还真得益于私人公司。当时有一种谣传，说日本松井、富士和精工等三大公司要联手制造一天能测100万个碱基对的测序仪，这无疑震惊了美国人，因为在汽车制造业上日本已经把美国打得难以招架，美国人不能容忍在高科技领域的优势地位再被动摇，所以美国人几乎是拿出了当年与苏联人争夺人类首次登月一样的劲头来加速人类基因组计划实施。

其次，在整个人类基因组计划实施过程中，一些私人公司也加入到人类基因组测序之中，虽然私人公司的目的是申请基因专利并从中获取商业利益，但客观上却大大促进了公共基因组计划的进展，其代表性人物就是美国人温特（J. C. Wenter，1947—）和他的公司。

温　特
（引自siencenet.cn，原载*the New York Time*）

温特是一个传奇式的人物，既是科学家又是企业家。他1947年生于美国犹他州盐湖城，在加利福尼亚州长大。据他弟弟说，温特中学时热衷于冲浪，从不努力学习，成绩差到几乎要被退学，但温特体育很棒，上高中时，在游泳队还打破过游泳纪录。

高中毕业后，温特没上大学就去当兵，在接受了医护兵训练后，被派往越南战场在美军野战医院服役。据说残酷的战争现实极大地震撼了温特的心灵，使他从以往的混沌中猛然醒悟。一年后他从越南回到加利福尼亚大学圣迭戈分校上大学。此后的温特学习非常努力，加之他天资不赖，不长时间就获得了生理学学士和药理学学士学位。1975获得博士学位后到纽约州立大学水牛城分校任副教授、教授。1984年到美国国家卫生研究院（NIH）任研究员。1989年年底，沃森被任命为设在该院的人类基因组研究国家中心主任后，温特就是沃森领导下的人类基因组计划成员。

温特一开始就是沃森主任领导的人类基因组公共计划实验室的人，咋就会变成为公共基因组计划的对手呢？这起因于他对布雷纳实验室的一次学术访问。

布雷纳（S. Brenner）就是在第十七回白话过那个RNA

领带俱乐部成员、2002年诺贝尔生理学或医学奖得主。当时布雷纳在英国医疗研究委员会的实验室工作，由于英国科研经费短缺，无力跟沃森领导的美国实验室一样按部就班地进行基因组全序列测定，于是，布雷纳率先采取了只测定cDNA序列的方式来发掘基因资源。

啥叫cDNA？ cDNA里那个小c是英文单词“互补”的缩写，所以cDNA中文名就叫做互补DNA。

那互补DNA又是啥意思？前面第十五回最后已经把从DNA序列到基因表达出来的过程白话过了。DNA上的碱基序列用三联体密码编制的遗传信息是按A配U、G配C的互补配对原则先转录出单链的信使RNA（mRNA），这个信使RNA再到细胞质里的核糖体上，由搬运工转移RNA（tRNA）把一个个氨基酸分子按三联体密码在信使RNA上装配出蛋白质链，再由这些蛋白质表现出基因所控制的性状。布雷纳就是把细胞内的信使RNA（mRNA）抽提出来，用第十五回白话过的、特明发现的反转录酶将信使RNA再按碱基U/A、C/G互补配对的原则反转录成DNA。分子遗传学中就把这种以信使RNA作模板、用反转录酶人工再合成的DNA叫做互补DNA。

互补DNA不就是将信使RNA又重新合成为DNA吗？转了一圈又转回来了，和基因组上原来的DNA序列能有什么区别啊？

洒家要隆重地告诉各位，这互补DNA和原来基因组上能转录出信使RNA的原始DNA序列之间差别可不是一般地大。

为了不一下子把大伙搞晕了，前面把好些内容都省略和简化过。实际上，不仅是人，基本上所有高等动植物的大多数基因序列并不是像第十五回末尾那幅图画的那样、从基因组DNA转录出的就是有功能的信使RNA。在实际基因组序列中，基因编码序列（就是那些编码了氨基酸的三联体们）并不总是连续的，一个基因的编码序列中间大多插有长短和数量都不等的各种“没用的”插入序列，这些插入序列不编码任何东西。因为目前既没人知道基因里为啥要有这些插入序列，也没人知道这些插入序列有啥用，就知道基因序列里面就是夹杂着这种东西，所以常被分子生物学家戏称为“垃圾序列”。现在就知道刚刚转录出的、被称为“信使RNA前体”的分子上面还有这些插入序列，但随后细胞很快会将这些垃圾序列剪切掉，将编码序列再组装为最终起作用的“成熟的信使RNA”再去核糖体上翻译出蛋白质。

现在，咱就可以这样来白话这事：在基因组序列里的基因是被“中断”、被好些垃圾序列“掺杂”了的，而信使RNA序列就是去掉了“垃圾”序列后的纯基因编码序列。这就是说，成熟的信使RNA序列才是最后起作用的基因序列。

这事再清楚不过了：互补DNA（cDNA）就是最终起作用的、真正的基因。

温特在布雷纳实验室看到布雷纳正在进行互补DNA（cDNA）测序，同时英国医学研究委员会还禁止布雷纳发表cDNA测序结果，以便英国制药商能从中获取商业利益。这事震惊了很有点经济头脑的温特，他迫不及待地赶回华盛顿市郊的美国国家研究院实验室开始他的互补DNA（cDNA）测序研究。到1991年6月他就已弄出330多个新基因要申请专利，一年后他又申请了2 400多个新基因专利。这种投机性专利的目的不外乎是要先发制人地搞垄断。即便在今天，温特也好，其他人也好，对其中很多基因的功能都还是一无所知，倘若专利有效，假如其他人对此基因有了真正的重大发现，他们就会说：“这基因专利是我的，拿钱来！”

他们为啥要这样做？因为，当初那些诺贝尔奖得主们、DNA之父们、专家教授们在宣传人类基因组计划的意义时把基因这个东西的商用前景也太过高看了、太过神话了。但这些人又都是资本主义国家全民崇尚的偶像，所以不但是政客，就连唯利是图的资本家都被他们编织的这些美丽的泡沫给“忽悠”得大把大把地往外掏银子。

1992年，风险投资家斯特伯格（W. Steinberg）出资7 000万美元成立了基因组研究所（The Institute for Genome Research，TIGR）和人类基因组科学公司（Human Genome Sciences， HGS）。基因组研究所归温特领导，负责挖掘人类互补DNA（cDNA）序列。人类基因组科学公司则负责营销基因组研究所的发现，其领导人是一位更具商业倾向的分子生物学家汉西尔庭（W. Haseltine）。这位汉西尔庭是沃森和化学测序法发明人吉尔伯特两位诺贝尔奖得主20世纪70年代在哈佛大学带的博士生，来公司之前在哈佛医学院一个癌症研究中心里管理一个艾滋病研究中心。温特和汉西尔庭是基因组计划商业化最大的推手，1995年美国商业周刊曾将他俩称为“基因之王”。

1993年年初，英国史克必成（Smith Kline Beecham）制药公司为取得温特所发现基因的独家商业使用权，付给温特1.25亿美元。据1994年《纽约时报》披露，温特当时还拥有人类基因组科学公司10%股份，计1 340万美元。据沃森的书中说，到基因组研究所之前，工薪族温特的银行存款只有2 000美元，办公司之后才大发啦。温特也很会享受生活，曾花400万美元买了一条长25米的大游艇，船帆上印着6米高的自己的画像。这些钱可都是他从别人口袋里掏出来的，由此可见温特不仅科研上很厉害，在如何推销自己和圈钱等社交能力方面还真是非同一般地强。

史克必成制药公司的介入使温特所在的两个公司财力大增。测序是个钱多好办事的工作，投钱越多、机器越多、进度就越快，这使得学术界和产业界都很不舒服，全社会都开始担心这3个公司有可能垄断人类基因序列的商用途径。为防止这种可能又可怕的垄断，1994年，史克必成的竞争对手默克公司（Merck）拿出1 000万美元资助公共基因组计划成员之一的美国华盛顿大学基因组中心进行人类互补DNA（cDNA）测序并公开发表研究结果。这就是说，私人资金也曾助力于公共基因组计划与私人公司的竞争。

虽然温特及其基因组研究所进行的、用互补DNA（cDNA）测序发现新基因的工作一直都很顺利，但这个温特却不是盏省油的灯，他开始对公共基因组计划的总体策略说三道四，批评公共基因组计划制定的总体策略不对头、太慢了、太没有效率了。他认为应该采用“全基因组鸟枪法”。这无疑又向预计要花纳税人30亿美元巨资的人类公共基因组计划扔了一颗重磅炸弹。

为啥这个科研项目还有“总体策略”问题？难道走错一步就要千百万人头落地？搞得像是带领千军万马打仗一样，看得人紧张兮兮的。

别紧张，绝不会人头落地，不过人类基因组测序研究还真有总体策略问题。

前面白话过了，30亿个碱基，每秒读2个，一个人就要读11年多。所以，要用一个人或一台仪器把这30亿个碱基序列全测完绝无可能。所以，就必须将这30亿碱基对长的DNA分成多个片段，分别交由多个实验室、多个人、多台仪器，分别去完成各自任务，最后再按顺序把它们连在一起成为完整的人类基因组序列。所以，这计划最关键问题不在于测序本身，因为每段DNA的测序都是由仪器来执行，只要仪器多进度就能快。最关键的难点是如何分段，如何搞清这些片段原来待在哪儿，片段之间谁靠着谁？也就是如何组织和管理好这些天文数量级的片段和测序结果才是最大的难点。

或许看官会说，仔细点、编好号、给你哪段你就测哪段，稳扎稳打别搞错就行了。

看官，这可不是一根甘蔗砍成几节，大伙排好队，按秩序各拿一节回去那么简单，其复杂的程度远远超乎看官的想象。

在显微镜下可看到人有46条染色体，而每一条染色体都是由一根DNA长链七绕八绕、东转西转地缠绕加折叠而成。从血液里面抽提出来的总DNA，即便是每条染色体的DNA分子长链都没被弄断过（这是万万不可能的），溶液里面也是无数倍46条DNA长链的混合物。把它们分开，一条条分别拿去测序行不行？不行。因为自动化测序机器也是利用电泳原理，一次就只能测600 ~ 800个碱基长的片段。

所以，必须把抽提出来的总DNA分割成自动化测序仪能测的小片段才能测序。这就产生了一个极其极其又极其严重的问题，把总长达30亿碱基对，又是46条DNA分子的混合物都分割成为800个碱基长的小片段，片段总数绝对可以说达到了“超超级天文数量”了。这一大堆超超级天文数量的DNA片段们咋样能分清楚谁是谁？每段原本在哪条染色体的哪个位置？这个问题不解决，测出来天文数量级数据们就无法装配，那就是一堆数据垃圾。这项工作组织和管理的复杂程度真不亚于发动一场战役。

公共基因组计划制定的总体策略是：先做一张人类染色体的物理图谱，也叫分子标记连锁图谱，用这张物理图谱来帮助确定这些片段原来在哪儿。

啥叫分子标记？分子标记就是一小段DNA序列，几个、十几个、几十个碱基都成，不管它们是从哪

里来的，也不管有没有生物学意义，甚至是计算机随机合成的也行，只要它能在某个染色体某个位置能显示特定信号就成。分子标记就相当于某条染色体某个位置的一个“门牌号码”。当人们在各条染色体上都找到了足够多的分子标记后就可以按连锁关系将这些门牌号码按染色体画成一条条的分子标记连锁图，这就是染色体的物理图谱。这些分子标记（门牌号码）的序列全都是已知的，用它们去检查所制备的DNA测序片段就能确定被检片段原来是在哪条染色体的哪个位置。例如，某个片段用第一号染色体最顶端的分子标记检出了信号，那这个片段原来就位于一号染色体最顶端位置。

原理很简单，但实际操作起来却是非同一般的繁杂，主要是这30亿要变成800，数量实在是忒过巨大。一步就分割到位根本不可行，因为即便是有了这张分子标记的物理图谱，也没办法辨清这超巨大的片段群体。要想把这些片段的“家庭出身”和“社会关系”都搞得一清二楚，那就得一步步地逐步分割它们。

首先要将总DNA分割成比较大的（一次）片段，用遗传学和分子标记检测等方法鉴别出它们各属于哪条染色体以及它们彼此之间的位置和关系等。随后再将这些大片段分别再按此原理分割成小一点的（二次）片段，找出每一个大片段内这些（二次）小片段之间的位置和相互关系并编号。然后再把这些（二次）片段再分别分割成更小的（三次）片段并找出每一个（二次）大片段内这些（三次）小片段之间的位置和相互关系并编号，依次类推……一直分割到满足机器测序的长度为止，再送入机器测序，按编号记录测序结果。只有这样，最终才能把这超超级天文数量的碎片序列组装起来。

这个总体策略或程序在理论上和实践上都非常合理，但就是太繁杂，太费时间。尤其是，合适的分子标记并不是那么容易就能全找到的，经常是做几百个上千个分子标记也选不出一个有用的来，更可气的是，有的染色体上找到的分子标记都挤在部分区段，另一些区段上却是空白或非常稀稀拉拉的。所以建立物理图谱本身就非常之耗时耗力，其进度和成效都难达预期。物理图谱的详细程度又直接影响到人类基因组计划的进度，所以这个总体策略就好比一条高速公路，一个地方被堵死就高速不起来。再者，这天文数量级的各级片段们在测序前就要排好顺序也是极其费时的超级麻烦事。

温特提出的全基因组鸟枪法测序也叫“全基因组随机片段测序”。他主张不要费时费力地去建什么物理图谱，也不要先去分啥染色体，更不需要一次又一次地分组切割、排序。而是用诸如超声波、喷射等机械切割方法直接把基因组总DNA“打碎”成彼此有重叠的小片段，然后把这些小片段的序列全都测出来输入计算机，最后用计算机在这些小片段序列海洋中去寻找那些首尾有相互重叠序列的片段们，把它们一个一个地连在一起就可以得到完整的人类基因组序列。

为啥温特敢提出全基因组鸟枪法来跟公共基因组计划叫板？这不是温特凭空突发的奇思妙想，温特已经用这个办法在1995年把嗜血流感杆菌的全基因组序列给测出来了，他认为既然能用于细菌，那用于人基因组也能行。但是政府部门及其资助的人类基因组公共计划里的科学家们在讨论过温特这个方案后一致认为，人类基因组里含有太多的非编码重复序列，鸟枪法方案不行。这使温特相当地郁闷。

很快，温特时来运转，他科学生涯中的贵人出现了。1998年1月，美国应用生物系统公司（Applied Biosystems Inc，ABI）总裁杭卡皮勒（M. Hunkapiller）邀请温特去参观他们公司最新型的测序仪PRISM3700。这个杭卡皮勒就是第二十二回白话过提出用不同颜色染料标记DNA进行自动化测序的人，他在1983年才离开胡德实验室加入应用生物系统公司，没几年就当了这家公司的老板，这是为啥呢？除了能力和机会之类的通用理由之外，最大的可能是因为测序仪是该公司的主打产品，该公司是世界上最主要的测序仪生产商。

让温特始料未及的是，杭卡皮勒的真实目的并不是要温特来赞美他们公司的新仪器，而是要挖温特出来成立一家基因组测序的新公司，办公司的钱则由他的上级公司珀金埃尔默（Perkin Elmer，PE，也是著名的国际大仪器商）来掏。这简直就是天上掉下个大馅饼，温特他能错过吗？于是温特立刻离开原来的基因组研究所，成立了新公司，就是后来的赛雷拉基因组学（Celera Genomics）公司。

温特给他新公司的座右铭是“速度最重要，发现不能等”。他计划用全基因组随机片段测序策略，只花2亿～5亿美元，两年就要把人类基因组全序列给搞出来，那就是摆开了架势向公共基因组计划叫板。为此，他的新公司装备了300台新型的ABI公司测序仪和大量的计算机，据说当时温特新公司的计算能力仅次于美国国防部。

消息传开来后，对于公共基因组计划、也就是全球大合作计划无疑是一声晴天霹雳。当时该计划已经花掉了纳税人19亿美元，按当时美国《纽约时报》的说法是“除了老鼠基因组的序列外，可能拿不出其他啥成绩来”。

各位看官，全世界各实验室的顶尖专家教授们联手、耗费了巨额公共财政，却干不过一个私人公司，不仅是那些头顶着美丽光环的大牌科学家们，就连美国政府也颇感脸上无光。

当时温特还不赞同人类基因组序列应该是公共财产的观念，也不同意立刻公布其测序结果，他要先把数据卖给制药公司等愿意购买专利的人之后再说，这客观上也促使了公共计划要加快工作进度。谁都知道，人类基因组计划就是个钱多好办事的烧钱买卖，要加快就得多投钱，多买机器。在温特宣布这一消息后不几天，维康信托基金会的摩尔根（M. Morgan）就宣布把给英国桑格中心的资助金额加倍，总额达3.5亿美元。不久美国国会也提高了对人类基因组公共计划的资助额度。加力公共计划的目的不言自明，就是为了防止温特的私人公司抢先夺得人类基因组测序大赛的金牌。

此后的几年里，私人计划和公共计划领导人之间的唇枪舌剑便成为了各种报纸渲染的焦点，日子一长，据说连美国总统克林顿都“烦”了，他曾指令他的科学顾问去“把这件事搞定，让这些家伙合作”。

2000年3月14日，美国总统克林顿和英国首相布莱尔联合发表声明，宣称人类基因组数据不允许专利保护，必须对所有研究者公开。此后，人类基因要卖专利的闹剧才逐渐消停。

2000年6月26日，在美国总统克林顿宣布人类基因组计划工作草图完成的仪式上，温特和他的对手、公共人类基因组计划当时的领导人柯林斯（F. Collins）一个站在总统后的右边，另一个站在左边，一起陪伴着克林顿总统见证了这一时刻。有人评论说，私人计划与公共计划的竞赛以1∶1踢平收场，双方共享荣耀。

美国和英国两国元首共同宣布人类基因组计划完成了，真完成了吗？没有。当时就有（外国）人讥讽说这不是人类基因组计划的进程而是两位元首预定的进程。虽然半年后也推出了正式的科学报告，但报告也不得不承认只是个“基本完整”的序列。说法不一，大概也就是95%左右吧。因为即便到今天，人类基因组上某些小区域还根本无法测序。

人类基因组计划做完了，虽没有弄清点啥生命的秘密，但科学家还要有事干有饭吃，科研还得继续做。现在炒作的是更浮云的“后基因组学”啊、“蛋白质组学”啊、“转录组学”啥的啦。全基因组测序也就光听一些后起之秀的厂商在卖劲地叫卖第三代测序仪，吆喝各位都去把自己基因组序列测出来。

总统啊、大科学家啊都一直还在说这人类基因组计划有多么多么的伟大，可以和另外两大计划媲美，可老百姓们还就是啥实在的美好都没见着。

说那曼哈顿计划吧，地球人谁不知道那原子弹厉害得没得命啊？两个原子弹一扔，日本人赶快就宣布无条件投降啦。说那个阿波罗计划吧，恁远的个月亮，硬是把大活人拉上去踩几个脚印又活着拉回来，厉害啊。咱老百姓虽说不可能上月球，但阿波罗计划顺带研究出来的那个尿不湿就在超市里摆着卖呢。

这两个计划老百姓都享受到了实惠，那伟大的人类基因组计划呢？啥时候给人带点真东西来？前面洒家说过，这能看见的利益都给测序仪生产商和试剂生产商们拿去啦。下面是洒家在网上查到的、测序仪主要生产商之一的应用生物系统公司（ABI）几年的销售收入。瞧瞧吧。

1982年，生产蛋白测序仪，销售额：42万美元。

1983年，开始生产DNA测序仪，销售额：590万美元。

1984年，销售额：1.8亿美元。

1985年，销售额：3.5亿美元。

1986年，销售额：5.2亿美元。

1987年，销售额：8.7亿美元。

1988年，销售额：13.2亿美元。

1989年，销售额：16亿美元。

1992年，销售额：18.2亿美元。

各位看官，这个原本只有40个人的小公司自从生产DNA测序仪以后很快就发展成一个千人级公司，生产测序仪后10年间年销售额翻了4千多倍。到2008财政年度，应用生物系统公司（ABI）已成长为5 000多人的大公司，年销售额达22.24亿美元，纯利润3.16亿美元，老板真是数钱数得手软。

可能有人听多了我国外汇结余数目，会认为一年卖20几亿美元不算个啥。洒家要告诉你，前些日子曾被中国那些专业反转基因人士推到风口浪尖上骂的、世界上最大的杂交玉米种子公司——先锋国际种子公司，它在美国玉米种子市场的占有率达40%。

占有美国玉米种子市场40%意味着啥呢？美国是世界上玉米种植面积最大的国家，年种玉米5亿亩左右，其40%就是2亿亩左右，这2亿亩要多少种子？单说这巨大的数字也忒无趣味。洒家告诉各位，现在都是"杂交玉米"，其种子是用一个品系（品种）作父本，另一个品系作母本，二者杂交生产出来的。生产这种杂交玉米种子的农田叫"制种田"，制种田里是几行父本和几行母本相间种植。玉米顶上长出的花穗即老百姓说的"天花"是雄花，半腰间叶片"胳肢窝"长出的带胡子的玉米棒子是雌花，顶上雄花散出的花粉被风吹落在玉米棒胡子上完成受精便结出玉米。为了得到纯粹的杂交玉米种子就需要在玉米抽穗时用人工把母本植株还没有抽出的雄花穗逐棵统统拔掉，这工作叫做"去雄"。据披露，先锋国际种子公司为了给玉米制种田去雄，单2002年7月就雇用了多达3.5万余名中学生来当"去雄临时工"。这么大的制种规模够吓人吧，得生产出多少玉米种子呀？但先锋国际种子公司的年销售额才只有10亿美元。

现在各位看官知道应用生物系统公司（ABI）老板为啥要自掏腰包给温特成立新公司了吧？为促销他的测序仪。300台测序仪才多少钱？市售总价不到1亿美元，太不算个啥啦。这些所谓的高科技仪器成本其实非常之低，绝不是看官想象中那样的跟汽车和电视机里面密密麻麻挤满了各种管线、铁疙瘩和神秘的电子元器件，测序仪铁皮壳子里面空空的，没多少东西，那利润丰厚得难以想象。

温特和大多数科学家不同，他不仅科研上厉害，社交上也特棒。其他人对新闻记者都是能躲就躲，他却喜欢搞新闻发布会，他还要把人的基因拿去卖专利，应用生物系统公司（ABI）老板肯定是看上了这些，才挖来温特当他公司的"托"或曰"媒子"。喜欢闹腾的温特先生一出马，事情就变得热闹非凡，公共基因组计划就一定要被迫提速，要提速就得买更多的测序仪。测序可是分子生物学中的尖端科技，全世界其他的科研单位、科技公司和大学们在这种你追我赶的攀比热潮下还能坐得住吗？大家都会去狂买他的测序仪。

可以说，全世界但凡和分子生物学沾点边的大学、科研院所有哪家没有买过测序仪？不瞒大伙，洒家的单位就有3台，单价都是数以十万乃至上百万美元。其实这些超高价的仪器在大多数时间只是供人参观的陈列品而已。为啥？两三台测序仪是大事做不了、小事还不能去做。用两三台测序仪去玩基因组计划简直就是大白天在说梦话，而平时为了三五条DNA片段自己去玩那测序仪也忒划不来。因为机器要运转还得向公司买昂贵的测序试剂，一个试剂盒只测几条不仅花的钱更多，还要赔上好多时间去摸索那仪器。现在市面上生物技术公司一个测序反应可测1 000个碱基，包800个碱基正确，最便宜的才收16元人民币。

美国人也太精明了，他投的钱就像某些养鸽能人放几只鸽子出去就能招惹回来一大群鸽子一样，招引着其他国家跟着投钱，这些钱通过买机器和试剂统统跑到美国的钱袋子里。美国国库里的钱拿出去转了一圈不但超额收回，还给美国人创造了利润和就业机会，拉动了美国经济。

最近报纸上说，美国总统奥巴马在启动"大脑活动图"科研项目时提到，当年"用于绘制人类基因组图谱的每一美元投资都获得了140美元的回报"。对资本主义国家要钱的手艺你不佩服不行啊。

这场公私人类基因组测序全球混战的结果用《红楼梦》里的几句话来形容是再合适不过了，"乱哄哄你方唱罢我登场，反认他乡是故乡。甚荒唐，到头来都是为人作嫁衣裳。"

没看过《红楼梦》？那总上过学吧？这不就是语文课本里的鹬蚌相争、渔翁得利吗？

咱们虽是啥实在的好处没见着，可美国人确实是捞着了。140倍回报，赚大啦。看官想想，那领导人类基因组计划的美国官方能不吹嘘这计划的伟大吗？因为这计划本身有没有成就美国都不吃亏。现在世界各国全都把这事看透了，它又推出的“大脑活动图”项目就再没国家跟在后面表决心、苦苦地要求加入啦。

平心而论，科学家们撺掇着政府花了纳税人一大笔钱是一定要跟着总统一起喊伟大的，不过还没有见哪个德高望重的科学家出来号召大伙都去做自己的全基因组测序，全都是仪器生产商在满世界地瞎嚷嚷：下几步要生产出多么多么先进的机器，让每个人花10万美元、1万美元甚至是1千美元就能拥有自己的基因组序列。

为啥大科学家们不喊大家伙儿回家去测序呢？因为这些人知道，不仅是人的基因组序列，在这人类基因组计划大潮的带动下，什么大肠杆菌、嗜血流感杆菌、酵母菌、线虫、疟原虫、果蝇、蚊子、家蚕、小鼠、大鼠、鸡、黑猩猩、拟南芥、水稻等好多个看官们认得的、不认得的非人类们都已经被基因组计划测序了，它们的基因组序列“四字经”早已被公布在网上，但超一流的各国科学家们都没能从中读出点啥有实际价值的东西来。给出的结论全都是诸如“大猩猩基因组99%与人的类同啊、鸡基因组97%与人的类同啊、老鼠基因组与人的相似性超过95%啊、人基因组与狗的相似性比与老鼠的高啊……”等毫无实用价值的东西，给人的感受除了啼笑皆非之外就只能是莫名其妙。

超巨大的人类或高等动植物基因组序列目前还读不懂，那小个的呢？

比细菌要小好多倍的、显微镜里都看不到的病毒的基因组够小的吧？像那个艾滋病毒基因组才9 000多个碱基，全序列早就测出来了，找到了啥基因可以把它给消灭或清除掉？没有！

像那个2003年在全国闹得人心惶惶的、路上碰到个人都要憋住气、走远了才敢长呼一口的严重急性呼吸综合征（SARS），病毒基因组序列也早测出来了。开始咱中国科学家说这个病毒是广东人爱吃的果子狸身上带来的，很快又有人反驳说是蝙蝠带来的。科学家之间还没来得及吵起架来，SARS这家伙又来无影去无踪般地突然玩失踪啦。都过去十多年了，连SARS冠状病毒是从哪里来又到哪里去了科学家们都没有弄清楚，更别说要从基因组“四字经”里读出点咋样治、咋样防的基因信息来了。

所以，像沃森、温特等名流虽都早已手握着他本人的基因组序列，但他们没有出来动员大家花钱去把自己基因组序列也测出来。他们这种特别有能耐的顶尖科学家都从中看不出啥名堂，老百姓人手一本天书有啥用？依洒家之见，小老百姓手捧着自己的基因组天书，最大的可能性就是被那些打着高科技旗号的骗子吓得神经兮兮地罢了。

真正的科学家是有良心的，骗老百姓去花钱喂肥无良资本家的事，是不能做的。

人类基因组计划作为一种基础性科研无可指责，探索未知领域是科学家的天职，是社会进步的动力。原本对它寄予厚望，现在不过如此也很正常，不去揭开这个秘密怎能知道是不过如此呢？知道了不过如此的本身就是个伟大胜利。但这些基因组计划们都无一例外地没有带来任何可立马见到实效的东西，事前预期的辉煌成就一个也没实现。为啥？因为这结果也太超越当今人类智力了。如果这法子就可以解开生命的秘密，咱们干脆就买它几万台、几十万台乃至更多的测序仪，把全国生命科学相关的大学生都弄来看管这些机器，让机器们全速运转，把所有生物、所有农作物品种的基因组序列都测出来，还用得着这么多的生命科学家去研究个啥？99%的生命科学家都应该下岗啦。

请各位看官冷静想一下，天底下会有这样的好事么？这生命之谜若能这么轻而易举地被测序仪揭开，那这测序仪可真称得上是惊天神器啦，那号称资本主义、帝国主义的国家还会把测序仪满世界地叫卖吗？

还需要去做更多的基因组计划吗？事实已经证明，人类目前还不能解读这些太过宏观的超巨型科研成果，再去花巨资搞什么基因组计划只能是为外国的GDP做贡献。依洒家之见，还不如把这些钱分散到熟悉生物性状的基层科研人员那里，各自认真地去研究单个的性状和基因。研究的人多了，再有点耐心，说不定啥时还真能蹦出个把能人，把某个性状的基因秘密揭开，弄出个把用得起来的新基因呢。

第二十五回：

穆利斯开夜车突发奇思，PCR获诺奖全凭妙想

有的看官可能会说，看过上两回洒家白话的那个基因组计划，会让人产生一点错觉，好像这人类基因组计划研究一无是处。

看官，你可千万不要这样看，事情绝不应该是这样的感觉。洒家只是想说这耗巨资搞出来的基因组全序列“四字经”当前还没有啥实际的用处，外国比咱有钱得多，咱不用再犯傻去当冤大头。但这并不意味着人类基因组计划项目是个“废物点心”，也不意味着这DNA序列研究没有啥实用价值。相反，在人类基因组计划的带动下诞生的一些分子遗传学实验方法，已经在造福于人类和中国老百姓了。

首先，中国参加了人类基因组计划，拉起了大规模测序的科研摊子，锻炼出了一支大规模测序队伍，这太有用处了！比如，啥SARS啊、人感染禽流感等传染病来袭时，咱这帮人都测过超复杂的人的1%序列了，30亿的1%就是3 000万啊！这些几千个碱基的小病毒对他们而言就是小事一桩。不需要等啥世界卫生组织啊、外国专家什么的，自己很快就能把这些病原基因组序列给弄清楚，很快就能制造出快速诊断的核酸试剂盒，救了多少老百姓的命啊！

人类基因组计划的完成虽没能跟预期那样揭开点生老病死之谜，但随着人类基因组计划实施而发展起来的、与DNA序列相关的分子遗传学实验技术却不声不响地走进了咱们社会生活的各个角落，只不过很多人并不知道这是分子遗传学和测序相关学科的功劳而已。

除了上述病毒性传染病的诊断之外，隔三差五地在电视或报纸上能见到的啥一根烟头抓住了杀人犯啊、一点血迹或精斑逮住了盗窃犯或强奸犯啊、一根头发辨认出无名尸体啊、灾难性事件造成的残尸辨认啊、为被拐卖儿童千里寻亲啊等，这些都是用分子遗传学的DNA序列相关技术做出来的。

这些东西都要用到一种分子遗传学的重要技术：聚合酶链式反应（PCR）。可以说，PCR这种分子遗传学最重要的实验技术，已经从分子遗传学家的实验室里走进了现代社会的每个角落。不仅在各大学生命科学相关学科的实验室里PCR是必备的实验手段，就连医院、公安、食品、农业、牧业、林业、商检、外贸、海关等部门，PCR的身影也随处可见。

PCR究竟是何方神圣？怎么能如此霸道地跨这许多行业？

PCR那可是个了不得的技术，这是与DNA序列有关的、又一个得了诺贝尔奖的实验技术。

PCR是3个英文单词（polymerase chain reaction）首字母的大写缩写，全部直接翻成中文应该叫聚合酶链式反应，学究味是浓了点，但最准确。

PCR是一个叫穆利斯的美国生物化学家发明的。

穆利斯（K. Mullis, 1944—), 1944年生于美国北卡罗来纳州，在南卡罗来纳州哥伦比亚市（Columbia, South Carolina）长大。高中毕业后他到佐治亚州亚特兰大市的佐治亚理工学院（Georgia Institute of Technology）学习化学，1966获学士学位，随后到加利福尼亚大学伯克利分校读生物化学研究生，研究蛋白质的合成与结构。1972年获博士学位之后，在堪萨斯大学（University of Kansas）医学院和加利福尼亚大学旧金山分校做过博士后，写过小说，还开过两年面包房。1979年经朋友的鼓励在西特斯公司（Cetus, 生物工程公司，位于美国加利福尼亚州）谋得一份工作而重返科学界，主要工作是合成寡聚核苷酸。获诺贝尔奖的PCR技术是他在西特斯公司人类遗传学研究室工作期间发明的。

穆利斯兴趣广泛，自称“带有化学偏见的多面手”。他不喜欢按部就班的生活和工作方式，崇尚来去

穆利斯
（引自穆利斯的个人网站）

自由。他在1991年曾对《研究与发展》杂志记者说过，“我不大喜欢动手，我宁肯不去动手，我不喜欢做费力的事。作为一个发明家，重要的一点是为解决某些问题而尽力设计一个简捷的动手方案。”他思想活跃并习惯于跳跃式的思维，他很容易激动，富有感染力，常常会让与他一起工作的人也兴奋不已。他脑瓜里经常是一个接一个地蹦出新点子，不过这些新点子们大多在被完成之前就已经彼此撞车。有人认为他有点古怪，也有人说他是一个难对付的人，但他的干劲和坦率却很招人喜欢。

穆利斯还颇有冒险精神。据载，他十几岁时就曾用硝酸钾和糖做火箭燃料，制造了一支1.2米长的火箭把青蛙打到2 400米高的天空并安全重返地面。在此过程中曾出过好几次爆炸、起火之类的事故，幸运的是没有对自己和邻居们造成伤害。成年后的穆利斯也很浪漫。据说他结过3次婚，还干过很荒唐的事，玩过脚踏着滑雪板在结冰的山间公路上、在上下行的汽车流之间风驰雷电般地滑下山去的玩命游戏。

据他自己说，PCR技术的灵感是在1983年春天一个周末的晚上，他拉着他的女朋友在加利福尼亚州北部山区蜿蜒而崎岖山路上开夜车过程中产生的。他偶然地联想到了有关不受限制地制造大量基因拷贝的过程，以致在到达山间小木屋后他兴奋得彻夜未眠。有人事后评论说，在那样危险的时刻居然还能产生科学灵感，真有点不可思议。但这就是穆利斯的风格。

几个月后，他在公司作了有关PCR原理的学术报告，然而听众们反响却不大。大概是大家已经习惯性地认为此君就喜好胡思乱想，虽然点子多多但基本上都是“馊”的。再者，大家都认为此君所说的这个PCR也实在过于简单，假如可行，如此简单的东西咋能没人去试过？大伙虽提不出他这个想法具体是哪儿有问题，却都认为不可行。

然而，西特斯公司老板并没有将穆利斯的这个新点子扼杀，即便是在穆利斯因风流韵事引起公司员工众怒时也没有将他扫地出门，而是限令他在一年内把PCR实验体系建立起来。

西特斯公司老板不仅容忍了穆利斯这个有点儿“小坏”的怪人，而且还知人善用。知道穆利斯不喜欢动手，实验技术不咋地，曾先后给他派了3个实验技术高超的助手，到1984年11月，助手们终于获得了可信的结果。于是乎公司决定要发两篇论文：一篇侧重PCR原理，由穆利斯执笔并要他先发表，另一篇偏重PCR的运用，由其他具体实验操作人员执笔，目的是为公司申请专利作准备。结果首发论文却是有关PCR运用的，共有7人署名，不动手的穆利斯的大名只排到第四，发表在1985年12月20日美国的《科学》杂志上。

为啥呢？这位风流博士此刻正迷恋于玩刚开始流行的个人电脑，根本就没按老板说的去写论文，那几个实验助理们侧重运用的文章都已经投出去了他还没动静，几个月后穆利斯才愤愤不平地开始动笔。结果是穆利斯为第一作者的PCR原理论文先后被英国的《自然》和美国的《科学》等顶尖杂志拒绝，阴差阳错地一直到1987年，据说还找过门路，穆利斯的PCR原理论文才在《酶学方法》杂志上发表。不过，穆利斯很幸运，科学界都承认PCR是穆利斯发明的，1993年诺贝尔化学奖发给了49岁的穆利斯。

那么，这个能拿诺贝尔奖的技术究竟有多么神奇呢？

前面白话过，PCR技术如今被广泛地运用于法医和各种生物及生物产品检验，但一开始，PCR并不是为检验设计的，它的初衷是要快速而方便地制备（或扩增）特定的DNA片段，所以在早期PCR常被称为“基因扩增”。

搞分子遗传研究为啥要作基因扩增？因为科学家在研究某个基因或DNA片段时需要对同一片段DNA进行多次的实验，而从生物细胞或组织中提取出某个所需的特定DNA片段忒费事。首先要把全部DNA（总DNA）都提出来，然后将总DNA切碎，再从这些浩瀚的碎片中把所需那一小段找出来，这量自然是少得可怜、不敷使用。

在PCR技术发明之前，科学家采用的方法是把这个已分离出的特定DNA片段放入或寄生在细菌细胞里，让细菌细胞携带着这个特定DNA片段生长和增殖，再把这细菌保存在低温冰箱里备用。当需要使用这个特定DNA片段时就大量培养这个细菌，再从细菌细胞里把原来放进去的特定DNA片段提取出来。这虽说比直接从动植物组织细胞里提取这个片段要容易得多，但既要养细菌还要从中把特定DNA片段与细菌本身DNA区分开再抽提出来也相当费事。

穆利斯发明的PCR技术非常非常简单，但极其巧妙。

在穆利斯之前科学家早就把DNA复制之谜揭开，知道生物细胞内DNA在复制时是先将双链DNA解开成两条单链，然后在两条单链上生成两个很短的、碱基与原DNA长链上碱基是互补的单链引物，随后在DNA聚合酶的催化下，从这个引物小片段出发，沿原来DNA单链合成出一条新的互补单链。而这个催化新DNA链合成的DNA聚合酶也早在20世纪50年代就已被科学家发现，到穆利斯的时代，好几种DNA聚合酶都已经能从市场上买到。

前面已经白话过，DNA两条单链之间是靠键能很弱的氢键相连的，而每条链中各个单核苷酸之间是靠键能强大的共价键相连的。所以，即便在试管里人们也很容易通过加热使双链的DNA变成两条单链，这叫做“变性”。如果温度降下来，分开的两条单链又会按碱基互补配对原则结合成双链，这叫“复性”。

穆利斯发明的PCR是咋样扩增基因的呢？

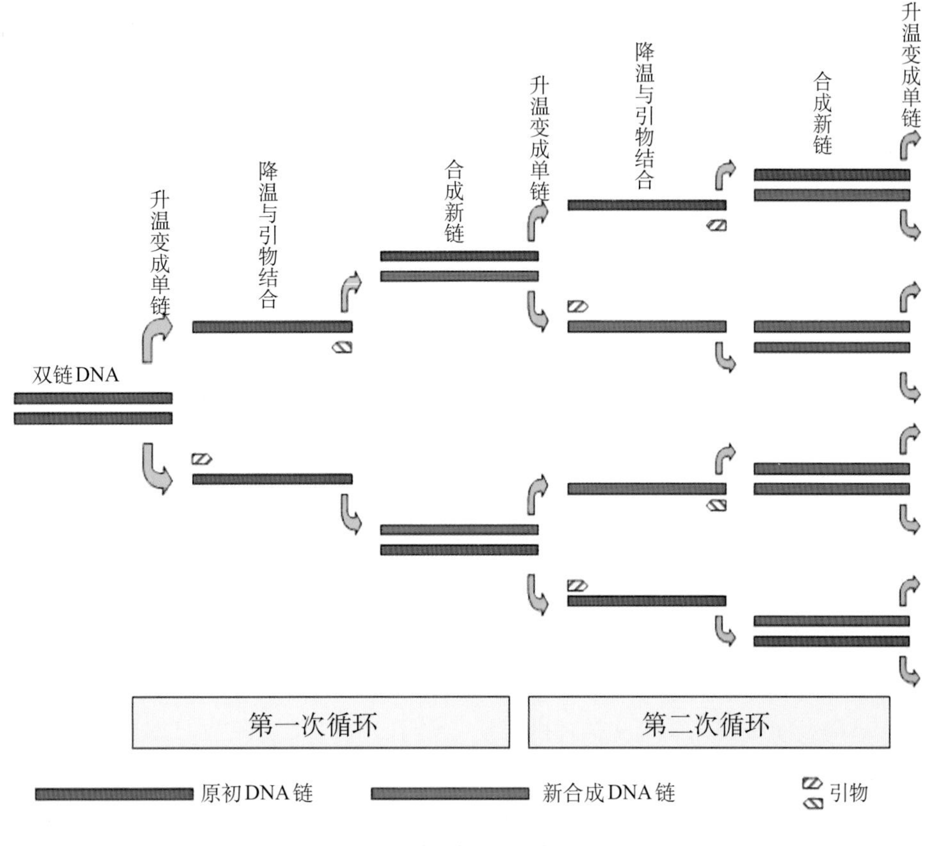

PCR扩增原理示意

PCR使用的主要原料一共4种：

①待扩增的双链DNA片段，是DNA扩增的模板。这是唯一需要自己去提取的。

②人工合成的一对长度为20几个碱基的单链核酸引物，这对引物分别与两条模板单链两端序列互补。这有专门的生物技术公司制造，只需提供你的引物规格即碱基序列就行，价格也不贵。

③ DNA聚合酶。可购买。

④ dNTP，合成DNA新链的4种三磷酸单核苷酸混合物。可购买。

PCR反应的原理如上页图所示，反应步骤如下。

第一步，把除DNA聚合酶以外的另3种主要原料放入一支试管里混匀后首先放在95℃高温中“烫”片刻，待扩增的双链DNA就会“变性”而解开成两条单链。为啥不加DNA聚合酶？酶是蛋白质，95℃一烫酶就被烫熟而失效了。

第二步，将试管转入50 ～ 60℃的较低温度并加入DNA聚合酶，保温片刻，溶液中那些人工合成的短单链引物就会按A/T、G/C配对原则各自与两条单链模板端部结合。

因为引物都是加得很过量的，引物又很短，所以引物与模板之间的互补配对速度比加热后被解开的两条单链模板间再配对回去的速度要快好几个数量级，一般不会发生两条单链模板再配回双链态。

第三步，再将试管转入稍高点温度（72℃）保温片刻，溶液中的DNA聚合酶就会沿引物方向把dNTP中的单核苷酸按互补配对原则加到单链模板上重新合成一条新链。

这样“变性→与引物结合→合成新链”等三步叫做“一个PCR循环”。如上页图所示，一个循环后一条DNA双链就变成了两条一模一样的DNA双链。两个循环就变成4条，3个循环就是16条，四个循环就是32条……理论上经过25个PCR循环后，一个DNA分子就会被扩增为3 000多万个一模一样的DNA分子。这PCR技术也太厉害了，理论上讲，溶液中哪怕只有一个能与引物互补的DNA分子也能被检测出来，罪犯只要留下痕量DNA就跑不掉。

PCR技术刚发明时，这个过程还不是一般的麻烦，需要同时烧3个不同温度的恒温水浴锅，还要掐着秒表把试管不停地在三锅热水之间插进拿出，95℃的水已近沸腾，不小心就要烫着手。最初用的DNA聚合酶是从大肠杆菌中提取的，大肠杆菌原在人体肠道内生长，其最适温度为37℃，它的酶就不会耐高温。在进入下一个循环时，95℃高温一烫，身为蛋白质的DNA聚合酶就被烫熟而失去活性，所以每个新循环都要新加一次DNA聚合酶，做25个PCR循环就需要加25次酶。当时一次加酶价值1美元，一个PCR反应25个循环就要25美元的酶，不仅烦人还太昂贵。

不过这个麻烦很快就被穆利斯的新点子解决，他于1986年初春提出了在PCR中使用耐高温DNA聚合酶的思路。因为一些细菌能在滚烫的温泉里生活，它们体内的DNA聚合酶肯定能耐受PCR过程的短暂高温。美国威斯康星大学微生物学家布诺克（T. D. Brock）教授和他的学生佛雷日（H. Freeze）早于1969年就从美国黄石公园蘑菇温泉的喷泉口水样中分离出了一种嗜热水生菌“YT-1”，而美国俄亥俄州辛辛那提大学生物系琼娜教授手下的研究生钱嘉韵（A. Chien）1976年就发表了从YT-1中分离出耐高温*Taq* DNA聚合酶的论文。1986年时*Taq* DNA聚合酶还没有现成的商品卖，要用就必须自己动手去制造。

穆利斯博士只是个“天桥嘴把式”，只说不练，出了新点子后几个月都不见有啥动静。

西特斯公司是个生物技术公司，连潜在的诺贝尔奖得主都能搜罗进来，能不人才济济？对这样一个能对世界首创新技术做出里程碑式改进的金点子，公司里一些愿意干点事的人心里痒痒，手也痒痒。

西特斯公司有精于酶学方法并乐于进行指导的高人，也有人乐意去做具体实验，公司又有现成的全套蛋白质纯化设备，这些人便按钱嘉韵论文描述的方法，用了3周时间就将*Taq* DNA聚合酶制造出来。

1986年6月，穆利斯手下的实验高手将*Taq* DNA聚合酶用于PCR反应，结果大获成功，不仅一次加酶就能用几十个循环而且扩增的效果与先前用普通DNA聚合酶做的相比还真有天壤之别。自此，PCR技术一炮走红，高速走向实际运用。

很快，能快速自动升降温度的PCR仪于1988年问市，PCR反应从此走向了简单、快速和自动化。

PCR仪

现在PCR仪的模样就跟个高档电饭煲差不多，不仅漂亮得就像个家电，连做PCR实验也跟用电饭煲烧大米饭一样简单。把各种试剂加好混匀后插进PCR仪，按一下电门就大功告成，几十个循环完成后不仅自动停机还能吱吱叫你呢。

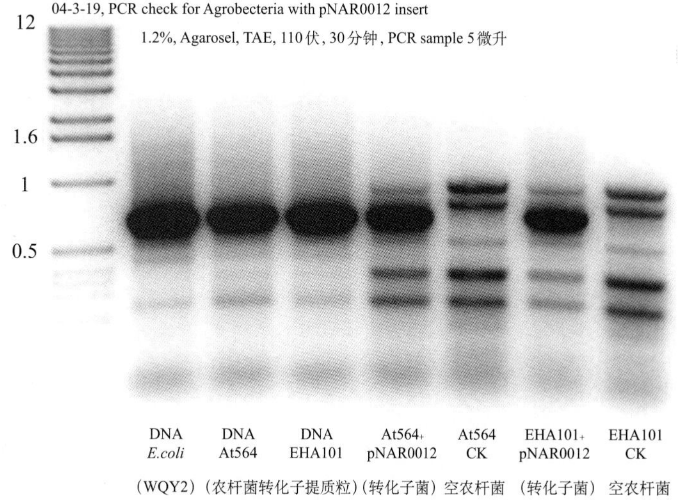

转基因实验的PCR检查结果
（最左边的泳道是分子量标尺，0.5和1之间的粗黑带就是被检出的基因，从右数起第一和第三道样品没有这个基因）

第二十六回：

杰弗里斯意外发现遗传指纹，垃圾序列变身鉴亲辨凶神器

PCR只是一种实验技术，PCR仪只是一种超高灵敏的仪器，只能高效扩增两个引物之间的DNA序列，本身并不具备任何“识别人”的功能。PCR这种技术在基因组计划的DNA片段制备和制备测序产物方面发挥了巨大作用，加速了基因组计划的完成。那么，PCR是咋样把亲子、罪犯给鉴定出来的呢？这就又牵涉分子遗传学领域的另一个划时代的成就——DNA指纹技术。

DNA指纹是英国莱斯特大学（University of Leicester）遗传学系教授、英国皇家学会会员杰弗里斯博士（A. Jeffreys, 1950—）在无意之中发现的。这个技术发明虽然没拿到诺贝尔奖，但却在全世界刑侦法医和亲属关系鉴定上获得了广泛的运用，在维护社会治安和伸张正义上功劳多多，杰弗里斯因此曾获得过包括英国女皇授予的爵士爵位、莱斯特市的荣誉市民、皇家学会皇家勋章、澳大利亚奖等20多个国内外奖励和荣誉。杰弗里斯还被科学界尊为DNA指纹技术之父。

杰弗里斯
（引自百度图片）

杰弗里斯教授原本研究肌红蛋白基因，肌红蛋白是肌肉中一种含有血红素、能储存氧的蛋白质。在研究该基因分子结构时他发现在这个基因序列内的一个插入序列片段，即第二十四回白话cDNA时提到的在形成成熟的信使RNA时要被剪切掉的、与蛋白质编码无关的“垃圾序列”中含有一些串联的重复序列，它是由9个碱基的核心序列重复若干次而形成的。

杰弗里斯在研究中还发现，这一小段重复序列不仅是插在肌红蛋白基因编码序列之中，还散布于整个基因组，虽然不同地方的重复次数有所不同，但都含有一小段由约15个碱基构成的完全相同序列。1984年，杰弗里斯用这个串联重复序列作“探针”与人类基因组总DNA的酶切片段们进行了“分子杂交”试验。

做法是先将人类基因组总DNA酶切之后进行凝胶电泳，因长片段跑得慢、短片段跑得快，切碎后的人类基因组总DNA就会按片段长短在凝胶内分开而分布在不同的位置。电泳完后将凝胶用碱液浸泡使这些片段们都变性成单链态并将其转移和固定在另一张尼龙膜上，这些单链们就不会再复性回原来的双链态了。随后将“探针”们也变性成单链并将这些单链探针用放射性同位素标记。最后将上述这张膜泡在探针溶液里保温和轻摇，如果某个片段上有与探针序列互补的序列，带有同位素标记的探针就会与之结合（复性即分子杂交）而被固定在膜上，杂交完后让X射线胶片曝光，凡是与探针杂交的地方就会因有放射性出现一条条黑色带纹，而形成一张带纹图谱。

让杰弗里斯没有想到的是，这种被称为无用的垃圾序列与基因组DNA杂交后所产生的带纹却具有极

强的个体特异性，不同人的总DNA与同一探针杂交后所呈现的带纹的位置和数目可以说是千差万别，即便是来自同一个家庭的成员也能从带纹上轻易区分出是哪一个人，基本上找不到两个人的带纹完全相同的情况。

随后杰弗里斯又用另外一个不同的串联重复序列作探针进行上述实验，也获得了类似的结果。据此，杰弗里斯认为这类分子杂交的带纹图谱就像人的指纹一样是因人而异的，于是杰弗里斯于1985年在《自然》杂志上发表了他们的研究结果并将这种图谱正式命名为DNA指纹（DNA finger print）或遗传指纹（genetic finger print）。

杰弗里斯发现的DNA指纹技术于1985年夏天就在英国进行了第一次实战检验。一位叫沙芭（Sarbah）的英国妇女有个叫安德鲁（Andrew）的儿子，他在进英国海关时遇到了大麻烦。安德鲁在英国出生、有英国国籍，两年前去加纳探望其生父即沙芭太太的丈夫，但返回英国时在伦敦机场入境时被拒，因为英国入境管理局官员认为这个安德鲁是由沙芭太太在加纳的姐妹的孩子即其姨表兄弟冒充的，不是真正的安德鲁。律师在报纸上看到杰弗里斯研究成果的报道后便向杰弗里斯求助。

杰弗里斯提取了沙芭太太和她一直在英国、身份无可置疑的另外3个子女的血样和被拒入境的安德鲁的血样用DNA指纹技术来比对，结果证明被拒入境的安德鲁与这3个孩子为同一父亲，沙芭就是安德鲁的生母。英国入境管理局据此撤销了对安德鲁持伪造护照非法入境的指控，安德鲁与母亲重聚。

1986年，杰弗里斯又运用他的DNA指纹技术为一起牵涉多人的强奸杀人案提供了判案证据，很快，他的DNA指纹技术便引起全球的注意，成为法医和刑侦的重要手段。

不过那时杰弗里斯的检验方法还不很理想，上述的分子杂交技术叫Southern印迹杂交，是一个名叫萨瑟思（E.M.Southern）的洋人在1975年创建。Southern印迹杂交用于DNA指纹分析的准确性无可挑剔，但要在更广范围应用则有两个问题。

一是Southern印迹杂交需要的DNA量较大，通常人类DNA需要10微克以上才能做得出来，10微克DNA要是沉淀出来肉眼都能看得到，要抽一试管血才能够用，对此要求，芭太太儿子的案例毫无问题。但是，一个烟头、一点血迹、几根毛发啥的，上面哪有这么多DNA啊？用这种方法就做不出来。

二是Southern印迹杂交过程也忒复杂、忒长了点，提取出DNA之后，大步骤就有酶切、凝胶电泳、碱变性、转膜、固定、膜与探针杂交、膜让底片曝光、底片显影等，耗时至少3天，有时膜上放射性同位素使X射线胶片曝光就要好几天，这中间某一步出了差错就可能要报废重来。再说，制备同位素标记探针的放射性化合物不仅有放射性风险，还不是随时都能买得到的，必须按程序提前向生产商预定。

上面白话过了，PCR反应极其灵敏，溶液中哪怕只有一个模板DNA分子，在一次PCR反应（通常25 ～ 30个循环）后就能扩增出几千万个同样的分子来。所以，杰弗里斯的DNA指纹技术在刑侦上更广泛、更高效的运用是在1988年自动化生产PCR仪出现之后。

那地上、墙上、家具上、衣物上留下的一点点血迹，绝不可能提取到能作Southern印迹杂交所需的DNA数量，法医此前最多也就能查出个血型。若血型不同，只能判断出“不是谁”，但血型相同却不能凭此就做出“就是谁”的判断，因为全世界就只有那几种血型，同一血型的人数都数不清。可是将PCR和DNA指纹技术相结合就不同了，这点血迹中含的DNA足可以把留血迹人的DNA指纹明明白白地做出来，只要现有的DNA指纹库内有带型相同的样本就能确定这血迹的主人“就是谁”。

那烟头上总会沾上点口水吧？口水痕迹中总会留下点口腔上皮脱落细胞吧？这些细胞中总会有些是含有DNA的吧？细胞再少，人虽看不见，但经由PCR这个只需一个分子就行的“放大镜”一照，隐藏着的罪犯就现形了。

如上图所示，人的某个短串连重复分布于编号为第2、7、16号3条染色体上，各条染色体上的重复次

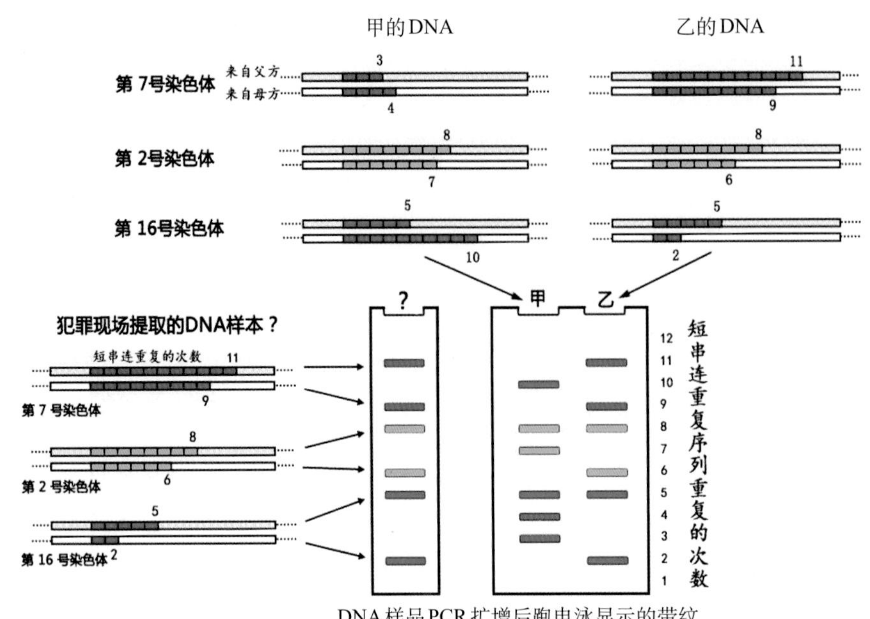

PCR和DNA指纹技术鉴别罪犯的原理
（根据沃森2003年《DNA：生命的秘密》插图改绘）

数用小格子和右端的数字标出。染色体是成对的，每对染色体都是一条来自父亲（黄底色）、一条来自母亲（白底色），上面虽都有这个短串连重复序列，但父母方所带重复次数大多不同，当然也有相同的情况。

为了使原理图更为醒目，不同号染色体上重复和PCR后形成的带用不同颜色标注，实际上这些PCR带只有分子量大小区别，并没有不同颜色。

用短串连重复两端的PCR引物来对这些血样DNA进行PCR，每条染色体上面的短串连重复区段就能给扩增出来，重复次数少的形成的DNA产物短，重复次数多的形成的DNA产物长，电泳后，6条染色体的扩增产物就会按分子量大小，也就是长短或重复次数多少形成6条带。

图中犯罪现场提取的DNA样本扩增出的6条带与甲样本只有两条带相同（重复次数5和8）、4条不同，而与乙样本则完全相同，这说明，乙就是在犯罪现场留下血迹的人。

亲子鉴定既可以用Southern印迹杂交来做，也可以用PCR来做，道理跟这个抓罪犯相同。孩子的每对染色体都是一条来自父亲、一条来自母亲，所以孩子的DNA指纹条带全都能在父母双方的指纹带中找到完全相同的带纹。如果这孩子的DNA指纹带只与母亲吻合，与父亲的不吻合，那这孩子的母亲是亲生的，而亲生父亲另有其人。如果与被测父母的DNA指纹都不吻合，那这孩子的亲生父母均另有其人。

洒家白话的只是基本原理，为的是好懂。上面图示的7条带（PCR扩增产物）都是用一对引物扩增出来的，这叫做“一个DNA位点（基因位点）”的比对。实际上各国政府对DNA指纹鉴定都有非常严格的规定，因为这是个有可能左右法庭断案的重大问题。例如美国联邦调查局（FBI）就规定至少要做12个以上不同DNA位点的指纹比对。通常DNA亲子鉴定，要作十几至几十个DNA位点检测，如果全部一样，就可以确定亲子关系，如果有3个以上的位点不同，则可排除亲子关系，有一两个位点不同，则应考虑基因突变的可能，就要再加做一些位点的检测后再进行辨别。用DNA指纹做亲子鉴定，否定亲子关系的准确率几近100%，肯定亲子关系的准确率可达到99.99%，这些，公众和法律都能接受。

再强调一句，DNA指纹鉴定之所以准确到法律都认可的程度，完全是在同等条件下将不同样本相互比对得出来的，如果没有直系血亲进行比对，单就一个小孩的DNA样本，世界上没有一种神器能认出个啥来。

第二十七回：

口水痕迹核酸都能追凶，曹操墓鉴真假科学难为

一些细心的看官可能会问，这个插入序列呀、重复序列呀，不都是些不编码蛋白质的垃圾序列吗？遗传指纹是多么重要的个人身份特征呀，法官大人甚至都可以依据它定人生死，咋倒交给一些垃圾们来掌管，而不是由神圣的基因编码序列来决定，难不成大自然也会发神经？

看官们，这就需要咱们以科学的态度来看待科学了。其他的学科洒家不敢白话，但就生命科学而言，看官们千万不要把科学神化。实际上，科学和迷信之间也就一步之遥，把科学绝对化就成了迷信。

不是吗？就当前分子遗传学研究现状，连诺贝尔奖得主、DNA之父都说约只有2%的人类DNA序列是编码基因的，其余序列都是垃圾。看官要对此深信不疑、捧若经典，真以为人类98%的DNA序列都是没有用的东西，那就大错而特错了。

因为另一条更宏观的理论告诉我们，生物的进化过程就是节能的过程，只有更节能的物种才能在同等条件下比其他物种更具有竞争性而生活下去，所以物种在进化过程中绝不会将无用的东西保留下来，无谓地消耗宝贵的能量。

想想尾巴和毛对人的生命能有多大影响？假如冬天咱身上还有厚而长的毛，还能少穿衣服、节能减排呢。就这类对生命无关紧要的人体附件，人都要把它们给进化掉，而遗传物质DNA是属于关乎生命核心利益的物质，进化来、进化去的结果竟然有98%的是垃圾，这本身就只能是个科学的笑柄。依洒家之见，这只是人类还根本没有弄懂这DNA是咋回事而已！

这DNA序列到底是咋样控制着生物遗传的？尽管诺贝尔奖都为此发了好多个了，但至今咱人类恐怕连懂个皮毛的程度都还没有达到。可以说，不仅是DNA，就是在整个生命科学领域，绝大多数生命机制都属尚待揭开之谜。

不是吗？被我们笃信天衣无缝、奉若神明般的生命起源、进化论，在神创论面前也不是看官想象的那样理直气壮的。进化论和神创论之间的争论至今仍像是一场看不出输赢的狗咬狗游戏，彼此都抓着对方一把小辫子，但谁都没有充足的证据来驳倒别人。

从小学起，老师就告诉我们，极远古的地球原是没有生命的。某天电闪雷鸣之后海洋里出现了原始的单细胞生命，慢慢地从单细胞生物进化出了多细胞生物，又从水生到陆生、低级到高级，各种动植物都从这种单细胞原始生命中进化出来了，再然后就从猿到了人。

多严密、多有道理啊！可是，别人简简单单几句话就足以让你憋过气去。

那种极远古时代，连生命都没有，更别说啥科学和条件了，闪个电就能产生有生命的物质？现在科学家设备多多，水平高高，月球都能上得去，啥自然条件模拟不出来？搞点电闪雷鸣、原始海水算个啥？现在那个天然的、人造的、有机的、无机的化合物啊，单质啊，要啥没有？可哪个科学家、哪个实验室能直接用这些没生命的物质们制造出个有生命的细胞来？

说各种生命都是一步步进化出来的，都挖了几百年啦，怎么总也找不出连续的化石证据来呢？

说各种生命都是一步步进化出来的，为啥成天地在喊叫什么物种每天都在消失呢？应该是随时随地都不断有新物种被进化出来才对。应该是新物种整天都在层出不穷地被发现。为啥这物种的进化只发生在远古，此后就停了呢？为啥在极远古的蛮荒时代还能进化出个人类来，而后的几百万年里却从没有哪个国家报道过有新进化出来的新人类从树林子里走出来的事？

说各种生命都是一步步进化出来的，为啥又根据中国云南澄江动物化石群科学考察结果，提出地球的生命形式是在5.3亿年前的寒武纪才突然出现从单样性到多样性的“生命大爆炸”呢？

这种生命形式“革命性的飞跃”突然出现，不是明显与逐步进化相矛盾么？

神创论者甚至说“进化论科学家提出的生命大爆炸理论给了自己一个耳光，比化石证据尚未挖出来还没有道理”。

科学家不是还发现了诺亚方舟遗址吗？这可是《圣经》上记载着的上帝功绩的证明啊！

……

因而，神创论者的观点很直接：创造生命的，只能是神。

还有更多的让人无语和汗颜的话呢，洒家就不再罗列啦。谁让咱们这些科学帮那么无能、找不出毋庸置疑的科学证据来驳倒别人呢？

外国的上帝拥护者们可是跟中国那些只知道念阿弥陀佛不吃肉的居士们大不同。有一些还是白天在实验室里指导别人做科学实验的知名教授，周末却请别人边享美食边谈上帝。不仅学位、职称、科研水平比你高，连个头也比你大，恐怕动起拳头来你也不一定是对手。很多时候说到最后，咱们对他们最有力的反击就只能是，“神那么无所不能，你把上帝请出来让咱看一眼行不行啊？”

在仔细拜读了有学问的上帝粉丝们写的文章之后才豁然明白：我们的生命科学还太幼稚了，太肤浅了，被神创论者抓着的小辫子个个都是咱科学帮难以启齿、有待解决的科技大难题。

所以，大家能在这大好世界享受这现代化的幸福生活，离开了科学肯定是万万不能的，但请各位看官一定要记住：这科学还真不是万能的。

有关曹操墓考古学研究和分子遗传学DNA研究之间的纠结把这事阐述得再清楚不过啦。

2009年12月27日，河南安阳宣称发现了曹操墓，不仅发现了残破不全的男性遗骨，还出土了一批据称能证明该墓就是曹操真身墓的文物。

曹操画像
（摄于南京孙权纪念馆）

“曹操高陵”出土文物
（引自百度百科）

这消息一发布就炸开了锅！不仅考古学界内有赞同和反对两种声音，连社会舆论都立马分成“拥曹”和“反曹”两大阵营。拥曹派说出土文物上明确无误地记载此墓为曹操墓，史料也记载此地正是曹操墓。反曹派则说真正的曹操墓不是这儿，挖出来这些东西是假冒的。什么文字啊、称谓啊都不符合当时的体制，甚至还有人指名道姓地说某农村就专业伪造这类假文物。

本来这些考古学家、历史学家和地方政府搅和在一块，已经分成两派争得热火朝天啦。但这时又发生了一件让老百姓们大跌眼镜的事情，平日里躲在象牙塔里不屑与世俗为伍的自然科学家也为曹操墓出山了。

2010年1月26日，复旦大学历史系和现代人类学教育部重点实验室的教授们联合宣称，要用DNA技术手段来解答真假曹操墓之谜，并向全国公开征集曹姓男人参与抽血检验。

见此情况，一些网友就跟打了鸡血一样兴奋得不得了，帖子曰：“姓曹的，复旦叫你抽血去。”

这对曹操墓事件无疑是火上浇油。中央电视台都曾为此制作过两期、总共1小时的专题节目，其他的传媒还用多说吗？各种新闻媒介跟风大势炒作，报纸上天天都有曹操墓新闻。发大块头文章甚至一整版都登载曹操墓事件的报纸可不只一家。

复旦的教授说他们拥有基因技术领域最好的专家和设备，他们正参与“15个世界顶尖实验室用DNA寻找人类祖先的庞大研究计划”“辨认曹操墓所用的技术在20世纪90年代已经成熟”。而批评者则说这种研究很不靠谱。那么这种科研究竟是什么性质，它真能解开曹操墓真假之谜吗？

洒家的观点很明确：

①这只是分子遗传学研究的一个小小分支，是和者盖寡的阳春白雪，名曰“进化遗传学”。

②这种研究的意义与咱生活中的旅游有点类似。比喻虽不很恰当，但也只能算是个非必需品的“旅游级别科研项目”。

③不能定曹操墓真假。不管谁研究出个啥来，都只能说说、听听罢了，不可能被现行的法律认可。

研究古DNA的科学家人数不多，主要兴趣是用DNA技术来探讨人类进化和迁徙等非常宏观的事件，这一行的开山鼻祖是德国慕尼黑大学的帕玻（S. Paabo，1955—）教授。在其他人还没想起来的时候他就从埃及木乃伊、冰冻长毛象和尼安德特人（距今20多万年的古人类，德国1863年出土）遗骨中成功提取过古DNA样本进行研究。

帕玻生于瑞典，1986年获瑞典乌普萨拉大学（Uppsala University）博士学位，1990年任德国慕尼黑大学普通生物学教授，1997年任德国马普学会莱比锡进化人类研究所所长。帕玻的父亲博格斯特隆（S. Bergstrom）是1982年诺贝尔生理学或医学奖得主之一。帕玻自己虽没获此殊荣，但绝不是等闲之辈，也荣誉多多。帕玻曾先后当选为欧洲科学院院士、瑞典斯德哥尔摩皇家科学院院士、德国科学院院士、芬兰科学院外籍院士、美国科学院外籍院士和比利时科学院名誉院士。

2008年，帕玻被中国科学院研究生院聘为名誉教授。2009年5月，中国科学院与帕玻所在的德国马普学会在北京成立了“人类演化与科技考古联合实验室”。

帕　玻
（引自《南方文物》2010年第2期付巧妹论文，原提供人王昌燧）

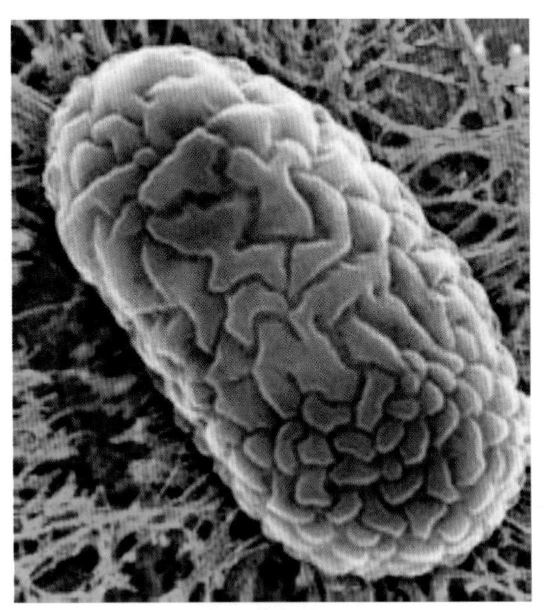
线粒体电镜照片
（引自百度百科）

以帕玻为代表的人类进化遗传学学者们的主要研究工作被美国《新闻周刊》（*Newsweek*）戏称为“寻找亚当和夏娃”。亚当和夏娃是西方宗教神话中的人类始祖，亚当是神用泥巴捏的男人，神向泥巴男人鼻孔里吹仙气让它变成了大活人。神又怕亚当太孤单，趁亚当睡觉之时取下一根亚当的肋骨和泥巴一起又捏了个女人，就是夏娃。按西方神话传说，全世界的人都是由这一对神造男女繁殖出来的。

所谓的“夏娃计划”就是通过比较一种叫“线粒体”的细胞内附件的DNA变异情况来推测女性的繁衍和进化过程。

线粒体是目前科学界公认的、通过母体遗传的、含有遗传物质DNA的、一种只散布于细胞质里的小附件，一般就几个微米长，光学显微镜下很专业的人才能看出个大概来，电子显微镜放大上万倍后就看得比较清楚啦。线粒体主要功能是为细胞生命活动提供能量，是细胞的动力工厂。

线粒体是细胞核外的物质，呆在细胞质里，它内含的DNA就是细胞核外的遗传物质，它们不会与染色体一道传递给下一代，只是随母亲的卵细胞质传递给下一代。一对夫妻生育的孩子，无论男女，线粒体都是母亲给的，父亲没有贡献，所以线粒体通过“母体遗传”，科学上叫做“细胞质遗传”或“雌性遗传”。

为啥有细胞质遗传？现代科学有两种解释。一是受精时只有精子头部的细胞核进入卵子参与受精，精子里的细胞质不进入卵子。二是卵细胞会把精细胞的线粒体给摧毁掉。

由于线粒体是细胞质遗传，一对夫妻生的孩子的线粒体全是母亲给的，跟母亲的线粒体一样。但儿子结婚后生的孙子辈无论男女，其线粒体都跟他奶奶的线粒体不一样了，因为这个儿子的妻子肯定换成了另一个女人而绝不可能又是自己的母亲。但这对夫妻生的女儿无论嫁给哪个男性，生的外孙辈则无论男女，其线粒体都跟他外婆（姥姥）的线粒体完全一样。也就是说：女儿的女儿的女儿的女儿……，她们的线粒体都是同一来源，全都是一样的，所以通过研究线粒体就可以追溯和分析女性的繁衍和进化。

线粒体里有能自主复制的遗传物质DNA，这些DNA会不会控制生物性状的遗传？回答是：肯定会。但遗憾的是目前科学对此了解甚浅，认为线粒体可能参与了一些与主代谢无关的性状遗传，但线粒体究竟管着哪些遗传性状还没人能够说清楚。

不过，在植物遗传学研究上科学家还真搞了点名堂出来，大家都公认一种被称为“细胞质雄性不育”的重要农艺性状的基因是在线粒体上，换句话说就是细胞质雄性不育基因是由线粒体DNA编码的。

说到细胞质雄性不育看官们可能会很陌生，但说到杂交水稻之父袁隆平院士，在中国谁人不晓啊？袁隆平院士为啥能被心高气傲的洋人都尊为杂交水稻之父？就是因为他课题组的李必湖在海南岛野生稻中发现了天然的细胞质雄性不育材料——“野败”（雄蕊败育的野生稻），此后才使全世界搞了好多年都没搞成功的杂交水稻走向生产。

在袁隆平之前有没有人搞杂交水稻？太有啦。日本啊、美国啊、菲律宾什么的早就搞过了。第二十四回白话过的杂交玉米，美国人20世纪20年代定出方案，到1956年时全美国都种上了杂交玉米，那产量得以成倍地提高。水稻是最重要的粮食，外国人能不去研究杂交水稻吗？只不过他们水平还差那么一点，搞了好多年都没有戏。

主要的问题是，水稻是雌雄同花的，一朵小小的花里既有雄蕊又有雌蕊，要想让两个品种杂交就必须将作为母本的植株上每一朵花里的雄蕊都摘除掉，水稻的花朵很小，一朵花只结一粒籽，要像玉米一样人工去雄来生产杂交种子肯定行不通。所以搞杂交稻一定要运用一种叫“雄性不育”的特殊材料，就是自然

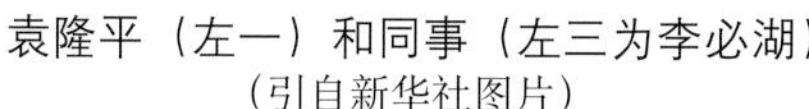

袁隆平（左一）和同事（左三为李必湖）
（引自新华社图片）

袁隆平（右）和李必湖（左）
（引自新华社图片）

界中偶尔会出现一些原本是雌雄同花的植株，但其花朵内雄蕊里的花粉粒退化，完全丧失了授精功能，而雌蕊又完全正常的特殊类型。

遗憾的是，洋人科学家找到和培育出的雄性不育水稻都是"细胞核型雄性不育"类型，其控制雄性不育的基因是在细胞核DNA上。这种"核型不育系"到今天都找不到有效方法来保持其纯粹的雄性不育性，每年种出来的植株总是雄性不育和雄性可育的满田里混着，要想分清这双胞胎似的哥俩还非得等到它们开花时一棵棵地去扒着看，所以只能小打小闹地在实验田里种点儿"逗你玩玩"，不可能投入大田生产。

另外，当时老外们用他们培育的雄性不育材料搞的杂交水稻产量优势也不强，费了很大功夫却不大能增产，咋可能让农民去买来种？同时，当时的学术界里有不少大人物还怀疑水稻能否搞杂交种。

袁隆平1964年刚出道时也跟着老外的思路走过几年屡战屡败的弯路。1970年李必湖发现了一株雄性不育的野生稻即后来命名为"野败"（雄蕊败育的野生稻）的特殊野草之后才走向了成功。经全国农业科学家通力合作，很快就用这株野草培育出了世界上首例能够繁殖出百分百雄性不育率和百分百不育株的水稻不育系，随后实现了水稻雄性不育系、雄性不育保持系和雄性不育恢复系的三系配套。1975年起开始大面积示范种植三系杂交稻，因为增产效果也太明显了，不少地方杂交稻都是不推自广，杂交稻很快风靡全国，取得了年种几亿亩、占领水稻半壁江山的惊人业绩。

这不又是一棵野草成就了杂交稻、一棵野草成就了袁院士吗？

科学成果就是这样，事后来看不但没有多少惊人之处，反而是咋看咋简单，好像是谁都可以做得到一样的。不过，科学从不承认事后诸葛亮们的聪明才智，历史向来都是成功者的历史，社会和公众是不会去怜悯那些所谓怀才不遇者。原因很简单：大伙都生活在同一时代，当初谁叫你想不到呢？

杂交水稻制种田（高的几行是花粉正常的恢复系，矮的是没花粉的雄性不育系，恢复系的花粉落到不育系雌蕊柱头上结出的就是杂交稻种子）

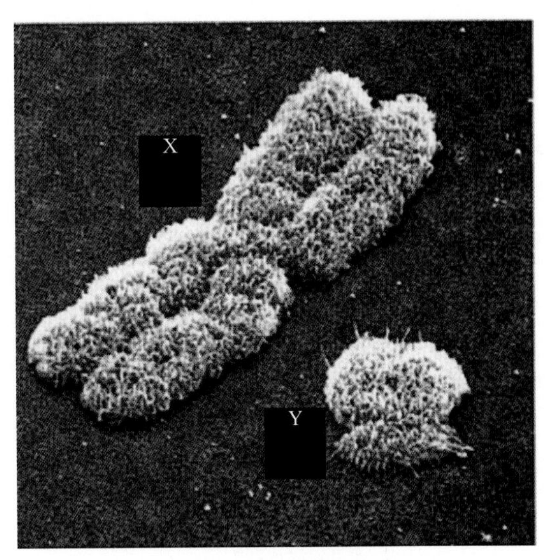

X、Y染色体电镜照片
（引自百度，原注gz2010.glteacher.com）

所谓的“亚当计划”就是通过比较人Y染色体DNA的变异情况来推测男性的进化过程。

人有46条即23对染色体，其中编号为23的那对是决定人性别的性染色体。性染色体与其余22对都不同，其他对的两个成员的大小、形状完全一样，而性染色体两个成员的大小、形状完全不一样，一个叫X，一个叫Y。女性性染色体是XX，所以女性产生的卵子只有一种，全都带X染色体。而男性性染色体是XY，男性产生的精子就有两种，带X染色体的X精子和带Y染色体的Y精子。X精子钻进卵子里发育而成的小孩是女孩，性染色体是XX；Y精子钻进卵子里发育而成的小孩是男孩，性染色体是XY。

所以，不管男人跟啥样的女人结婚，男人的Y染色体只传给自己的儿子，儿子再传给孙子、孙子传给重孙……只在男性中传递。因此从理论上可以说，只要弄清各族群男人的Y染色体特征，就可以用Y染色体追溯你们家的始祖爷们，也就是说通过研究Y染色体就可以追溯和分析男性的繁衍和进化。

但是老祖宗们的DNA样本是没处可找寻的，进化遗传学家们是根据啥理论、用啥办法来分析的？

从理论上来讲，线粒体和Y染色体在细胞内都是独行特立的“另类”遗传成分，它们没有（或基本没有）配对行为也就不会发生第五回白话过的、因染色体交换行为而较频繁地改变其DNA序列的事件。理论上，线粒体和Y染色体的DNA序列会几乎不变地在各自家族内一代代遗传下去。

线粒体和Y染色体上DNA序列改变的唯一途径就是“突变”，即DNA上某个位点突然地发生了化学变化而使DNA序列有了局部的改变。突变发生的概率非常之低，一旦在某个位点发生突变后就会在本家族内一代代地稳定遗传下去。有人甚至说，某个位点发生突变之后要经过3 000万代才会再次产生突变。

不过，3 000万代这数字也太恐怖了点。就算古人没有婚姻法，但人性成熟咋也得十几岁，平均按15岁怀孕生子，3 000万代就是4.8亿年。4.8亿年前，才经过寒武纪（5.3亿年前）生命大爆炸不久，生命才实现从单样性到多样性的进步，那时候，猿人的祖先恐怕还没有被进化出来呢。

所以，对这种科学语言洒家只能当个传声筒，不发任何议论。

进化遗传学家们的方法就是分析和比较现在的不同家族、民族、种族的人群之间线粒体DNA和Y染色体DNA的变异位点的差异，用线粒体DNA变异追溯女性、Y染色体DNA变异追溯男性。族群彼此差异小的她（他）们之间亲缘关系就较近，即彼此相互分离的时间较短；彼此差异大的亲缘关系就较远，即彼此相互分离的时间较久。

那得出了啥科学结论啊？

人类的非洲起源说。现代人是一直在非洲进化的，顶多在约15万年前才离开非洲向世界各地迁徙。人类祖先在6万～7万年前到达大洋洲，在3.9万～5.1万年前到达欧亚大陆，3万年前到达日本，1.2万年前到达美洲。而不是先前科学家们估计的、人类祖先约在200万年前离开非洲。

所有地球人的线粒体都是20万年前同一非洲女人传下来的，所有欧洲人都起源于7个“夏娃之女”。

女性的移动性比男性大8倍。而过去人们传统性地认为，因为从事打猎和采集，男人会跑得更远。

犹太人（以色列人）和其他阿拉伯人（包括巴勒斯坦人）之间在遗传上毫无区别。科学研究印证了经书的记叙：伟大的希伯来人族长亚伯拉罕（Abraham）有两位妻子，这两位妻子各生了一个儿子，这两个儿子分别是犹太人和阿拉伯人的祖先。

500万年前，人类和黑猩猩的共同祖先都是白皮肤的，只是身上的毛是黑色的，现在非洲黑人的肤色是后来在人类进化过程中因厚而长的毛被进化掉之后才被太阳晒黑的。

说白了就是，没离开非洲的“古白人”毛褪掉了之后在非洲被晒成了黑人。

这些结论科学、可信吗？回答是肯定的。因为这是人家以现代科学实验手段做出来的，有实验证据。谁要反对就必须拿出相应的实验证据来。

有意义、有用吗？

研究人类的起源、进化和迁徙，太有意义了。但又确实没啥现实用途，不能为人类生活创造任何价值。所以洒家前面才说是个旅游级别的科研。

难以想象，一个食不果腹、衣不蔽体、口袋里一个大子都没有的人会去旅游，因为他怎能把宝贵的钱拿去买车票呢？旅游必定是那些有吃有穿、口袋里还有几个闲钱在晃悠的人才能干的事。进化遗传学研究则是有钱的国家才能干的非刚性科研。

旅游能给自己带来经济利益吗？不能，纯粹是烧钱的买卖。再好的景致也只能一饱眼福，啥也拿不回家。旅游只是愉悦了心情、满足了好奇心、增加了饭后茶余侃大山的素材而已。上面这些进化遗传学研究结果不也是这样的吗？不会产生经济效益，只能是“小众科研、大众娱乐”，给大家提供一些不但好玩、好笑，还有点科学依据的话题而已。

不是吗？说全人类祖先都来自非洲，研究这事的国家都很富裕，他们会把自己财富与现在还很贫困的非洲同胞们共享吗？说犹太人和阿拉伯人是同父异母的亲兄弟，以色列和巴勒斯坦照样不共戴天，斗得死去活来的，从没消停过。

所以要以旅游的心态即娱乐的心态来看待这类科学研究结果，不能太较真这里的科学二字。

话再转回来，连全人类都是从非洲搬出来的这等大事，进化遗传学都能研究出来，为啥就不能研究出曹操墓真假呢？

因为生命科学实验必须遵从3个原则：对照、重复、数量。

因为生命科学不存在什么绝对的标准，所有结论都是和另一个对照物比对出来的。

比如说要研究一个药治病是否有效，不能只找一个病人来吃药，好了就有效不好就没效。而是要把一批同类的病人分成两组，一组人吃药，另一组人吃不含任何药物的“安慰剂”（比如用淀粉做的“假”药片），两组治病效果对比才能得出可信的科学结论。吃“安慰剂”的那组就叫“对照”。

比如一个人说他的品种打了500千克粮食，另一个人说他的品种能打550千克粮食，能不能就说后者的品种就比前者的好？不能。必须把这两个品种都同时种在一块田，在相同的条件下进行对比，二者互为对照才能得出科学的结论。

此外，这种对比实验作一次不能算数，必须要重复好几次才行。

还有，实验必须要有一定的数量，每组一个人、一棵苗的试验全都不能算数。

前面白话的亲子鉴定、血迹辩凶都是DNA样品同自己父母或自己的DNA指纹图谱对比出来的，所以才能被法律和公众认可。按这种断案程序，要辨别这是不是曹操墓，必须用墓里男性遗骨的DNA样本同曹操本人或曹操父母、曹操子女等直系血亲的DNA样本比对。可曹操生前还没有现在的科学，哪里会留下他和他们家人的DNA样本来比对？所以不管科学家说他的研究有多么科学，都不可能被现行法律认可。

至于曹操的父母，有历史学家说曹操的爹是一个太监，所以曹操究竟是谁的儿子这个问题，历史学家们还在争论不休呢。所以，由曹操本人繁殖出的曹姓后裔同其他姓曹的家族们很可能根本就不是同一个“曹姓种”。

要繁殖后代就一定要与女性结婚，其子女就只有一半血缘（DNA）是这个男性的，另一半则是女性的。每代的男性都一定会跟不同的女性婚配，退一万步讲，即便现今某个姓曹的人的确是曹操的嫡亲后裔，但曹操本人的DNA每一世代都会被不同女性的DNA 稀释而减半，经过了2 000多年、100多代不同女性DNA的冲刷，算算今日曹操的真正后人还能有多少DNA是来自曹操的？

曹操的儿子有曹操一半DNA，孙儿为1/4，重孙儿就只有1/8，以此类推到第十代孙儿就只剩下千分之一的曹操血脉了。再推算下去第20代孙儿为百万分之一，第30代为10亿分之一，第32代时曹操的DNA就只剩下42亿分之一了。人类基因组总共就只30亿碱基对，曹操再伟大这也不能例外。这就意味着经过32代女性DNA的掺半，曹操的DNA序列几乎已被女性们的DNA“冲洗”得干干净净，理论上讲最多也只可能有个把碱基是老先人曹操的真传，除此之外全都是历代夫人们贡献的。那么，到第100代时曹操的血脉还能剩下多少？用现在曹姓男人的DNA样本和2 000多年前的死人DNA比对，来辨认这死人是不是曹操，这是不是有点不靠谱？

不是说Y染色体DNA几乎是不变地代代传递吗？复旦大学提出用现代曹姓人的Y染色体和曹姓家谱结合不也符合科学原理吗？

理论上很宏观地说说还行，但落实到要辨认某一个具体的古人，这问题还真大。因为啥历史啊、家谱啊大而化之地看看还算靠谱，但要把它拿来跟搞科研一样认真死抠就不一定都搭界。因为历史是胜利者的历史，写历史的都是美化自己、丑化对手。有人甚至还在置疑那个从没死敌，被历朝君民顶礼膜拜的圣人孔夫子的家谱也有被篡改之嫌，其他家族还用说吗？

像曹操这样在历史上长期被当成奸臣骂的人，以前肯定会有不少真正的曹姓人否认自己是曹操那支的，也肯定会有一些真正的曹操后人为了生存之需而改名换姓了。

还有一点尤其重要。Y染色体是从男性传递到男性的。2 000多年，起码100多代了，现在自称是曹操正宗后人的，有谁能保证曹操之后的各个世代，曹姓的都是真正的曹操后人呢？

还有，曹操有25个儿子，据说其中6个就有过从本宗兄弟“过继承宗”的事，曹丕儿子中又有4个干过这事。那时娶妻、生子都不定量，抱养儿子的比例这么大，可见曹操后人中的确有生不出男孩的问题。前几代曹家是王侯之家，九五之尊，自然有钱有人来管理曹氏家族事务，严格遵照同宗过继原则当无问题。曹氏衰落后许多后人散落到民间各自求生，时间长点恐怕曹家人都认不得曹家人了，无权无钱谁还能管得过来这些事？古代很讲究无后为大，都草民了，那有能力去全国寻找同宗？再生不出儿子来，难免就会有人去捡个、抱养个男孩来延续香火。那以后这个分支的后人也就不是真正意义上的曹操的后代了。

再说咱老祖宗历来是很善于利用婚姻、宗族关系搞点政治阴谋的。什么狸猫换太子啊、赵氏孤儿啊，等等，在曹操后人2 000多年历史中有没有啊？还真难说。

现在是既不能确定曹操的亲生父母，也不能确定曹操的亲生儿子和亲生儿子的亲生儿子是哪个墓里的遗骸，这些现行法律赖以断案的DNA对比证据一个都没有，就凭一些几千年后还自称姓曹的男人的DNA样本就能判断这曹操墓中的遗骨是曹操这个人吗？没有哪朝哪代的法律文书可以认定现在这些曹姓的人谁是曹操的真正嫡亲后人，所以，这种比对根本就不符合现行法律的要求。所以，洒家以为，任随科学家怎么折腾，任随计算有多科学，任随仪器设备有多高级，其结论对于死搬教条的法律而言，那都只是一片浮云。

理论分析用Y染色体辨认曹操墓并不靠谱，现实生活中用Y染色体去辨认某个具体的人的效果又如何呢？ 2013年3月30日中央电视台曾播出一期今日说法《Y之谜》，用现实的案例清楚地诠释了这个问题。

2011年11月，河南省登封市君召乡常寨村村口发现一具男尸，男尸身中8刀、面部被毁，无任何身份证件。

人命关天，破案是必须的，要破案首先就得弄清楚死者是谁。

警方叫来附近村民，无人能识。当地公安机关最近也未接到任何失踪报案。经多方排查无果后警方转入Y染色体排查。

郑州市公安局有250万人的Y染色体DNA数据库资源，比对的结果让人大跌眼镜，该无名男尸Y染色体DNA竟然与数据库内李、张、辛等3个姓氏的Y染色体DNA数据相符。一个死人竟然比对出了3个姓，科学上说不清，却印证了上述有关家族血缘的那些乌七八糟的疑问还确实普遍存在着。

警方花大力气对李、张、辛3个姓的各个家族进行了逐家排查，在对洛阳某村一个张姓家族排查时甚至依照该家族600多年的家谱，排查到了元代，也没有查出个名堂来。

三姓排查都找不到失踪人员，警方又转向走群众路线，动用直升机撒了9万份寻人启事，也没换来任何有价值的线索，杀人抛尸案毫无进展。

此案最后是咋样被侦破的呢？受挫于Y染色体DNA排查之后，一个姓杨的公安局长通过对死者体格、衣着、伤口特征、装尸材料、衣服内夹存的沙粒、抛尸现场环境等常规刑侦要素的综合分析，根据自己长期办案经验，提出这是一起本省人勾结奸夫杀害本夫的案件。根据杨局长的指令，公安干警对男人外出长期不归的家庭进行排查，结果在河南洛阳市伊川县境内发现一张姓人家很可疑。其户主张某被称外出打工，他有妻儿老小，但春节都没有回家，张的兄弟也向干警反映与他打电话都已很长时间无法接通了。于是干警采集了张某孩子血样进行DNA比对，证实死者就是孩子的生父。

请注意，这断案的有效证据仍然是直系血亲间的亲子DNA样本比对。

后来的事就没啥悬念啦，经过警方侦察取证此案很快告破：张妻与他人勾搭成奸合谋杀死丈夫，奸夫开拖拉机到100千米外的登封市农村抛尸。杨局长真是料事如神啊！

再请各位看看本回前面的照片，人类Y染色体只那么一丁点小，其DNA总长只有5 800万个碱基（0.58亿），才占人类基因组DNA总长30亿的1.9%，其中还有约5%能与X染色体重组，算下来就只剩5 600万碱基去发生所谓的突变了。全世界就不管了，单咱中国现在还活着的就有十几亿人，是这点碱基数目的30倍，就算男性占一半，这点儿碱基也装不下这么多个活男性的区分信息！何况还有那2 000多年来已经死去的男性们，总数知多少呀？

各位看官，靠现今曹姓男人的Y染色体DNA分析，能确定曹操墓里埋的人是曹操本人吗？这类研究最容易得到的结论是什么呢？

DNA之父沃森在他的著作《DNA生命的秘密》里写到，英国牛津大学有一位塞克斯教授曾经研究过自身家族的Y染色体，他抽了48个塞克斯家族男人的血样，检查结果是一半人与塞克斯教授本人Y染色体一样。据此及塞氏族谱，他计算出塞克斯家族夫人们的平均不贞率为1%。

这可真的是很科学结论，但是，能带来什么好处呢？

其实，曹操墓真假案破不了对公众和社会都毫无害处。历史学家、考古学家们又可以几十年、几百年地再争论下去，这不仅会成就出一代又一代的专家学者，还能源源不断地为公众提供娱乐话题，真真的是一件大好事。

至于急于发展“曹操旅游”推动当地经济的地方官员，曹操墓是真是假都不会影响搞旅游。关键是全国这么多景点，挖开的、没挖开的古人墓穴到处都有，你咋能把游人吸引过去，这才是你该想的。

大名鼎鼎的十三陵就不消说啦，君不见陕西那个唐朝未成年公主坟，也在偏僻的农村，可天天都有人专程从西安坐长途车到那儿去，就为要掏钱到小公主墓穴里待一会呀！何况你这墓穴的泥巴里还有可能腐烂过一位中国历史上独一无二的、声名显赫的、身兼大奸贼和大英雄矛盾身份的曹操先生呢。

第二十八回：

基因工程诞生靠两大技术，
襁褓中就遭棒喝麻烦缠身

看官们看到这里可能会说，听你“洒家”白话了这许多基因的事，也知道了人类所有的转基因活动都是对第十回白话过的艾弗里肺炎双球菌转化试验的模仿，不过就是让细胞以吸取外源DNA的方式来改变该细胞的遗传性状而已。那么转基因农作物究竟是咋样制造出来的呢？不弄清这点，叫人咋样去判断转基因是不是有害呢？

制造转基因农作物的行当叫做“基因工程”，是才发明不过几十年的全新育种技术。

想当初，咱老祖宗在300万年前，仅靠狩猎和采集为生。那野兽满世界疯跑，好些还会咬人，那野果一年就结一回，糊口难啊。那几百万年里都是有一顿没一顿、饱一顿饿一顿的，惨啊。约一万年前人类进入了农业社会，有了原始的农牧业，有了食物库存，基本生活才有了点保障。

老祖宗们经由原始农业改善了生活，肯定就期望能从农业生产出更多食物，就会有意识地选择原始农作物中收获量最多、最可口的植株来留种，这就是最早的作物育种——人工选择。

现在咱知道这产量啊、口味啊全都是由基因控制的。产量高、口味好都有相应的基因，所以在一万年前老祖宗们就已经对农作物进行过基因改造了。只不过那时全靠自然界自发的基因突变，好的类型突然出现了，而老祖宗又看到了，就把它选了出来成为一个新品种。

直到20世纪初，孟德尔定律确立、遗传学建立之后，人们懂得控制生物各种性状的基因可以分离、重组和交换，才开始了稍稍有点主动性的现代育种工作，即杂交育种。所谓的那点点主动性就是人们可以有意识地挑选一些具备自己想要的优点的品种来做杂交，仅此而已。

试问哪对夫妻不想生出个聪明、漂亮、健康、强壮的孩子啊？哪家人不想生出个将来能成为总统、总理、总裁、总经理、总工程师、百万富翁、亿万富豪，能得诺贝尔奖的科学家之类的？但谁都没有本事能搞定这档事。虽然结婚前千般挑剔，结婚后万般在意，但绝大多数人生出的孩子还只能是社会“大分母”中的一员。

杂交育种跟生孩子也差不多。比如，想的是把一个高产的品种和一个抗病的品种杂交，重组出既高产又抗病的新品种来，但常常是事与愿违，得到的是一大堆既不高产又不抗病的“垃圾植株”。期望中的双亲优点相加的重组类型很难出现。因为谁也不知道这众多的基因们究竟是如何分离重组的，也弄不清这些基因为啥要在一起，更无法指令某几个基因必须在一起，除了等待奇迹出现，基本无计可施。

育种家唯一能做的只能是“以勤补拙”。每个育种家、每个育种单位每年都要不辞劳苦地做成百上千个杂交组合，把能想到的事儿都做完。撒大网、捞小鱼似地忙活几年后，才能撞上个“彩”，选育出个把新的优良品种来。所以农作物育种还真有点谋事在人、成事在天的味道。育种家要勤劳、要耐得住寂寞、要承受得住失望，但光能吃苦耐劳还不够，还得等候上苍的恩赐。这就是农业科技。

工业制造就完全不一样了。科技人员搞好设计，工厂按图施工，设计的轮船是1万吨，造出的就是1艘万吨巨轮，设计的车时速100千米，造出的车就能跑这么快。工业制造是既准确又极有效率，绝不会出现农业培育作物新品种那样，设计了一艘万吨轮船，却要造出千千万万条轮船才能从中选出一条万吨巨轮的情况。

所以，当人类已经了解到基因的分子机制，懂得以前那些看不见摸不着的神秘符号“基因”原来是一种实实在在的物质，懂得所有的生物性状都是由DNA长链分子上的4个碱基来编码、来控制之后，科学

家才会想到：现在人类可以跟工业制造一样，直接对DNA分子进行切割、拼装等加工了。因为，改变了DNA序列就改变了基因，改变了基因就改变了生物的性状，就制造出了新品种。人类就不必再一年又一年地等待那些数不清的基因在生殖细胞里进行的、无法控制的、结果不可捉摸的、凶多吉少的、漫长而乱七八糟的交换和重组了。

更加令人遐想联翩的是，基因工程是直接对遗传物质DNA进行切割、拼装等操作，而各种生物的遗传物质都是化学性质相同的DNA，那么，人类不就可以直接把不同生物的DNA拼接在一起了吗？那不就可以绕过育种研究中那个极其可恨的“生殖隔离”了吗？

啥叫生殖隔离？生殖隔离就是现今大自然存在的一切生物，只有同种交配才能繁殖出后代，不同种的即便交配了也繁殖不出后代来。

比如，现在羊肉也忒贵了点，如果那小小的羊也能长得跟牛一样大那该多好啊！但羊的品种改良只能用不同品种的羊来杂交，若用牛与羊杂交就啥也生不出来，因为牛、羊的精、卵在体内彼此是不会结合的，这就是生殖隔离。

再比如，咱们南方夏天种水稻，冬天种小麦，土地一年到头都能生产细粮，多好啊。但南方的雨是一年到头下个不停，冬天地里不挖排水沟小麦就会被淹死，麦子成熟季节若收割不及时，南方的雨会使小麦发霉烂掉。如果能让小麦和水稻杂交，让小麦也能跟水稻一样不怕水，或者，如果能让水稻也跟小麦一样不怕冷，冬天也种水稻，那能增产多少细粮？但人类已尝试许多年啦，就是把那小麦（水稻）花粉在水稻（小麦）雌蕊上堆成山它也不能正常受精结实，它们也长不出真正的稻麦杂种来。这就是生殖隔离。

基因工程不需要有性交配、不需要精卵结合就能把不同种的基因组合在一起而实现品种的超级改良，所以基因工程的终极任务应该是实现不能杂交的物种之间的基因和性状转移。上面两个例子虽说现在的科技水平还没有达到，但从理论上来讲并非没有可能，洒家以为这比报刊上登的要复活恐龙、复活猛犸之类的科幻新闻还要靠谱点。

这种用工业制造模式来对生物的基因和性状进行改造的方式就叫做基因工程。很明显，基因工程是“工农联盟”的产物，是一个工业和农业的杂交学科。

现行的工业技术已经相当厉害，上天、入地、下海、奔月无所不能。但是，无论用多么高精尖的工业设备、仪器和方法，面对DNA分子的改造全都无能为力，基因工程的诞生是依赖于以下两个重大的生物学技术发明。

第一个重大的技术发明是“限制性核酸内切酶”。

限制性核酸内切酶通常都被简称为“内切酶”，是切割DNA分子的专用工具，是可以在DNA序列之内某个特定的位点将DNA切断的一类特殊的酶。说它们特殊是因为内切酶很“聪明”，它能在长长的DNA序列中找出它所能认识的那几个碱基序列，并仅在此处将DNA切断，不同的内切酶识别和切割的位点不同，所以选用不同的内切酶就能在不同地方将DNA进行所需的切割。

这一发明对基因工程极为重要，因为要对基因进行外科手术式的工程改造，把不想要的DNA序列切除掉，把需要的优良基因序列从其他分子上切下来再接上去，没有这种专用工具就无法进行。

人类虽已制造出了数不清的高级仪器和设备，但没有一台能在DNA分子上进行定位切割，所以，发明能定位切割DNA分子的内切酶对生命科学具有划时代的意义。所以，1978年诺贝尔生理学或医学奖就颁给了3个研究内切酶的科学家：瑞士巴塞尔生物研究中心阿贝尔（W. Arber, 1929—）教授、美国霍普金斯大学史密斯（H. O. Smith, 1931—）教授和美国霍普金斯大学兰山斯（D. Nathans, 1928—1999）教授。

阿贝尔教授的功绩在于他于1962年率先提出在生物细胞内存在着限制性核酸内切酶和修饰酶的“限制—修饰体系”假说，并在后来成功地分离出了限制性核酸内切酶*Eco*B（一种内切酶的名字，下同）。他分离出的这个酶属Ⅰ型内切酶，同时兼具“限制”和“修饰”两种功能。Ⅰ型酶是胡子眉毛一把抓的混合型酶，既限制又修饰，切不出特定片段，没有啥实际用途。但是这个内切酶理论是他首先提出的，他又找到了这种酶，证明这理论是正确的。他就是内切酶的开山鼻祖，获得诺贝尔奖是必须的。

史密斯教授则是在1970年首次分离纯化出世界上第一个有实用价值的Ⅱ型内切酶（*Hin*d Ⅱ）并阐明该酶的切点有专一性，即不但只在特定的序列处将DNA切断，而且还只具备切割DNA功能，没有修饰DNA功能。这一发现使人类可以用不同的Ⅱ型内切酶对DNA长链进行所需的特定切割，为基因的工程式生物改造奠定了最重要的技术基础。所以史密斯也获得了诺贝尔奖。

至今，科学家已从不同的微生物菌株中分离出了各种不同切割位点的Ⅱ型内切酶。据1994年美国版的《分子生物学百科全书》记载，当时已分离出的内切酶数量已超过2 300种。现在，在实验手册上常见到的Ⅱ型内切酶也多达上百种，对DNA长链可以做到“想怎么切就怎么切”。

兰山斯教授之所以得诺贝尔奖是在Ⅱ型内切酶的应用上，而不是他又发现了啥新的内切酶。史密斯教授发现Ⅱ型内切酶后就信告了兰山斯，兰山斯那时正在研究动物的病毒性肿瘤，于是兰山斯和他的同事们就用史密斯发明的Ⅱ型内切酶对一种名为SV40的猴病毒开展研究。

阿贝尔
（引自诺贝尔奖委员会官网）

史密斯
（引自诺贝尔奖委员会官网）

兰山斯
（引自诺贝尔奖委员会官网）

SV40是1961年从恒河猴肾脏中分离出的一种病毒，通常不影响猴子健康，但能使啮齿类动物（老鼠之类）长癌，SV40能把病毒DNA整合进寄主细胞基因组，使被感染细胞转化成肿瘤。

为啥对SV40病毒这样关注？因为第一，当时已接种了好多年的人类小儿麻痹症疫苗是用恒河猴来做的，疫苗里很可能就带有SV40病毒，科学家必须要弄清楚此病毒对人是否有害。第二，SV40病毒能诱发出实验动物癌症，科学家想通过研究SV40病毒来探索癌症的遗传基础。

关于第一点的研究结果是SV40对人无害。第二点呢，现在仍正在全力地研究着但还没有结果。

1977年，兰山斯他们建立了世界上第一张DNA物理图谱——SV40病毒DNA的内切酶*Hin*d Ⅱ切点图。所谓物理图谱就是先用酶*Hin*d Ⅱ完全消化SV40 DNA看能形成几个片段，切出的片段们各有多长，再弄清楚这几个片段之间的位置关系，谁跟谁靠在一起，最后画出这幅图。这幅图共标了两个内切酶的研究结果。

该图内圈标明了*Hin*d Ⅱ 在SV40 DNA上一共有11个切点，切出的11个不同大小片段原来在病毒基因组上的相互位置，其中*Hin*后面的1→11为酶切位点编号，A→J为11个片段从长到短排列的编号，A最长，J最短。

该图外圈标的是另一个内切酶（*Hpa*），它在SV40 DNA上一共有4个切点，切出的4个片段从长到短

依次为A、B、C、D，原来在病毒基因组上排列顺序是A、C、B、D，因为片段少，一看就懂。

各位看官，得诺贝尔奖的研究成果根本就不像你想象中那么高深和复杂，关键在创新二字。这幅图与我们中学解过的难题相比还真是啥也不是。但是，人们通过这样的物理图谱，就可以把每个特定片段分别拿出来进行研究，然后就可以弄清某个基因、某个功能是在基因组DNA那个位置上。所以，这个物理图谱看起来很简单，其实很有用，还是世界头一个，要不兰山斯咋能获得诺贝尔奖呢。

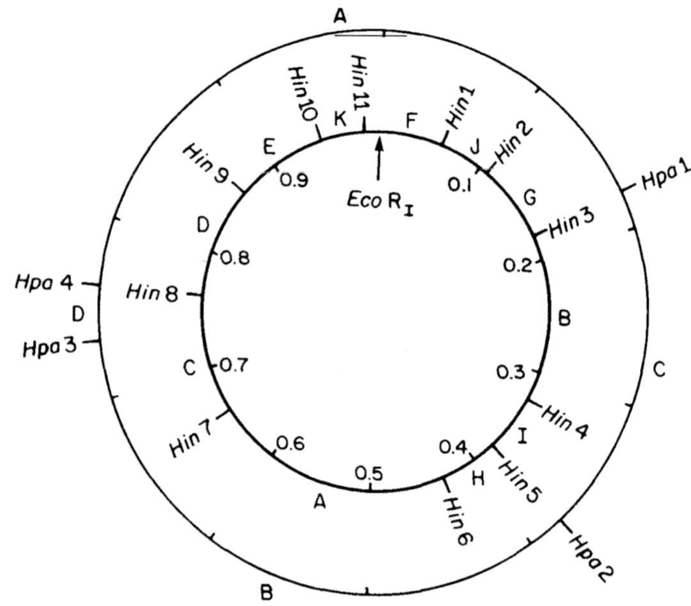

SV40病毒DNA的内切酶 *Hind* II 切点
（引自诺贝尔奖委员会官网兰山斯的领奖演讲）

看官们一定会说，你白话了半天的限制性核酸内切酶，可咱还不知道它是什么，是从哪儿来的？

早在1952年，卢里亚（S.E. Luria，1912—1991）和胡曼（M.L. Human）在研究T噬菌体（一种感染大肠杆菌的病毒）的宿主范围时发现，当一个噬菌体从其天然宿主品系A转移到另一个品系B的时候，往往不能生长。但用大量该噬菌体去感染品系B，有时也有可能出现个别幸存者能够生长。若把这些幸存者再拿去感染B品系，它就能在B品系上正常生长和大量繁殖，但将这些已经能在B品系上正常生长的病毒再拿去感染原来的宿主品系A，它却不能生长了。1953年贝塔尼（G. Bertani）和威格（J. Weigle）在研究其他种类的噬菌体时也报道了类似现象。当时他们均将这种现象称为“宿主控制性现象”。

这个卢里亚也是个响当当的人。他是犹太人，生于意大利，意大利都灵大学医学博士，第二次世界大战时被迫从法国跑到美国，1947年入美国籍。大名鼎鼎的DNA之父、诺贝尔奖得主沃森就是他在美国印第安纳州立大学当副教授时带的博士生。

卢里亚在20世纪40年代与美国范德堡大学理论物理学家德尔布吕克（M. Delbruck）和华盛顿大学物理化学家赫尔希（A. Hershey）3人组成了噬菌体研究小组。后来，这3个人都因为“病毒复制机制和遗传结构方面的发现”于1969年共享诺贝尔生理学或医学奖。

老师卢里亚和他的学生沃森都登上过诺贝尔奖领奖台，不多见，卢里亚老师真光荣。

卢里亚在烧饭
（引自诺贝尔奖委员会官网）

到了20世纪60年代，上面白话的那个阿贝尔用放射性同位素标记的方法来研究上述卢里亚等人提出的“宿主控制性现象”，结果证明在新宿主中，噬菌体的DNA被迅速降解掉了，但新宿主自身的DNA并不被降解。基于此，他们提出了“限制—修饰酶”假说来解释这一现象，即宿主细胞中有一对酶来干这事：限制性核酸内切酶将外来的DNA切碎、降解；DNA甲基化酶则通过给宿主自身的DNA某些碱基上加一个甲基（CH_3）的方式，将自身的DNA“化妆”（修饰）成内切酶不识别的序列，以此来保护宿主细胞自己的DNA不被降解。

上面卢里亚等提出的宿主控制性现象就可以解释为，用原来在天然宿主品系A上生长的噬菌体去感染宿主品系B时，品系B的修饰酶“认识”自己的DNA并将自己的DNA做了甲基化修饰，内切酶就不能切割菌系自己的DNA啦，而这噬菌体的DNA它却不“认得”，是外来入侵者，就被内切酶给降解掉啦。倘若用大量的噬菌体去感染非原初宿主B菌系，个别噬菌体就有可能被菌系B的修饰酶误认为是自己DNA而被误修饰，所以就能活下来，这活下来的噬菌体因已被菌系B打上了“自己人”的标记，所以以后就能在菌系B上正常生长了。但一旦被打上了菌系B的标记，就会被原来的宿主A菌系当成入侵者。为啥呢？打个比方，你原来穿的是A菌系的军装，现在换成了B菌系的军装当了叛徒，A菌系就一定会将这个叛徒消灭。

1961年夏天，阿贝尔在第一届国际生物物理大会上报告了这一研究成果，随后又发表了论文，引起了科学家们极大的兴趣。

再后来各位看官已经知道了啊，1968年阿贝尔实验室和麦梅塞尔森实验室首先发现了Ⅰ型内切酶*Eco* K，1970年史密斯发现了有实用价值的Ⅱ型内切酶，再后来找到的各种不同切割位点的内切酶就多得不得了啦，现在就到处都买得到。

白话到这里，看官们肯定会想到，这内切酶再强大，也只是一把分子级别的外科手术刀，做基因工程是远远不够的。谁见过医生光拿把刀子就能上手术台治病的？最起码，把有病的地方割掉了还得缝好，那肚皮上划开的口子也得合上。

基因工程也的确如此，不仅要能切割DNA，还要能把两个片段连接起来。

像外科医生一样用针线来缝绝无可能，订书机和胶水也没有用，基因工程中把两段DNA片段连接在一起还得靠生物细胞内产生的另一种酶——连接酶。

把切出的两个DNA片段混在一起，加入连接酶，就可以将两段DNA重新连接成一体。

不少文献都报道DNA连接酶是美国哈佛医学院生化系的魏斯（B. Weiss）和里查德森（C. Richardson）在1966—1967年首先发现的。可DNA之父沃森却说是美国国家卫生研究院的盖莱特（M. Gellert）和美国斯坦福大学的李赫曼（B. Lehman）两个学者所在实验室在1967年同时找到的，另一些资料则模糊地处理为“1967年在3个实验室同时发现”，干脆谁的名字都不提。

至于究竟谁是第一，洒家查而无果，很可能洋人们也不太在意这没拿诺贝尔奖的事。

当然，不仅是切割和连接，基因工程中对DNA的好多好多操作也都是由各种不同功能的酶来完成的，这些酶现在被统称为基因工程的“工具酶”，就像是外科医生做手术时那一大堆刀、剪、钳、锯、钻、针等工具一样，各司其职，缺一不可。

不过，现在基因工程使用的各种工具酶全都是从微生物细胞中纯化出的“全天然”产品，基因工程只是用这些原本就在生物细胞内各种生命活动中起不同作用的酶来进行体外仿生操作而已。因为基因和细胞都实在太小了，除了酶分子之外，所有的人造工具和精密的医疗器械在这里全都不管用。

有了这些具不同功能的工具酶，科学家才有可能进行不同DNA片段重组的科学实验。

第一个尝试进行不同物种DNA重组的是1980年诺贝尔化学奖得主、美国斯坦福大学生物化学教授伯格（P. Berg，1926—）。

伯格，美国纽约人，1948 年获得宾夕法尼亚州立大学生物化学学士学位，1952年获俄亥俄州凯斯西储大学（Case Western Reserve University）生物化学博士学位。毕业后作为美国癌症协会成员在丹麦哥本哈根细胞生理研究所和美国华盛顿大学医学院做了两年博士后。1954—1959年在华盛顿大学医学院微生物系加入科恩伯格(A. Kornberg，1918—2007)教授团队做癌症相关研究。

他的老板科恩伯格也是个了不起的角色，因发现DNA生物合成机制于1959年获得了诺贝尔生理学或医学奖。科恩伯格1959年的声望已如日中天，他很看重伯格，当美国斯坦福大学来邀请科恩伯格到斯坦福任教时，他提出的条件就是要伯格与之同行，于是伯格也于1959 年跟他老板科恩伯格一起到美国斯坦福大学任教授。

伯　格
（引自wikipedia.org）

科恩伯格
（引自wikipedia.org）

20世纪70年代初，伯格首次用内切酶将恒河猴病毒SV40 DNA和大肠杆菌噬菌体λ（一种细菌病毒）DNA分别切断，再混在一起加入连接酶，使两个不同的病毒DNA片段连接成一个完整的环状DNA杂合分子，实现了人类科学史上第一次DNA分子重组，为此他也于1980年获得了诺贝尔化学奖。科恩伯格和斯坦福大学领导真是好眼力啊！

看官们或许会想，洒家你白话的这些诺贝尔奖成果是不是也太过简单了点？是不是故意只选简单的来白话，把难的、高级的都藏起来不白话。

看官们，绝不是你想象的那样。但凡和遗传学沾点边的，洒家基本都去看过，全都是这个样子的。这些诺贝尔奖成果既不需要有千军万马联合攻关，也不需要成堆的高精尖仪器设备，就只是某个人发现了一小点新东西。

伯格这个DNA切割、连接实验不要说现在的研究生，就是一个中学生来干也有可能完成得很好。

是的，确实很简单，但他也确实是头一个。

第二个重大的技术发明是基因工程的载体。

载体就是运载工具。基因工程的载体最好具备两个功能，最重要的是要能携带将要“被工程”的基因即DNA片段并使之能被增殖，以便对该基因片段能进行加工和转基因试验，其次是这个载体最好还能具有运载功能，能把这个基因送进将要被基因改造的生物细胞中去。

为啥要增殖基因？因为基因工程难度非常之大，绝不是叫了个基因工程就当真跟现代工业制造的流水线一样，电门一按机器响，转基因就稀里哗啦流出来。搞基因工程的科学家们都要经过成年累月地研究，不知要经过多少次反反复复的转基因试验，才能转成功个把个。所以这个被转的基因就一定要能被增殖。

为啥一定要能被增殖？因为要得到一个基因实在是太不容易了。举例来说，水稻基因组算是主要农作物里最小的，只有约4.5亿碱基对，仅为人类基因组的六七分之一，应该算是比较容易的。水稻的基因组全序列测序也已完成，资料上说水稻基因的平均大小约为4 000个碱基长，可要从水稻基因组里面把它取一个出来，实际上再快也得好几个月，运气和手气不好的，弄上一两年可能啥结果也没有。

为啥？因为这4 000个碱基才占到整个水稻基因组DNA长度的11.3万分之一，所有DNA的化学性质都是一样的，要10万里挑一，把特定的那一小段“捞”出来，谈何容易。这难度之大已难以言表，其他作物基因组好些都比人的基因组还大，要取个基因出来就更棘手了。像小麦的基因组约有160亿个碱基对，是人类基因组的5倍还多，它太大了，现今小麦基因组测序也才进行了五六分之一吧。

所以，绝不能每次做基因工程研究都重新从基因组里把这基因再“捞”一遍。要不然，一辈子可能也做不出一个转基因来。一旦把基因弄出来后科学家们都是把它连接在载体DNA分子里面，再将携带了基因的载体DNA分子转基因到大肠杆菌之类的微生物细胞里去，让载体DNA分子寄生在微生物细胞里随微生物生长繁殖而增殖。微生物生长很快，像大肠杆菌每半小时就繁殖一次，这样，人们就可以通过繁殖这种转基因的微生物把这个基因片段也大量增殖出来，作基因工程研究时啥时要啥时提、要多少就能增殖多少。

基因工程载体是由美国斯坦福大学的化学教授科赫（S.N. Cohen）和美国加利福尼亚大学洛杉矶分校的生物化学教授波叶尔（H. Boyer）在1973 年首创的。科赫是研究大肠杆菌质粒的专家，在1971年就对质粒导入大肠杆菌细胞的方法做出了重要改进。

科　赫
（引自Stanford.edu）

波叶尔
（引自《时代周刊》）

质粒是细菌内一种能独立复制的、染色体以外的细胞质遗传结构单位。质粒DNA是环状的双链DNA，质粒上通常带有与细胞主代谢无关的一些基因，质粒不但能复制还会在细胞间转移或丢失。

质粒最初是由第十八回白话过的、大名鼎鼎的、1958年诺贝尔奖得主莱登伯格(J. Lederberg)在1946—1947年研究细菌有性生殖时发现的，也是莱登伯格于1952年将其正式命名为“plasmid”，翻成中文就叫质粒。

现在有些翻译版科普名著将其翻译为“质体”，估摸着这译书人没有搞过分子遗传，普通英汉大词典上只有相近的plastid，就把plasmid当成plastid翻成质体了。实际上质体plastid是专指植物细胞中能自主复制的细胞器如叶绿体、有色体、白色体等，而不是指基因工程上广为使用的细菌质粒plasmid。

波叶尔则是研究内切酶的专家，当时研究这行的人并不是太多，与科赫合作之前他和他的同事刚把一种叫*Eco*R Ⅰ 的内切酶的识别和切割位点序列弄清楚。

科赫和波叶尔两人的工作地点虽都在美国西海岸的旧金山湾地区，相隔不到70千米，但两人此前并无合作。1972年11月，二位都去夏威夷参加有关质粒的学术会议，科赫在研讨会上听了波叶尔有关内切酶研究的学术报告后立即约波叶尔面谈。他俩相见恨晚，都认为，若把他们俩的专长结合在一起将可以为分子生物学研究翻开崭新的一页。经过在小吃店里进行的追梦计划构思，他们定下了重组DNA技术的初步方案，由波叶尔实施内切酶相关研究，科赫则负责质粒相关研究。

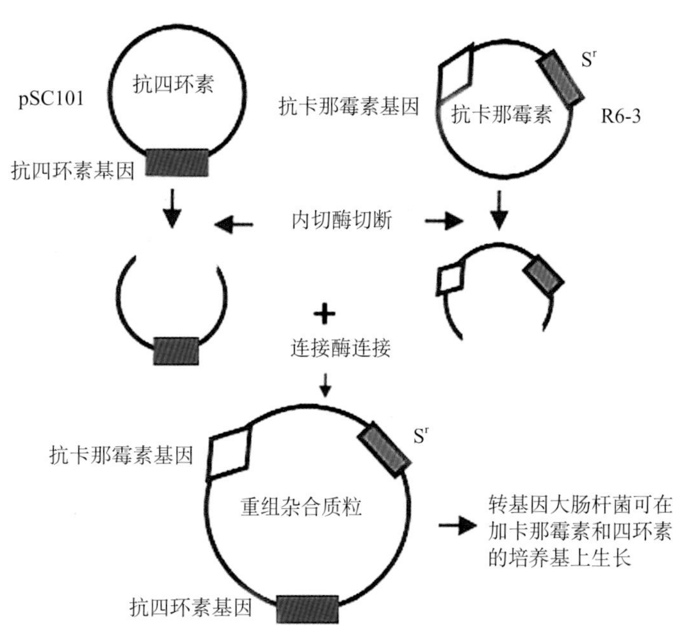

对大肠杆菌转入抗四环素基因和抗卡那霉素基因过程

几个月后，两个人在相隔几十千米的两个实验室开始了划时代的穿梭研究。他们是把一个抗四环素的大肠杆菌质粒pSC101和另一个抗卡那霉素的大肠杆菌质粒R6-3分别用波叶尔才弄明白切割方式的内切酶*Eco*RⅠ切断，再将这两个切开了的质粒DNA在同一试管内混合，加入连接酶进行连接反应。然后用连接产物去转化大肠杆菌即把连接后的质粒DNA引入大肠杆菌，说白了就是对大肠杆菌转基因。

他们的目的是想制造出两个质粒连接为一体的杂合重组质粒，这个杂合重组质粒因同时具有抗四环素基因和抗卡那霉素基因，转入了杂合重组质粒的转基因大肠杆菌就应该能既抗四环素又抗卡那霉素。他们就将培养基里加了这两种抗生素，如果某大肠杆菌转入的是抗四环素的pSC101自身连接物，就会被卡那霉素杀死；反之，转入的是抗卡那霉素的R6-3自身连接物，就会被四环素杀死。只有两者的杂合重组质粒才同时具备两种抗药性，只有杂合重组质粒的转基因大肠杆菌才能长出菌落来。

最后，他们于1973年获得了两个质粒杂合重组体的转基因大肠杆菌，这证明经过分子遗传学操作不仅能把两个不同的基因组合在一起，而且重组后的基因也完全能够正常表达出功能，这也证明大肠杆菌质粒接入了一段外源DNA还能够自我复制，重组杂合质粒并不影响大肠杆菌生长繁殖。这一成功还证明了在基因水平上对生物进行性状改良，也就是现在说的基因工程是完全可行的。

于是，基因工程终于瓜熟蒂落，全世界都公认基因工程于1973年诞生，科赫和波叶尔两人就被学术界尊称为“基因工程之父”。不过这二位却没有获得诺贝尔奖的青睐，大概不是重组DNA的第一个吧？但是两位都拿到了美国国家科学奖，还都当选为美国科学院院士。

大肠杆菌质粒可以接入外源DNA片段，重组后质粒转入大肠杆菌还能随大肠杆菌生长繁殖而增殖，所以，大肠杆菌质粒就成了基因工程的第一种载体。

pBR322（质粒载体的名字）就是一个真正的大肠杆菌质粒载体，质粒载体已不是任何原装的大肠杆菌质粒，而是科学家用分子生物学技术装配而成的、可以很方便插入和携带外源DNA的分子生物学工具。所以，质粒载体本身就已经是基因工程的产品。

为了能鉴别出重组质粒，上面人工安装了一个抗氨苄青霉素基因和一个抗四环素基因，那些和圆圈垂直短线后的字母是标注内切酶的切割位点，把抗抗生素基因序列上的内切酶切割位点切开之后可以往里插入（连接进）外源DNA片段。

咋个把外源基因插进去（专业上叫克隆进去）？比如，看官有一个*Bam*HⅠ（一种内切酶）切出来的外源基因片段，那就可以用*Bam*HⅠ在抗四环素基因上的位点处切断，再用连接酶把外源基因片段从这个切断的口子之间连上去形成一个重组质粒。

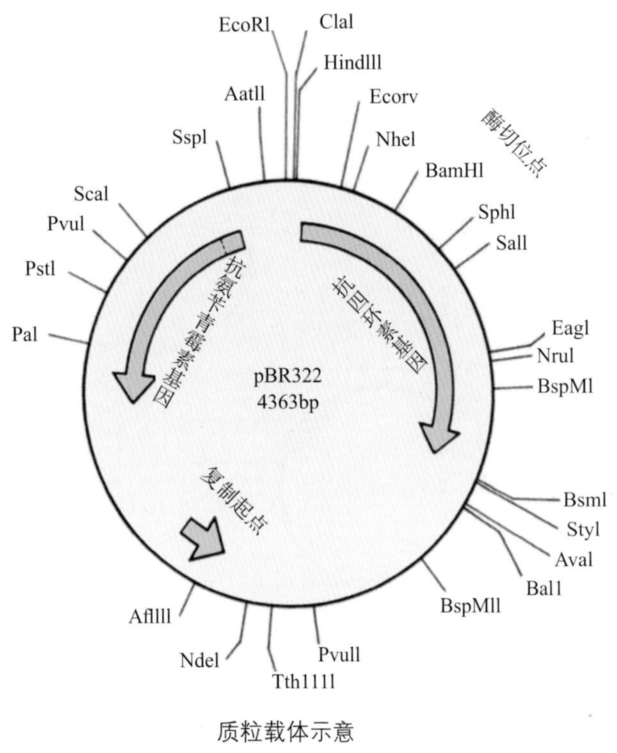

质粒载体示意

由于抗四环素基因中间被插入了一段外源基因序列，抗四环素基因就失效了，这叫"插入失活"，这个克隆了外源基因的重组质粒就只抗氨苄青霉素，不抗四环素。通过在加两种抗生素和只加一种抗生素的培养基之间的对比，就可以把插入了外源基因的重组质粒选出来。反之，也可以将外源基因克隆进抗氨苄青霉素基因上的那些切点，只不过是要选用另外的内切酶来切开质粒和切出外源基因而已。

这些在编码序列上有特定酶切位点的抗药性基因就叫做"选择性标记基因"。

以后科学家又研发出了各种载体分子，如噬菌体（大肠杆菌病毒）载体、黏粒载体、酵母人工染色体载体、细菌人工染色体载体等，原理都跟上述质粒载体类似，都有选择性标记基因，都可以接入一定长度的外源DNA而不影响其活力，都能在微生物中大量增殖。

值得一提的是，"反转"还真有点历史渊源，反转思潮在基因工程诞生之前就已经在西方国家出现过了。而且在整个基因工程发展过程中始终是与基因工程如影相随，不过时高时低而已。

上面白话的伯格首次DNA重组实验只是基因工程的一个前奏，只是证明了不同来源DNA可以重组而已，他并没有将重组DNA转入任何细胞。就这样也引起了一些科学家的担忧。

1971年夏天，伯格的一个研究生在冷泉港实验室的会议上报告了伯格实验室刚完成的DNA重组研究，这使与会的一位科学家忧心忡忡，他马上给没来开会的伯格打电话表示了他的担心。他说，你们的原意是想看恒河猴病毒SV40能否将连接进去的噬菌体λ（大肠杆菌病毒）DNA插入动物细胞的DNA之中，但是你们想没想过其反面，万一发生噬菌体DNA将恒河猴病毒SV40插入大肠杆菌等细菌细胞的基因组上该咋办？

因为大肠杆菌无所不在，又是人类肠道里的共生菌，有资料说每一克人粪便就有一千万个大肠杆菌，还有资料说人的粪便干重的1/3是大肠杆菌，恒河猴病毒SV40又可能致癌，这将是何等的可怕呀！

尽管伯格并不担心这种情况，但考虑到当时对SV40病毒致癌潜力还并不太了解，伯格就接受了这位科学家的建议，暂停了将其重组质粒转入大肠杆菌的研究。

其实这种担心根本就多余。伯格当时用内切酶切出来的DNA片段上缺少管理复制功能的区段，重组后的杂合DNA上没有复制起点序列，就是个死东西，即便被转进了大肠杆菌也不能复制。所以伯格虽拿了诺贝尔奖，但搞出的重组质粒没有"生命"，就没当成基因工程之父。

在科赫和波叶尔两人于1973年成功完成上述重组DNA实验、基因工程诞生之后，各界人士对基因工程有可能带来生物危害的疑虑便接踵而至。

1973年夏天在美国东北部的新罕布什尔州召开了一次核酸学术会议，经投票表决，与会者的大多数赞成请美国科学院立即调查DNA重组技术的危险性。

1974年美国科学院成立了专门委员会并任命伯格为该调查委员会主席。该委员会在《科学》杂志上公布了他们的调查结论："呼吁世界各地科学家自动地暂缓所有有关DNA重组的研究，直到重组DNA分子的潜在风险经过更妥善的评估或人们有足够的方法能防止其扩散时为止。"

在这封有关基因工程的“暂缓信”上，DNA之父沃森和基因工程之父科赫和波叶尔等很多科学家都签上了大名。但这封信只是对“潜在可能性的关切，而不是基于已经证实的风险”，沃森及其伙伴们在联合署名之后很快就后悔。因为分子遗传学这杯“苦咖啡”喝到这会儿才刚刚尝出点好滋味来，在这生物科学的大革命、基因工程即将展现其无比魅力的当口，经历了千辛万苦的科学家们却一致选择退却，确实是相当地令人沮丧。

于是乎，1975年2月，在美国旧金山以南180千米处的海滨小城、美丽的太平洋丛林市（Pacific Grove），也就是著名的美国国蝶大斑蝶越冬地蝴蝶镇的所在地，来自世界各地的140多名科学家在爱思隆马（Asilomar）会议中心举行了一次研讨会。会议的中心议题是讨论重组DNA研究究竟是危害大还是好处多，重组DNA研究究竟是应该暂缓、禁止还是要继续进行。会议的原初目的是想制定出一个一致的科学声明。

虽然仍然是由大名鼎鼎的伯格当了大会筹委会主席并主持了会议，但要让持“停下来”和“继续干”两种不同观点的人在会议上达成一致根本就不可能。伯格主席选择了让与会者自由发言的方式，所以会议也就开得相当热闹。会议上从怯懦地继续禁止到狂热地要继续发展两个极端，以及位于它们之间的各种意见都有，但很多与会者还不大赞同狂热地、不加约束地发展基因工程的观点。好些新闻界和法律界人士也到会了，这些人虽然被那些全新的分子遗传学术语弄得一头雾水、稀里糊涂，但兴趣却是超乎寻常地高，因为这些新闻也太有炒作价值了。

P4级实验室个人防护装备
（引自百度图片）

虽经过了拥护派的大力奋争，会议也只达成了一个折中的提议：“允许科学家继续研究已经丧失功能，不会致病的细菌，强制要求在进行哺乳动物DNA研究时必须使用昂贵的P4级防护设备”……这些建议后来被发展成为一整套方案，并在1976年由美国国家卫生研究院作为法规公布。

啥叫P4级防护？P4级被称为超级安全实验室，人员进入P4实验室之前和出来之后以及要进出P4实验室的任何东西包括空气和水都要进行“消杀”处理。废水乃至空气都不允许直接排放。据说不仅人身体要洗浴消杀，连裤头都要换专用的。当时P4级实验室是供生物学家研究有致命危险的病毒和军队研究生物化学武器之用。分子遗传学家为了作研究要到军方去申请使用神秘的生物战实验室，看官一定觉得相当可笑吧？可当时这的确是真的。

早期的P4级实验室
（引自沃森《DNA：生命的秘密》）

会后，沃森和基因工程之父科赫、波叶尔等拥护派科学家灰心丧气地离开。他们认为，很多同行并不是基于自己的科学判断，而是出于私心杂念，他们是为了不被传媒视作坏人般的“科学怪人”而自动缴械并武断地反对基因工程研究。沃森多年后对此事仍然耿耿于怀，在他写的书里刻薄地调侃爱思隆马会议决议说：“冷血脊椎动物的DNA可以研究，哺乳动物DNA禁止研究，也就是说研究癞蛤蟆DNA是安全的，研究老鼠DNA就不安全，这简直是愚不可及、不可思议。”

当年（1975），一个叫罗杰斯（M. Rogers）的人在《滚石》杂志上报道此事时曾将分子生物学家当时面临的情况与第二次世界大战期间核物理学家在研制原子弹时所面临的情况相提并论。总之，当时这些分子生物学家自己也在怀疑自己的这种暂停决定究竟是谨慎还是怯弱。

当时美国刚结束了越南战争，在报纸杂志等各种传媒的推波助澜下，本已多疑的社会思潮使得有点反传统、反政府的大批民众滑稽地相信了传媒散布的所谓领导阶层在酝酿邪恶阴谋的理论和实验室里制造的DNA会导致人类绝种的八卦消息。因为平头百姓根本就没有可能去了解科学家们才刚刚开始有点半知半解的基因工程究竟是咋回事。再加上美国当时还有一些被沃森称为“专业反对人士”的人。“你想得到的，他都反对过”，他们仿佛就是以反对而乐，无论啥事都要去反对一下，所以才会有一批美国人被鼓动起对分子生物学研究的恐惧。

更有甚者，有家报纸在万圣节（西方人的鬼节）特刊上甚至把基因工程之父、加利福尼亚大学洛杉矶分校生物化学教授波叶尔与当地的贪污政客和不良资本家并列为旧金山湾地区“十大妖怪”之一。波叶尔教授不幸躺着“中枪”，实在是再冤枉不过了，因为他真真的是一个名副其实的、反传统和自由主义的“嬉皮士”级别科学家！

啥叫嬉皮士啊？洒家没当过还真没法用一两句话来说清楚，不过，请看官们再回头去瞧一眼前几页美国《时代周刊》封面给波叶尔教授画的相就大致明白啦。

最为夸张的是，在世界级顶尖学府哈佛大学和麻省理工学院所在地美国马萨诸塞州坎布里奇市（Cambridge，Massachusetts，也译为剑桥城），以小市民捍卫者自居的市长维路茨（A.Vellucci）也是一位反对基因工程的铁杆人物，他为了捞取政治资本而不惜损害在自己治理下的这座城市的这两所世界级名校利益。基于爱思隆马会议决议精神，哈佛大学科学家建议在校内兴建防护设施以便更好地开展基因工程研究，但这位父母官却设法在该市通过了一项禁令，禁止在坎布里奇市进行所有的DNA重组研究。于是哈佛大学和麻省理工学院的许多生物学家不得不选择离开这两所名校而到其他地方去工作。

不仅如此，他还给美国科学院写信，在信中他煞有其事地说在美国某个城市里有人看到了一只怪异的“橘眼生物”，另一个城市还有人遇到了一只高达2.7米的多毛动物，他还郑重其事地要求美国科学院调查这些怪异生物是否与该地区所做的DNA重组实验有关。其实这些传闻只不过是报纸为了吸引读者眼球、增加销量而胡编乱造的八卦而已。

在各种传媒的炒作下，当时有关基因工程的争论很是有点激烈。当年在纽约出版的《时代周刊》甚至还刊出文章，呼吁禁止对重组DNA研究授予诺贝尔奖。但是也有大批的科学家和政治家不同意禁止进行基因工程研究。一些科学家则对公众最为担心的微生物逃逸危险问题，用实验和事实进行了有力的回答。

例如，基因工程是借用细菌、病毒等微生物来进行DNA重组，而这些微生物都是能自我繁殖的。公众认为，其他的物理或化学污染（排放）只要不超过一定剂量都可被认定为对环境安全，所以人类可以通过对污染源排放量的监测和控制来使环境处于安全状态。但基因工程用的工具是繁殖得相当快的微生物，如果它们带有对人类有害的成分，这种有生命的生物污染可跟工业污染大不一样，哪怕只有少量有害细菌或病毒从实验室逃逸出来，其后果就可能与大批逃逸没啥区别。

基因工程中最重要的工作媒介是大肠杆菌，无论是利用质粒、病毒或其他载体进行DNA重组研究都离不开大肠杆菌。倘若基因工程中使用的大肠杆菌带着点有害的成分跑出实验室来，再混到人肚子里去，肠道本身就是大肠杆菌的天堂，这还得了吗？当时不少人对此充满了忧虑。

为了消除公众的担心，科学家们一再宣传基因工程中使用的大肠杆菌工程菌株不是在人肠道中正常共生的普通大肠杆菌，而是一种经人工多次筛选特地培育出来的缺陷型突变体工程菌株，叫大肠杆菌K－12。K－12菌株由于失去了细胞壁的一些重要组分，只能在人工培养基中生长，K－12菌株不但在自然环境中无法生存而且在人肠道中也不能存活。

此时此刻，光是用嘴说K－12菌株在人肠道中无法生存已没有啥用了，必须提供直接的科学证据。

为了打消公众的疑虑，英国剑桥研究所的布雷纳（S. Brenner），就是前面第十九回白话过那个2002年诺贝尔生理学或医学奖得主，他用自己身体来做实验，把大量的K－12大肠杆菌培养菌液喝进了自己肚子，然后再检查粪便，结果没有在他的粪便里发现任何K－12菌株。这个布雷纳真是一位值得尊敬的勇士。

还有人对直接操作大肠杆菌K－12菌株和重组质粒的科研人员进行了长期的粪便检查，每2 ~ 3天查一次，持续查了两年都没有发现过K－12菌株和质粒。

尽管争论得相当激烈，但在科学家和有见识的政治家们的共同努力下，一些人想借美国国家立法来限制基因工程研究的企图始终没有获得成功。同时，那些喜欢反这反那、喜欢找茬的人大多是神经超级敏感的人，他们不会看不到，如果重组DNA和使用的工程菌株真有那么凶险的话，首先受害的应该是这些整天在做基因工程研究的科技人员。但好些年过去了，这些一天到晚用它们做基因工程实验的科学家们一直都活得很健康，从没见那个基因工程实验室的人都突发暴病或统统长癌的八卦新闻。

同时，喊了这么些年，无孔不入的铁杆反转基因人士们也从没有“逮”到过一个基因工程制造出的“怪物”。

所以，1978年由美国国家卫生研究院重组DNA咨询委员会制定的指导方针中不仅没有再进一步对基因工程研究念“紧箍咒”，反而减少了许多限制，使包括肿瘤DNA在内的大多数DNA重组研究都被获准。

1979年美国健康、教育及福利部部长卡里法诺（J. Califano）同意该指导方针发布。至此，毫无意义的爱思隆马会议“紧箍咒”终结，哺乳动物和癌症的基因工程研究在被迫中断5年之后终于重启。

第二十九回：

禾谷类转基因寸步难行，山福德基因枪大显神威

白话到这会儿，有的看官可能会有点发急。他们会说，咱们就关心转基因是咋整出来的，知道了这个才能自己看转基因是否安全，可你洒家前面白话的基因工程光说细菌啊、质粒啊什么的，这和咱们有啥关系？一句话，对这些大肠杆菌什么的咱没有兴趣，赶快把咱关心的这个转基因农作物给白话清楚。

看官！请别急，洒家懂得你所要的是什么，其实是看官把转基因误认为是转基因食品的专用名词了。

这都是谣言制造者们干的好事，他们想把看官们都引向他们所希望的歧路上去。

其实，转基因食品才几样啊？几十年基因工程下来，不过就大豆、油菜、玉米，可能还有点转基因棉花籽（油）罢了，至于那个热带水果番木瓜，比起美味的香蕉、菠萝、龙眼、荔枝、芒果等啥的，口味差了一大截，很多人就是一辈子不吃也不想它。

几样转基因农产品就把看官吓成这样，至于吗？

其实，转基因药品的样数比农产品多得多，连没学过医的洒家都知道在中国已经有十几种转基因药品使用过好多年啦，从没见哪个反转基因人士敢跑到医院去对着癌症病人喊“不要亡国绝种的转基因”，也没见哪个反转基因人士敢去往那些用转基因药品治病的医生头上扔茶杯。反转基因人士要敢这样干，那些在生死边缘挣扎的绝症病人及他们的亲人们正没处撒气呢，不把他们打得头破血流地抱头鼠窜就算烧了高香啦。

为啥？因为这些专业反转基因人士太知道啦，没有一个人会抱有“转基因毋宁死”的态度。所有垂死的癌症、绝症病人都不会去拒绝哪怕只可能有一点点疗效的转基因药物。

现在医院里用的人干扰素、人胰岛素、乙肝疫苗、痢疾疫苗、人白细胞介素、人表皮因子、人红细胞生成素、人生长激素、人纤维细胞生长因子、人颗粒细胞集落刺激因子……全都是转基因的。都是把这些相关基因克隆进质粒再转入大肠杆菌或酵母菌，用这些转基因微生物在工厂里用发酵罐生产出来的、不折不扣的转基因产品。

据说这些转基因药品在咱中国的年销售额就达20多亿元人民币，这得救治多少病人啊？可咱中国那些专职反转基因人士们从来都不提转基因还有救命治病的伟大业绩，他们整天就是反复地用胡编乱造的转基因恐怖消息、用转基因就是邪恶化身的观念来给看官们洗脑，所以看官们才误以为转基因就是转基因食品。

为啥药品也要转基因？

因为只有用转基因才能生产出价廉物美、病人都用得起的转基因药物。

就拿对某些癌症病人几乎是唯一还有点疗效的药物“干扰素”来说吧，最早是从人血中提取，据说要提取1毫克干扰素就要用8升人血，要提取出1克干扰素光成本就要4 405万美元。按1∶6.5汇率折算为人民币，1克干扰素光成本就是2.86亿元，再加上工厂、商家、医院各环节的必需利润，看官想想那一针干扰素得要多少钱？

所以在基因工程之前科学家虽已发现干扰素还有点疗效，但从未在临床上使用过。原因很简单，从哪儿去弄这么多人血？又有谁能花得起这么多钱？

用转基因细菌来生产的转基因人干扰素（重组人干扰素）就便宜了，洒家查了一下，1支重组干扰素针剂最贵的才1 600元人民币，最便宜的就几十元，所以那些癌症病人才有可能在几近绝望时动用毕生积

累的财富去捞几根救命的稻草。

再说说糖尿病人赖以活命的胰岛素，以前统统都是从家畜的胰腺中提取的，据说1吨胰腺才能提取出10克胰岛素。一条胰腺也就50~100克，这得要屠宰多少头家畜？而且动物源胰岛素与人胰岛素在分子结构上并不完全一样，不仅疗效不如人胰岛素还可能有点副作用。现在基因工程重组人胰岛素已大规模工业生产，这对众多的糖尿病人就是福音。

这些转基因的丰功伟绩，那些专业反转基因人士却从来都不愿意提。

还有一个划时代的转基因成就必须要白话白话，就是1977年基因工程之父波叶尔教授与别人合作，成功地在质粒上进行了人工合成的“人生长激素释放抑制素基因”的重组，在转基因大肠杆菌细胞中合成这种激素，只用了价值几美元的9升细菌培养液就生产出50毫克人生长激素释放抑制素（常被简称为SMT）。此前这种激素都是从羊脑里提取的，据说要50万个羊脑才能提取出50毫克这种物质。

这是基因工程和转基因的第一个威震世界的伟大成果，基因工程的威力和伟大意义才为全民所折服，对促使美国于1978年、1979年解除以往对基因工程研究的种种限制起了相当关键的作用。自此，基因工程在美国便开始迅猛发展。在美国，从那时起，啥“转基因是可以亡国灭种的妖魔”之类的谣言就已经没有市场、没人相信啦。

微生物转基因比较容易搞。只需要把被转的受体细胞放在带有目的基因的重组质粒溶液里，先将装有这种混合物的试管插在冰里预冷一阵子，再将试管插入热水中短暂地“烫”一下（专业名词叫热激），经过这一番“冷缩热胀”，溶液里的重组质粒DNA就会直接进入细菌细胞，完成对细菌的转基因。随后外源基因便能在细菌细胞内表达，在细菌细胞内合成出转入基因所编码的蛋白（药物）来。

农作物的基因工程远比微生物转基因复杂和困难。

首先因为植物细胞外面有一层厚厚的细胞壁。植物细胞壁主要是纤维素和果胶质纵横交织而成，打个不恰当的比方就跟那个无纺布似的，相当结实。而细胞壁内装的细胞原生质又是柔软的液状物。所以植物细胞是个外刚内柔的物质，要用细菌热激转基因那样的方式将外源基因（DNA）直接转入植物细胞根本就不可能。植物那软硬不吃的细胞壁几乎就成了转基因不可逾越的障碍。

基因工程和转基因无论是理论还是方法都是由微生物研究开创，动植物都是跟在微生物后面模仿。微生物细胞外面没有这样厚实的细胞壁，植物要转基因首先就必须突破植物细胞壁这一大障碍，科学家在这方面可没少费心思。一开始很多科学家设想，把植物细胞外面的细胞壁衣服给“扒掉”，那些裸体的原生质不就跟微生物细胞性质类同了吗？不就可以跟微生物一样，直接将外源DNA转进植物细胞了吗？

这种被“扒掉”了细胞壁的裸体植物细胞就叫做“原生质体”。左图是水稻原生质体的显微照片，右下角那根标尺长度为30微米（1 000微米＝1毫米）。本来不同部位的植物细胞的形状都是不同的，但“扒掉”了细胞壁后，所有的原生质体都统统地变成了小圆球。

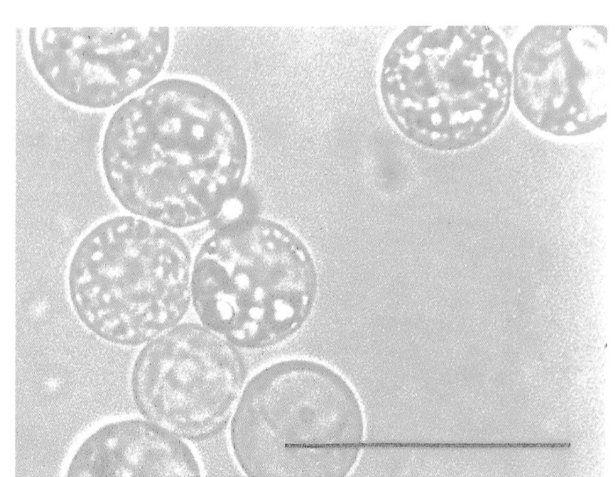

原生质体显微照片

让人始料未及的是，本来是属于很“皮实”、很容易在实验室里离体培养和生长的植物细胞在失去了细胞壁后变得极其娇弱、极难伺候。尤其是那些直接影响到人类基本生活的主要农作物如稻、麦、棉、豆等的原生质体，要在试管里养活它们非常之困难。植物细胞外边的细胞壁“扒掉”还比较容易，但要在经过转基因操作后重新再“穿上”这件细胞壁衣服，使之恢复生长，再长出完整的植株是相当相当地困难。所以，以原生质体为转基因受体的植物基因工程虽也研究出过好几种转基因技术体系，但因周期长、难度高、效率低，在热火了十几年之后年就基本退出了实用性的转基因植物研究。

现在还在使用的植物直接DNA转基因技术是“基因枪”。美国的转基因玉米最先就是在1990年用基因枪制造出来的。

基因枪

基因枪工作原理图

基因枪转基因方法是美国康奈尔大学的山福德（J. C. Sanford）实验室在1987年发明的。基因枪的英文名字有好几个，直接翻过来就是粒子轰击、高速微弹轰击、生物微弹等之类的，不过连外国人都觉得这也太麻烦，所以全世界都习惯于简称其为基因枪。因为它就是利用枪射击的原理来使外源DNA穿过植物细胞壁进入细胞内。

把需要转基因的植物细胞材料（被基因枪打的靶子）放在基因枪透明门内小室的下部托盘。小室的顶部有一根金属管子，开口处可用一个带孔的大螺帽和一片塑料片将其封闭，这塑料片有厚薄不同的几种规格，所能承受的压力不同，故可称作定压“爆裂片”（基因枪的弹药图中最左边那片最深色的、直径1厘米的塑料片）。

基因枪的“弹药”

在靶材料托盘和顶部定压爆裂片之间还有另一块厚塑料板叫“载弹板”（基因枪照片中最上面那块上下都有金属环的板），板正中对着爆裂片处有一个稍大点的金属管子，管子中间加工了两个中央带孔的隔格，下面那个用来放用不锈钢丝做的“阻挡网”，上面那个隔格用来安装另一个塑料片“载弹片”。

载弹片在使用之前必须先在上面装上“子弹”。基因枪的子弹通常是直径为1微米的金粉（颜色跟泥土差不多）。先将金粉清洗干净，再放到外源基因（DNA）溶液中混匀，随后用化学加物理的方法，让溶

液中的DNA分子沉积、包裹到金粉表面与金粉融为一体。最后用无水酒精将包裹上外源DNA的金粉再悬浮起来，滴到载弹片上，酒精挥发后，外表包裹着外源DNA的金粉子弹就被散布到载弹片表面。

装上了子弹的载弹片放在一个内径相同的金属圈内扣到阻挡网上方那个隔格上，金粉朝下。然后关闭透明门，打开抽气开关将小室内抽成近真空。

最后按下"射击"开关，外置的高压氦气钢瓶就往小室顶部密闭的金属管里（基因枪工作原理图中的氦气加压管）充气，管内压力迅速增高，随气压增高爆裂片被吹鼓了起来，达到爆裂压力时爆裂片就会被高压气体吹爆，随着突然的爆破，高压氦气瞬时从加速管内喷出，推得载弹片高速地往下飞行，瞬间载弹片猛然被下方的阻挡网挡住，载弹片上附着的金粉微弹就借惯性透过阻挡网网眼继续向下飞行打到下面托盘上的植物细胞上。子弹小、速度高、数量多，有的金粉微弹就会只是穿破细胞壁进了细胞而没有把细胞给"打死"，包裹在金粉上的外源基因就进入了活细胞，有的就会这样最终被转入了基因。

前面白话的细菌转基因是比较简单的。像人重组干扰素的转基因，只要把安装了人干扰素基因的质粒放进大肠杆菌细胞内就行了，因为质粒DNA在细胞质里就能自主复制，随细菌细胞的分裂传给下一代，繁殖出一大堆一模一样的、都含有带干扰素基因质粒的细菌。

植物转基因光进入细胞质还不行，植物繁殖都要经父母本双方的精卵结合，由受精卵发育成后代植株。所以植物转基因时一定要使被转的基因插入到细胞核的DNA序列上去，被转的基因才能随精子、卵子的染色体遗传给下一代。

基因枪转基因技术只能用爆炸力将外源DNA打进细胞，但外源DNA能否插入（或"整合"）到核基因组序列中去则完全是一个不可控的极小概率事件。被金粉微弹打进了细胞的外源DNA也是命运多舛，很多都会被细胞内的层层自我防卫系统攻击而被降解掉，即便少量外源基因逃脱了核酸酶攻击也并不意味着就能进入核基因组序列内。现实的科学水平是，基因枪转基因后，外源基因插进了核基因组也不知是咋样进去的，没能插进去谁也没有啥好办法。人类唯一能做的事就是多多地做转基因实验，只能指望着做的数量大了总会碰上那么一个两个的。

现在对这类直接转基因方式中外源DNA是如何进入核基因组序列的解释还只是个没有实验证据的假说。如左图所示，在受体细胞核DNA解链时，已进入细胞内的外源基因DNA就有可能插进去与其中一条链错配对而把正常的另一条单链给"挤"掉了，然后经细胞对缺口的修复成为另一条单链的一部分。带有插入外源基因的杂合双链经细胞分裂再形成外源基因的纯合体，把这个纯合体细胞选出来才有可能培养出转基因植株。这也太不容易了。

基因枪主要是为解决当时禾谷类农作物（稻麦等单子叶作物）转基因而发明的，当时也只有基因枪才能很快捷地完成这些全人类主粮的转基因。所以这基因枪不过就一个内径十几厘米的带门的铝合金小盒子上装了几根细管子、几块小塑料板子、几个带螺丝口的小金属盖、几个小开关而已，无论谁来看都是简单得不能再简单了，但系独家发明专利，售价竟然高达2万多美元。工作所需的真空泵、高压氦气瓶和弹药耗材还要另外掏钱自配。

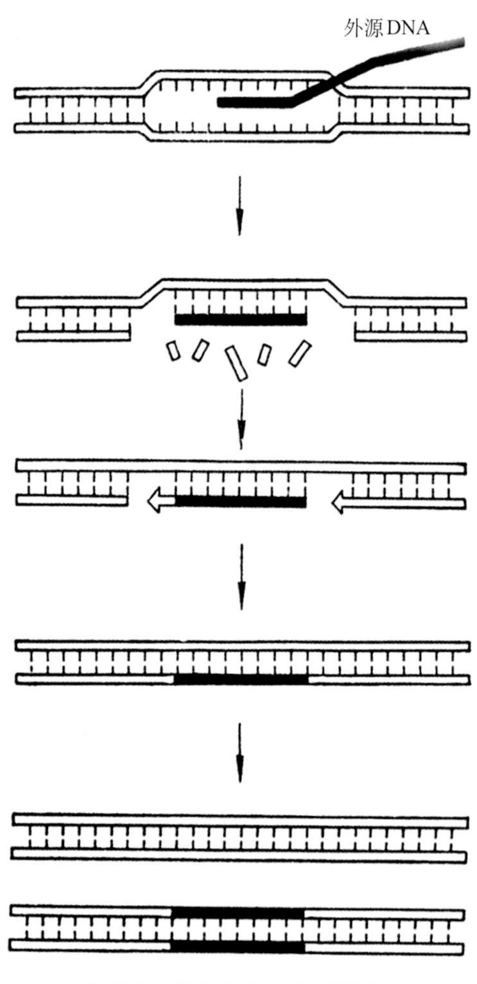

外源DNA整合进核基因组原理
（引自《中国大百科全书》）

2万多美元是个什么概念？当时在美国可以买一辆丰田凯美瑞（丰田佳美）轿车，这车在中国要卖几十万元人民币。基因枪，不要太黑了。

要转基因还得买他的“弹药”。也是独家专利，一个包装0.5克金粉加爆裂片、载弹片、阻挡网各500个就要1 000多美元。当时打一枪，那3个直径才1 ～ 2厘米的小片片和1毫克金粉就要近30元人民币。

20世纪80年代末90年代初，各单位经费较紧张，2万多美元可真不是个小数目，有几个单位舍得花20多万元去买个空空的小铝盒子？有的科研人员就自己用真枪来改装，弹头换成尼龙的，微弹换成钨粉，用真枪把弹头往阻挡网上打来进行转基因。不过，即便是气枪也太恐怖了点，洒家也没胆去尝试。

然而，现代科技发展之快已使基因枪转基因退居到了转基因的二线。现在，多数都只用它来作一些基础性研究，早就不是制造转基因植物的主要工具。因为另一种更有效率、更简便、更经济的植物转基因方法“农杆菌介导法”（简称为“农杆菌法”），已经被优化成功，可以对所有的农作物进行转基因了。据说，现今的转基因植物有80%以上是农杆菌介导法制造出来的，用基因枪等其他方法制造出来的也就不到20%。

第三十回：

农杆菌转基因单双子叶都行，反转双元质粒穿越牵手康熙

实际上，世界上首例转基因植物——转基因烟草就是美国人用农杆菌介导法于1983年获得的，但当时农杆菌介导法还只能用于双子叶植物的转基因。为了禾谷类农作物转基因，科学家们才研发了基因枪、原生质体等一系列的其他转基因方法。不过后来科学家们通过不懈的努力，终于扫除了农杆菌介导法不能运用于单子叶植物的障碍，现今农杆菌介导转基因已经成为所有植物转基因的主力和常规方法。

那么什么是农杆菌介导转基因呢?

首先要先弄明白什么是农杆菌。

根癌农杆菌（*Agrobacterium tumefaciens*）是一种植物病害“根癌病”（也叫冠瘿病）的病原菌。

根癌病是一种很易识别的植物细菌性病害，权威教科书上说约有16万种双子叶植物能感染此病，但日常多见于果树和花木，老早的《植物病理学》教科书上就有此病的记述。这种病的病原农杆菌通常在土壤里“潜伏”着，经伤口侵入植物，在植物的根部或茎的基部诱发出帽子状的肿瘤，因而植物病理学家称之为冠瘿瘤。

农杆菌正在附着到胡萝卜细胞上的扫描电镜照片
（引自weikipedia.org）

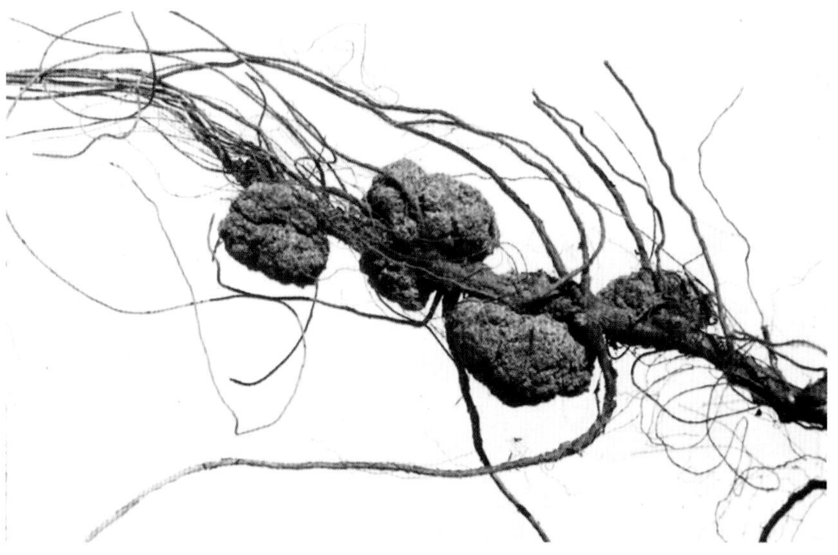

农杆菌引发的根癌病病状
（引自百度百科，原未注贡献人）

早在1897年，法国科学家卡瓦拉（Cavara）就报道从葡萄冠瘿瘤上分离到一种白色的“有机体”，把这种有机体接种到健康葡萄植株上可以诱发肿瘤形成，但没有引起多少人注意。

这农杆菌明明是一种古老的、危害植物的罪魁祸首，咋就跟现代基因工程和转基因扯到一起了呢？这就要归结于农杆菌奇特的寄生方式，其研究和解密过程的人和事都堪称传奇。

史密斯
（引自cybertruffle.org.uk）

第一个系统研究农杆菌的科学家是被称为植物病原细菌学鼻祖的美国人、美国科学院和美国文理科学院双料院士史密斯（E. F. Smith，1854—1927）博士。

史密斯真是个传奇式的人物，励志的好榜样，都已经死了80多年啦，他写的专业书到现在还在卖，可见他的学问不是一般的好。在他之前还没有人认为植物会得细菌性疾病，他从1895年鉴定出黄瓜枯萎病病原是细菌开始，鉴定出一系列的植物细菌病害，系统地证实了植物细菌性病害的存在，但在初期并不被权威们认可。

1897年，世界著名的细菌学家、德国莱比锡大学费歇尔（A. Fischer）教授在其写的《细菌学》教科书中断言植物不可能存在细菌病害，因为这位权威人士认为植物汁液为酸性且植物细胞有木栓化能力，细菌不可能在植物中生长。

当时史密斯已经亲自研究过8种不同的植物细菌性病害，为了捍卫神圣的科学和在美国农业部工作的科学家荣誉，史密斯于1898年开始发文对费歇尔观点进行批驳。费歇尔是重量级权威但他讲的只是理论，史密斯虽人微言轻但他讲的都是实实在在的研究结果，经过近两年的论战，最终史密斯推翻了费歇尔植物不会得细菌性病患的断言。

史密斯一生曾鉴定过近百种不同的细菌性植物病害，好些病害都是史密斯及其助手首次描述的，因而全世界都公认史密斯是植物病原细菌学的开创者。

他是个植物病理学家，但却获得了美国医学界同事们的尊重，曾于1923年当选为美国肿瘤研究协会副主席并于1924年升任主席。

让人想象不到的是，这位双料院士，小时候竟然没上过学！

史密斯出生在美国纽约州的一个农民家庭，他跟当年许多小同伴一样从小就在家干农活而不能去学校上学。但此君是个意志顽强、不甘命运摆布的人，他靠不懈的自学达到了初中文化程度。大概是天资加上努力，在自学期间他还向朋友们学习了法语和德语，此后的科研生涯中他曾不只一次地用德语、法语发表论文。

由于史密斯父亲经营的农场破产，家境贫寒，史密斯要自谋生计来解决生活和上学的花费。直到22岁，在别人都要戴博士帽的时候，胡子拉碴的史密斯才有生以来第一次跨进学校大门，从高中开始读起。1880年，史密斯高中毕业时已26岁。此后他又花了3年时间去写文章挣钱，才能于1883年29岁时到密歇根州立大学念书，1886年32岁时史密斯获生理学学士学位，1889年35岁时获博士学位。一个22岁才能进学堂的特大龄穷小子，居然会成为科学界的一代宗师，是不是很传奇。

1886年，植物病害研究刚从植物学大学科中分出来成为一个独立的分支，史密斯就到美国农业部华盛顿实验室的史克里布勒（F. C. Scribner）手下做了兼职助理，开始了植物病害研究。1892—1893年史密斯在加利福尼亚州和南方的桃树上看到并研究过冠瘿瘤，但没能确定出冠瘿瘤的病因，因为那时还没人考虑到细菌可侵染植物的事，史密斯用显微镜又没能在瘤细胞中发现真菌或其他寄生物，所以就暂搁了。

1904年，史密斯在植物产业局（Bureau of Plant Industry）拿到了一批由新泽西花木生产商送来的、长着冠瘿瘤的木茼蒿（*Chrysanthemum frutescens*，一种菊花）植株，便和托胜德（C. O. Townsend）一起，重新开展了对根癌病的研究。

植物病理学研究的常规过程是：第一步要从患病组织中分离出病原菌，第二步用分离出的病原菌去接种健康的植株能诱发出相同的病状，第三步还要从这新诱发出的患病组织中再分离出这种病原菌来。完成

这一循环之后，才能认可这种病是由这种病原菌引起的。

木茼蒿冠瘿瘤研究也必须遵循这一原则。最初由托胜德派了一个科辅人员去做从木茼蒿冠瘿瘤中分离病原菌的研究，搞了好几个月一无所获。

1906年初，托胜德自己用显微镜观察染色后的冠瘿瘤切片时发现，木茼蒿冠瘿瘤较深层组织中似有细菌存在的迹象。于是他又让另一个科辅人员用冠瘿瘤较深层组织来进行病原菌的分离培养，结果在每一个培养皿内都长出了很少几个白色的菌落。1906年6月，这人用获得的这些菌落培养物去接种幼龄的木茼蒿植株，在一些接种点上长出了肿瘤。不过，此人随后辞职走人，接种过的木茼蒿植株也不知所踪。

1906年9月，新派来的科辅人员用前任分离出来的纯菌培养物多次成功地重复了前任的接种诱瘤试验。此时，史密斯正在欧洲出差。

1907年史密斯从欧洲返回美国，他亲自进行的接种诱瘤重复验证也大获成功，确定了植物冠瘿瘤的病原菌就是这种细菌。史密斯和托胜德将其定名为“根癌农杆菌（*Agrobacterium tumefaciens*）”，并共同署名发表了两篇有关植物冠瘿瘤的论文。但是他们还不清楚冠瘿瘤是怎样一步步扩展的，即搞不清楚从原初的瘤细胞到次生瘤细胞的传播途径。

史密斯最初相信农杆菌是寄生在细胞内。就一般植物病害而言，患病细胞或组织中都可发现大量的病原菌，而冠瘿瘤则不然，瘤细胞内极难看见细菌样的东西，细胞外的组织通道中也没有病原菌聚集，然而冠瘿瘤细胞却在持续分裂，冠瘿瘤在不停地长大。

这就是说，虽然在瘤细胞内找不到农杆菌，但这些植物细胞又都变成了货真价实的冠瘿瘤细胞，毫无疑问地是在生病，这究竟是为什么呢?

史密斯曾经考虑是农杆菌产生的细菌内毒素（细菌细胞内的有毒物质）对植物细胞核的刺激作用将其变成了肿瘤细胞，但用死细菌或将活细菌弄破后的无细胞液体去接种植物全都诱发不出冠瘿瘤来。其他人做实验也是同样结果。

1923年，美国威斯康星大学的莱克尔（A. J. Riker）和英国的罗宾生（W. Robinson）、沃克顿（H. Walkden）等分别对史密斯有关农杆菌存在于冠瘿瘤细胞内的观点提出挑战，他们用特殊的瘤组织切片染色方法显示，农杆菌存在于瘤细胞间的空隙之中而不是在瘤细胞内，但史密斯并不认同。

据载，史密斯除了在1917年发表的论文中承认过他先前用氯化金染色法在瘤细胞内发现的、他认为是细菌的小棒状物实际上是线粒体之外，直到1927年逝世都没有以任何形式修改他关于农杆菌是生活在瘤细胞内的观点。

这就造成了这样一件科学怪事：农杆菌接种可以诱发出冠瘿瘤，按理说瘤细胞里面会有很多农杆菌，但冠瘿瘤细胞里却找不到农杆菌。

史密斯死后，他生前所在的农业部实验室和美国及其他国家的很多科学家也进行过不少农杆菌和冠瘿瘤的研究。虽然细菌还是那个细菌，但研究方法还是那些方法，所以，进行了很多年也没取得有价值的进展，一直到组织培养技术兴起之后才有了突破性进展。

什么是组织培养？组织培养是指从活着的生物体上切下一块组织或一些体细胞来，放在实验室的试管里，用人工配制的营养液来养活这些组织或细胞，让它们在离开母体之后继续生长的现代技术。

为啥都从身上割下来了，还能生长呢？因为每个高等生物不管它有多么复杂和多么巨大，全都是由一个受精卵分裂、发育而成的，所以生物体中每一个体细胞里都含有和受精卵一样的、全套的遗传和生命信息，因而从理论上讲每一个体细胞都具有发育成一个完整个体的潜能，这叫做“细胞的全能性”。这个理论是德国植物学家哈布尔兰德（G. Haberlandt）在1902年提出的。

不过到目前为止，科学家只实现了植物细胞的全能性，动物细胞全能性的难关还不可逾越。

说白了就是，现在从植物身上割下点组织放在试管里将它培养成一棵完整的植株可以办得到，但想去从动物身上割块肉下来在试管里培养出一个活蹦乱跳的动物，至今还是动物学家们一个无法实现的梦想。

20世纪30 ～ 40年代，正是植物组织培养大发展和走向成熟的时代，植物培养基、植物生长调节素、各种添加成分等均已研制出来。1943年，美国科学家怀特（P. R. White）就出版了专著《植物组织培养手册》。那时候，用组织培养方法来研究植物大概也跟现在用分子生物学技术来研究生物学问题一样，是相当时髦的先进技术。

1947年也就是史密斯死后20年，美国洛克菲勒大学布朗(A. C. Braun)实验室发表了他们一系列堪称经典的实验结果，怀特和布朗将冠瘿瘤割成薄片，经过表面灭菌后再接种到无激素的植物组织培养基上进行离体培养。他们发现，无菌的冠瘿瘤组织能在无植物生长调节剂培养基上无限期地保持生长状态，且新长出的组织仍然是冠瘿瘤组织。

通常在植物组织离体培养时，配制的培养基中都必须添加外源植物生长调节剂，否则，离体的植物组织不会生长。无菌的冠瘿瘤组织不需要外源生长调节剂也能生长不仅说明农杆菌诱发的肿瘤细胞能自行合成生长激素，而且还清楚地证明冠瘿瘤的形成一旦开始，以后的肿瘤细胞增殖就不再需要农杆菌的存在。也就是说，经农杆菌侵染已经瘤变的植物细胞在没有农杆菌存在的条件下，能够自行生长成为稳定的冠瘿瘤细胞系。

基于此研究结果，布朗于1947年这样来解释农杆菌能诱发冠瘿瘤但瘤细胞里又没有农杆菌的怪事：农杆菌可能是释放出了一种“瘤诱导因子”(tumor inducing principle，TIP)，植物冠瘿瘤就是农杆菌的瘤诱导因子（TIP）从细菌进入了植物细胞，把正常的植物细胞转化为冠瘿瘤细胞。这就是著名的TIP假说即瘤诱导因子假说。

瘤诱导因子假说一经提出就激起了科学家们极大的兴趣。那么，这个瘤诱导因子（TIP）究竟是什么？

各国科学家从好多个角度对此进行了广泛的探索。有人推测是核酸，有人推测是蛋白质之类的化学信使，有人推测是藏在农杆菌里的病毒，还有人推测是农杆菌本身进入寄主细胞后改变了自身的形态让人找不到北，等等。但是，由于受限于老套的研究手段，所有相关工作都一无所获。

时间又过去了27年。

1974年，也就是史密斯和托胜德确定农杆菌是根癌病病原菌后第67年，农杆菌能诱发冠瘿瘤但瘤细胞里又没有农杆菌之谜才被刚刚兴起的分子生物学掀开了盖头。

首先是哈米尔顿和佛尔（R. H. Hamilton & M.Z. Fall）在1971年报道，原本能感染致瘤的C58和Ach5（菌株编号）两个农杆菌菌株在经过37℃高温培养后丧失了致瘤的能力。就是说，在高温培养下的农杆菌明明长得好好的，但拿去接种却不能让植物长出冠瘿瘤来（土壤来源的细菌通常在28℃培养，大肠杆菌在37℃培养），这种经高温培养后不可逆地失去了致瘤能力的农杆菌菌株被称为“治愈型”菌株。

德国马克斯－普朗克（Max-Planck)栽培学研究所的司切尔（J. Schell）实验室对上述现象用分子生物学方法进行了研究。和司切尔合作的赞业宁（I. Zaenen）、莱尔别克（Van Larebeke）等在1974年发表了几篇论文，报道他们发现农杆菌细胞内通常有一个约20万碱基对的巨大质粒（质粒是细菌染色体之外的独立遗传成分，通常是双链环状DNA分子），但经过高温培养的“治愈型”菌株内却没有了这种大质粒。

他们的研究证明，农杆菌致瘤能力的丢失与大质粒丢失之间的相关性为100%，因而他们确认布朗于1947年提出的农杆菌瘤诱导因子（TIP）就是这个大质粒，并依照瘤诱导因子假说将其称为Ti质粒（诱瘤质粒）。

证实Ti质粒就是瘤诱导因子（TIP）标志着人类对农杆菌的研究进入一个崭新的阶段，人们必然会去探索Ti质粒是如何诱发冠瘿瘤形成的。当时已经知道，某些病毒可以将自己的DNA整合进动物细胞的核DNA之中，使正常细胞转化为肿瘤细胞。那么，Ti质粒的DNA是否也跟病毒一样会整合进植物细胞的核DNA之中呢？

1977年，美国圣路易斯华盛顿大学（Washington University in St. Louis）生物系蔡尔顿（Mary-Dell Chilton）教授实验室发表了她用分子杂交技术对冠瘿瘤和农杆菌Ti质粒之间关系的研究结果。

她用Ti质粒DNA的酶切片段作探针与冠瘿瘤细胞的DNA杂交，发现有两个相邻的Ti质粒DNA片段能与瘤细胞核DNA杂交，但任何Ti质粒DNA片段都不能与瘤细胞质内DNA（细胞核外DNA）杂交，证实Ti质粒DNA整合进了寄主植物细胞的核DNA上。这是对植物基因工程有巨大意义的开拓性进展，因为这就意味着Ti质粒有可能成为理想的植物基因工程载体工具，全世界科学家都为之振奋。

由于蔡尔顿在农杆菌和Ti质粒研究方面的突破性进展对植物转基因技术贡献非凡，她荣获了2013年度世界粮食奖(World Food Prize)。

看官们注意了，2013年世界粮食奖的3个获奖人全是研究转基因植物的。蔡尔顿之外，一个是被反转基因人士当成邪恶化身来骂的转基因巨头、孟山都公司的首席技术官福瑞里(R. T. Fraley)博士，另一个是比利时根特大学孟塔谷 (M. V. Montagu) 教授。

一定会有看官要问，这世界粮食奖是个啥级别的奖啊？别是个野鸡大学一样的野鸡奖吧？咋在反转声浪中还敢“顶风作案”，去给转基因作物研发功臣们发什么世界奖呢。

蔡尔顿
（引自世界粮食奖官网）

世界粮食奖被称为生物技术领域的诺贝尔奖，是在诺贝尔和平奖1970年得主、小麦育种专家、美国的博洛格

福瑞里
（引自世界粮食奖官网）

孟塔谷
（引自世界粮食奖官网）

(N. Borlaug）博士的倡导下于1986年设立的，总部设在美国，是全球农业领域方面的最高奖项，奖金25万美元，目的是奖励那些“为人类提供营养丰富、数量充足的粮食做出突出贡献的个人”。

为啥要设立世界粮食奖？博洛格博士因小麦育种成就斐然而获得诺贝尔和平奖，他对此感慨多多，他衷心希望有更多的人能因在农业上做出的贡献而获得诺贝尔奖，但诺贝尔已留下遗嘱，不可能为农业专设一个奖项。为此，博洛格博士决心要建立一个“相当于诺贝尔奖”的、专为农业而颁的“世界粮食奖”。经多年不懈奔走，终获各界支持，世界粮食奖于1987年开颁，每年颁奖一次。

杂交水稻之父袁隆平院士于2004年曾荣获世界粮食奖。这也就是说，这3位转基因作物功臣被世界粮食奖认定为与袁隆平有同等卓越的贡献。

有了分子生物学这把利器之后，农杆菌致病之谜才终于在80多年之后被揭开。

第一，Ti质粒进入寄主细胞使之瘤变，但Ti质粒本身不能自主侵入植物细胞。因为实验表明Ti质粒放到大肠杆菌细胞中就没有致病性，只有放在农杆菌细胞里才有致病性，也就是说，Ti质粒必须要在农杆菌的帮助下才能入侵寄主植物并长出肿瘤。

第二，农杆菌不是把全部Ti质粒DNA序列都插入到寄主细胞核DNA上，只有其中的2万～3万碱基对长的片段被农杆菌插进了寄主植物细胞的核基因组上，这一段被转移进寄主细胞核基因组内的Ti质粒DNA片段叫转移DNA即T－DNA（T是英文“转移”的首个字母）。

第三，农杆菌相当愚蠢，它只“认识”T－DNA（转移DNA）两末端特殊的、很短的边界序列，只要是有这两个边界序列，农杆菌就会把左右边界之内的DNA序列插入到寄主细胞的核DNA中去，至于这两个边界中装的是些啥、是自己的还是别人的序列它全不在意。

第四，T－DNA上带有致瘤基因和冠瘿碱合成基因,还能合成生长素。

农杆菌使植物长冠瘿瘤但瘤细胞里又找不到农杆菌之谜原来是这样的简单。

农杆菌赖以生活的“特供食品”是一类很特殊的生物碱，叫“冠瘿碱”，正常的植物细胞和组织都不会合成这种东西。T－DNA上带有冠瘿碱合成基因，所以农杆菌将其Ti质粒上的T－DNA插入寄主细胞的核DNA上，T－DNA就能将寄主细胞“劫持”，上面的致瘤基因使寄主细胞变成为瘤细胞，合成大量生长素使瘤细胞疯长，冠瘿碱合成基因则用寄主的养料大量合成冠瘿碱。寄主细胞就被农杆菌建设成了为它制造“特供食品”的“殖民地”，农杆菌在细胞外自由自在地享用，就不用再费劲钻进细胞中去受约束了。

如此简单的一件事竟然耗费了各国科学家80多年时间才找到答案，也太不可思议了点吧？

看官，科研就是这么回事，任何科技之谜的解开都需要一定的条件，条件不成熟时你再舍得花钱也无济于事。这农杆菌之谜，如果不是有了植物组织培养和分子生物学技术，再过几十年也还是解不开。

下面再来白话农杆菌是怎样成为制造转基因植物神器的。

这农杆菌具有的、将T－DNA插入寄主细胞核DNA序列的功能，就像是特意为植物转基因准备的一份大礼。

Ti质粒的功能、原理虽都搞清楚了，但要把农杆菌Ti质粒当成植物转基因的运载工具来用还有两个难关。

第一个难关：原始的Ti质粒有两个很大很大的毛病，不可能直接用来作植物转基因的载体。

毛病之一是，Ti质粒是一种“致瘤剂”，它能使植物细胞变成肿瘤细胞，合成冠瘿碱供农杆菌享用。瘤细胞还因合成了超量的生长激素使瘤细胞不具备长出完整植株的能力。人既不吃冠瘿瘤也不吃冠瘿碱，要的只是把目的基因插进细胞核基因组序列中去并长成转基因植株来生产人类需要的农产品，所以要用它来作转基因工具就必须去除掉Ti质粒有害的致瘤和冠瘿碱合成等功能。

第二个毛病是，Ti质粒是约20万碱基对的大型质粒，20万碱基对的一条DNA长链分子上，每一种内切酶都不可避免地会有很多个切割位点。这就意味着无论用哪一种内切酶去切割，Ti质粒都会被切成很多个小片段，再也不可能重新连接成一个完整的环状质粒，所以外源基因也就根本无法直接被安装到T－DNA之内去。

看官可能会纳闷，前面不是白话过内切酶可以切断DNA，连接酶可以将切开的DNA片段连接起来，咋到Ti质粒就连接不起来了呢？洒家知道，没有做过DNA酶切和连接实验的人一定会难以理解。

酶切反应很容易，因为无论多长的DNA分子在内切酶溶液中是和数不清的酶分子混在一起的，每个酶切位点都可以接触到内切酶，只要加酶量足够，反应时间足够，酶切反应就能进行到底，把酶切位点一个不漏地都切断。

连接反应则不然，连接酶并没有寻找断头并把两个断头“拉”到一起的能力。两个互补的DNA片段断头要正好碰到一起，连接酶分子才能使互补碱基间重新形成氢键并将它们连接上。所以在分子生物学实验中，连接反应与酶切反应相比其难度要高出许多个数量级。

其原因是，DNA长链被切断后各片段就会分散到溶液中，这些片段在溶液中是作无规律的布朗运动，运动中的两个互补末端要正好靠在一起才能被溶液中的连接酶给连接上，这显然是很偶然和很稀有的事件。所以，哪怕是最简单的两个片段的连接反应也都不可能按需进行到底，无论多么简单的连接，期望的目标连接产物都少得可怜，而连接反应的产物也是五花八门的啥样都有。所以，要想用连接酶把一个20万碱基对长的环状DNA切出的许多个小片段再按原来的顺序重新连接成环状，毫无可能。

怎么解决这两个毛病？

Ti质粒的第一个毛病在分子生物学时代很好解决，T－DNA区域只有短短2万多碱基对，要弄清致瘤基因、生长素合成基因和冠瘿碱合成基因长在在哪里并不太难。最简单的方法就是把这几个基因切除掉，也有人是通过突变体的方法将几个基因一个个去掉。没有了致瘤等几个有害基因的Ti质粒称为“卸甲质粒”，意思是这个Ti质粒已被解除了武装，不会再致瘤了。

Ti质粒的第二个毛病则不可能用上述切除和突变的方法直接根治，因为20万碱基对长的DNA分子上酶切位点实在是太多。科学家采取的策略是“惹不起就绕着走”，不去直接切开Ti质粒的T－DNA来装入要转的目的基因，而是另外用大肠杆菌质粒载体改建了一个中介质粒来接入目的基因。

中介质粒是几千个碱基对的小质粒，克隆操作、繁殖都跟前面白话过的大肠杆菌质粒载体一样，不同之处就是在克隆（插入）外源DNA区段的两端安装了两小段与Ti质粒的T－DNA边界内序列相同的DNA序列。

在中介质粒上进行酶切和外源基因的插入之后，将中介质粒转入大肠杆菌，再把这大肠杆菌和含有卸甲质粒的农杆菌混合进行共培，有的农杆菌就会有可能与大肠杆菌发生结合（细菌的有性杂交），中介质粒就会经由两个细菌之间长出的一条结合管进入农杆菌，从而就有可能与卸甲质粒T－DNA区内的同源区段发生交换和重组，就这样，不用酶切就把外源基因弄进到农杆菌Ti（卸甲）质粒的T－DNA里面去了。

看官们也许会问，这也太高深莫测了点吧？连细菌“结婚生出杂种孩子”的事都能被科学家们监测到，这得多高级的仪器设备呀？

其实，啥仪器也不可能看见和辨认出交换重组后的Ti质粒，科学研究都是要用最简单的方法来完成最复杂的任务。

那么，是咋样把那些目的基因区交换进了T－DNA区内的重组卸甲质粒给选出来的呢？

科学家把一个甲抗生素的抗性基因安装在Ti（卸甲）质粒上，在中介质粒克隆（插入）外源DNA区段内则安装了一个乙抗生素的抗性基因，那么，成功与中介质粒实现交换重组的卸甲Ti质粒上就应该同时具有甲、乙两种抗生素的抗性基因。把农杆菌与大肠杆菌混合保温1~2小时让其结合重组，然后再抹到同时加有甲、乙两种抗生素的培养基上，没结合交换的农杆菌被乙抗生素杀死，大肠杆菌则被甲抗生素杀死，能长出来的就只有携带着发生过结合和交换重组的卸甲Ti质粒的农杆菌。

看官说说，科学家聪明不？

不过这不算最聪明的方法，还有更聪明的呢。上述这种要通过细菌有性交配的共整合方式早已不用了，因为科学家嫌它太麻烦，单单在课堂上要讲清楚共整合转基因原理的来龙去脉也得小半节课。再说它效率也太低了，两种菌能不能结合、两种质粒能不能实现重组全靠碰极低概率的运气。这种要农杆菌和大肠杆菌婚配并生出个杂种质粒儿子的事跟有些父母要干涉自己孩子结婚生子一样的尴尬，常常是忙活了好几天啥结果也没有。

现在广泛使用的农杆菌植物转基因体系叫“双元载体”。

1983年，何野肯马（A. Hoekema）等在权威的《自然》杂志上发表的论文中说，他们发现农杆菌中Ti质粒负责插入功能的毒性功能区和被插入的T－DNA区分别位于不同的质粒上时，只要这两个质粒能在同一细胞中“和平共处”(专业名词叫“相容性质粒”)，T－DNA也能被农杆菌转移到寄主细胞的核基因组上去。

他们在此基础上提出了农杆菌转基因的双元载体系统，农杆菌转基因就变得很简单，而不必再去折腾那个巨大、难缠而麻烦的Ti质粒。他们专门设计了一个小小的大肠杆菌质粒来从事安装和携带需转的目的基因，不必去碰那个巨大的Ti质粒。

右图中可见，双元载体系统由两个质粒组成：一个是切除了T－DNA、保留了完整毒性区域的Ti质粒，其功能只是帮助T－DNA插入到寄主细胞核基因组上去，叫助力Ti质粒；另一个是在大肠杆菌质粒载体的基因克隆区两头安装了原来T－DNA上的左右边界，叫微型Ti质粒，它很小，克隆位点都是单切点的，增殖和提取质粒DNA非常容易，在上面进行目的基因的构建也非常容易。

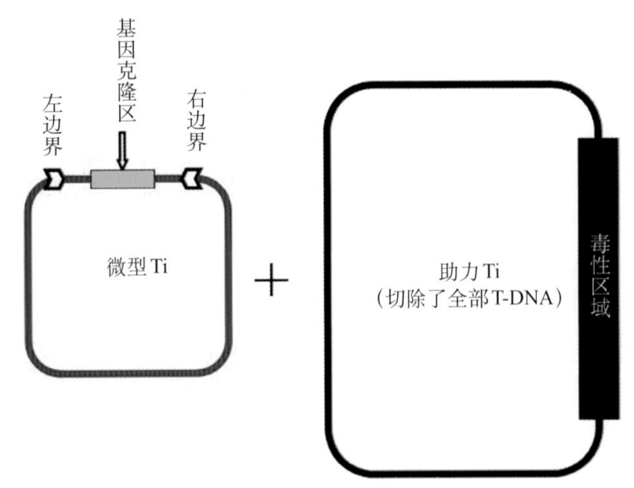

农杆菌双元载体系统示意

助力Ti质粒已经被科学家做好并放进了配套的农杆菌细胞里，不需要使用者再去做任何事。使用者只需将原本放在大肠杆菌里的微型Ti质粒DNA提取出来切开，将需转的目的基因连接进去。然后将连接有目的基因的重组微型Ti质粒DNA加入与双元载体系统配套的农杆菌菌株（即已经携带着助力Ti质粒的农杆菌）细胞悬液试管中混匀，将试管放入液氮超低温中速冻几分钟，随后在37℃水浴中解冻，一冻加一融，重组微型Ti质粒DNA就会进入到农杆菌细胞中去，就和助力Ti质粒一起待在同一农杆菌细胞里，这样的农杆菌菌株就可以用来做植物转基因了。

第二个难关：农杆菌原来虽然能侵染很多种植物，但全都是双子叶植物，所以，用农杆菌去做双子叶植物转基因没有问题。而人类最主要的粮食稻、麦、玉米等都是单子叶植物，它们不是农杆菌的天然寄主，所以早期用农杆菌去做谷物类作物的转基因都不成功，有的科学家甚至都悲观地认为农杆菌不能用于谷物类作物转基因。

这么好的转基因工具不能用在最重要的粮食作物上，这可急坏了各国科学家。所以那一段时间里啥原生质体培养啊、基因枪啊、电激啊……各种直接转基因方法才纷纷登场。

皇天不负有心人。1985年比利时根特大学遗传学实验室的斯塔切尔（S. E. Stachel）和前面刚白话过的、2013年世界粮食奖得主孟塔谷 (M. V. Montagu) 等4人在权威的《自然》杂志上发表了有关农杆菌转基因方法最为振奋人心的关键性科研成果。

他们从烟草组织培养物的伤口渗出液中鉴别出两种信号分子：乙酰丁香酮（acetosyringone，AS）和羟基乙酰丁香酮（α-hydroxyacetosyringone，HO-AS）。他们的研究证明，是这些小分子的有机化合物激活了农杆菌Ti质粒上毒性功能区负责T-DNA插入功能各基因的表达，而又以乙酰丁香酮（AS）的激活或诱导效果为最好。

简言之，双子叶植物为啥能被农杆菌侵染？那是因为双子叶植物伤口里有乙酰丁香酮（AS），乙酰丁

香酮（AS）激活了农杆菌Ti质粒上毒性功能区负责T－DNA插入功能各种基因的表达，就把T－DNA给插入到寄主细胞核基因组上去了。单子叶植物伤口通常不产生这类信号分子或者产生的信号分子数量太少，所以农杆菌Ti质粒毒性功能区上那些负责T－DNA插入功能的基因都在睡大觉，所以就感染不了单子叶植物。

随后各国科学家的转基因实验都证明了乙酰丁香酮（AS）在农杆菌转基因中的正能量，不仅单子叶植物农杆菌转基因在添加了乙酰丁香酮之后能获得成功，双子叶植物转基因时添加乙酰丁香酮也能提高转基因效率。至此，有关寄主范围这种“本性难移”的巨大问题就被一丁点AS白色药粉配的溶液给攻克了。

至此，农杆菌介导转基因的两大难关都被攻克，很快就成为了制造转基因植物的主流方法。

科学之谜就是这样，没攻克之前咋想咋复杂、咋想咋困难，一旦这层窗户纸被捅破，很多人都会跳起来大叫，“怎么这样简单呀？”其实科研全都是这个样子。搞科研的人，尤其是成功揭秘者的乐趣和动力就在这里，大家的惊叫就是他的荣耀。只有他想到了，能不承认他比你更聪明吗？

看官们肯定会问，这简单、方便的双元载体转基因体系是咋样制造出转基因植物的呢？是不是把这种农杆菌抹到植物身上去或是把植物放到农杆菌水里泡一阵，这棵植物就变成转基因的啦？

看官，这样是不行的。

因为：

一是没有一种方法能使一棵现成的植物从外到里所有细胞都被转基因。

二是即便你能把植物的根、茎、叶等器官中某几个细胞变成了转基因的也没有用，这些体细胞不能参与到精子、卵子的形成就无法繁衍出转基因后代，最后只能“断子绝孙”地死去。

植物转基因所用的材料通常是把植物组织割下来，放在加有人工合成的植物生长激素的培养基上，使之重新分裂，长出一大堆啥形态都没有的，既不是根，也不是茎，还不是叶的纯粹的植物细胞团，这种人工培养出来的不定型细胞团在专业上就叫“愈伤组织”。

用这种正在不断分裂着的纯细胞团来做转基因，只要其中某些细胞被转基因成功，人们便可以将这些被转基因了的细胞挑选出来单独培养，转基因细胞不断分裂，直到最后从这团转基因细胞上再长出植株来，就可以得到从里到外全身都是转基因细胞的转基因植株，这样的转基因植株就可以一代代地繁衍下去了。

水稻愈伤组织（一团水稻细胞）

用农杆菌介导法制造转基因植物的过程如下：

①把“装”有目的基因的双元载体农杆菌菌株细胞收集起来，放在加有乙酰丁香酮（AS）的培养液里处理2~3小时，诱导助力Ti质粒上毒性基因表达。这就相当于提前给农杆菌打一针“兴奋剂”，唤醒那些负责T－DNA插入功能的各个基因，让它们都打起精神、好好地给咱转基因出力。

②把转基因受体愈伤组织投入经AS诱导活化后的菌液中混匀，静置2~3小时，让菌液中的农杆菌附着到愈伤组织上。

③将附着了农杆菌的愈伤组织放在加有AS的培养基上，让农杆菌与愈伤组织在一起共同培养2~3天，目的是使农杆菌将T－DNA边界内安装的目的基因插入到受体植物细胞核DNA上，完成转基因。

④共培结束后把愈伤组织外面的农杆菌冲洗干净，再用抗生素溶液浸泡愈伤组织，将看不见的残留农杆菌杀死。以后的培养基里还要加入杀灭农杆菌的抗生素，把残余的农杆菌斩尽杀绝。

为啥要把农杆菌斩尽杀绝？人工培养基里营养很全面很丰富，添加了很多食糖。细菌生长极快，半小时就分裂一次，而植物细胞24小时才分裂一次，转基因后如不立刻“卸磨杀驴”，任由农杆菌生长，哪怕是残留下很少几个农杆菌，要不了几天，培养皿里就会长满农杆菌，所有植物细胞就会被农杆菌给“弄”死。

⑤把灭杀了农杆菌后的愈伤组织转到加了特殊抗生素的筛选培养基上培养，把被转了基因的细胞给选择出来。

原理是，事前就已经把一个抗抗生素基因和需转的目的基因连在一起，这个抗生素能杀死植物细胞，没有被转基因的细胞就会被杀死而变成褐色，活下来并长大的就是已经被成功转了基因的细胞团。

⑥把筛选出的转基因细胞团培养成为转基因植株。

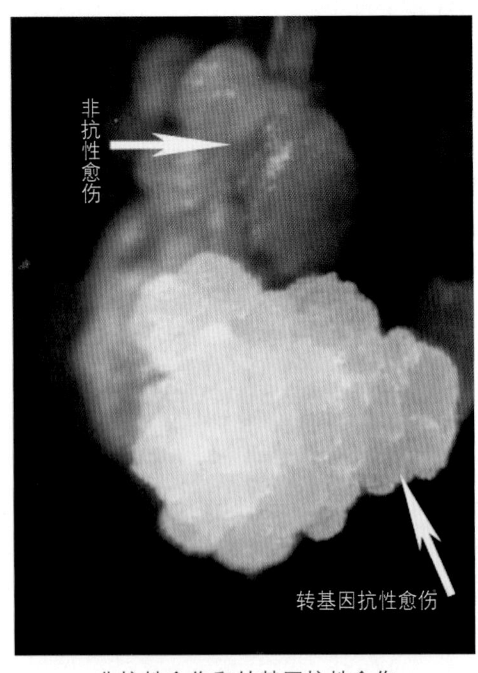

非抗性愈伤和转基因抗性愈伤
（引自南京农业大学研究生杨慧）

培养出的转基因小苗
（引自南京农业大学研究生李婵娟）

看官们也许会问，高深莫测的转基因技术竟被洒家你白话得如此简单，没蒙人吧？

敬请看官们一百个放心。科学研究就是这样，说起来高级得很，其实做科研的人一天到晚就是在重复几个基本的操作。做转基因的，成天也就是在倒腾那些试管和瓶瓶罐罐，并不需要啥常人做不到的高难度技巧和功夫。

看官们也许还会问，这转基因这么简单是不是也特别容易做？

看官，转基因的操作确实是简单，但要得到转基因植株也确实是很难。看起来真像是简单得是个人都能做似地，但看官要是去问一下那些做过转基因的人，个个都做得好心烦。

因为前面白话的啥活化啊、插入啊、转基因步骤啊什么的，不仅都只是一种理论分析，还都是各种可能性中最好的、人类所期望的那一种。实际上，农杆菌也好，植物细胞也好，哪里会那么听你的话，按你的希望，专走这一条路，去完成你要的转基因？这世界上没有人能对它们发号施令。再说，这转基因操作对细胞而言就是不折不扣的伤害，绝不是被转的细胞个个都能挺得过来长大并再长成植株的。同时，转基因研究时，筛选培养过程中看到的表面现象还不能作数，要等到植株出来，长到足够大，经过分子生物学检测，才能知道你是不是得到了真正的转基因植株。因为很有可能被转了基因的细胞团自个已不能再长成植株而是像保姆一样把紧靠自己的非转基因细胞滋养成了假的转基因植株。

这要多久？制备植物愈伤组织起码一个月，转基因筛选起码两个月，培养转基因植株起码一两个月，加起来至少要四五个月，至少要半年后才能得到是或不是的结果。农杆菌和植物细胞都是自主的生命，有谁能预料到在这漫长的半年多时间里会发生啥变化？这中间得有多少不可知的意外会使在瓶瓶罐罐里的转基因夭折啊？做转基因的人成年累月就在希望和失望中煎熬着、挣扎着、郁闷着。

转基因之所以现在还算是科研，是因为这世界上还没有一个人敢说他做一次转基因试验就一定能拿到转基因植株。科研人员如果等半年看到了不成功之后再重新开始下一次转基因试验，一辈子可能也难得做出个转基因植物来。所以科技人员都是一次接一次地重复着同一个转基因试验，直到拿到真正的转基因植株为止。所以，做得相当辛苦。

上一回白话过的农作物基因枪转基因方法与农杆菌介导法相比只是基因的进入方式不同，转基因后4~5个月漫长的转基因细胞筛选、培养和转基因植株再生等过程也同样必不可少。

所以，至少是今天，转基因植物还真是个很不容易成功的研究项目。

看官，转完了基因还只是转基因育种万里长征中的一小步，得到的转基因植株绝不等于就是转基因农作物新品种，还要经过育种家们极其严苛的常规改良和选育才有可能成为转基因新品种，而且仅仅只是许多种可能性中的一种而已。因为被转过基因的品种可能一些重要农艺性状也已经由于外源基因的插入而变劣了，如果经过了常规改良再“扭”不回原品种的优良性状就只能被淘汰。

所以，那种“转基因是工业产品，基因枪一枪下去就出来个转基因品种”的说法是毫无根据的瞎胡扯。其原因一是说这话的人实在太过崇洋媚外，神话美国人发明的基因枪时连脑子都不过一下；二是说这话的人太过贬低了全世界那些辛苦的育种家们，一杆基因枪就轻易地把这些人都贬成了“废物点心”。

转基因育种真有那么容易吗？要是那样，现在中国有基因枪的单位多的是，就请他来打好啦。别说是一枪，就是一百枪肯定连个转基因的毛都摸不着，一千枪要是能打出个能推广的新品种，洒家就把他当成神仙来供。因为一千枪现在才花不到2万元人民币耗材，如果因此就能育出个能推广种植的新品种，这也太便宜了。要按此君的说法，中国各级政府历年来资助作物育种家们花了多少冤枉钱？干脆每个农科所都配发一杆基因枪，让全国那些“废物点心”般的农业科学家全下岗得了。

基因枪、农杆菌转基因洒家都亲自操作过，告诉各位看官，用基因枪来制造转基因植株比农杆菌还麻烦、还费时间。因为基因枪转的基因基本上都是多拷贝的，要么一个也转不进，要么一进去就是好几个拷贝插在不同的地方，经常会使转基因植株性状发生很大变化甚至是几乎不结籽，基因枪转基因植株通常要分离好几代才能恢复结实性并稳定下来。

也许会有看官问：转基因究竟有多不容易啊？

那些数据啊、艰辛啊、挫折啊啥的，白话起来也太乏味了，洒家给各位讲个笑话吧。

从理论上来计算，这转基因比看官真追上自己的“异性偶像”至少要难50倍。

据2010年第六次全国人口普查资料推算，全国法定婚龄到退休之前即22岁到59岁的男人约为4亿。各种男士对美女的标准五花八门还真不好统计，咱就假设共20个影视女明星，让这4亿老少爷们一起去追，平均的理论成功概率是多少？仅为两千万分之一，太低了。

转基因呢？就算细胞直径为30微米，一个细胞体积约为14 130微米^3，折算出来1克细胞团(≈1厘米^3)约合7 000万个细胞。做一次转基因实验要用约1.5克细胞团，折合细胞约1亿个。就算技术高超，做10次转基因就能获得一次成功，折算出来的理论成功概率仅为十亿分之一，为把异性偶像追到手的理论概率的1/50！真可算是超级的低啦。

不同的是，明星美女嫁了人你基本就没戏了，而转基因试验却可以十次、百次、不停地做下去，一直做到感动上苍，恩赐你成功为止。如果跟明星嫁人一样只有一两次机会的话，这世界上哪里还能有这个转基因农作物哟！

可笑吧？但这绝不是最可笑的，还有更可笑的呢。

网络上有人说，农杆菌转基因培育出来的转基因农作物种植后会向土壤中释放农杆菌，而转基因所用的农杆菌双元质粒会让人得比癌症还可怕的怪病“莫吉隆斯症”。这也太吓人啦！

莫吉隆斯症啥样子？因为正规的医学书籍上还没有它的大名，恐怕大多数医科大学毕业的医生也还弄不明白呢。洒家没学过医，那更是弄不明白啦。

不过，第一，第一回里就说过，洒家也属怕死之辈。这农杆菌转基因不仅洒家自己做还带着年轻的研究生做，因从没认为它有啥危险，手套、口罩之类是从来都不戴。接触农杆菌的次数都记不清了，为了活命也得弄明白这莫吉隆斯症。第二，危害植物的细菌还能感染人，植物和人类能共患疾病，这也实在是有点亘古奇闻。都当过这一行的教授、博士生导师啦，这种石破天惊般的科技进展都不知道，多丢人。

所以洒家以极大的认真劲去查询这个莫吉隆斯症。网络上、网络下、国内、国外、中文、外文，费了好多时间才终于有点明白，这莫吉隆斯症究竟是个什么类型的病，究竟是因何而起，至今还在吵吵着呢。看官们自己往下看。

转基因造出新恶魔“莫吉隆斯症”，比癌症更可怕

+转载

岩按语：继美国科学家在转基因大豆、玉米中发现超显微病原体之后，医学家又发现了一种比癌症更可怕的疾病“莫吉隆斯症”。而所有研究的证据都表明这种新的更可怕的疾病与转基因有关。“转基因使农杆菌介导的T-DNA转移到了人的染色体上，不仅会侵染人和动物的细胞，还会引起其中的基因迁移，从而使人类滋生出比癌症还可怕的新绝症怪病！现在全世界大约有10万例莫吉隆斯症患者，美国有50多个州出现这种病例，其中数量最多的是德克萨斯州和弗罗里达州。——都是发生在转基因作物种植和消费最多的地区！”

附：太可怕了！科学家发现转基因导致比癌症还厉害的莫吉隆斯症

莫吉隆斯症网络截图

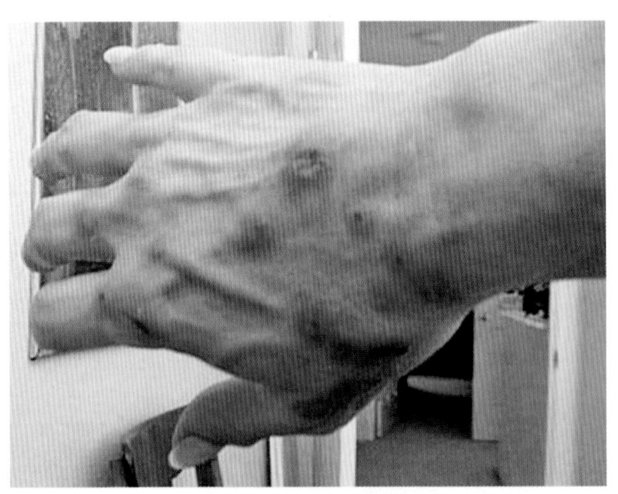

莫吉隆斯症手部病症
（引自百度百科）

2001年，美国宾夕法尼亚州匹兹堡市一个两岁男孩患了皮肤病，起初他母亲怀疑是疥疮，但抹了疥疮药膏不见效。这位母亲发现儿子患处皮肤中还“长”有纤维状物，去看医生却被认为是来自衣服的纺织纤维，她不相信现代专业医生说的这些，便自行查阅。结果在洋古籍中，她发现一个名叫托马斯布劳尼（Thomas Browne）的洋古人在300多年前（1686年，即清代康熙二十五年，此后近90年美国才成立。）写过一篇标题为《给朋友的一封信》的文章，文中曾提到过名为“莫吉隆斯”的病，患处有毛，她确定她儿子得了托马斯布劳尼老先生300多年所说的莫吉隆斯症。

这封信洒家也找到了，全文分50个自然段，其中第11段就只有6行，莫吉隆斯这个词就出现在这段的第5行（截图中画红线处），但整篇50段里都找不到“农杆菌”这几个字，原因容后白话。1924年伦敦出版的《黑泽尔五德再印》（*The Hazelwood Reprints*）一书中收有这篇文章的1 690年单页本。

Tho the Beard be only made a distinction of Sex and sign of masculine Heat by *Ulmus*,[30] yet the Precocity and early growth thereof in him, was not to be liked in reference unto long Life. *Lewis*, that virtuous but unfortunate King of *Hungary*, who lost his Life at the Battel of *Mohacz*, was said to be born without a Skin, to have bearded at Fifteen, and to have shewn some gray Hairs about Twenty;[31] from whence the Diviners conjectured, that he would be spoiled of his Kingdom, and have but a short Life: But Hairs make fallible Predictions, and many Temples early gray have out-lived the Psalmist's Period.[32] Hairs which have most amused me have not been in the Face or Head, but on the Back, and not in Men but Children, as I long ago observed in that Endemial Distemper[33] of little Children in *Languedock*, called the *Morgellons*, wherein they critically break out with harsh Hairs on their Backs, which takes off the Unquiet Symptomes of the Disease, and delivers them from Coughs and Convulsions[34].

《给朋友的一封信》中的第11段内容截图

这位母亲根据这寥寥数语不仅断定她儿子得了古人声称的莫吉隆斯症，还于2002年建立了“莫吉隆斯研究基金”和网页。此后声称患此病的人发来了许多电子邮件，主要分布在欧洲、日本和大洋洲等地，美国类似患者据称有四五千人。

然而现代专业医生却认为，这只是患者自认为感染了寄生虫的一种“幻想性精神疾病”，因为医生们在患处组织和纤维中都找不到病原生物。纤维状物经多次现代医学检验均不是有生命的东西。一些医生认为这些伤口是患者幻觉皮肤里面有啥虫子在爬而自己抓烂的，有个医生甚至采用过打石膏将患部全封闭起

来让患者挠不到伤口而使之痊愈的治疗手段。

但是，从自认是莫吉隆斯症患者发来的投诉邮件却在不断地增加。为此，美国疾病防控中心（Centers for Disease Control and Prevention USA，CDC）于2006年8月组织了病理学、毒理学、伦理学、精神卫生学、传染病学、环境与慢性病学专业在内的12名专家对此病进行专题研究。2007年6月，美国疾病防控中心还为该病开设了专门的网页。

2012年1月25日，美国疾病防控中心发布了研究结果。十几个专家历时6年，会见了100多个莫吉隆斯症患者，得出的结论是“妄想型侵扰”和“没有发现感染，也与环境没有关联”。因为所进行的皮肤活体组织检验和血液检验全都没找到任何细菌、真菌或其他生物感染的证据，也没发现环境因素与这种病症有关联。对患者伤口毛状物进行的实验室检验，也就是一些纺织纤维而已。

这种解释使一些自我感觉皮肤下有啥小小的生物在爬的莫吉隆斯症群体反应强烈，他们认为政府主导的研究是为了掩盖真相。现在不都流行政府阴谋论、精英阴谋论吗？不过，就连以敢说、敢揭著称的网络传媒也没去挺他们，而是将莫吉隆斯列入了“有争议”的另册。

百科名片

莫吉隆斯症（Morgellons 或 Morgellons disease），是一种多症状综合征带有争议的命名。这种综合征通常表现为皮肤强烈的瘙痒感、难以愈合的伤口以及异物感（多为昆虫、寄生虫）。慢性症状则往往表现为皮肤内和皮肤外出现纤维状物质。有人认为这些症状由某些未知的节肢动物或寄生虫传染引发，亦有人认为该病源于2006年初星尘号携带回地球的外星病毒。

目前网络上的莫吉隆斯症解释

左托马斯－布劳尼画像
（引自 penelop in uchicago.edu）

英文版的维基百科对莫吉隆斯症的来由及动态的记叙相当详细，文末还附了66篇参考文献目录，据此就连古洋人布劳尼先生的画像和所写的那封信都可以检索出来。但在这长长的维基文档和布劳尼的这封信中却根本没有提到过农杆菌这3个字。

因为农杆菌这个名字是1907年，也就是布劳尼老先生记述“莫吉隆斯症”之后221年才由美国科学家史密斯和托胜德命名。300多年前，农杆菌这名字还没有被命名，双元质粒更是连影子都没有，怎么能从现代穿越到连“美国”都还不存在的清代康熙二十五年，让那时候的古洋人得怪病莫吉隆斯症呢？

网络上说某人研究过把莫吉隆斯症上的纤维放在－196℃的液氮中和放在一千几百摄氏度的火焰里都毫发无损。这“莫吉隆斯毛”都可以与观世音菩萨送给孙悟空的三根救命毫毛相媲美了，真乃超级神毛也。要真是那样，各级农科院所就可以在瓶瓶罐罐里培养农杆菌超级神毛，卖给航天部做神舟飞船和火箭外壳，那得发多大财呀？

这农杆菌本来就是生活在土壤里的细菌，很多书籍中就把它称为土壤农杆菌，这还用得着转基因植物再向土壤里释放农杆菌和已经被解除了致病能力的卸甲质粒吗？

为了弄得跟真的一样，反转基因人士在帖子中声称是美国纽约州立大学生物化学和细胞生物学教授“维塔利慈多夫斯基（Виталий Цитовский）”在莫吉隆斯症患者纤维中发现了农杆菌，他还发现农杆菌能侵染人和动物细胞，还会引起其中的基因迁移。还有人则更加煞有其事地、更具体地说这位“维塔利慈多夫斯基（Виталий Цитовский)”是纽约州立大学石溪分校的教授，其农杆菌引起莫吉隆斯症的研究结果都已经发表在《美国科学院院刊》上了。

对此说法，洒家原本就有疑问。一是，纽约大学和纽约州立大学原本是两所不同的大学，根本就不是一个单位。二是，这个美利坚合众国的老大情节是无以复加的，美国是老大，英语更是独大，官方网页及国家级学术期刊上的论文和署名怎么能够用俄语呢？再说，《美国科学院院刊》是世界一流学术期刊，能上这里的文章都很有水平，咋就从没听行内人提起过？

疑问归疑问，但洒家长期接触农杆菌，没啥能比保命更重要了。所以，洒家一定要弄清楚这农杆菌究竟是不是这么罪恶滔天的，要不然吃不香、睡不着也太难受了。于是花了好多时间，老老实实地到这两个学校和这家权威期刊上去认真查询。结果不管是用人名还是用莫吉隆斯来检索，啥也没有查到（上面的中文是洒家加的）。

纽约州立大学石溪分校和美国科学院院刊官网检索“Виталий Цитовский”的结果截图

可能有人会来找碴儿：咋少一张纽约大学的Виталий Цитовский搜索结果截图啊？阴谋论者肯定会认为洒家是不是也要隐瞒啥真相。

郑重告诉各位看官，纽约大学的“美老大”情结也太重了，这个俄语它根本就拒绝认，输进去一点检索键就立马全盘变成了谁都不认得的“火星文”——乱码。不信你去试试吧。

各位看官，说农杆菌和双元质粒会使300多年前的古洋人得莫吉隆斯症，你还相信吗？

第三十一回：

转基因谣言超级不靠谱，转基因食品神仙也难逃

各位看官听洒家白话了转基因方法，想必已明白转基因这个“转”字原来并不神秘，不过就是烦人点罢了。话又说回来，干哪一行没有烦心事啊？当了至高无上的皇帝也不可能事事顺心。

做转基因也就是累一点而已，绝不会有啥危险。像前些年发生的那个重症急性呼吸综合征（SARS），明知接触了就有感染的可能，感染上了就凶多吉少，但医生们都得上。这都是各自的分内工作。

各位看官肯定会想，看来这基因工程、转基因农作物，最重要的事莫过于这个基因了。

祝贺你，说对了，加分。这转基因里面最重要的事非基因莫属。没有基因你转个啥？

那么被转的这些基因是从哪里来的呢？告诉各位看官，转基因所用的基因都是全天然的“绿色产品”，绝无人造之说，因为全世界至今还没有任何人敢吹这个牛皮，说能制造出个啥基因来。现在，也许在很远的将来基因都只能从现有的各种生物体内去提取出来（专业名词叫克隆），而不可能坐在办公室里凭想象制造。

但是，一些无良传媒人为吸引读者眼球，在妖魔化基因上不遗余力，在报纸、网络上炒作得邪乎得很。瞧这大标题：“20克基因武器即可毁灭全人类”。

基因武器究竟有多可怕？

20克基因武器即可毁灭全人类

去年，叙利亚化武危机的跌宕起伏，激起了人们对大规模杀伤性武器的高度关注。国内外很多专家认为，相比化学武器与核武器，生物武器具有更强的隐蔽性、欺骗性、易扩散性和长远危害性等特征，而且袭击直接危及世界安全。另外，邪教组织和恐怖分子也掌握着大量生物侵害技术，如9·11事件后美国出现的“炭疽袭击”。这些邪教组织和恐怖分子在使用生物侵害目标时，缺乏理性，对普通百姓更易造成伤害。酸、氯化氰；刺激性毒剂和失能性毒剂六大类。生物武器是依靠生物战剂作为杀伤力的一种武器，生物战剂的种类有传播病毒、致人死亡的细菌、病毒、真菌、毒素等。基因武器是生物战剂的第三代武器，也叫遗一种无法治疗的疾病，从而在战场上失去战斗力。

英格兰布拉德福大学教授马尔克姆丹在《生物技术武器与人类》一书中写道：只要用多个罐子把100千克炭疽芽孢散播在一个大城市，《反生物恐怖主义法》。2003年，布什提出生物屏障十年计划，投资60亿美元。2004年，美国政府发布《21世纪生物防御》，同年国会还通过了“生物盾牌计划”法案，支持药品和疫苗等研发用于应对生物和化学恐

基因报道报纸截图

这也太过夸张了点吧。难道这制造基因武器的就不是全人类之一份子？地球上的人全都被毁灭完了，难不成制造基因武器是想把咱这个美丽的地球留给外星人来享用？

啥是基因武器？就是以前讲的日本、美国搞过的“细菌战”，就是把大量人工培养的病原（微）生物投放到我军民驻地，让咱们得恶性传染病那种极凶残的战争方式。现在这些人所声称的基因武器只不过是使用遗传工程技术制造的带有重组DNA的病原（微）生物而已。虽号称为“第三代生物武器”，但单单重组DNA是没毒的，还是需要把重组DNA转入到有生命的细菌或病毒等微生物里才能发挥出“毒性”。所以，基因武器仍然还是一种细菌战。

那么，看官要问了，这个传媒人是凭啥来说“20克基因武器可毁灭全人类”？

文中说：“某国用一种病毒的DNA和另一种病毒的DNA拼接成一种剧毒的基因战剂，用0.1微克就能毒死100只猫”（1克等于10^6微克）。

按此折算，20克基因武器能毒死200亿只猫，该基因武器对一个人的毒性大约等于3只猫的量。人多大个？猫多大个？也不知这是哪门子的病原毒性研究标准。

就算这个数据正确吧。各位看官请注意：用动物来做病原菌毒性实验多是像第九回白话过的格里菲斯老鼠实验那样，把病原微生物注射进每个实验动物体内来观察结果。那么，普天之下谁能有本事给全人类

每人都来上一针？所以20克基因武器毁灭全人类就绝无可能。

全人类每人都打一针办不到，就只能向全世界投放这些带有重组DNA基因战剂的病毒或细菌。

首先，区区20克，怎么能使之遍布全世界每个角落？

其次，单单重组病毒DNA本身是没有生命和毒性的，基因武器必须由活着的病原微生物携带着才能表现出致病、致死的毒性。而任何生物活着都必须要有合适的环境条件，这世界上还没有哪种生物具有在任何环境条件下都能长期存活的“金刚不坏之身”。所以，基因武器微生物一旦从实验室或工厂释放到自然环境里，就会有相当部分因缺乏合适的生存条件而死。

更重要的是，无论是多么厉害的病原菌，人得病与否不单取决于是否接触到了病原菌，而是取决于人和病原菌之间的相互作用。古今中外巨厉害的传染病曾暴发过多少次了？但从没出现过让暴发地的人百分百得病、百分百死亡的案例。某人接触到了病原菌，而此人又是该病菌的易感染者才会中枪，若此人对此病原菌并不敏感就不会得病。也就是说，无论多么重大的疫情，无论有多少人被传染，但总会有人活下来。当前一些非洲国家闹的那个“埃博拉”这么吓人，但就在医疗、卫生、生活条件都那么差的地方，也没有见有啥地方的人百分百被感染和百分百都死掉的。最悲惨的报道无外是同村的人围观某一家大人死掉了、留下可怜的小孩无人照料的场景罢了。

所以，“20克基因武器即可毁灭全人类”纯属无稽之谈。更为可笑的是，反转基因人士先是宣传“转基因要亡国灭种”，后来竟又说：“转基因技术灭绝人类”。

生物体内的基因都是管其自己体内各种生命活动的，基因就是控制生物某性状的一段遗传信息，这世间上哪种生物会具有能“亡国”、能“灭种”、能“灭绝人类”的性状啊？既然根本没有啥“亡国灭种”“灭绝人类”的性状，那“亡国灭种、灭绝人类的邪恶基因”从何谈起呢？连基因都没有，怎么去转基因？转谁的基因？

转基因技术非但没有危害过人类，相反，转基因技术正实实在在地拯救着人类。前面白话过了，包括人干扰素、人胰岛素、乙肝疫苗、痢疾疫苗、人白细胞介素、人表皮因子、人红细胞生成素、人生长激素、人纤维细胞生长因子、人颗粒细胞集落刺激因子等十几种转基因药品已经在全国各医院用了十几年啦，这些救命的药品功德无量。

基因的转移是生物进化、品种改良中一直都在发生着的再普通不过的事。转基因技术只是一种比较先进的现代育种学工具，不过是能把单个基因从一种生物转移到另一种生物的仿生学手段而已，其先进之处就在于可令以前无法杂交的生物之间也实现基因转移。比如单细胞的微生物，既没有生殖器官也不会产生精、卵细胞（雄蕊、雌蕊），以前是无法令其向农作物转移有用基因的。

转基因只是一种运送工具，一种中性的技术手段，若转的是抗除草剂基因，转基因植物就抗除草剂，若转的是抗虫基因，转基因植物就抗虫，转的是人干扰素基因，转基因细菌就能生产人干扰素，若没有可转的基因，转基因技术啥用也没有。转基因技术是在帮人类，是在为改善人类生命质量办好事，它有何罪？

回过头来再说说反转基因人士在网络上大势渲染的“毒基因”，这基因究竟有没有毒呢？

看官，基因没有毒。

这“转基因”3个字现在被反转基因人士炒得好些人一瞧见心里就直发毛，转基因为什么没有毒呢？

前面已经白话过，基因就是一段DNA序列。只要是生物，每个细胞里全都有DNA，它要有毒，哪种生物还能活得成？

所以，洒家要明确地告诉各位看官，所有的基因都没有毒。基因就是4种碱基排列出的一段DNA序列，上面具有遗传信息。这就跟电报密码一样，用4个数字编码汉字，数字的功能是传递保密的文字，数字串本身没有好坏。

各位看官请回想10多年前，那电视、报纸、广播成天都是核酸口服液的广告。核酸口服液那时是高级保健品、时尚礼品，相信不少人给上级、长辈或亲朋好友送过。时兴那会儿，哪个超市里没有核酸口服液卖呀？天知道全中国有多少人喝过核酸口服液。

核酸是什么？就是DNA和RNA。一滴口服液里面的基因数都数不清，有谁听说过喝核酸口服液喝出事的？核酸口服液里面除了水就是基因，喝一口就把超天文数字的基因吃进了肚子里，从没见它毒死过人，也没人喝了被长癌、绝育。核酸口服液红火的日子已过去这么多年了，咱中国非但没亡国灭种，从上到下，大伙都活得精神得很呢。

核酸口服液现在不时兴了，这是因为老百姓都知道了每天吃的食物无论是荤菜素菜、水果零食、大米白面玉米面，只要是生物产品，每个细胞里面都有核酸，核酸长链上就是数以万计的基因，每天吃进肚子的细胞和基因数都数不清，还用得着掏大价钱去喝那几滴核酸水吗？

核酸被吃进肚子后在消化道里被消化成一个个不同的小分子零件（基团）才能被吸收，随血液被送到需要使用这些核酸零件的地方。没消化掉的大分子就成了大便成分。

正常人来讲主要有3个场所需要核酸合成的零件。一个是血液制造，血细胞寿命很短，人必须不停地复制出新的血细胞。二是生殖系统内生殖细胞要不停地分裂、源源不断地制造出精、卵细胞。三是基因表达时要合成RNA。这些生命活动需要DNA复制和转录，因而需要合成核酸的零件。所以哪怕是某些受了点伤、需要伤口修复的人，医生都不会让你专门去吃核酸补药，因为一日三餐吃进去的核酸用都用不完。

把数不清的基因当“补药”来喝都没事，这农作物被分子遗传学技术转进了一个两个外源基因倒会变成有毒了，这要不是天方夜谭就只能是谣言。

各位请看下面这幅显微镜照片，拍的是一个小麦品系的染色体。其中红色的是小麦的染色体，箭头所指两条黄色的是旁边照片上那个名叫 簇毛麦的野草的染色体。

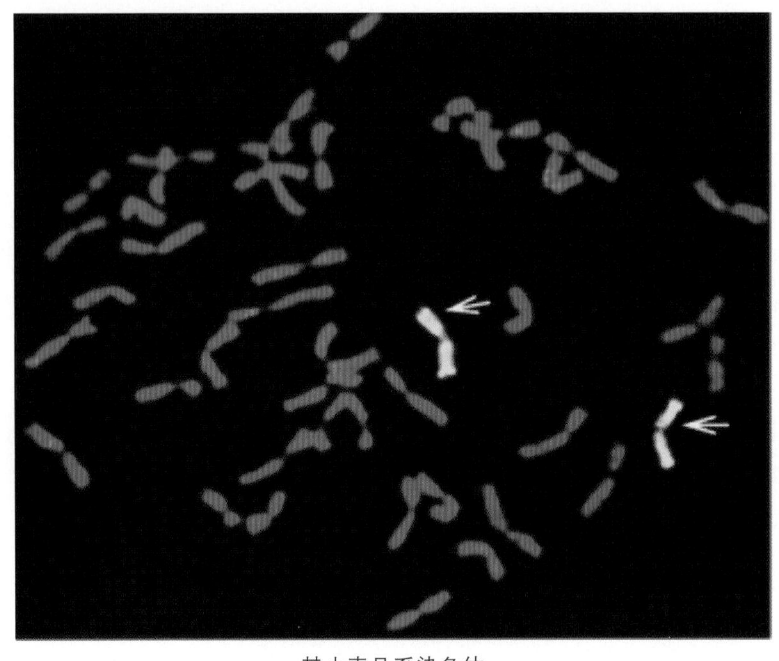

某小麦品系染色体
（由南京农业大学研究生张伟摄）

簇毛麦
（由南京农业大学陈佩度教授提供）

簇毛麦叫麦却不是麦，是野草，它与小麦、大麦、燕麦的亲缘关系相差十万八千里。

簇毛麦结的种子又小又瘪，里面没装啥东西，人也没法吃，所以簇毛麦从古到今都是野草，不是人类食物。这两条非人类食物的染色体是在没有分子遗传学技术之前，我国科学家通过远缘杂交的方式，下了大功夫、搞了好多年，才被转移进小麦细胞核里去的。

为啥要让野草簇毛麦来与小麦杂交？因为小麦好吃却爱生病，野草簇毛麦不能吃但对小麦的白粉病有天生的免疫能力，所以科学家总想着要把簇毛麦的抗病性转移到小麦中去。

洒家要特别强调：这些不同颜色的染色体绝不是由人画的或经过图像处理过的，是真实的照片。

这是用分子遗传学中“荧光原位杂交”技术对小麦根尖细胞染色体的鉴定结果。原理是，把小麦DNA连接上一种红色的荧光染料，簇毛麦DNA连接上黄色荧光染料，然后用这两种不同荧光标记的DNA去与这种小麦的染色体DNA作分子杂交。杂交中，小麦DNA只会与小麦染色体结合，簇毛麦DNA也只会与簇毛麦染色体结合，杂交之后在紫外光的照射下，通过显微镜就可以清楚地看到这种小麦细胞里哪些染色体是小麦的，哪些是簇毛麦的。

各位看官，这么长长的两条野草染色体得装有多少个非食物级基因啊？以染色体条数大致估算一下，这个小麦品种的每个细胞里大约4.5%的基因都是野草簇毛麦的，而小麦细胞的DNA含量比人还多，其基因总数最起码是好几万。

各位看官，小麦细胞里有两条野草染色体还真算少的。李振声院士在20世纪60年代用小麦和长穗偃麦草（也是一种非人类食物的野草）远缘杂交培育出的小偃68、小偃333、小偃693等小麦品种就被转移进了14条野草染色体。细胞里1/4的基因都成图中那种野草的了，想一想，这得带有多少个野草的基因啊！中国好多小麦育种家都用它们做过小麦杂交育种的亲本，因而很多大面积推广的小麦品种中都有长穗偃麦草的血缘，50多年过去了，有谁敢说没吃过非食品来源的基因？又有谁敢说非食品来源的外来基因及其产物不能吃？

感染白粉病的小麦叶片

长穗偃麦草
（引自blog.163.com）

李振声
（引自人本网）

还有，外国人搞远缘杂交早在16世纪就开始了，新中国成立后我们从国外引进的抗病品种的抗病性不少就是外国人通过农作物与野草杂交从野草中转入的。跟随这些抗性进入到农作物里的外源DNA和基因也都不是一点半点的。比方说有一个几十年前从外国引进的著名抗白粉病小麦品种阿芙乐尔就是有一条染色体的一小半被换成非小麦的其他植物染色体了。因为这半条染色体的形态特征太明显，不需要用高新分子水平技术，几十年前的人在普通光学显微镜下都可以直接看到。

这些小麦和野草的远缘杂交做了上百年，远缘杂交后代又和普通的小麦杂交了几十年，没有人能够说得清现在有多少小麦品种里有野草染色体片段或野草基因。以前又没有精密的分子级别转基因技术，全人类上百年来就这么大批量地、长期地从非食物的野草里向小麦转移着外源基因，一代又一代的人吃着小麦里面数不胜数的非食物来源的野草基因，咋从来没听说过这些小麦食品毒到过人？咋从来没人叫喊要对远缘杂交培育出的小麦新品种作啥安全性试验呢？

现行全世界对所有物质的毒性试验规范，无论是化学制品、药品还是食品，都是用实验鼠做几天实验就可以了。全世界已经有了多少个毒性数据啊？有人提出过质疑吗？咋到了转基因这里，却是没完没了的。做了一周要一个月，做了一个月又要三个月，做了三个月又要一年，一直做到两年后老鼠都老死掉了还不罢休。用短命的实验鼠做了没毒又要求用长命的猪做，很可能用猪做了实验没毒就又会要求用猴子做。

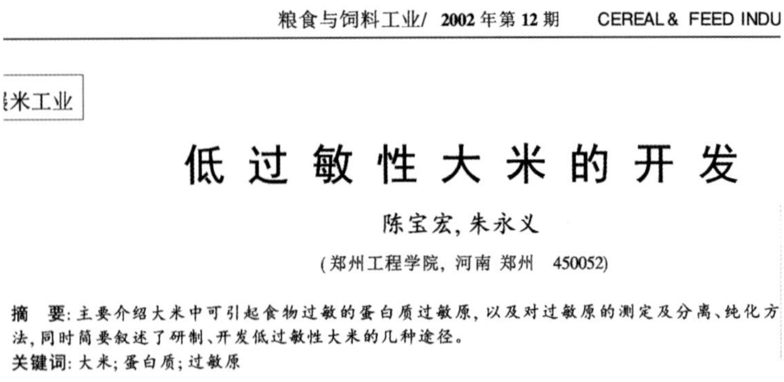

至今为止，全世界没有一例转基因毒倒人畜的事发生过。相反，传统食物里已被证明有毒的可不止一样。啥没煮熟豆角、白果、黄豆有毒啊，柿子吃了长结石、发芽马铃薯和变质甘薯吃了要中毒啊，全是人人都知道的呀。洒家还知道，新疆地方政府明令禁止老百姓私自制作豆腐乳和豆瓣酱，因为新疆的肉毒杆菌多，曾经发生过居民自制豆腐乳吃死人的恶性事件。

粮食与饲料工业/ 2002年第12期 CEREAL & FEED INDU

米工业

低过敏性大米的开发

陈宝宏，朱永义

（郑州工程学院，河南 郑州 450052）

摘 要：主要介绍大米中可引起食物过敏的蛋白质过敏原，以及对过敏原的测定及分离、纯化方法，同时简要叙述了研制、开发低过敏性大米的几种途径。

关键词：大米；蛋白质；过敏原

低过敏大米的相关研究论文截图

大米是人类最主要的粮食，可能很多人做梦也想不到有人吃大米居然也会过敏！日本20多年前就研究和报道过大米过敏症病例，是一些特异性皮炎患者对大米中的部分小分子量蛋白质过敏。为此，“低过敏大米”在日本已经成为一个研究科目。我国近年才开始有人关注这一问题。

这些已经吃了千万年的食品的确有过“毒或敏”的事，但并没有人出来说要“一刀切”将这些食品禁吃。

以前技术水平不高时，一鼓捣就整进去一大堆野草的基因没有人出来说转移进的非人类食物来源基因有毒，现在用最精确的基因工程技术，就只把需要一两个基因的那一丁点序列转移进农作物去咋就有了毒呢？与野草杂交也好、现代高技术转基因也好，不都是为了把外源基因转入农作物细胞里去改良农作物吗？这跟基因是咋样弄进去毫无关系。这不就跟咱们吃的肉一样，屠宰场用机器宰的与你自个动手宰的，这肉能有啥本质区别？

“那吃进肚子里的转基因会不会跑到肠道内的细菌细胞里去啊？”

反转基因人士宣称：转基因时为选出转基因细胞所用的抗抗生素基因会通过肠道跑到病原菌细胞中去，把病原菌转基因成为抗药性细菌，以后人要感染了这些抗药性细菌之后就活不成，因为它们都是抗药的超级细菌，用抗生素也消灭不了。

看官，这属于伪装得最好、最能吓唬人的科技谣言。

啥叫抗药性细菌？细菌的抗药性通常是由滥用抗生素引起的。细菌的抗药性可分为两大类。

第一类是原来在细菌群体中就存在着天然抗药性个体，这类抗药性的抗性基因通常在细菌的染色体

DNA上，这种抗药性细菌个体平时在群体中只是极少数，一旦使用抗生素后，其他的没带抗药性基因的个体被杀死，抗药性细菌就变成了该细菌的主流群体。

第二类是获得性抗药性，通常是经由带有抗药性基因的质粒传递来获得的。

反转基因人士们可能马上会跳出来说："转基因不是要用质粒来装载外源基因和抗抗生素基因吗？正是第二种经质粒传递方式把抗抗生素基因传给了病原菌，制造出了超级细菌。"

各位看官，这是典型的胡搅蛮缠。

想想上回白话的转基因方法和原理，这双元质粒里的外源基因片段已经被插入到受体植物细胞核DNA序列中去，成为超级庞大的植物细胞核基因组之中的、极其微小的一部分了，这一小片段已经不再是农杆菌中的质粒了，咋能把抗性基因传递给病原菌呢？

反转基因人士又会胡搅蛮缠地说，那抗抗生素基因既然能被插进植物细胞核基因组上去，就不能再掉下来？

咋会掉下来呢？一个高等动植物细胞里基因动则就是好几万个，按反转基因人士的言论，转进去了一个基因都要亡国灭种、断子绝孙，这细胞里的基因要是成天这个掉那个掉，这生物还能有个样子么？这生物还能活得成么？这世界上还能找到一个囫囵的生物么？

退千万亿步来讲，即便这抗抗生素基因序列真能从基因组上掉下来也没得戏唱，也转不了病原菌的基因。

因为农杆菌和助力卸甲质粒只是把微型Ti质粒中两个边界内那一小段外源基因和抗药性基因送进了受体细胞的核基因组序列里去，质粒的大部分序列即控制质粒生长复制的主序列并没有被送进去，抗药性基因即便掉下来，上面并没有控制质粒自我复制的基因序列，也就形不成能增殖的质粒，它就是一小段没有自主生命的、细胞内的DNA垃圾片段而已，最终会被细胞内的核酸酶降解掉。自己都没有生命怎么还可能去传递抗药性呢？

也许反转基因人士还会胡搅蛮缠地说，肠道里大肠杆菌那么多，那些没被消化的大片段转基因作物DNA在肠道里就可以将大肠杆菌转基因成抗药性大肠杆菌。大便排出后，里面的大肠杆菌再和环境中病原菌接合就把抗性质粒传过去了。

洒家不想从专业角度来驳斥这些言论。

第一，要问一声这些人：你们每天也吃饭吗？如果跟咱们一样也是天天要吃、要排的凡人，你们肚子里不也是天天都有数不清的动植物DNA和基因装在里面。如果说接触DNA就能被转基因的话，请你列举一下你被转了多少个动植物基因进去？

通过吃东西也能被转了基因，食物能改变生物的遗传性状，这真是弥宇宙级的大谎言。

世界上所有动物都是靠取食其他种类的生物来活命，如果吃下去个啥都能被转了基因，这世界上现在还能有这么多动物存在吗？狼吃了羊就被转了羊的基因，狼变成了羊，羊吃草又被转了草的基因，羊变成了草……伟大的人类则什么都吃，那该被转成啥光怪陆离的东西？

第二，细菌的接合与质粒转移有很严格的条件，专业角度讲起来太艰涩了，不过一句话也可以把这事说清楚。自然界中那些数不清的抗药性基因自古以来一直都存在着，如果细菌们碰到一起就要接合、就要转移抗药性基因的话，几亿年后的今天，自然界还能有不抗抗生素的细菌么？人类还能有活路么？

基因工程、转基因研究了几十年，转基因作物也大面积种了十几年，有谁找到过转基因作物造就的抗药性超级细菌？

还要告诉各位看官，所谓抗生素抗性基因转移到病原菌只是20多年前外国人的一个伪命题，在外国它早就已经不存在了。

在20多年前基因工程研究的早期，确实是用过一个叫*NPT*Ⅱ（基因名字的缩写）的基因来做植物转基因的选择性标记，它编码对卡那霉素的抗性，所以这个*NPT*Ⅱ基因又叫抗卡那霉素基因。也就是说，在早期转基因研究时的确要把需转进植物细胞的目的基因与这个抗卡那霉素基因连接在一起，转基因后才能把细胞或组织放在加有卡那霉素的培养基上培养，选择出转基因细胞，再培养出转基因植株。当时有人提意见，卡那霉素是现行医疗上很重要的抗生素，万一这个基因转移到病原菌上就有可能影响到人类健康。

基因工程专家们虽然认为转基因植物绝不会使病原菌变成抗卡那霉素的细菌，但科学家们一来是为了消除公众的疑虑，更为重要的是这个*NPT*Ⅱ基因抗卡那霉素效果和选择效果都不理想，所以*NPT*Ⅱ基因很快就被另外的抗抗生素基因取代了，现在常用的抗抗生素基因叫抗潮霉素基因（*hpt*），培养基里加的抗生素叫潮霉素。

是的，潮霉素仍然是一种抗生素，但此抗生素绝不是彼抗生素，潮霉素永远不会用来给人畜治病。

自然界中一些微生物会分泌出对别的生物有毒的物质来杀死周围的其他微生物，使自己能占有更多的生存空间。把这些微生物细胞内的这种"毒物"提取出来就是抗生素。下面左边的图是培养基上的抗生素把周围的金黄色葡萄球菌杀死形成无菌落的蓝色圆圈的照片。

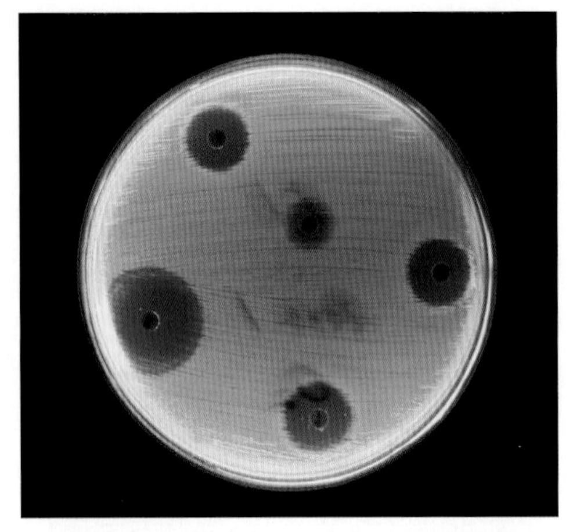
金黄色葡萄球菌被抗生素杀死后的菌落特征
（引自weikipedia.com，原注由美国疾病控制中心Don Stalons提供）

1945年弗莱明被授予诺贝尔生理学或医学奖
（引自weikipedia.com）

自1928年英国科学家弗莱明(Sir. Alexander Fleming，1881—1955)爵士发现第一个抗生素"青霉素"以来，至今全球科学家发现的抗生素已不下万种，但其中能为人畜当作药品来治病的还不到百种。

为啥只有不到1%的抗生素才能用来治病？难道其他99%的抗生素都不能杀死病原菌吗？

不是的。100%的抗生素都有杀菌效力。遗憾的是，绝大多数已知抗生素都是除了对自己细胞无毒之外，对其他的生物、细胞全都有很高的毒性，如果用它们来给人治病，在杀死病原菌的同时把病人也毒死了，那就成伤天害理了。所以，用来给人畜治病的抗生素只能是对病原微生物有强毒性、对人畜等高等生物细胞无毒或低毒的类型，这类抗生素只是全部抗生素中很小的一部分。

潮霉素是链霉菌属潮霉菌产生的，它就是一种除潮霉菌自身之外对其他细胞无论是植物、动物、微生物都具有极强毒性的抗生素。因而，潮霉素虽已被发现好几十年了，但从未、也永远不会用来给人治病。现在的潮霉素是应基因工程研究之需才生产的化学试剂，根本就不是药品。抗潮霉素基因则是从潮霉菌里克隆出来的，它在自然界中一直就存在着，从没有影响过人类生活。这潮霉素永远都不是药品，它跟人的医疗风马牛不相及，抗潮霉素基因怎么能对人有啥害处？

还有，一个抗抗生素基因只能抗某一种特定的抗生素，绝不可能对各种抗生素都抗。病人体内出现的多种抗生素都杀不死的所谓超级细菌绝不可能是一个抗性基因或一个质粒就能造就。

再者，就跟潮霉菌自身有抗潮霉素基因一样，青霉菌里肯定就有抗青霉素基因，链霉菌里肯定就有抗链霉素基因……要不然这些微生物自身也活不成。已经发现了上万种不同抗生素就意味着这个世界上原本就存在着起码上万种不同的抗抗生素基因。

这些数以万计的抗抗生素基因多少亿年来就一直在人类周围环境中存在着，还用得着转基因植物再向环境中释放一个两个的来害人吗？要能造成危害还能等到今天？

水里、土壤里、空气里，各种物体上哪儿没有微生物啊？看官随便到外面捡点啥，哪怕是摘一片最干净的树叶放在培养基上都会长出数不清的菌落。看官把培养基从无菌室里拿出来把盖子揭开敞一会，几天后也同样会长出数不清的菌落。地球上的微生物无处不在、躲都躲不掉，人类就这样随时随地在微生物包围中生活着。

看官要是没做过微生物学实验就看下面这幅照片，是在水稻田里采集10克土壤加10毫升水摇洗，将过滤出的水再稀释10万倍后取一滴抹在培养基上长出的菌落。环境中微生物真是多得很。微生物细胞之间随时都在相互接触着，抗药性要能那么容易转移，亿万年来天天都这么转，全世界的微生物早应该个个都变成了超级无敌的抗药性微生物了，还能专门等到今天的转基因植物来向环境转移？

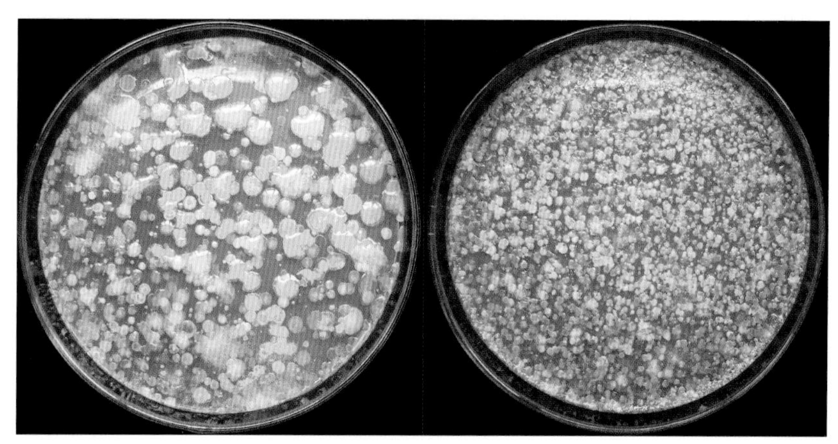

菌　落
（南京农业大学研究生万宇摄）

所以，所谓转基因会使抗药性基因转移到病原菌里去的说法也纯属弥天大谎。

可能还有看官心里在敲小鼓，这抗抗生素基因甭管它能不能转移到病原菌里去，它的编码产物也太厉害了，连能杀死病原菌的抗生素都能被它干掉。虽说基因DNA序列本身无毒，但这基因的编码产物是凭借啥把能杀菌的抗生素给干掉的？吃到肚子里去会不会把人体组织器官弄坏呢？

看官，你太多虑啦。

抗抗生素基因的抗性机制并不像日常生活中鸡能吃虫子、老虎能吃鸡那样需要一个比另一个更强大和更暴力。抗抗生素基因大多是编码一种转移酶，这种酶在抗生素分子上加上某些化学基团，抗生素就失去了杀菌活性。

地球人都知道，铁打的刀子可以杀人，但铁加上氧原子就变成了铁锈（诸如三氧化二铁），铁锈就是一堆粉末，杀不了人。抗抗生素基因的工作原理就跟这个刀子、铁锈的例子类似。抗潮霉素基因的产物叫潮霉素磷酸转移酶，它的功能是给潮霉素加上一个磷酸基团，潮霉素就变成了磷酸潮霉素，就失去了原来的毒性。其他的抗抗生素基因工作原理也是这样。例如上面白话过的*NPT*Ⅱ的产物是新霉素磷酸转移酶，它能使卡那霉素变成磷酸卡那霉素而失去抗菌活性，而氯霉素乙酰转移酶基因（*CAT*）可使氯霉素变成乙酰氯霉素而失去抗菌活性……

可能还会有人在琢磨，抗潮霉素基因的产物潮霉素磷酸转移酶连毒性那么大的潮霉素都能把它干掉，转基因植物里的这种转移酶会不会把咱们吃进去治病的抗生素也破坏掉呢？

绝不会，因为这是一种酶促生化反应。酶促反应最大的特点就是高度的特异性，就是一把钥匙开一把锁的关系，潮霉素磷酸转移酶只能催化潮霉素的磷酸化反应。其他的？它根本就不认得。

酶就是一种蛋白质，即便是吃进肚子里，也会跟其他蛋白质一样被消化掉。再说，吃进去的蛋白质要消化成小分子的氨基酸才能被肠道吸收经血液输送到身体各处组织和细胞，囫囵的酶的分子也太大了，不可能未经消化直接就进入到人的血液里去干预人的生化活动。

“抗虫Bt基因和抗除草剂基因的转基因植株和产品有毒吗？”

这是在转基因作物研究早期，国外流行过的一个经典质疑，在国外早已没人相信了。如果真有问题的话，在成天高喊人权的美国能容忍种植和销售有毒食品吗？转基因作物能年复一年地大面积种植并在全世界销售吗？各国人畜都吃了十几年的事实就已经正面回答了这个问题：没有毒。

抗虫Bt基因是从一种名叫“苏云金杆菌”的细菌里提取出来的。这种细菌最早由日本科学家1901年在病死的家蚕体内发现，后来在德国图林根州（Thuringia）一个面粉厂里的一种死虫子“地中海粉螟”体内又被发现，德国科学家贝尔林纳（E. Berliner）1915年将其取名为苏云金杆菌。很快，科学家发现，苏云金杆菌能高效地杀死鳞翅目的昆虫（小时是毛毛虫，长大变成蛾或蝶）但对其他动物没啥影响。因而自20世纪20年代开始，美国和欧洲就将苏云金杆菌当成生物农药去杀灭田间害虫。到20世纪50年代美国已将苏云金杆菌当成绿色有机农药运用于农林业生产。在基因工程之前，苏云金杆菌制剂被当成叶面杀虫剂广泛使用已有40多年历史，由于在成本和杀虫效果上与合成化学农药相比均无明显优势，所以当时Bt微生物杀虫剂在整个杀虫剂份额中只占不到2%的比例。

20世纪50年代中期，科学家发现苏云金杆菌对鳞翅目昆虫的毒性来自于孢子形成过程中所产生的晶体蛋白。1981年，美国科学家史奇尼普夫（H. E. Schnepf ）和怀特勒依（H. R. Whiteley）成功地提纯了这种晶体蛋白，随后从苏云金杆菌里分离出了这种晶体蛋白的基因，就是现在大家熟知的Bt基因。几年以后，美国的科学家把Bt基因转入玉米和棉花中，转基因植物细胞就能合成苏云金杆菌的杀虫晶体蛋白，害虫啃食了转基因植物就会中毒而死。至此，以前几十年都推广不开的Bt非化学农药杀虫才成为了某些作物的主力灭虫方式。

农民不乐意种的东西根本不可能大面积推广，抗虫转基因作物备受农民欢迎是因为农民能从中获益。没搞过农业生产的人可能不大了解农业生产上杀虫是怎么回事，那绝不能跟看官在家里那样，看到蟑螂满地爬才追着去喷药水。农业生产上要在害虫从卵孵化出来的初期喷药才最有效，打药晚了，虫子长大了或钻进植株里面去麻烦就大啦。虫子产卵是一拨又一拨的，所以农民得根据专业人员的虫情预报一遍又一遍地打药水。大面积打农药可不是个好活，地球人都知道化学杀虫剂有毒，一天下来浑身都是难闻的农药味，超级不舒服还超级遭人嫌。

抗虫转基因植物由于组织中含有能杀虫的Bt蛋白，刚孵化出来的小虫也就跟缝衣服线那么一丁点细，吃几口就被毒死了，害虫随便啥时从卵里爬出来啃食转基因植物都能被杀死，所以抗虫转基因庄稼不打农药也基本上看不到虫子和虫眼。种抗虫转基因庄稼省钱又省力，农民能不欢迎吗？

刚推广抗虫转基因作物时一些外国人就曾提出，虫子吃了都要被毒死，对人能没事吗？个别极端的环保主义者甚至认为种植抗虫转基因作物就是在“种农药”，抗虫转基因棉田要按农药污染来管理。但这些奇谈怪论在抗虫转基因作物的创制国早已没有了市场，绝大多数美国人都对反转人士的提案投了反对票。这是为什么？因为广大美国民众相信科学家、相信这么多年的事实：Bt蛋白对人畜无毒。

囫囵的Bt蛋白本身无毒，它只是针对某些特定昆虫（不是全部昆虫！）肠道的一种“原毒素”。对Bt蛋白敏感昆虫的中肠（昆虫消化道很短，只分为前肠、中肠、后肠三部分，中肠是消化和吸收的主要部位）是碱性环境，这类昆虫的中肠里面有一种碱性蛋白酶能将无毒Bt蛋白的部分基团消化掉，余下的部分才变成对该昆虫有毒的毒蛋白，这类昆虫中肠表皮细胞上还有与毒蛋白结合的特异性位点，毒蛋白结合上去后会使中肠壁细胞死亡，昆虫的中肠子就烂出洞，无法成活。

为啥人吃了Bt蛋白没事呢？

第一，人的胃液是酸性的，胃酸里含有盐酸，Bt蛋白吃到人体中就会跟其他许许多多的蛋白质一样被消化成各种氨基酸而变成人的营养成分。第二，人和绝大多数动物消化道里既没有某些昆虫中肠里面的那种碱性蛋白酶，又没有与毒蛋白结合的特异性位点，所以即便是没被完全消化也没事。第三，人不吃生粮

食，里面的蛋白质经煮熟已失去了生物活性，别说人，就是虫子吃这种熟粮食都没有事。

所以，转基因抗虫玉米问世以来十几年生产出了多少玉米啊？人吃也好，作饲料喂畜禽也好，不都好好的嘛！

直接的Bt蛋白安全性实验也多次证明它无毒。我国农业部委托两家第三方权威检测机构农业部农产品质量检测中心和国家疾病控制中心用纯Bt蛋白按每千克体重5克的量一日两次对小鼠进行灌胃，共灌了7天，第8天进行解剖，结果与对照组（不用Bt蛋白灌胃）相比并无显著差异。每千克体重5克Bt蛋白是啥级别？告诉各位，食盐的致死中量（LD_{50}）为每千克体重3克，这就是说以每千克体重3克食盐的量去灌老鼠，老鼠才会死一半。也就是说这Bt蛋白的口服毒性比食盐还要低，看官该放心了吧。

华中农业大学华恢1号转Bt基因大米，其实它的Bt蛋白含量不大于2.5微克/克。2吨大米里才含有5克Bt蛋白，一个体重60千克的人要靠吃这种大米吃到每千克体重5克 Bt蛋白的量就需要一顿吃下120吨大米，这显然不可能。何况每千克体重5克Bt蛋白的量并没有造成实验鼠任何身体异常，更何况人也不吃生大米。

请各位看官放心吧，抗虫转基因大米没有毒。

不过洒家认为，看官就是想吃这种大米也不一定能吃上。虽说科学家把它给研究出来了，并于2009年我国政府也批准了转基因水稻生产应用安全证书，但洒家并不认为这种转Bt基因抗虫大米就能够在中国水稻界大面积推广。为啥？洒家这里先卖个关子，只告诉各位这与毒性与否无关，将在最后一回再来白话这件事儿。

那么，抗除草剂基因在转基因植物里的产物是什么东西呢？有没有毒啊？

现在运用于生产的抗除草剂基因的代表是名为“EPSPS”的抗草甘膦基因(草甘膦是一种农药的名字，孟山都公司的商品名叫“农达”)。这种抗除草剂基因只抗草甘膦这一种除草剂，这种抗除草剂转基因农作物只能和草甘膦这种除草剂配套使用，如果用其他的除草剂一喷就会死光光。这世界上除草剂种类多的去了，抗除草剂基因与除草剂也都是一把钥匙开一把锁似的一对一关系，所以这世上绝不可能有啥除草剂都杀不死的超级杂草！

除草剂草甘膦的有效成分是一种氨基酸的衍生物或类似物，化学名称叫*N*-（膦羧甲基）甘氨酸，它的杀草作用是通过抑制植物体内莽草酸途径（一种生化合成途径）中的一种关键酶(5-烯醇丙酮酰-3-磷酸转移酶，简称“关键酶”方便点)来抑制芳香族氨基酸（苯丙氨酸、酪氨酸、色氨酸）的合成，使植物蛋白质的合成和光合作用受阻，植物因此而枯死。

转基因农作物细胞内的抗草甘膦基因（*EPSPS*）的产物也是被草甘膦抑制掉的那个关键酶，不过这个酶基因是科学家从其他能抗草甘膦的生物中克隆出来的，农药草甘膦对这个转入的抗草甘膦基因所编码的酶不起作用。所以除草剂草甘膦就只能把植物体内原来的那个酶给抑制了，而转基因编码的这个酶照样能使植物合成芳香族氨基酸。这样就破除了草甘膦对这些植物必需氨基酸生物合成途径的干扰，转基因植物就能正常合成蛋白质和进行光合作用。所以喷了草甘膦后转基因植物仍能正常生长，而其他非转基因的植物全都会死掉。这个抗草甘膦转基因植株就跟大城市的大医院通常都有双路供电线路一样，这一路电力线停电了马上就会自动跳转到另一路供电线路，绝不会发生病人在手术台上因停电而死亡的事故。

所以，抗草甘膦基因的产物只是一种几乎每种植物体内原本就有的酶、一种极其普通的蛋白质，连外来成分都谈不上，没有转基因之前人一直都在吃，吃到肚子里同样也被消化成氨基酸，咋会有毒呢？

植物是用根从土壤中吸收水分和溶解在水中的诸如氮、磷、钾之类各种无机盐养分，植物生长发育所需的各种氨基酸都必须用这些无机养分来自己合成。蛋白质是生命存在的形式，氨基酸是构成蛋白质的原料，草甘膦抑制了植物体内芳香族氨基酸的合成途径，制造蛋白质的原料都不齐全了，植物就不能制造出蛋白质。所以，植物的一切生命活动都无法进行，草甘膦就这样杀死了植物。而动物和人类获取养分的方式与植物完全不同，很多氨基酸是用嘴巴将蛋白质吃进肚子里再消化出来的，不需要自己去合成。所以，不仅是哺乳动物，就连鱼类、爬行类及昆虫体内都没有植物里这种芳香族氨基酸的合成途径和酶。因此，草甘膦对人畜代谢的干扰和毒害就无从谈起。所以，自1996年以来，商业化抗草甘膦农作物已被人类和动物大量食用，至今并无任何不良影响的报告。

草甘膦按我国标准来说是一种低毒农药，按美国标准来说则为“实际无毒”（标准为LD_{50}：1～5克/千克）。草甘膦不易被动物胃肠吸收，不经代谢便很快排出，在体内也不蓄积。在试验条件下草甘膦对动物未见致畸、致突变、致癌作用，对蜜蜂、鱼和鸟类及有益生物无毒害。

草甘膦原药（纯草甘膦）大鼠经口毒性试验LD_{50}值为4.32克/千克，这就是说按此数值体重60千克的人一次要吃259克纯草甘膦（不是农达等各种混入了其他添加助剂和水的市售商品剂型哦！）才会有可能使半数人中毒而死。

看官，所谓毒性都是相对的、有标准的。如果不加节制，啥东西都能吃死人，吃饭或喝水过多撑死人的事也不是没有报道过。这世界上没有绝对安全的东西，比如水也有LD_{50}（90克/千克），只不过是为毒性理论收集的极端数据。

“转基因植物生产出的种子不能发芽，这是绝育技术，人吃了也会绝育，断子绝孙、亡国灭种！”

这是网上被炒得最厉害、最耸人听闻的谣言帖。

道理很简单，也不需要有啥专业知识。看官只要想想：转基因农作物结的种子若都不能发芽，那孟山都公司是咋样把这些种子生产出来卖给农民赚钱的呢？

据查美国2012年、2013年大豆面积都是4亿多亩。每亩就按用5千克种子来算，每年美国农民就需要用200多万吨大豆来作种子。想必各位看官还没忘记前面已经白话过的转基因的冗繁过程和低效率，要在实验室里靠倒腾那些瓶瓶罐罐、直接转基因转出上百万吨大豆种子，别说一个，即便是一千个孟山都公司也做不到。

孟山都公司要真是用这样的方式来生产转基因种子，那它早就已经破产了。

洒家要告诉各位，这个转基因别看它现在被研究转基因的和反对转基因的共同炒得神乎其神的，其实它只不过是一种作物育种方法，一种比较精确的远缘杂交而已。所以，它也摆脱不了常规杂交育种过程中的性状分离、重组和稳定过程。所以，刚从瓶瓶罐罐里生长出来的转基因植株是绝不可能立马用来搞大田生产的。

转基因中最先进的农杆菌介导法也只能将外源基因（DNA）片段插进植物细胞核基因组内，但具体插到哪儿去人类则完全无法控制。当外源基因插到一个原有的基因序列上时，被插入的原有基因序列就被打乱掉，原有基因的活性和功能就丧失掉，也就是这个基因被插入失活了。所以，转基因植株总是会与原来的受体品种有一些不同。所以，做转基因时都要尽可能地多制造出一些转基因植株，以便从中选出既转进了目的基因、原有的优秀农艺性状又不大受影响的植株来。

即便从一堆转基因植株中找出了这种理想类型植株，结了种子也不能马上就拿去卖。因为转基因技术根本就不可能把两条同源染色体相同的位置上全都“安上”外源基因，按遗传学概念来讲此时的转基因植株还只是个杂合体，后代一定会出现性状分离，转基因植株所结的种子长出的植株肯定会“五花八门”地不整齐，根本就没办法拿去卖给农民。

所以，转基因技术制造出的转基因植株在遗传行为上与有性杂交后代类同，还需要种植下去让那些插进了外源基因的染色体们经过一代代有性生殖来分离和重组。人们先要从其后代中选出性状不再分离的纯合体转基因植株，随后才能将这些纯合体转基因植株结的种子扩繁几代，才能生产出大量的商品种子卖给农民。

这就是说，孟山都公司不但在出售转基因作物种子之前必须要先种植若干代让其纯合，而且孟山都公司年年都得靠种植来扩繁出第二年要卖的转基因种子。孟山都公司年年都在种、年年都在发芽，为什么到农民手里种一次就不能再发芽了呢？

一些反转基因人士说，美国人根本不吃转基因食品，纯属胡扯。美国每年种植大豆4亿多亩、玉米5亿多亩，前不久，美国现任农业部长在电视节目里明明白白地讲，美国现在种植的玉米和大豆90%以上都

是转基因的。那这好几亿美国人咋样能做到不吃转基因食品？事实是，美国现在卖的食品上连“转基因”这3个字都无需标注。

据说美国售出的有机食品也就占食品总量的4.6%左右，如果全美国好几亿人都只吃这点儿4.6%的高价有机食品也太悲惨了点吧？还有一些反转基因人士说，美国人吃的是从中国进口的非转基因。

中国种的大豆、玉米长期靠吃政府补贴过日子，成本高价格贵，缺乏竞争力，啥时候出口过美国呀？

为了渲染转基因恐怖，一位反转基因人士编造了一个3万字的超长谎言帖子——“毒基因在全国泛滥成灾的例证”。帖子里罗列了国内四家种子公司销售的592个品种是转基因的，他的理由是：“抗病性强就是转基因的主要特征”。这也太荒谬了。

农作物品种选育中，抗性一直都是仅次于高产的最重要育种目标，因为没有很好的抗性就不可能有稳定的产量。无论是过去还是现在，高抗、多抗的品种都多得不胜枚举，可以说，新中国成立以来没有一个能大面积种植的农作物品种不是多抗的，但它们和现代科学的转基因没有一丝一毫的关系。

例如，新中国成立之初最著名的小麦品种碧蚂1号，它是原西北农学院赵洪璋教授用杂交法育成，当年种植面积开创了中国之最，达9 000多万亩，碧蚂1号的主要特点就是抗病、抗倒伏，当时在关中和中国大多数适宜地区“不长条锈病和散黑穗病、不倒伏”。这个品种是赵洪璋教授在1948年育成的，那时，全世界都没有转基因这件事，反转基因人士“抗性强就是转基因”的谣言如何来自圆其说？

赵洪璋塑像
（引自百度，原注tupian.hudong.com）

赵洪璋（1918—1994）教授为此在1950年就当选全国劳模、1955年当选中国科学院院士（那时叫学部委员）。他还曾当选为陕西省劳模、陕西省政协委员、全国政协委员、全国人大代表、中国农学会理事，他还担任过国家科学技术委员会委员、中国农业科学院学术委员会委员、国务院学位委员会学科评议组成员、陕西省农学会顾问、陕西省科协副主席等。

还有，如果以前常规方法培育出的品种就没有高抗病性，那反转基因人士所说的抗病基因是从哪里得来的？如果常规选育出的作物品种就没有高抗病性，以前农田中还能收到多少粮食？

在这3万字长篇谎言帖中，除了各种粮食、蔬菜、瓜果、牧草之外，连肥料也中弹啦！东北绥化市一家种子公司卖的“有机生态肥广谱型”和“水稻返青喀权肥”（抱歉，原文如此，洒家也不懂啥叫“喀权”）竟然也被他打入转基因之另册。肥料也能被转基因实属超级荒谬。

杂交稻也躺枪了。地球人都知道，名为某优某某号的水稻是三系杂交稻，名为Ⅱ优某某号的水稻是两系杂交稻，这些都是袁隆平院士统领的杂交稻系列，大面积推广已经好几十年了。袁隆平研制杂交稻时，转基因水稻这个词还没有造出来，要把它们统统打成转基因，袁隆平及麾下的那些辛辛苦苦的杂交稻育种家们真是比窦娥还要冤。

李登海
（引自百度）

这就是：谁让你们搞的杂交稻也要去抗病啊呀？

这位反转基因人士把143个在售玉米品种打成了转基因，罪名也是抗病。其中包括农民育种家李登海培育的登海系列杂交玉米。

李登海可是个了不起的人物，30多年来，选育出玉米高产品种好几十个，他选育的“掖单”系列玉米品种，曾获国家科技进步一等奖。他是中共十四大、十七大代表，第八至十一届全国人大代表，中国十大杰出青年。

李登海被称为“中国紧凑型杂交玉米之父”，是世界夏玉米高产纪录的保持者。在中国育种界，他与袁隆平齐名，被美誉为南有袁隆平北有李登海之“南袁北李”。

与有大学文凭的袁隆平不同，李登海只是个上过初中的农民。不是大学毕业的干部就不可能进公家单位拿着工资搞研究，就没有科研经费。李登海靠花自己钱、用自己身家去搞玉米育种，一年到头和泥巴亲密接触，他的辛苦和辛酸有谁知道？他的成就全靠苦干、实干，用常规的育种方法得来。李登海怎么可能去坐在实验室里吹着空调搞什么转基因？荒谬。

李登海不仅受到农民的拥戴，高学历的教授们对他也非常推崇，敬佩有加。大学课堂上，“掖单”“登海”不仅是育种学成就的范例，也是青年学子励志的好故事。

另外，航育太空椒168、美国太空椒、航育甜糯香玉米也被反转基因人士打入转基因的另册。理由也同样荒诞不经——谁叫它们也能抗病？

明明“太空”两个字摆在那儿，地球人都知道这些太空品种是用航天器将种子送入太空遨游之后育成的，又怎么会是转基因品种呢？

各位看官也许会问，反转基因人士所说的那么多品种的抗病性里面究竟有多少个是转基因的？

洒家十分肯定地告诉各位：一个也没有。

这位反转基因人士所罗列的几十种农作物、592个品种的抗病性几乎囊括了大多数已知农作物病害。非常肯定地告诉各位，反转基因人士所说的这些抗病性全都是育种家们几十年上百年来用有性杂交等常规方法培育出来的。

为啥这般肯定？告诉各位，洒家就专门研究过这抗病虫基因工程，不仅用过外国人克隆出的抗病虫基因，还用过自己克隆的基因做过好多年的研究，太了解这行了。现实是，除了病毒外壳蛋白基因还能用之外，全世界还没有找到一个可以有效地用于生产的其他抗病性基因。

要实现反转基因人士们所说的、各种各样的作物病害都能用转基因来防治，不知道100年后能不能办得到。这不仅是抗病性问题很复杂，而且大多数抗病性都是由许多个微效的“小小”基因们共同来控制的。科学家们好不容易弄出来那么一个两个的，转了基因看起来是有点效果但却解决不了生产上的问题。

这农作物的抗病性究竟要啥基因才能管用，全世界农作物基因工程专家累得都快吐血也还没弄出个头绪来呢。

另一些反转基因人士则把自己打扮成关心民众的科普善人，列举了好多种农产品转基因与非转基因的区别，“教”大家如何去识别转基因食品。

反转基因人士煞有其事罗列的转基因与非转基因的区别都是诸如形状圆点啊、扁点啊，肚脐眼颜色深点、浅点啊，外表漂亮点、难看点啊，籽粒长点、短点啊……之类的外形特征。但编造得有鼻子有眼，很有点欺骗性。洒家要告诉各位看官，这完全是彻头彻尾的胡说八道。

洒家勉强也算是中国最早研究转基因农作物队伍中的一员，搞了好多年下来，不知接触过多少株转基因植物及其种子，可以非常肯定地告诉各位看官，转基因植株在外观上根本就没有任何肉眼能看见的“转基因特征”，用肉眼来辨别转基因和非转基因种子或农产品绝无可能。

各位看官，要鉴别植物是不是转基因的还真不那么容易。前面白话那个染色体荧光原位杂交技术也只能看到“一大坨”外来的野草染色体，在显微镜下根本就看不到基因，因为基因实在是太小了。鉴别转基因最起码要用第二十五回白话过的PCR技术，将单个基因扩增几千万倍才能看得到。大多数时候，转基因论文单做个PCR检查审稿人还不认账呢。因为学术界都认为PCR出现假阳性的可能性较大，还需要用其

他手段来共同确认。

下图就是洒家多年前对某个“被转基因”鉴定条件的优化过程，6幅PCR结果照片都是用同一对引物去检测植株里的同一个基因。6个PCR反应溶液的化学成分完全一样，只是反应温度和时间设定不同，但扩增出的产物却五花八门，从啥条带都没有到各种条带一摞摞的全都能出现。但这些条带中只有一条是所需检测的目的基因，其他的全是“假阳性”条带。为此，必须预先试验出该基因最适扩增条件，得到图版中第五图反应所示的、只有所检测基因的单条带的扩增结果之后，才能正式用来检查转基因植株，不然就无法说清楚。第六图就是用第五图的反应条件来检测转基因植株的结果，转基因植株都有明确的一条带而非转基因植株啥带也扩增不出来（左起第四、第六道）。再将这一条特定的条带割下来拿去测序，如果的确是被检基因的序列，检测结果才能确信无疑。

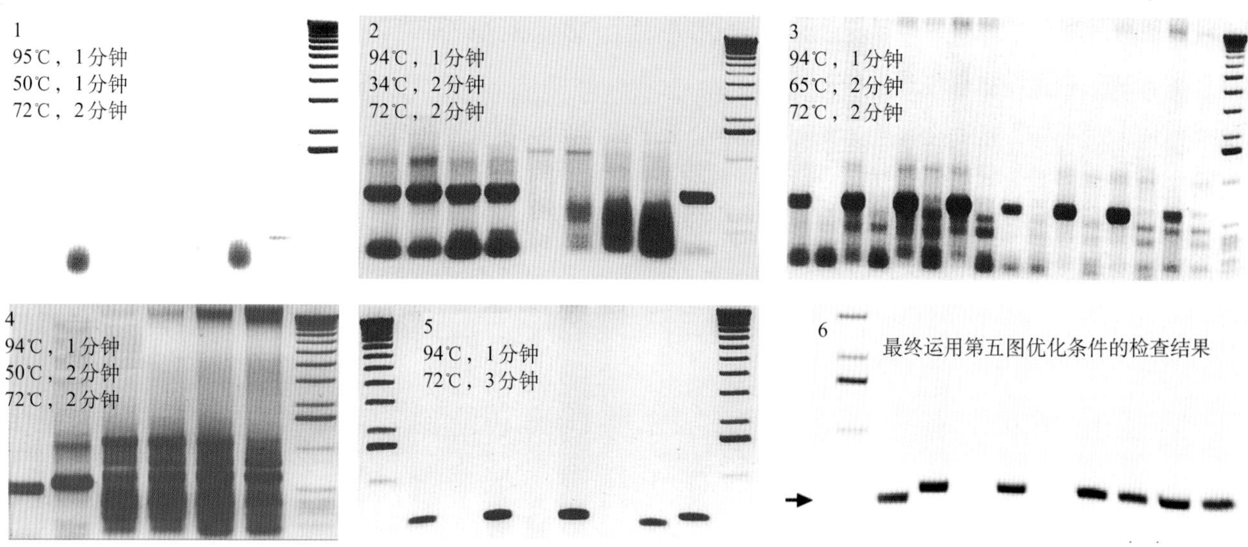

对某个“被转基因”鉴定条件的优化过程

各位瞧瞧，要鉴别转基因即便在装备有高级仪器的实验室里也不是唾手可得的。要得到可信的结论首先必须知道被转的是啥基因，被转基因的前后安装了些啥零部件，然后逐个去摸索每个被转基因检测最严格、最佳的检测条件，才能进行检测。否则就无从着手。

为啥转基因检测会出现上面图示的这类情况呢？

因为所有基因的成分都只是A、T、G、C 4种碱基，要是反应条件不够严格，才20来个碱基的PCR引物在哪儿不能往数以亿计的超级长的模板DNA长链上碰巧“粘”上它几个？这就是专业上讲的“错配”。引物粘在错误的位置上就会扩增出错误的假阳性序列条带。预试的目的就是要找出这对引物只能粘到所检测基因序列上而其他地方根本粘不上的最佳反应条件。

前几年一位食品系的教授找到洒家，希望能提供一些转基因和非转基因的水稻种子去做建立转基因鉴定方法的研究，按他要求把只有编号的几份种子给了他的研究生。过了几天这位研究生来对答案，绝大部分“转”与“非转”都准确无误，但有一份种子他做不出来，而这份又恰好是转基因的。这个真实的故事再次告诉大家，连研究生级的人才在初入行时使用了高科技方法都会有认不出来的时候，反转基因人士却让老百姓用眼睛来辨认转基因，这就是在骗人。

反转基因人士们还说，“转基因植物破坏生态系统，种过转基因植物的土地不能长其他庄稼，转基因作物产量不升反降。”

这些言论根本就不需要用啥科学数据来驳斥，看官只要用一点自主思维就能将其粉碎。原来植物里面数万个基因都不破坏生态系统，这转进的个把基因倒能破坏掉生态系统？

啥叫生态？生态就是农作物周围一切环境条件的总称。就是说头上的天、脚下的地、中间的植被加空气全都属于生态条件之列。

原来种地要洒好几种除草剂都不会破坏生态系统，种了转基因植物只洒一种除草剂就破坏了生态系统？原来种地要洒好多次农药杀虫，种了转基因作物基本不洒农药或只洒一两次农药倒反而对生态系统有破坏？太荒谬了。

这世间所有的基因都是全天然的、原本在自然环境中一直就存在着的，几亿年来众基因们一直在人类周围和谐相处着，世界上有哪个基因具有破坏生态的功能？告诉大家，破坏生态的只有人类自身的活动，那些破坏过生态或正在破坏着生态的全都是人类自己造出来的东西，无辜的基因们没有半点责任。

“种过转基因植物的土地不能长其他庄稼”更是滑天下之大稽。洒家搞转基因研究好多年啦，试验地里夏天种转基因水稻，收割后种普通的菜、普通的麦哪年都长得好好的。有时冬天啥也没种，又没去管它，地里的各种野草都长满啦，壮实得很。

至于“转基因作物产量不升反降”谣言更是不值一驳。农民种地是要赚钱养家，他们绝不会去干明知要赔本的买卖。如果买来的种子使农民减了产，农民非但不会再买还肯定会去告发。转基因农作物产量若真是不升反降，现在还有农民去种吗？

各位看官请看下面这些网帖截图。不但苍蝇、蚊子、金鱼、老鼠、蟑螂、小鸡都能被转基因弄死，连同性恋都成了转基因惹的祸。还有前面白话过的长癌、绝育、断子绝孙、莫吉隆斯、超级细菌……连上海黄浦江的死猪、前一段闹的禽流感都被造谣成是吃了转基因饲料造成的。那为什么美国人、中国人、全世界的人，吃转基因这多年啦，咋一个也没被转基因毒死呢？

【中华论坛】转基因又一巨大危害：导致同性恋人口大幅增加 原

作者:半解一知半解 发短信 加好友 更多作品 博客 发表于：2013-07-04 20:20:15

级别：上校 积分：20390

转基因又一巨大危害事实：导致同性恋人口大幅增加的主要元凶

作者：半解一知半解 时间：2013年7月3～4日

猪狗不吃转基因食物是靠动物的本能，

而你方舟子吃转基因食品靠的是什么？！

【中华论坛】好消息：转基因食用油可以杀灭蟑螂

- 发表于：2011-11-08 16:24:16
- 作者：shui30发短信加好友更多作品

【中华论坛】德法科学家联合宣布：转基因玉米影响人类生育能力！

作者:黑土地在哭泣 发短信 加好友 更多作品 发表于：2012-06-02 06:42:22

级别：中校 积分：19622

德法科学家联合宣布：转基因玉米影响人类生育能力！

【中华论坛】家中蚊子或已被转基因灭绝！

作者:-实话实说- 发短信 加好友 更多作品 发表于：2012-07-19 08:32:37

级别：中将 积分：78852

今年进入夏季，我逐渐有了个极为震惊的“重大发现”----今夏雨水偏多，此种潮湿闷热的环境按理说当是蚊子叮人和蚊子繁殖的高发期。以往到了这时候，我在家中拍打致死的蚊子算来怎么也得有个二、三十只了。然而今年则完全不同了。我除了在六月初打死过两只“过冬老蚊”之外，时至行将“入伏”的今日（7月18日头伏），竟然在家里没有再发现过一只蚊子。不仅如此，就连家门之外的走廊、楼梯，亦或是往年蚊子常常聚集的电梯内，出来进去也都没有发现过一只蚊子或飞舞或停留的踪影。

我的转基因试验，恐怖之极切莫模仿（新浪网易都发不了

楼主：bgdfd 时间：2010-02-11 12:35:00 点击：66566 回复：622 只看楼主 阅读设置

上页 1 2 3 4 … 7 下页 到 页 确定

回复 收藏 分享 更多 楼:

洛克菲勒基金会的张启发院士认为成人每天吃500克转基因稻米，连吃657年也不会出现问题，人食用转基因稻米是安全的，鉴于

中国的砖家叫兽没有花657年去证明“连吃657年也不会出现问题”，本小农（因为农大毕业即失业在家务农）决定自己证实，转基因稻米咱没地买，但转基因大豆楼下豆腐坊就有（现在市面上也没多少非转基因的大豆了），他的豆渣是免费的，我准备了果蝇，金鱼，小鸡，仓鼠，宠物市场上有卖的。

1．．．．果蝇拿苍蝇代替，数目太多没数，豆渣发酵后喂食，17天后全部死亡，生产的蛆未孵化，可能是温度不行，但正常寿命应该是30天

2．．．．金鱼为50燕尾 金鲫鱼 ，豆渣发酵后喂食，27尾已经死亡，原因未知，可能是偏食给饿死的，其余23尾有17尾总是偏着头游泳，其中有一条亲鱼买的时候就怀孕了，买后一个月产子，缸低铺了一层，但是2个月了都臭了没孵出来。温度在18度没问题，分析是没有受精。

3．．．．小鸡50只，2天后死了6只，试验样本44只，3个月后突然出现7只边叫边转圈，大群正常，无伤亡，但羽毛松散不光洁，鉴于鸡的寿命可长达10年，现正在继续观察。

4．．．．因为没地买白鼠买的仓鼠，试验样本50只，3个月后有10只掉毛有皮肤红，皮肤干燥产生类似头皮屑的东西，不停的搔痒，不停的乱抓而造成流血。判断是皮肤病或是过敏，为防感染分离出去喂自家产的白薯做放弃，15只疑似感染分离直接喂大豆加强营养，25只放原地还喂豆渣，

注意恐怖的一幕出现了，15只疑似感染分离直接喂大豆的仓鼠四个月另六天后在食物充足的情况下突然互相撕咬，要知道他们是一个大家子，本身是血亲啊！也不存在发情啊！现已经全部死亡，解剖后发现小脑萎缩，就像买的核桃被烤干了成片的样子，身体脏器全部肿大，形成突起的乳头状、息肉状、菜花状的肿物，浸润性包块状，溃疡状伴浸润性生长，切面呈灰白或灰红色，有恶臭，恶心的你吃不下去，请看图16及录像。

网帖截图

实在让人没法理解的是“猪狗不吃转基因食物是靠动物本能”。

第一点，全中国有几个人敢说这十几二十年来一次也没有去饭店、快餐店、食堂吃过饭？一次也没吃过各种豆制品？一次也没吃过工厂生产的点心、零食、方便面等食品？最起码这里面放的植物油就没人敢

说没有转基因的。

全中国又有谁能品尝得出来某种食物是不是转基因的？说猪狗都有不吃转基因食物的本能，就是在影射如此庞大、吃了转基因都认不出来的中国民众全都猪狗不如。这里面也包括反转基因人士自己和他的家人，打击面也忒过大了点吧？

第二点，最起码中美两国很多养猪场的猪都是吃转基因玉米和转基因大豆粕为主成分的配合饲料，多少年了，从没听说世界上哪个猪场里的猪们闹过绝食。那具有不吃转基因本能的就只能是反转基因人士自己家里的猪、狗啰。难道反转基因人士家里的猪、狗都具有科学家要用现代化仪器才能鉴别出转基因的“本能”？

再者，谁说得清楚全世界总共有多少个基因？连单细胞的大肠杆菌就有几千个基因。全世界有多少种微生物？而包括人在内的高等动植物每一个动不动就有数以万计的基因，全世界共有多少种生物？所以这自然界的基因数目真的是比天上的星星还要多，数都数不清。这些基因们一直就在自然界中和谐共存着，和人类共处几亿年啦，从没听说哪个基因能像反转基因人士说的那样害人。反转基因人士还大势渲染吃转基因的动物几个月就要长癌、三代就要绝种，来制造恐怖气氛。

畜禽配合饲料的主要成分就是转基因玉米和转基因大豆粕。不仅如此，听说美国在牲畜饲料里添加“瘦肉精”都不犯法。这些畜禽通常也就养个一二年就要被屠宰出售，生产性种畜禽最多也就用个两三年就要被淘汰，有转基因以来的这么些年得有多少个三代？中国也好、美国也好，照样是猪满圈、牛满栏、鸡满舍、蛋满筐的，一个种也没被灭掉。中国人、美国人、全世界的人，吃了这么多年转基因和转基因喂出来的禽畜产品照样活得精精神神的。

转基因谣言虽然超级不靠谱，但现在这个转基因却是任谁都避不开，就连那神像下面供奉的灯油和点心里也都可能有转基因植物油。所以，反转基因人士才可劲地编造各种离奇的转基因谎言来制造恐怖，看官们切莫上当哦。

第三十二回：

基因克隆难过登古蜀道，有用基因寻找路漫漫兮

李白诗曰："危乎高哉！蜀道之难，难于上青天。"

就算在那没有汽车、火车的唐朝，自长安步行入川，翻个秦岭几十天还不行吗？再慢有几个月总可以爬过去了吧？但那时要上青天则完全没有可能，所以李白的诗句极其夸张，要不咋叫他是伟大的浪漫主义诗人呢？

基因克隆呢？

洒家仿曰："玄乎茫哉！基因之难，难于古蜀道。"

可以说，人类要从生物基因组里弄出（克隆出）个管用的基因来真比上青天还难的古蜀道还要难上千百倍。

不是吗？这基因工程都搞了二三十年啦，全球每年种植转基因农作物都达到了25亿亩以上，但这些转基因作物上用的基因咋还是只有抗草甘膦（除草剂）基因、抗虫Bt基因和病毒外壳蛋白基因等两三个基因呢？所以洒家说克隆基因难过登古蜀道完全是现实主义的，一点也不夸张。

基因克隆的难度还可以套用那段非常著名的明星语录。

鉴定出一个基因很难！克隆出一个基因就更难！克隆出一个能产业化运用的基因更是难上加难！

为什么克隆基因就这般地难呀？打个比方，当前的基因克隆研究就好比一个盲人要在一望无际的大荒原上去寻找一根只几毫米长的、某一种颜色的缝衣线头一样，既玄乎又茫然地不知所措。为啥呢？因为即便是瞎猫碰上死老鼠似的用手碰到了这根线头，盲人也看不见它是啥颜色。所以，现在搞基因克隆的人都是空怀着满腔的热情和科技兴国的雄心壮志，但浑身的劲却不知往哪里去使。说得不好听，即便是想要以身报国也找不到拼命的对象。

说起来现代生物科学水平已经是如何地非常了得，都达到了分子水平。实际呢，咱人类当前对基因的认知水平连盲人摸象的程度都还没达到，全世界在克隆有实用价值的基因方面还全都是在瞎碰乱闯地碰运气。

为啥会难成这般样子？

首先是这基因的理论和现实之间的差距也忒大了点。

把前面白话过的基因理论简化一下可以得到以下几点。

生物的各种性状是由基因控制。

基因在染色体上成直线排列。

基因是DNA长链上的一段序列，4种碱基的排列顺序编制出了基因的生物学功能。

简言之，基因就是染色体上DNA分子的一段碱基序列。

那这染色体上的DNA是啥样子的呢？

早先，曾有人认为一条染色体由好几个DNA分子即好几条DNA链共同组成的，现在科学界都公认每一条染色体都是由一个DNA分子即一条DNA长链组成的。比如人，每个体细胞里有46条染色体，也就是说有46条DNA长链分子。

一条染色体上的DNA有多长？洒家还真不知道咋样去量，只看到一本权威遗传学教科书上说人类1号染色体的DNA分子长度为82毫米。

是不是有人会觉得82毫米很短？看官，分子是多么多么细小的呀，现在连最高级的电子显微镜都看不到分子这么小的东西。82毫米对分子而言就是超级的长啦。这本权威遗传学教科书上还这样写道：如果把这条82毫米长的DNA分子按比例放大成1毫米粗的意大利面条的话，这根面条就足有40千米长。

然而，染色体的长度在显微镜下很容易直观地用测微尺量出来。据载，生物染色体长度通常在10 ～ 15微米，平均长度为6微米，有一种叫延龄草的植物的染色体甚至可长达30微米。上述这条由82毫米长的DNA分子组成的人类1号染色体在有丝分裂中期时长约10微米、宽约1微米（1 000微米=1毫米）。这就是说，在显微镜下看到的人类1号染色体只有其DNA分子长度的1/8200。

显然，这条82毫米长的DNA分子就无法直直地、舒舒服服地待在染色体里，必须要委曲地龟缩几乎近万倍，以便“蜗居”在这仅有10微米长的地方！

下面是一幅人染色体的电子显微镜照片。染色体的真实模样就像两捆从旧毛衣上拆下来的、曲里拐弯的乱毛线被扎在了一起那样。现代科学已经证明染色体上不光有遗传物质DNA，还有约一半多是蛋白质。现代科学认为，染色体是由DNA和核蛋白先缠绕在一起组成核纤维，核纤维再缠绕成直径约30纳米的染色质纤维，染色质纤维再“乱七八糟”地多次螺旋和折叠成为染色体。从照片可看到这染色质纤维还极不均匀，有的地方密度大（颜色深点）、有的地方密度小（颜色浅点）。

这种状态DNA上的基因们是怎样实现在染色体上呈直线排列的？怎样实现一对同源染色体上同一个基因处在相同的位置上？因为染色体配对啊、交叉啊、交换啊是在光学显微镜下都能看见的遗传学行为，这些基本问题全世界遗传学家至今都还没有找到大家都能接受的解释。

长长的DNA分子是咋样缩小后形成光学显微镜下可见的染色体的？目前科学界还没有很完备的理论或实验证据，只有一些假说，但现行所有的假说不仅都只有非常有限的间接证据而且这些假说还都无法理性地解读这种几千甚至上万分之一的压缩率。下页左图就是当前大家公认的DNA形成染色体原理。

各位看官，这条DNA分子先和蛋白质缠绕在一起，再经过多次螺旋化和多次折叠，最终绕成了一捆乱毛线般的三维立体的染色体“棒棒”。染色体的上、下、前、后、左、右都绕着经多次螺旋和折叠后的染色质纤维，这些基因们怎样能实现经典遗传学中所谓的直线排列？

为啥要揪着基因在染色体上直线排列等经典遗传学理论不放？因为现在人类仍然是运用上面所述的这些诸如直线排列之类的经典遗传学的知识，用交换、重组等染色体遗传行为来研究基因、定位基因、克隆基因的。

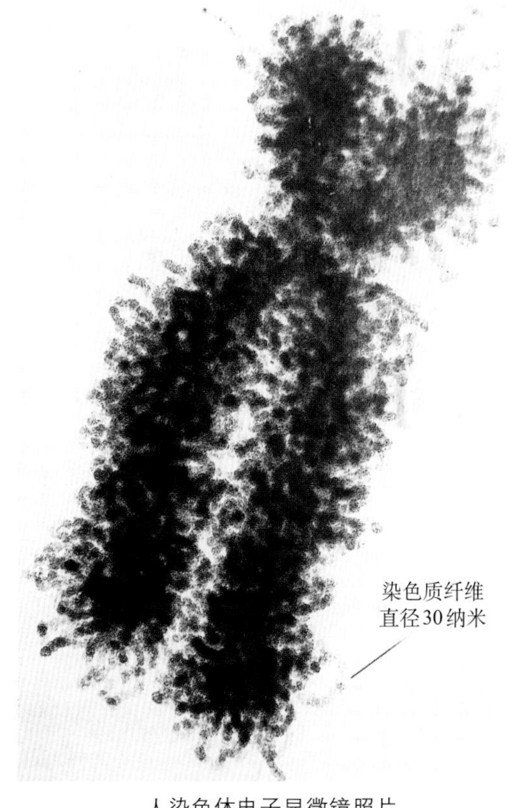

人染色体电子显微镜照片
（引自D. P. Snustad等，*Principles of Genetics*）

比如说，我们在一大片生病的农作物中发现了一株没生病的抗病植株，第一步就要确定这棵抗病植株的抗病性是不是可以遗传的性状，方法是将这棵抗病植株结的种子种下去仔细观察其后代。如果后代不再抗病了就说明上一代不生病是由环境、营养等外部条件造成的非遗传性临时性状，并不是体内有抗病基因所致，没有研究的价值。如果后代仍然抗病就说明这棵植株的抗病性是可遗传性状，体内必定带有抗病基因，就需要继续研究下去。

第二步就要去研究这个抗病性状的遗传学特性，确定该抗病性是由啥样基因来控制。方法是把这株抗病植株和一个特易感病的品种杂交，看杂种后代植株群体的抗病性分离情况，数一数杂交后代中各类抗病单株和感病单株的数目。如果抗、感单株的分离比例符合前面白话过的孟德尔定律，就可以从这些数据中计算出这个抗病性是一个基因控制的、几个基因控制的或是很多个基因控制的结论。

第三步就要想办法确定这个抗病基因在哪个染色体的哪个位置上，这叫基因定位。这说起来仿佛很简单但做起来却相当麻烦。

基因定位是靠啥神器？告诉各位，啥神器也没有，就是靠第五回白话过的、由摩尔根养果蝇发明的基因连锁交换的原理，用那个交换值来确定基因在染色体上的位置。

自摩尔根发现基因连锁交换现象之后，很多科学家采用这个方法研究了各种生物各种遗传性状基因之间的连锁关系，不仅将相互连锁遗传的一批性状的基因称为一个连锁群，而且还发现各种生物连锁群的数量总是和染色体的数量一致。

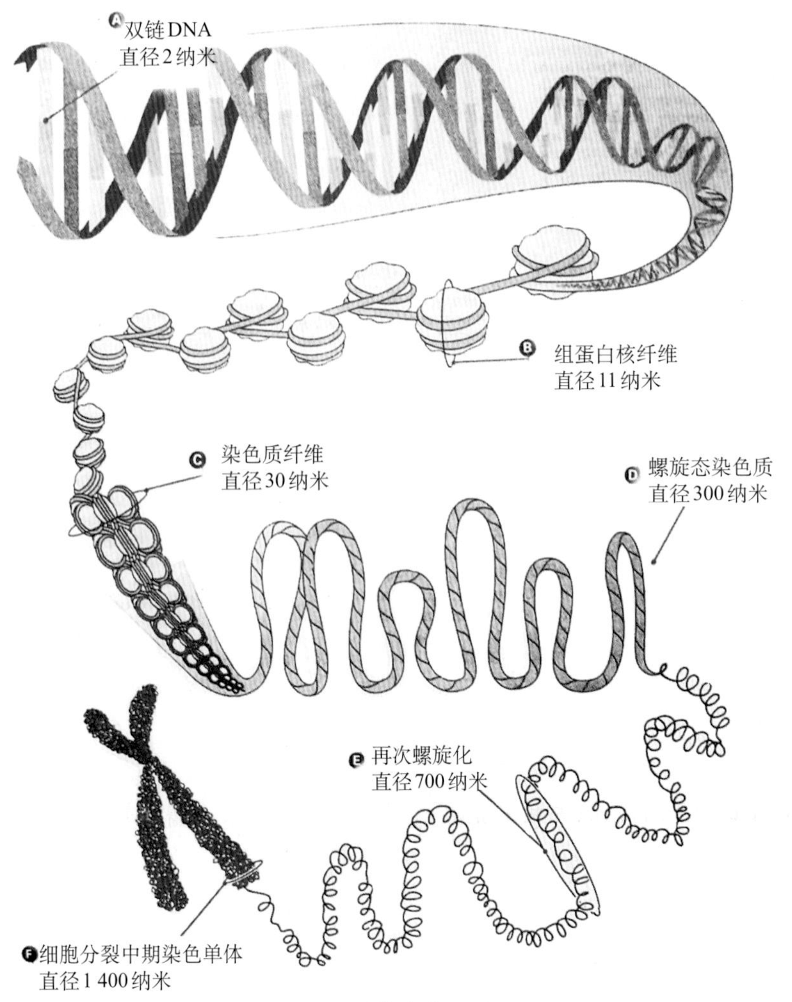

DNA形成染色体原理
（引自D.L. Haetl和E. W. Jones，*Genetics: Analysis of Genes and Genomes*）

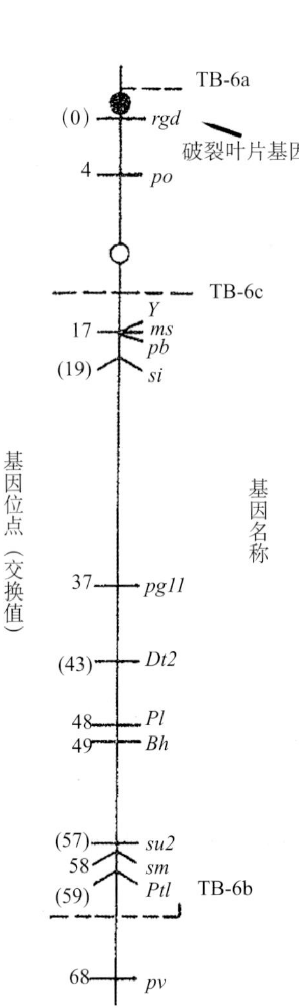

玉米的第六号染色体基因连锁图
（引自J. Schulz-Schaeffer，1980，*Cytogenetics*，汉字是洒家加的）

例如玉米有10对染色体，所有已经被研究过的遗传性状的基因在试验中就真如理论预期一样形成了10个连锁群。前面第五回已经白话过了，一开始科学家对这10个连锁群与10对染色体的对应关系在很长时间内都搞不清楚，1931年在诺贝尔奖得主麦克林托克女士及其同仁对玉米染色体的精细显微研究基础上，终于实现了将玉米10个遗传性状连锁群与10条玉米染色体之间的对号入座，人类才知道了各条玉米染色体上有啥基因并画出了每条玉米染色体上有哪些基因、基因之间距离是多少的连锁遗传图。

细心的看官可能会问，前面白话过交换值最大为50%，也就是说，基因间最大距离值应为50厘摩，咋这张玉米第六染色体基因连锁图里标的交换值还有大于50的？没搞错吧？

看官，绝对没搞错。前面已经白话过了，虽然这种只能用0% ~ 50%极为有限的数字来计量动辄就是数以万计的基因在动辄数亿碱基对上的彼此距离的方法是既搞笑，又粗糙，还夸张，但目前人类也就这点水平。50%以上的交换值肯定不可能从实验中直接得到，是人们类推出来的。

例如图中那个基因位点为（57）的*su2*基因就不可能与位于0位点的*rgd*基因测出57%的交换值，而是通过它与其他基因间的交换值推算出来的。例如，测出*su2*基因与基因位点为（37）的*pg11*基因交换值为20%，又测出*su2*基因与基因位点为（49）的*Bh*基因交换值为8%，那就可以推定这个*su2*基因位点一定位于*Bh*基因之下。37+20=57，49+8=57，那这个*su2*基因的位点就应该是在（57）位点了。所有大于50厘摩的基因位点都是这样被定位的。

洒家之所以选这幅第六号染色体图是因为它上面定位的基因比较少而且比较均匀，不会因太复杂一下就把看官给弄懵啦。如果把已定位基因数目最多、图最长的玉米第一号染色体放在这，不仅太占地方也容易把人看晕，它最下面那个基因的位点值都到170多啦。

现在好些物种都已经有了这种染色体连锁遗传图，都是通过交换值测验再结合其他经典遗传学实验方法将基因连锁群和染色体联系在一起画出来的。有一些物种虽没有画出来这种详尽的图谱，但也知道了很多基因在哪条染色体上。所以，上述那个抗病基因就可以通过设计一系列的杂交实验，通过分析它与图上已定位基因之间的连锁情况和交换值来确定这个抗病基因在哪条染色体甚至在染色体的哪个地方。

第四步就是要想办法把这个抗病基因拿出来，也就是把它给克隆出来。这是最难的。前面白话过了，那DNA分子和蛋白质在一起缠了又缠、绕了又绕、叠了又叠地挤成了乱毛线般的染色体，而基因只是其中很小很小的一小段DNA超微丝，看不见摸不着，不难死个人才怪。

任翻一本分子遗传学或基因工程的教科书，上面罗列的基因克隆方法至少有十几种，看起来复杂、科学、全面，好像只要是个基因都可以被克隆出来一样。但实际上真正管用的、放之四海而皆准的基因克隆方法是一个都没有。咱必须得承认，这就是基因克隆研究的现实水平。

现行克隆基因的方法大致可简单地分为两类："关系"法和"按图索骥"法。

关系法中第一种是要想办法搞清楚基因与信使RNA、基因与蛋白质之间的关系，只要任何一项关系被搞定了，基因就能被拿到手。例如，在植物种子灌浆的某个特定时期里，储藏蛋白基因的信使RNA（mRNA）在正在发育的种子中可高达全部mRNA数量的近一半，数量大就容易被提纯。将提纯的mRNA用反转录酶反转录成互补DNA（cDNA）就得到了储藏蛋白基因。当然，如果能搞清楚某个基因的产物是个什么蛋白质也能采用蛋白质的抗血清、蛋白质的氨基酸序列分析等方法把这个基因给克隆出来。

此外，还可以利用不同物种在性状和基因之间的相似关系来克隆基因。例如，玉米有糯与非糯之分，大米也分糯米和非糯米两类。尽管玉米和水稻之间没有啥亲缘关系，是两种不能杂交的、完全不同的植物，而且二者分管"糯"这个性状的基因肯定会有"是玉米的或是水稻的"之区别，但由于它们都是管理同一种性状的基因，就不会有本质的区别，就一定会有很多相互同源的部分。所以，多年前中国的科学家就利用外国人从玉米中克隆出来的糯性基因作为"钓饵"在中国把水稻的糯性基因也给"钓"出来了。

可惜的是，这基因克隆中能弄清或找到这种"基因关系学"的基因也实在是少之又少，因而绝大多数的基因都无法通过这种关系学手段把它们给拿出来。

为啥呢？因为无论什么时候，细胞里的信使RNA种类都有数千种之多，而每一种信使RNA分子的数量都很少，信使RNA又很短命，有的几分钟就会降解（烂）掉，想见它一面都很难。因而，现在的科学水平还真无法弄清楚各个发育阶段这些数以千计的信使RNA各自是哪个基因的产物。

蛋白质呢？那就更是吓死个人，洒家见过一些科学家用很高级的脉冲电泳方法分离蛋白质的结果，一张胸片大小的X射线照片上密密麻麻、重重叠叠地挤满了各种大小的不规则黑色斑点，就洒家这点水平，看这些头皮都发麻，哪还能数得清、辨认得开来？总觉得没几个凡人能以此方法克隆出所需的特定基因，费了老大劲也就只能发些大多数人都看不懂的SCI论文罢了。大多数被记述在教科书里的现行基因克隆方法都差不多这个样子，理论上说全都可以克隆出基因，实际上却都只是一张张美丽的、难以充饥的大画饼而已。

对于绝大多数基因，人们既不知道它的信使RNA是哪一个，也不知道它指导合成的蛋白质是什么样子，关系法显然就用不上。目前这些基因大多只能用按图索骥法去碰碰运气。

洒家要先给各位看官打个预防针，按图索骥法也没有啥新招，仍然还是靠第五回白话过的、由摩尔根养果蝇发现的基因连锁交换原理，用交换值来确定基因在染色体上的位置，再把基因拿出来。

按图索骥的“图”叫分子标记连锁图，它跟上面的染色体连锁图不一样。染色体连锁图上标的只是控制不同性状的基因们在染色体上的连锁情况，这些所谓的基因只是科学家们从遗传学理论上推定的一个符号，并不是真实的基因序列。但分子标记连锁图上标的则是很多真实的DNA短序列之间的连锁情况。

右图是1998年发表的水稻第一号染色体短臂的分子标记连锁图。又黑又粗的竖线代表染色体，与之垂直的细横线表示分子标记的位置，第一竖栏数字是位置的“厘摩”数（交换值），第二栏则是该分子标记的名称（编号）。

例如第一行位置是0.0厘摩，对应的分子标记叫R687；第二行第一栏位置是0.3厘摩，对应的分子标记叫C161，这就是说这个C161与R687的交换值是0.3%。下面37.1厘摩处的分子标记是R665，就意味着R665这个分子标记与0.0位置的分子标记R687之间的交换值是37.1%。

这些分子标记是些什么？告诉各位，它们既不是任何基因也不一定具备任何生物学功能或意义，分子标记就仅仅是一小段特定的已知DNA序列而已。

分子标记可以是从其他生物细胞内提取的各种DNA序列上切下的某一小段，也可以是先用计算机软件随机设计出一组组DNA短序列再用机器（DNA合成仪）按此生产出的海量的各种DNA短片段。

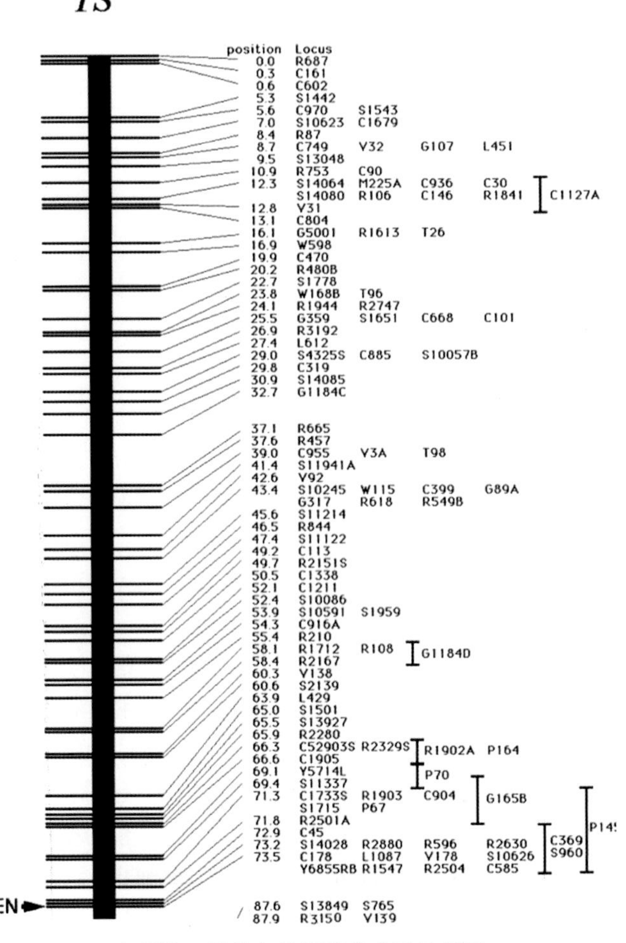

水稻第一号染色体短臂的分子连锁图
（引自Y. Harushima等，1998，*Genetics*）

要建立一幅分子标记连锁图首先就要用成百、上千、上万的各种不同序列、不同长短的分子标记去检查某种生物的核DNA，从中筛选出能与该生物核DNA序列产生稳定、特异带纹的分子标记。例如在以一批短DNA序列为引物的PCR实验中，大部分短DNA序列要么是没有信号，要么是出现乱七八糟的条带，但其中有一个引物能稳定地扩增出与众不同的特殊条带，那么这个引物就可以作为该物种的一个分子标记。

随着被找出的分子标记数量的增多，科学家运用一些特定杂交后的分离群体，对这些分子标记之间的连锁关系进行遗传分析。当一个生物种的分子标记数量多到一定程度就会形成一个个的连锁群，只要找到的分子标记的数量足够地多，连锁群的数量最终就能与染色体的数量一致。此后再通过对这些分子标记与

已定位在某条染色体上的基因之间的连锁遗传分析并结合其他的遗传学实验手段，就可以将这些分子标记连锁群与各条染色体对号入座，画出上面那样的分子标记连锁图。

分子标记连锁图与上述基因的染色体连锁图最大的不同之处可以这样来说明。

上面那幅染色体连锁图只能告诉你有十来个控制生物性状的基因在这条染色体上，但基因是什么并不知道，具体位置在哪儿也不知道。就好比告诉你在从北京到广州这条长长的路线上散布着十来个人，但这些人长的啥模样不知道，他们的所在地和门牌号码全不知道。仅凭染色体连锁图上的这点"情报"，看官是没法找到其中某个人的。

分子标记连锁图上标注的分子标记则全是一些实实在在的、序列已知的短DNA片段，某个分子标记在染色体的位置就意味着这个标记的DNA序列与此处的染色体DNA序列互补，就是说这个分子标记就是在这条染色体DNA序列的这个位置上。拿上一段的比喻来讲就是，这些标记虽不是啥具体的人，但它们却都是位于染色体上某个固定的地方，这就好比给这条染色体DNA不同的地段都钉上了一个个的门牌号码。这就是说，咱虽不知道某个人啥样，但只要知道某个人靠近哪个门牌号码，就可能根据这地址把这个人找出来。

分子标记既不需要有啥意义，也不管长短大小，只要能与基因组产生稳定的条带信号即在基因组DNA长链上有个"固定座位"就行，所以可以无限量地人为制造出来，所以最终在每种生物的染色体都可以找到很多特定的分子标记位点。上面那幅水稻第一号染色体短臂分子标记图是17年前的老图，小半条染色体上有六七十个标记还算是少的和"低密度"的呢。现在经过全世界各实验室的研究，各人手里都有了为自己基因克隆而开发的（局部）高密度分子标记连锁图谱，上面的分子标记的数目自然就多得多了。通过高密度分子标记连锁图，科学家就有可能把需要的基因给拿出来。

按图索骥把基因拿出来的原理其实非常简单。

前面已经白话过了，每个分子标记在染色体DNA上都有一个固定的位置，分子标记连锁图上的各个标记就相当于给一条条染色体DNA分子上安上了许多门牌号码。科学家就可以通过分析某个特定性状，例如上面所说的抗病性与那幅图上分子标记的连锁遗传情况，最后找出与该抗病性性状交换值最小的某个分子标记。交换值越小，连锁就越紧，与抗病性基因靠得就越近。分子标记在染色体DNA上有着固定的"座位"，分子标记的DNA序列又是已知的，只要二者间距离足够近，就可以用该分子标记作为"引物"把与之相邻的DNA片段从天文数量级的总DNA序列中分离出来，只要该抗病基因的确被包含在这一小段DNA序列之中，再把该基因克隆（拿）出来就不难了。

看官会问，这么简单的方法真能从复杂透顶的生物体内把神秘的基因克隆出来吗？

咋不能啊！全世界包括院士、教授、研究员、研究生等都正在进行着这样的研究。下表是洒家在多年前所作的一个检索，当时不仅已拿到手的水稻、小麦、玉米的基因都是几百几百的，连"高产基因"都已经被克隆出一百多个了。这么多年又过去了，现在各种数据库里新登录的已克隆基因知多少啊？所以，这基因克隆的成绩真是伟大而辉煌着呢！伟大得洒家现在都懒得去查了。

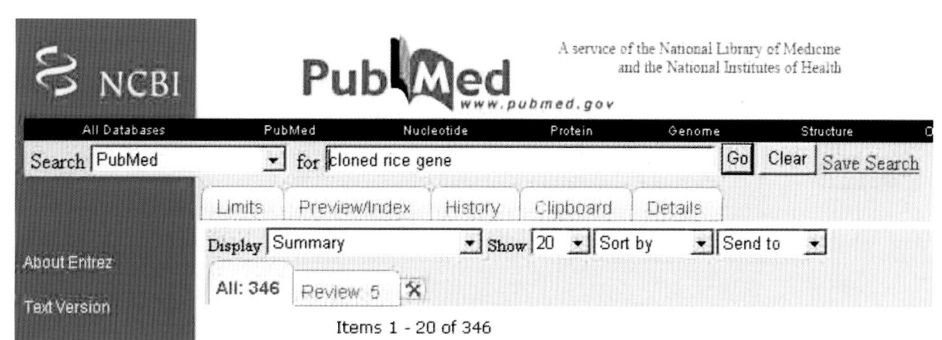

在美国国家生物技术信息中心（简称NCBI）检索已克隆水稻基因的结果

已克隆出的水稻基因	346
已克隆出的玉米基因	335
已克隆出的小麦基因	267
已克隆出的高产基因	178

反应快的看官马上就会问，在多年前就拿到了那么多个高产基因，咋从来没听说过啥农作物高产新品种是用转基因技术培育出的呢？

看官们尽可放心，洒家十二万分肯定地告诉大家，至今的农作物高产新品种没有一个是用所谓的高产基因转基因转出来的，因为这些号称的高产基因在生产实践中根本就不管用。

这又是咋回事？

洒家讲个笑话，各位立马就会明白。

过去咱中国人跟不相识异性打招呼时，见了小的叫小姑娘，见了同龄人叫女同志，见了比自己大点的叫大姐，见了很年长的就叫大妈、大婶、老太太……总之是依年龄分别给予得体的尊称。可不知从啥时开始，现在只要是女性，不管三七二十一都叫美女。

现在这些数不胜数的已克隆“某某基因”就是科学上的号称美女。只有基因俩字是真的，前面加的那个“某某”跟美女前面那个“美”一样，亲千万不要太当真。

为啥只有基因二字是真的呢？因为全世界的科学家对啥样的DNA序列是基因已经有了标准。那就是不但在上游有启动信号区段，末端有终止信号区段，而且在启动和终止信号之间一定装有许多的三联体密码序列。这样的DNA片段就是编码蛋白质以控制某个性状的基因。计算机软件很快就能帮你搞定某DNA片段是不是基因，如果是基因，连这个基因编码的蛋白质长得啥样都可以画出个美丽的三维结构图来。

从基因组DNA上克隆出来一段DNA之后，就可以将该片段拿到测序公司去测定碱基的序列。如果测序结果符合上述基因的分子水平定义就可以说拿到了一个基因，如果该片段装的全是些无意义的重复序列，那就怨你运气不好，一脚踩到“垃圾堆”上啦，再重新去弄其他片段来试试吧。

咋样知道拿到的这段基因序列叫啥基因呢？通常有两种途径。

一是可以将这基因序列拿到诸如上述NCBI之类大型数据库里去比对一下，看前人已登录入库的基因里有没有与这个序列的主体相似的。如果有，就可以认定这条DNA就是前人已报告过的“某某基因”，可以跟着前人也叫做“某某基因”，人家叫“某某基因1”，这个就叫“某某基因2”等。也可以按来源不同在前面加个帽子，比如人家那个基因是从玉米里克隆出来的，这个是从水稻里克隆出来的就可以叫它“水稻某某基因”。但在这种情况下，前人叫对了就跟着对，前人叫错了就跟着错。

二是经过数据库比对，这个基因序列与库里的现存基因序列主体都不大同源，那就要恭喜了，因为克隆出了一个新基因。通常就要经过直接或间接的转基因表达实验来验证这个基因是和啥性状有关系。不管这个基因是不是原来预期的基因，都可以根据验证结果来取个相应的名字。

为啥“某某基因”前面那个“某某”咱不能太较真呢？因为当前定位基因的方法太不精确了，但又没有更好的方法来取代，全世界都在这么做，不能不信，更不能全信，因为这方法太过粗放。

前面已反复白话过，当前基因定位是靠两个性状的交换值确定的。生物基因组DNA序列动不动就是多少亿碱基对。交换值却就只0% ~ 50%。可以说，要靠这丁点数字准确地算出某个基因是在几亿个碱基长链上的哪一段基本就是个神话，所以基因克隆也只能是大而化之地碰运气，根本谈不上科学所意味着的精确。

交换值通常是在人工制备出的特定杂交后代性状分离群体中，去辨别并数出两个性状之间或性状和分子标记之间出现交换的个体数目再计算出来的，其数据和结果跟分离群体类型、大小、种植年份、种植的地点、种植季节都有很大关系。即便是同一性状、同一个群体，即便是同一个人来做的实验在不同年份之

间很难得到完全相同的结果。如果说两次相同性状独立实验的结果一个交换值为20%、一个为21%，大多数人会认为这些实验很精确，二者才相差1个百分点，重现性很高。

前面白话过了厘摩是不属于任何度量衡系列的“浮云单位”。但时至今日，科学家已经把它给研究出来了。20多年前有个英国科学家曾估计过1厘摩大约为100万碱基对。现在的新资料是：普通小麦1厘摩=582万碱基对，玉米1厘摩=185万碱基对，人1厘摩=112万碱基对，果蝇1厘摩=43万碱基对，水稻1厘摩=28万碱基对。

水稻是全世界最重要的粮食作物，不但各国都投入了很大的科研力量，而且都把水稻当成农作物的模式物种来研究。至今，水稻不但分子标记数量众多，基因组测序也已经完成，所以有关水稻的分子遗传资料可信度较高。据科学家估算，水稻有约3.75万个基因，而水稻基因组大小为4.35 亿碱基对，约合435厘摩，平均1个厘摩长的水稻DNA上就应该有约100个基因。

这就是说，前面白话的、根本就不算个啥的、1个百分点的交换值差别在水稻上就差出了100个基因。上游差100个、下游再差100个，这对当前克隆出一个基因都极其困难的基因研究而言简直就是逆天的灾难。就连失之毫厘差之千里都不够来形容它了。这能够准确地计算到某个性状的基因上吗？这方法虽然还很不理想，但谁也拿不出更科学更精确的基因克隆方法来，现在全世界都只能这样干。所以，用这些方法来发个SCI论文无可非议。但想要用这种方法把期望的那个管理着重要经济性状的、转了就能出现奇迹般改良的基因拿出来，目前还有点幻想或神话。

下面用一组转基因植物鉴定实验结果照片来帮助大家理解上面白话的意思。

稻瘟病是水稻三大主要病害之一，几乎在每个栽培水稻的国家和地区都有此病发生，只要条件适宜，稻瘟病容易流行成灾，严重时甚至可导致颗粒无收。因而各国都很重视稻瘟病的研究，一批抗稻瘟病的基因也已被克隆出来。

稻瘟病

下页的图是其中一个抗稻瘟病主效基因的转基因鉴定结果。第一行三个培养皿里的稻叶是从转入了抗稻瘟病基因的转基因植株上采的，第二行则是非转基因对照植株叶片。每一竖列上下两个培养皿里的转基因和非转基因对照叶片都同时用一个稻瘟病菌系（生理小种）的分生孢子悬液来接种。

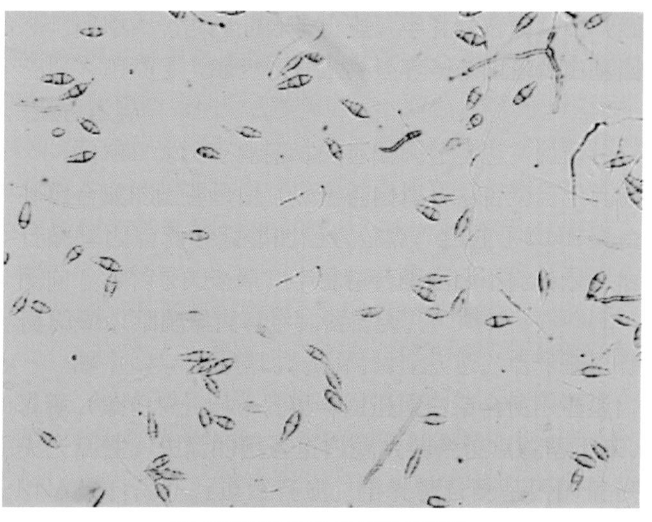

稻瘟病菌分生孢子显微镜照片
（南京农业大学研究生晋玉宽摄）

结果就太清楚了，无论是用B菌系、E菌系还是G菌系来接种，转基因植株叶片的病斑都很少、很小，不需要任何专业知识和高级仪器就能看出转基因植株的抗病性都比非转基因对照植株高出了许多。实验结果毫无疑问地证明了被转的这个基因就是货真价实的抗稻瘟病基因。

单从这个转基因实验结果来看，这个抗稻瘟病基因是多么的有效，想来它一定能够用于水稻抗稻瘟病的基因工程育种吧？但洒家的回答是：根本就不能。

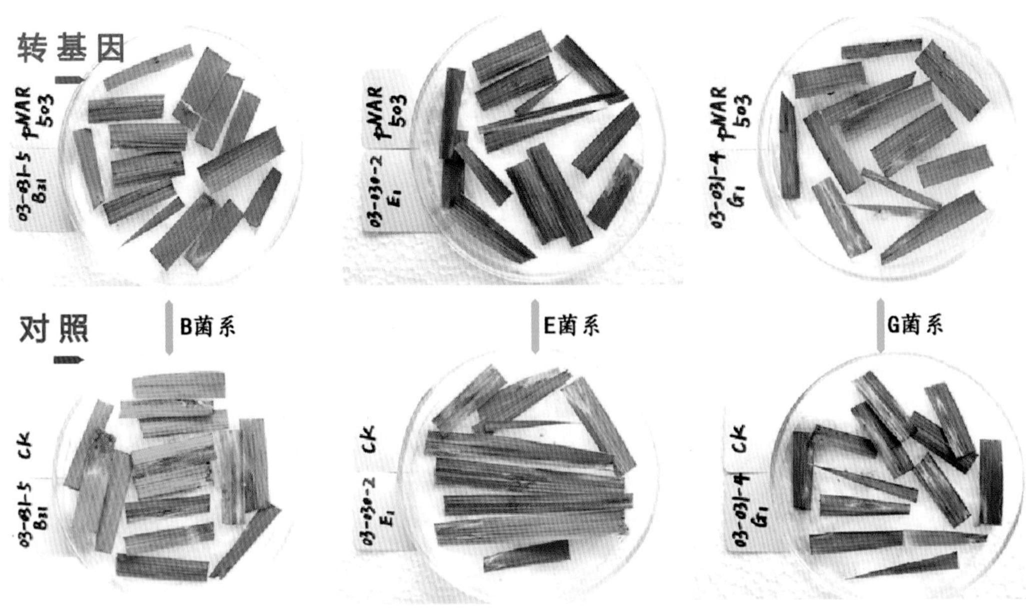

一个抗稻瘟病主效基因的转基因鉴定结果
（南京农业大学研究生杨慧摄）

把这类实验是咋样做的给白话出来，看官们不要被惊呆了啊！

这个转基因实验所用的水稻品种是个极容易得稻瘟病的高感病品种。

为啥要用高感病品种来鉴定抗病性？因为抗病基因转入高感病品种之后，被转的基因哪怕是只有一丁点抗病效力也能够被显现出来。可以说，几乎所有基因的转基因验证实验全都是用没有携带被转基因的品种即缺少被转基因性状的特定品种来做的。只有这样才能看得出被转基因有没有期望的效力。如果用抗病性原本就很好的品种来做抗病基因的转基因鉴定就不行了，因为转入的那个一般般的抗病基因相对于品种原本就很好的抗病性而言很可能就根本不值得一提，无法显现出被转基因的作用。

这就好比看官把一张百元钞票，给一个身无半文、正饿肚子的穷人，买点粮食就能过一个月，这100元的作用就显得很大。如果看官把它给一位挥金如土的富豪，还不够他喝杯洋酒，100元在他那里就什么也不是。真相是，100元只能是财富中极小的一分子，而不是富裕的象征。

所以，绝大多数的基因鉴定结果都是在特定的条件和环境下被精心“对比或装扮”出来的，其结果只能说明该基因是不是具有某种功能，而不能说明该基因有没有实际生产价值。

例如，啥管籽粒大小、管籽粒重量的基因在不止一种农作物上都已宣称被克隆出来了，研究结果无一例外都显示这些基因确实能影响到籽粒大小或籽粒重量等性状，但谁都不敢说用转基因就可以把芝麻转成花生那么大个、葡萄转成柚子那么大个的。这就是当前基因科学的现实水平。

所以，洒家才说这些已克隆基因实际上都归属于并不美丽的号称美女系列，只是被很多泡沫包裹着的科研成果。

大家都知道，基因工程是创造奇迹的科学。像抗除草剂基因，转进大豆之后，大豆田一打除草剂其他的植物全都死光光，只剩下转基因大豆茁壮地生长着，多么有戏剧性啊！基因工程要创造的就是这样的奇迹。

上面白话的抗稻瘟病基因，其转基因水稻的抗稻瘟性最多也就是被转基因原来所在水稻品种的水平，甚至还有可能差点儿，而这世上跟这个品种差不多的甚至某些方面比它抗性还好的品种还不少。而且，这世上并没有哪个水稻品种能绝不生稻瘟病（对稻瘟病免疫），也就找不到能使水稻不生稻瘟病的基因，所以怎么转基因都不会出现像抗除草剂基因那样的戏剧性奇迹，因此抗稻瘟基因工程育种现在还用不起来。况且，这些原本就在水稻细胞里的基因做个简单的杂交就能转移到其他水稻品种里，不必要绕着弯子费大

功夫去搞什么基因工程。现在的研究也就能积累一些抗稻瘟基因结构和表达上的数据，为进一步的工作提供铺垫而已。

大家可能要问，为啥全世界科学家和包括靠转基因已经赚到钱的那些公司一块儿忙活了几十年也没有再找出几个能像抗除草剂基因那样能用得起来的基因呢？为啥某性状的基因被克隆出了无数种、无数个，在实际生产上都不能发挥出一转基因就搞定某性状的作用呢？

原因无外乎两个。

一个可能是，人类现在找到的都是些“兵卒级”基因，全都不足以指令农作物去实现期望的功能。而那种真正能号令“三军”的“大将军级”基因还没被人类找到，例如高产啊、果实大小啊、好吃啊、不生病啊、不怕冷啊、不怕旱啊，等等。这些基因正是人类的梦寐以求。

咋办呢？继续地去找呗。古人不是说千军易得一将难求吗？现在已经克隆出这么多“兵卒级”基因了，坚持做下去，也许就在不久后的某一天，一个“大将军”就被逮出来了。

另一个可能是，这世界上可能根本就不存在这类人类臆想的、能号令“三军”的“大将军级”基因。

我们现在学习和运用的生命科学属于西方科学体系。整个西方科学体系是在工业革命，即机械学发展的带动下建立起来的。机械是很直观、认死理的，每一样东西都有一个具体的理论或物件相对应。所以，这种继承了工业革命光荣传统的“机械遗传学”（调侃科学？罪过？）也就极其死搬硬套地认定，每个被人关注的生物性状背后都一定有一个所谓的基因来控制着。

例如，小麦冬天冻不死细胞里就一定有抗冷基因，海水里能生长的植物就一定有抗盐基因，等等。外国人发表的这类基因已被克隆的报告看起来是多么激动人心啊！比如那冬小麦的抗冷基因，洒家当年可是当了真的，做梦都想用它转基因出一个在冰天雪地里也能生长的水稻来。找洋人要抗冷基因人家不理咱，自己费了很大功夫终于把DNA序列几乎是一模一样的“它”从我国冬小麦里给逮出来的时候心里是止不住的狂喜。可接下来连续几年的转基因鉴定实验结果好似把你扔到了北冰洋的冰水里，冻得连写论文的冲动都没有了，它仍旧只是一个连在烂电视剧里当配角都不够格的号称美女。

农作物产量是多么重要的农艺性状啊，所以科学家们认定各个作物里都一定有控制产量的基因，农作物高产基因就这么堂而皇之地、长久不衰地被研究着。连野生稻（一种野草，据说是现代栽培水稻的老祖先）里有高产基因的结论都被科学家研究出来了。但谁家的野生稻高产过啊？靠种野生稻恐怕连猴子都养活不了，就别说伟大的人类。

农作物产量这个性状要多复杂就有多复杂。从种子开始的每一步每一天，包括天、地、人、物等在内的众多因素都会影响着最终的产量。那么，细胞内真会有一种专门的基因在管控着如此复杂的一件事情吗？啥遗传学理论能解释这种基因为啥能管控这许多的事情？这种科学也太过玄学了点吧。

情不自禁地就要把酒问青天：这基因和性状之间究竟还有啥事尚不为人所知？啥样的基因工程途径才能实现人们所期望的转基因奇迹？

洒家认为，分子遗传学理论和技术都正面临着尴尬的瓶颈时期，停滞着并期待着新的突破。

想当初，初出茅庐的沃森小弟和尚待庐中的克里克大哥都风华正茂。哥俩才华横溢、思维活跃，用一页纸的金螺旋论文就揭开了遗传物质结构之谜，摘下了诺贝尔奖的桂冠并创立了分子遗传学。然后，众多科学家便涌入这个新兴领域，把DNA怎样编码基因、基因怎样合成蛋白质使生物性状表现出来各步的关键机制都给弄明白了。再然后，沃森及伙伴就领着全世界科学家进军基因组计划，其雄心壮志无外乎是要通过基因组全序列测定把基因之谜、生命之谜全部揭开，把咱人类生、老、病、死的秘密全都弄明白，好大大地造福人类。

不几年，基因组计划倒是被圆满地完成了，但沃森及伙伴却跑了，一个跑去研究癌症，一个跑去研究灵魂。为啥不继续从基因组全序列去解读基因和性状之间运作的遗传学大规律了呢？

面对这几十亿个A、T、G、C字母，沃森及其伙伴都已江郎才尽，沃森和克里克也到了把头往水泥墙上撞也擦不出丁点火花的年龄。因而，他们的聪明才智和激情再也不足以解读这部在他们领导下编制出来的天书，再也找不出什么模型或原则之类的规律了。所以，他们才把基因组全序列这个无人能解读的烂摊子扔下，跑啦。

沃森现在依然活着，但他早已风流尽失、激情不再。2015年他已89岁，大伙就不要指望他再续一个分子遗传学的奇迹。他的诺贝尔奖伙伴克里克就是88岁去世的，很可能沃森脑子里现在想得最多的已不是分子遗传学的秘密，而是如何去突破老伙伴这个88魔咒。

科学家虽都被社会称为精英，但精英也分两类。

一类是超级精英，就像沃森和克里克等少数诺贝尔奖得主之流就是超级精英。他们有高智商和高激情，有冒险精神，是创造型的人才，他们能把大家认为超级复杂、超级困难的世界性难题化繁为简，将其秘密揭开，还其原本简单的面目。

另一类则是平庸的精英，可以说大部分科学家都是。他们没有突破世界难题的本领和激情，没有创新的运气，但他们善于把已被别人发现的东西完善化、系统化。说白了就是一辈子忙忙碌碌地把超级精英已得出的简简单单的理论东添一点油、西加一点醋，复杂化、再复杂化，直到谁都看不懂的科学高度和书本厚度而已。

不要以为洒家在搞笑。沃森和克里克拿诺贝尔奖的成果不就是一个相互缠绕、碱基互补的金螺旋吗？不就是一页纸就解开了遗传物质分子结构的千古之谜吗？上面并没有啥高深莫测的复杂理论，谁都能读懂。后来科学家们编写了分子生物学、分子遗传学来解读这个金螺旋，整出了许许多多既难读也难懂的这理论那假说的，每本书都是几指厚的大块头，包罗万象的啥都有，但全都解决不了当前基因工程的现实问题。

所以，当前的分子遗传学急需要有一个超级精英出现，像沃森、克里克当年解密遗传物质分子结构那样，再来一次化繁为简，把这基因和性状运作的宏观规律之谜揭开，基因工程的第二个春天才会到来。毋庸置疑，这个人肯定是有创造力、有想象力、有激情、有冒险精神的年轻人。

为啥全世界都在讲21世纪是生命科学世纪？这是因为沃森和克里克建立的金螺旋理论打开了以往被紧闭着的生命之谜的大门，人类已经可以从物质上实实在在地研究生命之谜而不是以前长期空对空似的假设和推理上了。因而，基因工程才成为了最有希望的、能创造奇迹的科学。

遗传的分子之谜大门才刚被打开不久，在这基因科学领域里，到处都是尚待开垦的处女地，到处都埋藏着数不清的诺贝尔奖，看官只要将聪明才智充分发挥，不仅可以成为超级精英的一分子，还有可能成为新一代宗师。

第三十三回：

湖南黄金大米事件起底，来华实验双方皆为利益

2012年8月底，中国的网络传媒上突然涌起了轩然大波，起因是转基因的死对头绿色和平组织披露了“美国科研机构在湖南省衡阳市衡南县江口镇中心小学用中国小学生进行转基因大米人体试验”的消息。绿色和平组织不仅对此表示强烈谴责，还指责试验组织者公然对抗我政府有关部门中止该项实验的指令。此后，舆论批评的声浪一浪更比一浪高。在网络传媒上，有人痛惜咱祖国的花朵被洋鬼子当作了转基因实验鼠，甚至还有人将组织这次转基因大米人体实验的单位比作日本鬼子的731细菌部队。

好家伙，舆论界像是被引爆了一颗原子弹。

2012年9月1日，衡阳市政府新闻办公室赶紧发微博声明：2008年5~6月，在该市衡南县江口镇中心小学做的是“儿童维生素A转化实验”，实验合作方是中国疾控中心营养与食品安全所，实验全程由国家疾病预防控制中心和湖南省疾病预防控制中心专家监控，参试学生食用的全部食材均为当地采购。并否认该实验涉及转基因黄金大米，也否认实验与美国及境外任何机构有直接关系。

然而，这种辩解也太苍白无力了，只能说明地方政府还被别人蒙骗着。因为该研究报告已于2012年8月1日发表在《美国临床营养学杂志》（*The American Journal of Clinic Nutrition*）上，题目上就有黄金大米、儿童等字眼，论文里也明确写着该研究是在中国湖南省的一所小学校内以6 ～ 8岁的健康儿童进行的。

所以，之后的舆论压力就更大了，在各种传媒和传闻的狂轰滥炸之下，那些被参试学生的家长们更是因被隐瞒了转基因大米试验内情而群情激愤，生怕对自己孩子今后会有什么影响，纷纷跑去质问校长。记者来找，政府来找，家长也来找，甚至还有人打电话威胁他。

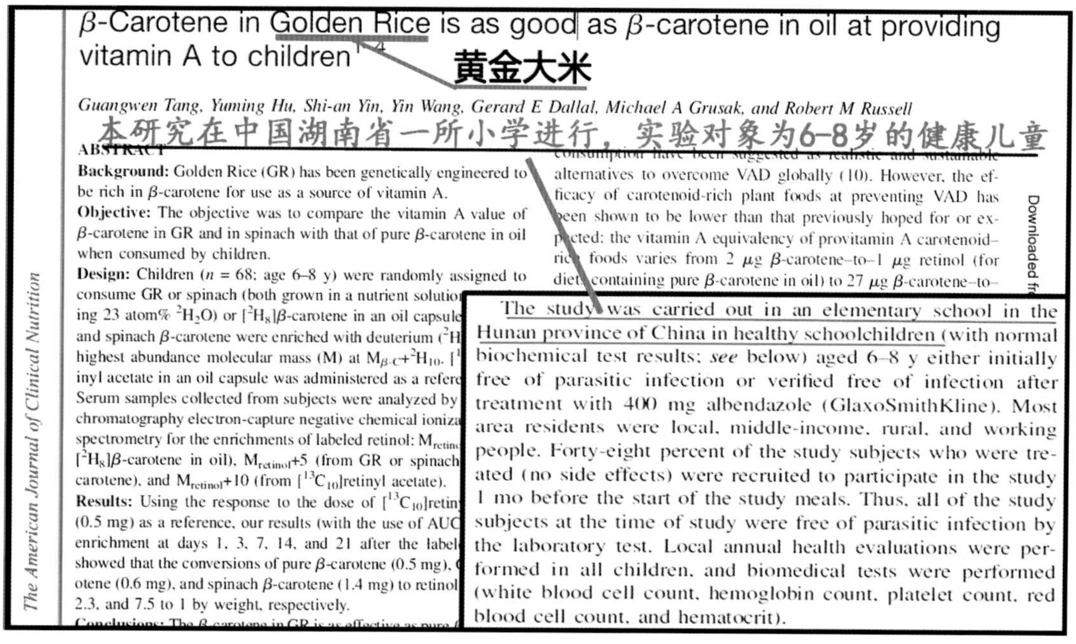

β-Carotene in Golden Rice is as good as β-carotene in oil at providing vitamin A to children[1-4]

黄金大米

Guangwen Tang, Yuming Hu, Shi-an Yin, Yin Wang, Gerard E Dallal, Michael A Grusak, and Robert M Russell

本研究在中国湖南省一所小学进行，实验对象为6-8岁的健康儿童

The American Journal of Clinical Nutrition

ABSTRACT

Background: Golden Rice (GR) has been genetically engineered to be rich in β-carotene for use as a source of vitamin A.

Objective: The objective was to compare the vitamin A value of β-carotene in GR and in spinach with that of pure β-carotene in oil when consumed by children.

Design: Children (n = 68; age 6–8 y) were randomly assigned to consume GR or spinach (both grown in a nutrient solution... ing 23 atom% ^2H_2O) or [$^2H_8$]β-carotene in an oil capsule... and spinach β-carotene were enriched with deuterium (^{2}H... highest abundance molecular mass (M) at $M_{\beta\text{-}C}+^2H_{10}$. [... inyl acetate in an oil capsule was administered as a refere... Serum samples collected from subjects were analyzed by... chromatography electron-capture negative chemical ioniza... spectrometry for the enrichments of labeled retinol: $M_{retino...}$ [$^2H_8$]β-carotene in oil), $M_{retinol}$+5 (from GR or spinach... carotene), and $M_{retinol}$+10 (from [$^{13}C_{10}$]retinyl acetate).

Results: Using the response to the dose of [$^{13}C_{10}$]retin... (0.5 mg) as a reference, our results (with the use of AUC... enrichment at days 1, 3, 7, 14, and 21 after the label... showed that the conversions of pure β-carotene (0.5 mg), ... otene (0.6 mg), and spinach β-carotene (1.4 mg) to retinol... 2.3, and 7.5 to 1 by weight, respectively.

...consumption have been suggested as realistic and sustainable alternatives to overcome VAD globally (10). However, the efficacy of carotenoid-rich plant foods at preventing VAD has been shown to be lower than that previously hoped for or expected: the vitamin A equivalency of provitamin A carotenoid-rich foods varies from 2 μg β-carotene–to–1 μg retinol (for diets containing pure β-carotene in oil) to 27 μg β-carotene–to–

The study was carried out in an elementary school in the Hunan province of China in healthy schoolchildren (with normal biochemical test results; *see* below) aged 6–8 y either initially free of parasitic infection or verified free of infection after treatment with 400 mg albendazole (GlaxoSmithKline). Most area residents were local, middle-income, rural, and working people. Forty-eight percent of the study subjects who were treated (no side effects) were recruited to participate in the study 1 mo before the start of the study meals. Thus, all of the study subjects at the time of study were free of parasitic infection by the laboratory test. Local annual health evaluations were performed in all children, and biomedical tests were performed (white blood cell count, hemoglobin count, platelet count, red blood cell count, and hematocrit).

黄金大米人体试验论文截图

这件事很快就演变成一场黄金大米舆论台风。

面对老百姓和舆论的压力，卫生部和浙江省、湖南省责成中国疾病预防控制中心、浙江省医学科学院和湖南省疾病预防控制中心等三家单位对论文中涉及的有关问题进行联合调查。

当地政府官员站出来说，江口镇中心小学共有88名儿童参试，分成3组，只有1组共25名儿童于6月2日午餐每人食用了60克“黄金大米”。其他63名参试儿童的全程和25名黄金大米试验组的儿童在其他时间所食用的食品全部都是在江口镇当地采购的。

联合调查的结果为，试验用黄金大米是由美国塔夫茨大学（Tufts University）类胡萝卜素和健康研究所主任汤光文（Tang Guangwen，华人）博士在美国预先粉碎、弄熟后深冷冻保存，于2008年5月29日未经申报携带入境。6月2日午餐时，汤光文将加热后的碎黄金大米饭拌在普通大米饭里，分发给黄金大米试验组的25名儿童食用。调查报告还说，在参试学生大米饭中混入黄金大米一事中方参研的3人均知情。

而据汤博士发表的论文，该研究是从112个候选儿童中选取了72名参试。试验全程35天，前14天对参试儿童进行吃药驱除寄生虫、请家长协助控制儿童饮食等前期准备，正式试验共21天。所有参试儿童在正式试验的第1、3、7、14、21天时均被抽血备检。最后血样分析获得有效数据的共69人，其中吃黄金大米23人、吃菠菜23人、吃β-胡萝卜素油丸23人。研究结论是儿童吃黄金大米补充维生素A的效果强于吃菠菜而与吃β-胡萝卜素油丸的效果一样好。要告诉各位的是，论文中说菠菜组吃的菠菜也是在美国煮熟、冷冻后带来的美国菠菜，不过不是转基因的。

黄金大米事件的最终结果是事件有关人受到相应的处分，而衡南县江口镇政府在2012年11月30日召集参试学生的家长开会宣布，未食用黄金大米的参试儿童，每户补偿1万元，食用了黄金大米的，每户补偿8万元，以资抚慰。

江口镇政府对这事也太给力啦。镇政府没去向肇事者索赔，而是自己掏出260多万元人民币赔给子民。镇政府有啥责任？外国来惹事，中国来赔钱，不免让人想起了八国联军。

被吃进去的黄金大米总共就1500（60×25）克，政府赔了260多万元。每克黄金大米赔1 700多元，1克黄金大米就抵5克多真正的黄金。

波曲库斯
（引自《时代周刊》）

看官们可能要问：1 500克黄金大米就能在神州大地掀起如此大风浪，这黄金大米究竟是什么，它来自何方？

要评述黄金大米案中的是非曲直，不能仅凭一腔热血和激情，要先把这黄金大米的身世和身份弄明白，搞清这黄金大米究竟是个啥东西再来评判。

最早提出研制黄金大米的是一位瑞士联邦理工学院(Swiss Federal Institute of Technology)教授波曲库斯（I. Potrykus）。波曲库斯教授是世界植物基因工程研究的知名专家，他从1980年就致力于水稻基因工程技术研究，到1990年时他的实验室已经成功地建立起水稻的转基因技术体系。

1992年，联合国粮农组织发布的《世界营养宣言》中提到全球人口的20%有营养不良的问题，每年有100万人因为缺乏维生素A而死亡，其中半数以上是儿童。

维生素A缺乏会导致夜盲症、干眼症、角膜软化症，甚至是完全失明等严重眼疾，同时还会使腹泻、呼吸系统疾病和麻疹等小儿疾病加重，严重者会因此而死亡。这使波曲库斯教授为之动容。

同年，洛克菲勒基金会在纽约举办有关全球营养不良

问题的研讨会，在飞往纽约赴会的航班上，波曲库斯教授结识了德国弗赖堡大学（University of Freiburg）分子生物学家贝叶尔（P. Beyer），两人在飞行过程中就提出了一个大胆的设想：大米里面不含β-胡萝卜素，如能用转基因技术将合成β-胡萝卜素所需要的几种关键酶的基因转进水稻细胞里，让大米里也富含β-胡萝卜素，这将有助于解决贫困儿童患维生素A缺乏症的问题。

为啥呢？因为维生素A只存在于动物组织之中，那些缺乏维生素A致病或致死的儿童大多是吃不起肉、时常忍饥挨饿的穷人家孩子。植物类食品虽不含维生素A但植物能合成β-胡萝卜素，而β-胡萝卜素分子就是由两个维生素A分子连接在一起构成的，食用后在人体内就会从中间断开转化成两个维生素A分子。大米里若能富含β-胡萝卜素，从理论上来讲只要吃大米饭就能解决以前必须吃肉食才能解决的维生素A缺乏症问题。

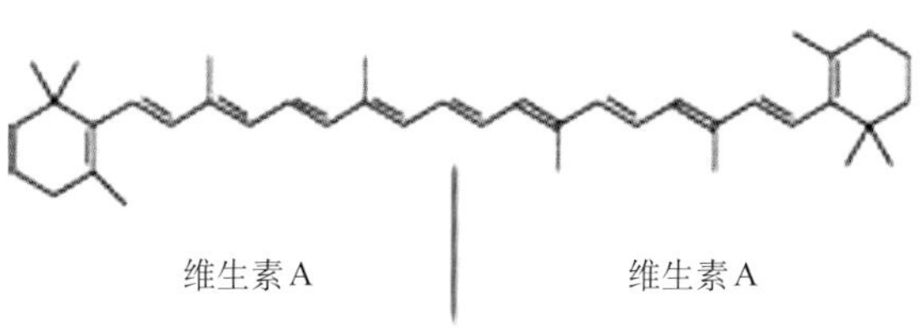

胡萝卜素分子结构

他们在会议上提交了研究设想，大伙都觉得很巧妙，主持这次会议的洛克菲勒基金会农业项目主管人也很看好这个大胆的研究项目。在他的大力推动下，洛克菲勒基金会正式批准了对该项研究的资助。

在项目启动后的好几年内研究都没啥实质性进展，以至让项目的积极支持者们都有点儿难堪。原因一是当时转基因技术水平还不高，要转进去一个外源基因都很困难，而要在大米里合成β-胡萝卜素绝不是转一个基因就能解决的问题。二是这个研究还跟定点跳伞似的，非要让这β-胡萝卜素积累在大米里即水稻种子的胚乳里而不是在植株的其他部位，这两点在当时都属于植物基因工程的“高难度动作”。不过洛克菲勒基金会并没有因多年缺乏有效进展而中断资助，坚持七八年之后终获成功。据传洛克菲勒基金会为此项目花了1亿多美元。

2000年，波曲库斯、贝叶尔团队在权威的美国《科学》杂志上发表了他们的研究结果。他们用农杆菌转基因的方法将3个外源基因转入水稻，转基因水稻结出了世界上没有过的、含有β-胡萝卜素的黄金大米（见图中“一代黄金米”，引自J.A. Paine 等，2005，*Nature Biotechnology*，中文是洒家加的）。

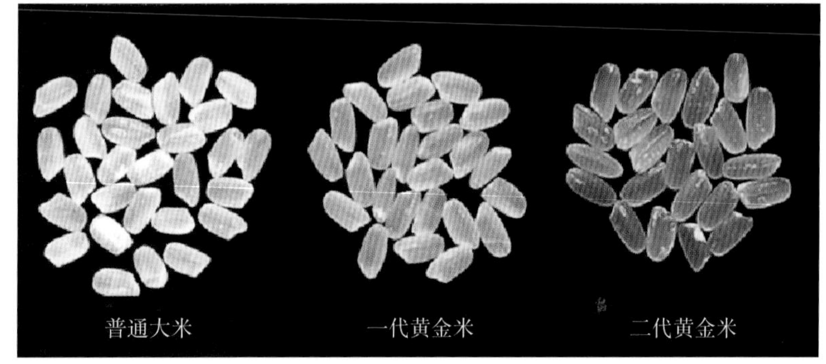

普通大米与黄金大米

他们一共向水稻转入了3个外源基因：来自黄水仙花的八氢番茄红素合成酶基因（*psy*，基因的代号，下同）和番茄红素β-环化酶基因（*lcy*），来自细菌（噬夏孢欧文氏菌）的八氢番茄红素脱饱和酶基因(*crt*Ⅰ)。增加了这3个基因之后水稻便能利用水稻胚乳中原有的生化产物中间体合成出β-胡萝卜素。

怎样做到让β-胡萝卜素只“长”到大米（胚乳）里去，而不是像抗除草剂基因产物一样整个植株上哪儿都“长”呢？他们巧妙地运用了基因工程的特异性表达技术。

一个完整的基因序列包括上游的启动信号区段、末端的终止信号区段和在启动和终止信号之间装着的、由许多三联体密码组成的蛋白质编码序列。最上游的启动区段就是这个基因的控制开关，它又叫“启动子”。启动子被活化了，后面的编码序列就能指导细胞合成该基因的表达产物，去实现该基因的功能；启动子被抑制了，后面的编码序列就被关闭，基因的功能就无法表达出来。

启动子大致可分为两类。

一类启动子是不分时间、地点，一直都处于强烈的活化状态，跟在它后面的基因编码序列就不停地合成基因产物，这类启动子所驱动基因的表达是过量的，非常浪费能量，属于基因工程的初级阶段技术。例如，现行的抗除草剂基因、抗虫基因转基因农作物就采用了这种过量表达策略。而生物体内大多数基因都不是这样随时随地强烈表达，而是按需、分时、定点的表达。

另一类叫特异性启动子，它们只在特定的时段、特定的部位表达，这也是绝大多数基因的自然表达方式。例如男性要长胡子，为啥小男孩时不长胡子、青年才开始长？为啥嘴周边长胡子而中间的嘴唇上却不长？按理说人身体每个细胞里的基因都相同，为啥不同部位的形态和功能都有如此大的区别？这都是在发育过程中细胞功能分化的结果，由不同器官不同部位细胞内基因开闭的状况不一样所导致的。这些基因前面配置的就是特异性启动子。

谷蛋白是一种禾谷类作物种子内的储藏蛋白，它主要存在于谷物种子胚乳里，谷蛋白基因只有在开花受精后才在胚乳里表达出功能，使种子大量合成谷蛋白。因而谷蛋白基因的启动子就有很好的胚乳定点功能，把它安装在上述能合成β-胡萝卜素的那些外源基因前面，这些基因们就能实现在水稻的米粒里合成出β-胡萝卜素。

黄金大米研制成功说明通过转基因可以实现农产品的按需、定点改造，可以通过改变原来生化途径来改良农产品特定部位的营养成分。但是波曲库斯团队的黄金大米研究只是实现了零的突破，其黄金大米β-胡萝卜素含量只有1.6毫克/千克（1 000毫克=1克），因而有人嘲讽说一个婴儿一天要吃3千克这样的大米才能满足其对维生素A的需求。

所以，黄金大米之父波曲库斯教授自己也认为他研制的黄金大米只是一个概念性产品。

万事开头难，一旦路子被蹚出来了，后面的改良就容易得多。2005年，先正达公司（Syngenta，外国生物工程公司）研究团队在权威的《自然　生物技术》(*Nature Biotechnology*) 杂志上发文宣布，他们研究出了β-胡萝卜素含量高达37毫克/千克的第二代转基因黄金大米（见图），这与胡萝卜里的β-胡萝卜素含量差不多，吃不到100克这种黄金大米就能满足人一天的维生素A需要。因而，第二代黄金大米在β-胡萝卜素含量方面就有了实用价值。

先正达公司是咋样把黄金大米中β-胡萝卜素含量提高几十倍的呢？

他们先是猜测波曲库斯教授的黄金大米之所以β-胡萝卜素含量过低是因为所用的黄水仙八氢番茄红素合成酶基因（*psy*）的功效太低。他们把克隆自水稻、玉米、辣椒、番茄、黄水仙等不同植物的八氢番茄红素合成酶基因进行了转基因对比试验，结果如同他们的猜测一样，黄水仙的八氢番茄红素合成酶基因效果最差，玉米的最好，是黄水仙基因的十几倍。

于是，先正达公司的科学家仍采用波曲库斯的套路，但作了原材料上的改进。一是把八氢番茄红素合成酶基因（*psy*）换成玉米的，二是根据植物基因工程研究的最新成果在细菌八氢番茄红素脱饱和酶基因(*crt*Ⅰ)序列上添加了对基因表达具有增加正能量的分子零件。结果就把转基因大米里的β-胡萝卜素含量提高了几十倍。

湖南衡南县江口镇中心小学儿童被吃的就是这种二代黄金大米。

从上面的白话来看，黄金大米研究是带有很浓厚慈善意味的、想帮助穷人的人道主义项目，所转基因及目的是使大米里富含对人体健康有益的维生素A源材。

植物生物化学课本上清清楚楚地写着“植物食品所含β-胡萝卜素与黄色或绿色有关”。所以大多数有色的农产品里都会含有β-胡萝卜素，所以这些农作物细胞里本身就有β-胡萝卜素合成的相关基因。有的植物中β-胡萝卜素含量还多得不得了。例如，辣椒里的β-胡萝卜素含量折合成维生素A是猪肝的3倍多。这些植物类食品都已经被人吃了千百年了，所以，转基因所编码的酶及生产出的β-胡萝卜素全都是原来植物体内和人类食物中原本就有的成分，只不过科学家巧妙地把这几种酶的活动地点从其他有色部位搬到了大米里面而已。因而，转基因的这几种酶和黄金大米都没有任何毒性可言。黄金大米也就是能补充点维生素A，其他的跟普通大米没啥两样，无论在理论还是实际上都是属于正能量级别。

黄金大米是个好东西。那么，是不是就可以说在湖南拿儿童做的试验就没有错了呢？

绝不是。做试验的人和机构肯定有过错，涉事人也有过错。父母官在自己的子民受到惊吓时出来安抚也是应该的，古人都说过要爱民如子。不过，反应可能稍稍过了一点。

这帮人错在哪里？

第一，未经申报就把国家明文严格管制的转基因生物材料从美国带入中国，挑战中国法规。

第二，公然对抗中国有关政府部门的指令和欺骗政府。据说该试验在2004年就想在浙江省内进行，后被国家有关部门明令叫停，但他们没有遵守政府的指令，还在医学伦理审查文书上造假，未经政府批准就转移到湖南进行。在被人举报后，面对奉命调查的有关部门，谎称没有进行这项试验。

第三，对参试儿童及其家长采用欺骗手段，在签知情同意书时，只给家长最后的签字页，前面的内容没给看，也没有告诉家长们试验中有转基因黄金大米，这严重违背了医学伦理和道德原则。

但这些跟反转基因人士嚷嚷的安全性完全没有关系。

看官也许要问，美国的科研项目为啥要跑到中国来做儿童试验？难道咱中华儿童营养状况已经危急到要用转基因黄金大米来补充维生素A了么？

非也！非也！

在洒家好几十年的记忆中，也就是在“三年自然灾害”年代经历过谈论谁有“夜盲症”了、谁有“水肿病”了之类的情景。即便在几十年前大伙都心知肚明，这哪里是什么“缺维生素”啊？那是啥营养要素都缺。那完全是饿出来的毛病，缺的是吃饱饭。

灾荒年头熬过去之后，尽管好些年还都只是计划供应的“粗茶淡饭”，但能填饱肚子，即便是在“文化大革命”期间，基本生活也有保障，所以也就再听不到有关夜盲症的传说啦。因为尽管粮食定量、肉食不多，但各种蔬菜却可以随便买到。所以不管是在内地、城市，还是边疆、农村，夜盲症之类的维生素缺乏症就都被人遗忘了。

现在改革开放都几十年了，小康了的中国人早就习惯于天天在过年、大块肉当饭吃、见面就谈减肥、胖子成了穷人代名词的新生活了。城里也好、农村也好，家家都把孩子当成金疙瘩似的宝贝着呢。家长们担心的事无外乎一个是考试的分数，另一个就是不要把自己小孩喂成不受人待见的肥仔、胖妹。

那么，是不是湖南还有地方要靠吃金大米来防治维生素A缺乏症呢？

非也！非也！

湖南自古就是富庶的鱼米之乡，湖南不仅山川秀美、人才辈出，物产也极其丰富。改革开放几十年后的湖南人民也都相当地小康了。洒家曾经坐着长途公共汽车从湘北一直跑到湘南，沿途所见到的农村都全是二三层的小楼，那种老式的泥墙草瓦房只有到毛主席故居才能看到。

衡南县是衡阳市的近郊，老县府原来就在衡阳市区的中山北路上，2004年才搬到离衡阳市区十几千米的地方，其距离还不足衡阳市区到南岳衡山风景区路程的一小半。所以，衡南县绝不属穷乡僻壤之列，它不仅水陆空交通俱全，而且还是湖南省的经济强县，2008年时人均GDP就过了2 000美元大关。衡南县还是全国百强产粮大县和全国百个瘦肉型猪生产基地。这样一个有钱、有粮、有肉，交通方便、紧挨大城市的好地方，老百姓能被饿出维生素A缺乏症来吗？

老外为啥不到那些战乱不断、极度贫穷、非常饥饿、真正有大量维生素A缺乏症儿童的国家和地区去做实验，反而要到小康了的中国来做试验呢？

老话说：无利不起早，人为财死，鸟为食亡。洒家猜测的答案是：只有在中国做才能获利。

从其选点就能看出来，都是相当或已经小康了的地方，其试验绝不是奔维生素A缺乏而去，是奔利益而去。

原来选的第一个点是中国浙江省，但被叫停。第二个点是号称湖广熟天下足的湖南。论文里说得很清楚，挑选的试验对象全是健康的、中等收入的农村家庭儿童，连肠道寄生虫都要检查，这些参试儿童根本就不缺乏维生素A。

为什么要在不缺维生素A的地方用不缺维生素A的儿童来做试验？

一是因为不缺维生素A的人家才可能有钱去买黄金大米。

二是因为外国人看好中国人的一个大毛病：只要戴上个漂亮的进口洋帽子，傻傻的中国人就舍得掏钱。尤其是为自家孩子花钱，那真是可以不顾一切。

那中方合作人能否从中获利呢？当然能。第一，那国际合作的名声就非常有面子。第二，也没费多大劲，一笔科研经费就到手了。第三，还有影响因子6.5的SCI署名论文呢。

看官想想，老外要是到那些贫穷得连维生素A都缺乏了的国家或地区去做试验，那结果再成功又有什么用？穷得连饭都没得吃的人哪里会有钱去买黄金大米？再说，维生素A和胡萝卜素都是油溶性的，不溶于水，如果只给那些因极度营养缺乏、饿得皮包骨头的重症维生素A缺乏儿童吃60克黄金大米，他们血里能否发现维生素A的踪迹都成问题。因为他们肠胃里一点油水都没有，拿什么去溶解和运输黄金大米里面的胡萝卜素？

黄金大米研究具有划时代的科学意义毋庸置疑，黄金大米也肯定无毒，但黄金大米却解决不了穷人的营养问题。

因为营养不良的根本原因是贫穷，能饿出维生素A缺乏症的人肯定没有钱去买黄金大米，而有闲钱去买黄金大米的人又肯定能吃饱饭而不会营养不良。所以，这黄金大米只是饱汉不知饿汉饥的、不懂得贫穷是什么的洋富人为穷人画的一个看似美丽的大饼。原因很简单：他们论文中写的每年全世界那几十万所谓因维生素A缺乏而死的儿童，与其说是病死的还不如直截了当地说是被饿死的。

战争、动乱、经济不发达才是造成大面积贫穷和饥饿的首要原因。这些地方需要的是消灭战争和动乱，发展本国经济，而不是推广黄金大米。倘若这些国家或地区的战乱和贫困都被消灭了，经济发展起来了，老百姓都能吃饱饭了，那营养不良和所谓的维生素A缺乏症自然就没有了。

可能有些看官会问，这黄金大米有没有可能在中国推广开来呢？据说外国科学家和先正达公司都宣布放弃专利、无偿提供给全世界，据说先正达公司还有不准将黄金大米卖高价谋利、允许农民留种等多条很是慈善的声明条文。

绝无可能。

第一，没有中国农民会去种这种黄金大米。其原因袁隆平院士2012年9月在安徽省六安市霍山县超级稻攻关试验点答记者问中就说得非常清楚："它（黄金大米）亩产只有三四百市斤，那在我们国家有什么用啊？"

洒家前面就说过，农民种地是要挣钱养家。黄金大米每亩地就产150~200千克，我国的水稻品种亩产都500千克以上了，倘若按现行中国品种产量折算，黄金大米要卖到普通大米4~5倍的价钱农民收入才能持平，就是先正达公司能答应，各位的钱包能答应吗？黄金大米若不能卖出5倍高价就要亏本，哪位农民会去冒这个险呀？

第二，黄金大米饭好吃吗？洒家没吃过还真不敢说，但在实验室里各种维生素都接触过，也就维生素C味道好点，像维生素A、维生素B啥的和其他一些维生素大都有一股怪怪的药味。原来香喷喷的白米饭变得味道怪怪的，一闻就想到了吃药，看官还能胃口大开吗？

第三，咱们中国人现在不缺维生素A。咱是有饭、有菜、有肉、有蛋、有奶、有油水、有点心、有水果吃。咱们都已经从咋想就咋吃、咋香就咋吃、放开肚皮大吃而特吃转变成咋样健康咋吃了。

看官要是还特想补一补维生素A，来一盘大块肉烧胡萝卜不就结了吗？这吃起来该有多过瘾啊！血脂高的多吃点深色蔬菜也行。干吗要去买那贵贵的，又不见得可口的黄金大米来吃呀？

现在咱都是市场经济了，没人买的东西还会有人去生产么？

第三十四回：

转基因玉米老鼠致瘤试验揭谜，试验设计不对随机误差当真经

2012年，反转基因人士闹腾的另一件大事就是老鼠喂转基因玉米长癌的所谓科学试验了。

用老鼠来闹腾转基因的始作俑者是普兹泰老先生（A. Pusztai）。

普兹泰是英国洛伟特（Rowett）研究所的研究员，他在英国一家电视台1998年8月10日播出的一档节目上介绍了他作的一个试验。声称大鼠（大鼠是一种比小鼠体型稍大的实验鼠名称，并不是日常所见的令人生厌的大老鼠）饲喂转雪花莲凝集素基因马铃薯后“体重和器官重量减轻，免疫系统受到破坏”。雪花莲凝集素是某些植物产生的一种抗虫物质，将雪花莲凝集素基因转入马铃薯后，转基因马铃薯就能抵抗一些害虫的危害。

普兹泰

（引自科学松鼠会网站陈菇梅，《科学层面分析八个所谓“转基因的安全性事例”》）

普兹泰访谈节目播出之后国际舆论哗然，造成了公众的恐慌，欧洲还由此掀起了一阵反转基因热潮。绿色和平组织等反转基因组织还策划了游行示威和多起、多国、破坏、焚烧转基因试验田等活动，甚至连美国加利福尼亚大学戴维斯分校研究生种的非转基因试验田也遭到破坏，害得倒霉的研究生不能按时毕业。大概是因为事情闹得太过了点吧，英国洛伟特研究所在节目播出3天后就让68岁的普兹泰老先生退休并宣布研究所不再对普兹泰的言行负责。

1999年4月，英国皇家学会召集了来自英国爱丁堡大学（The University of Edinburgh）、国立医药研究所（National Institute for Medical Research）、伦敦大学学院（University College London）、路德维格癌症研究所（Ludwig Institute for Cancer Research）的5位专家教授以及皇家学会副主席对普兹泰研究结果进行评议，其目的是要衡量该学会在1998年9月关于转基因植物食品的声明是否需要修正。

评议结论于1999年5月首次公布，现在英国皇家学会网站上还挂着的是1999年6月发布并于1999年11月、即普兹泰论文1999年10月发表之后更新的版本，全文共5页，包括4条主结论和附后的7条包括事件来龙去脉、试验错误所在和普兹泰本人对此的反馈意见在内的、共几十个小点的内容。现将首页的主结论（见下页原文截图）翻译如下：

①转基因植物安全是科学研究上一个重要和复杂的领域，它需要严格的标准。然而，从我们所能获得的信息来看洛伟特（Rowett）报告呈现的研究在试验设计、实施和分析等很多方面均有缺陷，所以不能从中得出他所称的结论。

②我们并没有发现令人信服的证据可以说明转基因马铃薯有害。当资料试图显示大鼠以转基因马铃薯和非转基因马铃薯为主食之间有轻微不同时，这种不同则因试验所用技术所限和不正确的统计学测验方法而无法解释。

③试验只涉及一个特定的动物品系，饲喂一种用特定方法插入一个特定基因片段的特定产品。但要从该试验中得出一个有关转基因食品对人类有害还是无害的普适结论则没有道理。每种转基因食品都需要单独进行评估。

④对于做研究的科学家们而言，最重要的是要把全部研究结果先交由见多识广的同行进行评审，然后再向公共传媒释放。

June 1999
Ref: 11/99

Review of data on possible toxicity of GM potatoes

The Royal Society published a review of what was known scientifically about the suitability of GM plants for food use in September 1998. Because of the current controversy, we are looking again at several issues, and in particular we have reviewed all available data related to work at the Rowett Research Institute on the possible toxicity of genetically modified potatoes. Our main conclusions are as follows.

1 The safety of GM plants is an important and complex area of scientific research and demands rigorous standards. However, on the basis of the information available to us, it appears that the reported work from the Rowett is flawed in many aspects of design, execution and analysis and that no conclusions should be drawn from it.

2 We found no convincing evidence of adverse effects from GM potatoes. Where the data seemed to show slight differences between rats fed predominantly on GM and on non-GM potatoes, the differences were uninterpretable because of the technical limitations of the experiments and the incorrect use of statistical tests.

3 The work concerned one particular species of animal, when fed with one particular product modified by the insertion of one particular gene by one particular method. However skilfully the experiments were done, it would be unjustifiable to draw from them general conclusions about whether genetically modified foods are harmful to human beings or not. Each GM food must be assessed individually.

4 The whole episode underlines how important it is that research scientists should expose new research results to others able to offer informed criticism before releasing them into the public arena.

对普兹泰研究结果评议截图

从这4条可见，英国皇家学会对普兹泰的这一研究结论及其做法均持否定态度。

可能一些看官会问：这个英国皇家学会是个什么级别的机构？它的话可信度如何？

英国皇家学会是英国最具名望的科学学会，在国内和国际上代表着英国的科学界，实质上它就是英国的国家科学院。英国皇家学会成立于1660年，历史相当悠久，现有1 400多名院士。因而以英国皇家学会名义发布的评议结果就是英国最具权威性的科学结论。

供评议的资料是普兹泰自己提供的。

普兹泰的论文在他电视谈话节目播出后一年零两个月（1998年8月至1999年10月）才发表在《柳叶刀》（*The Lancet*，很知名的科技杂志，SCI因子高达39，前面白话的黄金大米儿童试验论文才6.5）上，文章题目是《雪花莲凝集素转基因马铃薯饲喂对实验鼠小肠的影响》。全文共两页，内含两张表格，试验分为6组，每组6只实验鼠。各组分别饲喂生转基因马铃薯、熟转基因马铃薯、生非转基因马铃薯、熟非转基因马铃薯、添加了纯雪花莲凝集素的生非转基因马铃薯、添加了纯雪花莲凝集素的熟非转基因马铃薯，饲喂试验共10天。试验结束后采集各组实验鼠的胃、空肠、回肠、盲肠、结肠等标本，然后进行石蜡切片的显微组织学数据测量，论文呈现的也是这5种消化道标本的显微测量数据，并没有提交出它在电视节目中所说的“体重和器官重量减轻，免疫系统受到破坏”等试验结果的数据。

所以，他早先在电视节目上确实是有点“乱说”。要不是严重“违纪”，严重损害了单位的形象，他的单位会立马叫他退休吗？

所以，英国皇家学会声明虽然在他文章发表后一个月（11月）也进行了更新（截图划红线处），但对普兹泰这个试验结论的否定立场没有改变。

不过，普兹泰老先生整的那点事与法国人塞拉里尼弄的转基因玉米致癌大鼠试验相比真可谓是小巫见大巫。

塞拉里尼（G. E. Seralini）是法国卡昂大学（Université de Cane）教授。他于2012年9月19日在一本名为《食品和化学毒物学》的英文科技杂志上发表了一个研究报告，宣布他的团队通过对200只实验鼠为期两年的秘密研究，发现孟山都公司培育的抗除草剂转基因玉米NK603能使实验鼠患肿瘤。

塞拉里尼这篇论文一经发表便立刻在网上、报刊上疯传着转基因玉米能使老鼠长癌的新闻和一版让人

塞拉里尼
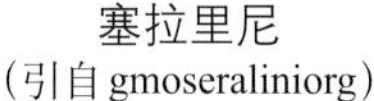
（引自gmoseraliniorg）

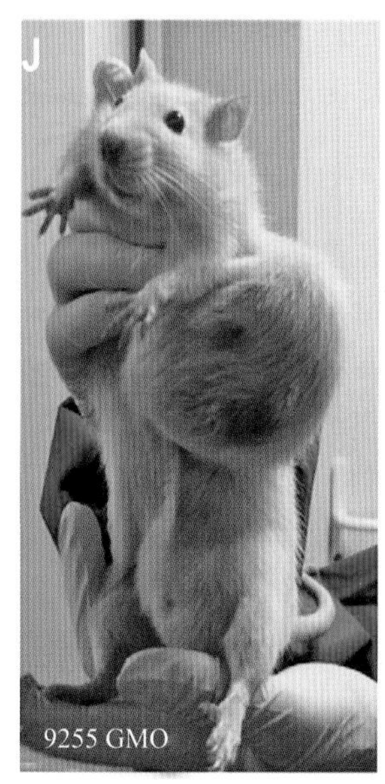

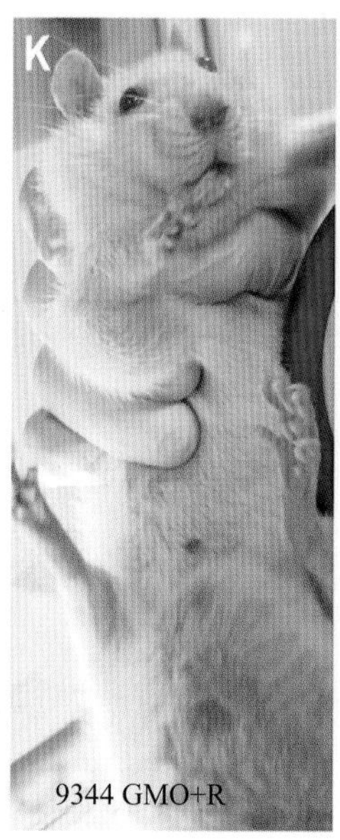

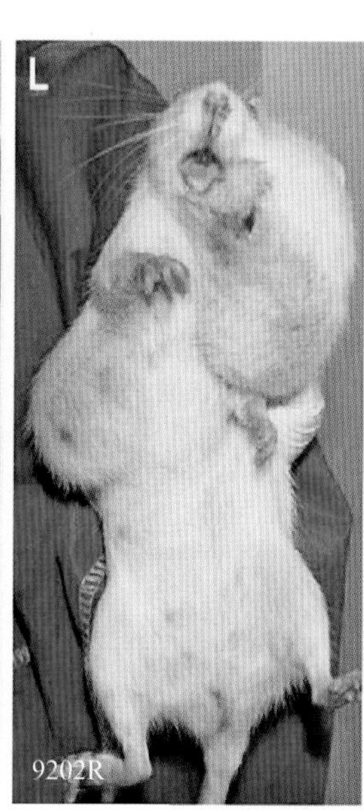

塞拉里尼论文中长有肿瘤的实验鼠

毛骨悚然的、长着超级大肿瘤的老鼠照片。全球好像被引爆了一颗超级原子弹一样为之震动。当然，这版照片是有问题的，将在随后白话。

一个大学教授发表一篇论文本是再普通不过的一桩小事。在正常情况下，在浩如烟海的科技文献中一篇论文要变得全球“出名”相当不容易，通常要耗费很长时间。因为全世界的学术期刊也太多了，科学家通常都只关注自己研究领域的几本学术期刊。因为没有哪个大学能把所有科技期刊全订完，也没有哪个科学家能每月把全部科技期刊都浏览一遍。

在咱们国家，外文学术期刊都集中在大学和科研单位，其中相当多还是各自购买的网络版数字资源，不仅查找起来“有手续”，校外的IP地址根本就进不去。为啥对专业科技英语并不在行的、很难见到外文专业杂志的中国传媒人竟能与世界高度同步，在大多数中国科学家都还不知道的情况下就把这件外国人做的、用外文写的论文闹得满国风雨的呢？

欧洲生物技术联盟的调查表明，塞拉里尼教授在论文发表之前就把论文和新闻稿送给了多名记者，并要求这些记者在他论文发表之前不得将内容透露给第三方（即“挺转”的一方），使其他人无法得知和发表批评意见。更为蹊跷的是，一般科技人写了论文都巴不得尽快付印，而塞拉里尼曾要求过杂志社推迟论文发表，以便他做好宣传造势的准备工作。

这些做法都表明，塞拉里尼事先就已策划好了这次以煽动传媒在全球公众中散播转基因恐怖信息为目的的反对转基因舆论战。拿美国伊利诺伊州立大学一位食品学教授的话来说，“这不是一份单纯的科研报告，而是一次精心策划的反对转基因宣传。”

2012年9月19日论文发表之后，随着舆论界的推波助澜，全球反转基因人士都以为拿到了可以搞死转基因的大杀器，说是欣喜若狂一点也不为过，但科学界主流和政府相关部门却纷纷对此提出了质疑。

2012年10月4日，欧洲食品安全局对论文评审后指出这项研究的目标不明确，试验设计和数据分析上有诸多细节未披露，仅凭论文上的数据并不能得出论文所说的结论，该试验在科学上不成立，该论文也不能作为评定转基因玉米是否具有健康风险的依据，并要求作者提供更多信息来增加其可信度。

2012年10月9日，法国农业科学研究院、国家医学科学院、国家药学科学院、国家科学院、国家技术研究院、国家兽医研究院等六大法国国家级科研单位发表联合声明，在否定和批驳塞拉里尼转基因玉米致瘤试验的同时还谴责塞拉里尼将科学政治化、煽动传媒在公众中制造恐惧的不道德行为。

2012年10月22日，法国生态技术高级委员会和法国国家卫生安全局发布了对塞拉里尼论文报道试验的调查结论，认为该试验结果不足以成为科学结论，两大机构均否定了该论文转基因玉米有毒的结论。

法国生态技术高级委员会认为塞拉里尼试验方法缺点多多，大大降低了结果的可靠性，NK603转基因玉米不存在危害公众健康的风险。

法国国家卫生安全局则说，塞拉里尼试验方法存在缺陷，不能通过该论文就将食用转基因玉米与患肿瘤联系起来。根据他公布的试验数据能做出的唯一评判就是塞拉里尼过度地诠释了试验结果。

但塞拉里尼反驳说这些机构与转基因食品生产者是同伙。

2012年11月28日，欧洲食品安全局在收到塞拉里尼对其11月4日评审结果的书面回答之后又发表了对塞拉里尼转基因玉米致瘤试验的最终否定性评审结论：试验数据不能支持论文的结论。因为欧洲食品安全局认为，塞拉里尼所提交的书面回答并不充分，不能打消此前（11月4日）的评审和批评意见。

在欧洲食品安全局做出上述终审结论之前，欧盟的比利时、丹麦、法国、德国、意大利、荷兰等6国食品安全监管机构均做出了否定塞拉里尼试验结论的决定。

当然，很多科学家也对塞拉里尼转基因玉米致瘤试验提出了否定意见。《食品和化学毒物学》杂志社在发表了塞拉里尼论文之后收到大量质疑的信件，对塞拉里尼的试验方法、试验对象提出质疑，甚至还有人指出数据有造假的可能，仅被《食品和化学毒物学》杂志作为读者来信发表的就有10多篇。

最终，于2013年11月28日，《食品和化学毒物学》杂志出版商Elsevier集团在美国宣布，由于进一步分析显示论文数据不足以支持其结论，其研究方法和结论皆存在严重问题，因此决定撤除塞拉里尼的这篇论文。

据英国《自然》杂志网站说，这一撤稿举动并不令人意外。《食品和化学毒物学》杂志主编曾要求作者主动撤回论文，并表示如果作者拒绝，杂志方也将予以撤稿。

但塞拉里尼把撤稿形容为丑闻，理由是，“该杂志的一名编委此前曾在孟山都公司工作过7年。”

跟前面塞拉里尼说那么多的科研和政府机构都是转基因食品生产者的同伙一样，塞拉里尼的这种说辞也太荒谬。

已经被发表的科技论文再被杂志社自己来宣布撤除并不常见。这就是公开承认杂志社登这篇论文登错啦，因为这篇论文的结论是错误的。

为什么这篇论文会受到科学界主流、权威学术机构和政府机构的一致否定呢？只能说明这篇论文的问题还非同一般地大，说明这篇论文的主体结论是错误的。

各位还能相信这个所谓转基因玉米巨致瘤的科研结果么？

不过，一些看官会问，这论文究竟错在哪？那版照片究竟有啥问题呢？

塞拉里尼的这篇论文很长，共11页，发表在英国的《食品和化学毒物学》(*Food and Chemical Toxicology*) 2012年第50卷4221 – 4231页。按咱中国现行的科研评价体系来看，这份杂志SCI影响因子为3，与中国没有被SCI的学术杂志相比还真不赖，但与普兹泰《柳叶刀》的影响因子39和汤光文湖南儿童吃黄金大米《美国临床营养学杂志》的影响因子6.5相比还差很大一截。

这篇文章给人的第一印象就是太长了、太难看懂了。一位赞同塞拉里尼转基因玉米致瘤研究结论的公共卫生管理华人洋博士曾站出来用中文写了一篇题为《法国人转基因玉米毒性试验阅读指南》的6千余字汉语长帖，帮助中国读者读懂转基因玉米致瘤的结论。

这篇论文的英文原版虽然洒家到现在还有弄不大明白的地方，但那位洋博士写的中文指南却是极容易看懂的。该中文指南在解释塞拉里尼论文原文图1时说“最下边是在饲料中加入3种浓度的农达”，就完全搞错了。论文原版4223页第二段2.3节（实验动物及其处理）中明明写的是实验鼠的饮水中被添加了3种不同浓度的农达（农达是除草剂草甘膦的孟山都公司商品剂型名称），鼠饲料则是与对照组相同的非转基因饲料，并没有说过饲料里添加了除草剂。可见他自己也被这篇论文搞懵了。

看官们也许会问，写了11页的超长论文，又是想要大造声势的反对转基因的宣传资料，为啥要写得连

留洋博士和医学教授都被他认为是没看懂呢？难道这位法国教授的写作水平就差到如此地步？以洒家之见，这是作者故意要把文章搞得似是而非，就是要让人看不明白，以便他“藏拙”，把试验的纰漏给隐藏起来。

十几页的长文，图看不明白，表也看不明白，病理切片照片更看不明白，所有人都能看明白的就只剩下那版长着恐怖大肿瘤的、非常清晰的老鼠照片啦。明摆着他就是要向读者说：转基因玉米让老鼠长超级大肿瘤啦！反正谁都看不懂，他想说啥就是啥，这就是塞拉里尼所要的效果。

所以，塞拉里尼论文虽长达十几页，但把利害攸关的原始数据全都巧妙地掩盖着不直接告诉大家，呈现的图表则把好几个不该叠加的资料挤在一起，搞得复杂得不得了，以最不容易看清楚的、最有欺骗性的方式表示出来，使人既不能直接对比又不能提取数据进行统计分析（包括欺骗性在内的这些评价都是这个中文指南里说的）。这样就把所有人的目光，全都引向了转基因玉米和除草剂有毒，以及老鼠吃了转基因玉米长大肿瘤那版照片上去了。

这版照片有没有问题呢？问题大着呢。

第一，稍仔细地看下论文就能发现吃非转基因饲料喝干净水的对照组大鼠也长了肿瘤，可照片上却没有。3张照片都是吃转基因玉米和喝除草剂饮料组大鼠长的超级大肿瘤。

第二，这肿瘤虽不假但是经过了“化妆”的。看官仔细瞧瞧，是不是有只手在后面把肿瘤搞成黄金甲的“挤奶妆”了？网络上甚至还有人拿这张照片说塞拉里尼虐待动物。

第三，曾有德国科学家报道过，这种大鼠品系存活超过2年的81%都会自发患肿瘤。还有美国科学家报道过，这种大鼠品系只要吃得过饱就会早早地患肿瘤，而塞拉里尼试验中所有参试鼠都是放开肚皮随便吃喝，没有任何限制。所以，法国生态技术高级委员会主席才说，塞拉里尼使用的实验大鼠品系是很容易长肿瘤类型，通常50%~60%的雌鼠都会自发长肿瘤，所以塞拉里尼试验中大鼠并没有长出多余的肿瘤来，不能成为转基因玉米可致肿瘤的证据。

那么，那两张主要数据图表有没有问题呢？

问题大着呢。塞拉里尼在论文中只讲对反转基因有利的数据，根本不提不利于反转基因的数据，加上那张恐怖的大肿瘤照片，让很多人一看就被震撼、被震懵，思维也就跟着他转基因玉米和除草剂致瘤的引导走了。没有几个人会去仔细去看那些图表，因为他的图表一般人也看不懂啊。实际上从他的试验结果中可以得出好多与反转基因相互矛盾的结论，不信就让洒家给大家来个看图白话吧。

下页的实验鼠死亡率图是塞拉里尼论文原文图1。懂不懂医学和大鼠都没关系，请记住两件事就行。

①楼梯状曲线中虚线是吃非转基因饲料、喝清洁饮水的对照组大鼠。其余粗细不同实线楼梯是各种转基因饲料和含除草剂饮水处理组大鼠。

②小立柱图上纯黑块代表因肿瘤死亡，斜线块是自然死亡。

反转基因人士都爱拿图中右列的母鼠来说事，说吃转基因的母鼠因肿瘤死得快、死得多。猛一瞧那幅图还真是那回事，可要仔细看看这母鼠资料图，根本不合乎道理的事就出来了。

按常理，要是某种东西有毒的话，应该是吃得越多毒害就越大。第一行田间没喷施过除草剂的转基因玉米组（GMO）和第二行田间喷施过除草剂的转基因玉米组（GMO+R）试验里怎么都是吃转基因玉米多的（33%）因肿瘤死亡数反而比吃转基因玉米少的（22%）还少啊？按反转基因人士分析手法是不是可以证明多吃些转基因玉米反而能降低肿瘤致死母鼠数？是不是可以证明饲料中含转基因玉米22%是个拐点，此后吃得越多越好呢？

最可笑的是母鼠只喝含除草剂饮水组（R）的数据。

A、B、C是3个不同浓度的含除草剂饮水。从论文中可见，3个浓度设计得相差了岂止“十万八千里”！

A饮水的除草剂浓度是50纳克/千克，相当于某些地区自来水的正常污染水平（10^9纳克=1克）。

看官们，50纳克/千克这个量是极其微量的，也就相当于把1克食盐加在2万吨水里。一个50米标准游泳池也就装2 000来吨水，2万吨就相当于10个标准游泳池。1克食盐放在纸上也就2厘米大的一小撮，放到2万吨水里，一般方法都检测不出来。

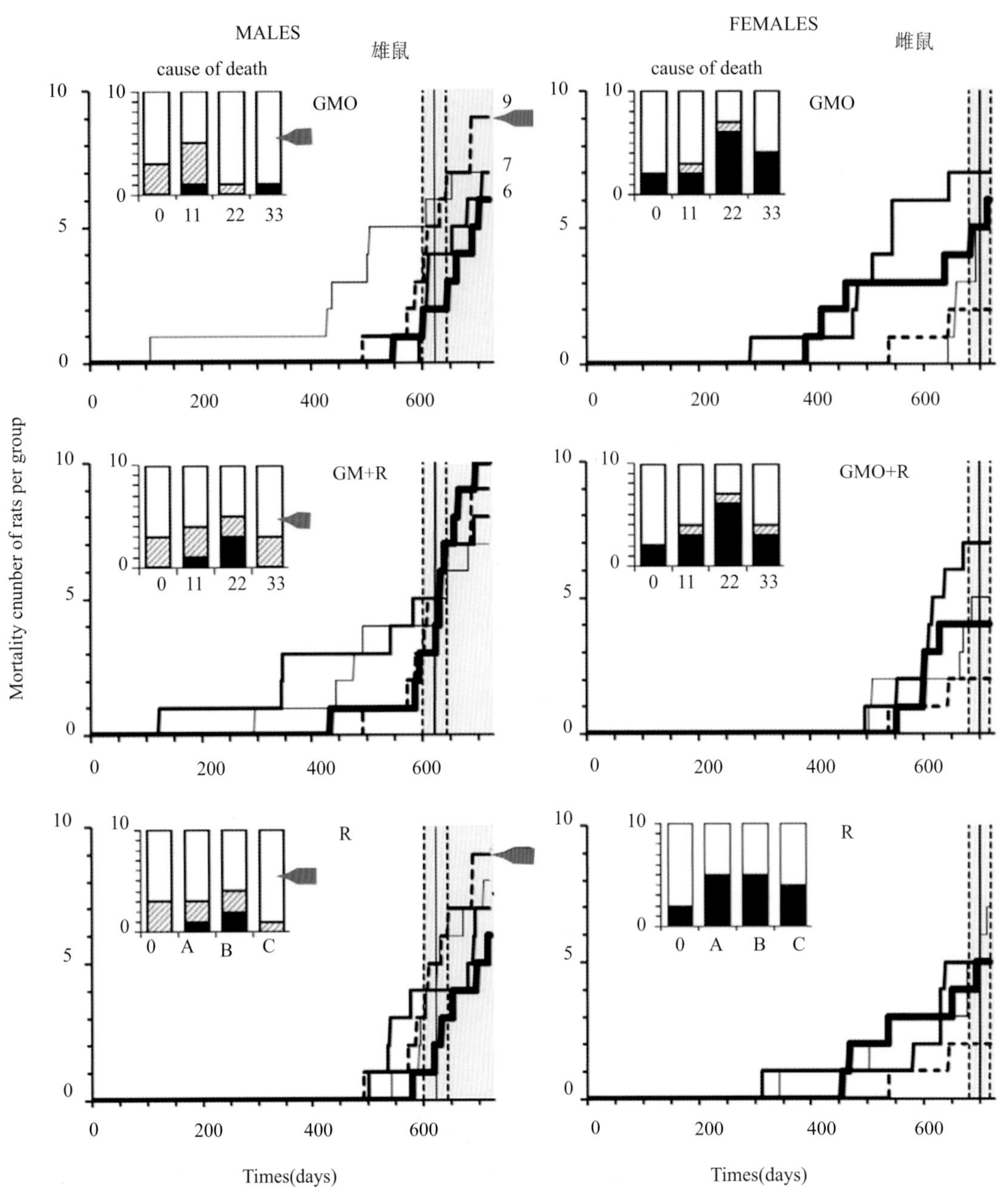

塞拉里尼论文中实验鼠死亡率图

不要说除草剂草甘膦，就是把1克氰化钾（就是影视剧里间谍们吃了立马就死的那种超级毒药）加到2万吨水里，人咋样喝都不会有什么事，因为太微量了。中国饮水中氰化物的国家标准限值是0.05毫克/千克，也就是每千克含氰化物不超过50微克即5万纳克都是合格饮水，5万纳克/千克就是A浓度的1 000倍，还是合格级的呢。

据资料，人体一天消耗的水分为1.8 ~ 2千克，但也有人说每天要补充2 ~ 3千克水才好，就按最高值每天3千克计算，一个人一年吃进肚子里的水才1吨，一辈子能吃多少吨水？而口服氰化钾致一个人猝死的量是50 ~ 100毫克，1 000吨这样的水里才能有50毫克氰化钾。就算是神仙，能活1 000年，吃够了1 000吨水也都不会死。因为根据权威资料，氰化钾没有积累性，很微量的吃进去就随时被人体降解、排泄掉了。

洒家之所以在这个50纳克/千克上啰嗦这么久，就是要让看官们知道，这个A的50纳克/千克不要说

农药草甘膦，就是特剧毒的氰化钾对人都没事，这是一个多么多么微不足道的浓度啊！

B饮水的除草剂浓度是400毫克/千克，相当于美国转基因饲料中除草剂草甘膦的最高残留量。

请记住：这个B饮水的除草剂浓度是A饮水的800万倍。

C饮水的除草剂浓度是2.25克/千克，相当于除草剂草甘膦田间最低使用浓度的一半。

请记住：这个C饮水的除草剂浓度是A饮水的4 500万倍，是B饮水的5.6倍。

各位再请看上页图中右列母鼠喝加了除草剂饮水的肿瘤致死率图，即R字母左边那排小立柱图。0是对照组，喝未加除草剂的干净水，因肿瘤死了2只母鼠。A是喝A浓度饮水组，因肿瘤死了5只母鼠。B是喝B浓度饮水组，因肿瘤也死了5只母鼠。C是喝C浓度饮水组，因肿瘤只死了4只母鼠。各位听洒家分析一下这几个数据。

1克食盐

① A组的饮水只加了那么微量的除草剂草甘膦，才有饮水中氰化物国标限值的0.1%，但其因肿瘤而死的母鼠数却是喝干净水对照的2.5倍（5/2），由此可见这除草剂草甘膦是忒超级的巨致瘤。毒性是上面白话过的超级毒药氰化钾的千倍、万倍以上。

②既然这除草剂草甘膦毒性这么大，为啥B组饮水中“毒物”浓度比A组高了800万倍竟跟喝含极微量“毒物”的A饮水一样，也只死了5只母鼠？这不仅不符合科学也不符合常理。

③ C组结果就更稀奇。饮水中除草剂浓度是B组的5.6倍、A的4 500万倍。这么超级浓的农药汤喝了两年，可母鼠的因肿瘤死亡数不升反降。按反转基因人士的分析手法，是不是又可以说多多地吃除草剂又有助于降低母鼠因肿瘤死亡率呢？这好比说啥毒药，吃一小粒就要长癌或死亡，但吃它个一大堆反倒不会死了，这样的东西就连神话故事里都找不到。

公鼠的实验结果更为滑稽。

各位先请看上页图中左列红箭头标记下面的几条楼梯线。

最上面公鼠吃转基因饲料的（GMO）3组在试验终了时只死了6+7+7=20（只），还有4+3+3=10（只）活着，平均每组死亡6.6只，存活3.3只。但吃非转基因饲料的对照组在试验终了时死了9只，只存活1只（红箭头所指），吃非转基因饲料的反而死得多。最下面一行公鼠喝含除草剂饮水组的（R）在试验终了时，喝干净水的对照组死了9只（红箭头所指），只存活1只，喝含除草剂饮水的死了6+7+8=21（只），还有4+3+2=9（只）还活着，3个浓度平均值为死亡7只，存活3只，喝除草剂饮料的也明显比喝干净水的对照组死得少、活得多。

这些数据明白无误地显示出公鼠吃了转基因饲料和喝了含除草剂饮水都比吃非转基因饲料和喝干净饮水的对照组死得少、活得多。按反转基因人士分析手法是不是还可以得出转基因玉米和除草剂草甘膦都是可以使公鼠延年益寿的补药呢？

再看看左列蓝箭头指着的公鼠因瘤死亡数目立柱图。纯黑块是因肿瘤死亡大鼠数目。

公鼠吃田间没喷过除草剂转基因饲料组（GMO）：吃11%和33%转基因玉米的各因肿瘤死了一只，吃22%转基因饲料的没有因肿瘤而死的。

公鼠吃田间喷过除草剂转基因饲料组（GMO+R）：转基因玉米11%的因肿瘤死一只，22%的因肿瘤死3只，33%的没有发生因肿瘤而死。

公鼠喝除草剂饮水组（R）：喝极微量浓度A的因肿瘤死了1只，是A的800万倍浓度的除草剂饮水B因肿瘤死了3只，而喝除草剂浓度是A的4 500万倍的最高浓度C饮水的公鼠却没有因肿瘤而死的。

这些全都是低比例转基因玉米（11%）、低浓度除草剂（A）会发生因肿瘤死亡，而高比例（33%）、高浓度（C）时因肿瘤死亡公鼠数不但不随之增加，甚至还根本就不发生因肿瘤死亡事件（下面两个蓝箭头所指都没有因瘤而死）。这根本就不合理。所以才有人调侃反转基因试验也证明了多吃转基因玉米和多喝除草剂草甘膦对公鼠具有“抗肿瘤之神效”。

塞拉里尼论文原文图2显示的是参试大鼠所长肿瘤的数量。纯黑色块的是表示可摸到的大个肿瘤。整个数据也是矛盾百出。

右边一列是母鼠长的肿瘤数（红箭头指向处）。田间没喷过除草剂的转基因玉米组（GMO）肿瘤数最多的是吃11%转基因玉米的。田间喷过除草剂的转基因玉米组（GMO+R）肿瘤数最多的是吃22%转基因玉米的。两个处理中吃33%高比例转基因玉米的肿瘤数都不是最高。

而喝含除草剂饮水的（R）母鼠则是极微量的A浓度组长肿瘤数最多而不是4 500万倍浓度于A的C浓度。不仅没有啥规律可循，还又一次印证了高浓度除草剂草甘膦还具有“抗肿瘤之神效”。

左边一列的公鼠数据更令反转基因人士沮丧（蓝箭头指向处）。

GMO组33%转基因玉米的肿瘤数目的确比对照高，但最高的却又是吃11%转基因的。

GMO+R组又出现吃11%转基因玉米的肿瘤数目最高，22%的次之，吃33%转基因玉米的反而成了最低，低得都跟吃非转基因的对照组一样了。

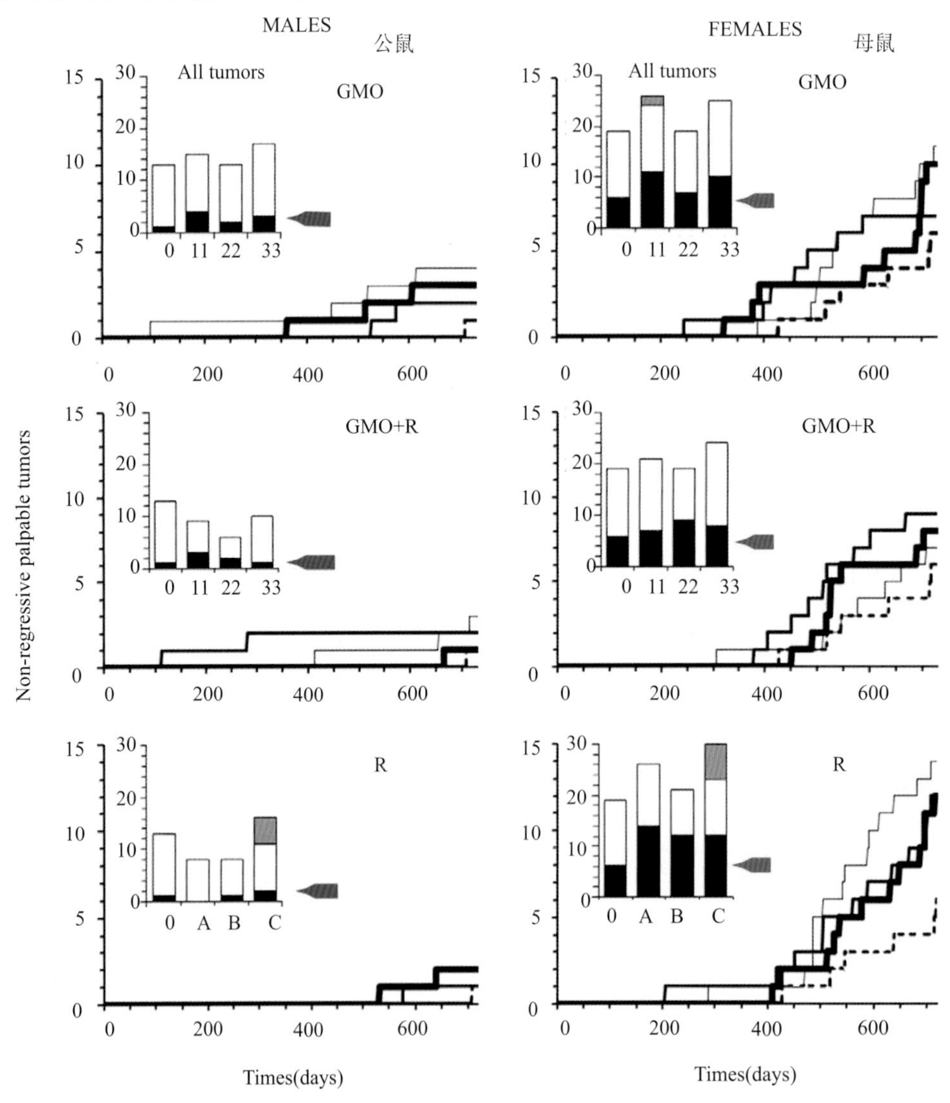

塞拉里尼论文中参试大鼠所长肿瘤数量

喝含除草剂饮水的这组更奇怪。喝干净水的对照组（0）倒长了肿瘤，喝低浓度的A组，即前面白话过在母鼠组表现出超氰化钾毒性千倍、万倍的极微量浓度却又根本不长肿瘤，800万倍浓度于A的B浓度组跟喝干净水的对照组长瘤数目相同，而最高浓度的C组也只比对照稍高一点儿。

按反转基因人士的分析手法，这些数据大多是在说明转基因玉米和除草剂草甘膦并没啥坏处。

仅从这两幅主数据图就能看出，根本就不可能从这些充满矛盾、到处有纰漏的数据中得出任何可信的科学结论。要不这篇论文咋会被法国和全世界科学界、各国政府相关部门一起给否定掉了呢？要不咋会被发表论文的杂志社宣布撤销了呢？

看官可能会问，为啥从塞拉里尼的大鼠转基因玉米和草甘膦毒性试验资料可得出这么多不合逻辑、相互矛盾、荒谬不堪的结论呢？

依洒家之见是试验设计有问题。100只老鼠中90只作处理，只有10只作对照，也没有重复，是不可能用生物统计方法把试验的误差给区分出来的，而这正是生物学试验结果分析中最为重要的环节。所以，塞拉里尼特地显示的所谓转基因有害证据只不过是从众多随机误差中特意挑选出来的少数几个对反对转基因有利的随机误差而已。

不过洒家也就一介高级农夫，没学过医，白话这种与医药相关的动物实验还真的有点底气不足。还是来看看洋专家是怎么说的吧。

英国剑桥大学教授斯皮节哈特（D. Spiegelhalter）说，该论文采用的试验方法、统计分析和结果描述都不可信。因为所有生物实验都必须要和对照组进行比较才能得出结论，对照组和处理组的参试个体数目必须相近，这个试验中对照组与试验组大鼠数目比高达1∶9，远不符合生物统计分析常规，也没有一种生物统计方法能适合这种试验结果分析。

爱丁堡大学教授曲瓦维斯（A. Trewavas）说，这个试验至少需要100只大鼠当对照，否则这些结果就没有价值。在他看来，这个试验的结果和随机误差没什么区别。

伦敦大学国王学院教授桑德斯(T. Sanders) 说，论文作者在数据分析上不符合常规，似乎在玩弄一种统计学的“钓鱼”数字游戏。

澳大利亚植物功能基因组研究中心教授特斯特（M. Tester）说，如果（转基因玉米和除草剂草甘膦）真有这样严重的影响，为什么在很早就有大量转基因食品进入食物链的国家进行的流行病学研究从未发现问题？为什么北美洲人没有纷纷倒下？如果真有论文中所说那样严重的毒害，为什么此前100多项同行的评审研究都没有发现任何迹象？

……

看官们，请不要轻信转基因恐怖言论。

第三十五回：

假借帝王蝶之名反转大势闹腾，75条虫喂4天怎成科学结论？

提到蝴蝶，很多中国人马上就会联想到浪漫的爱情故事梁祝化蝶。

提到蝴蝶，很多中国人马上就会联想到美丽这个词。

尽管一些蝴蝶还是可恶的农业害虫，尽管很多美丽的蝴蝶在其“年轻”的时候都是极其丑陋甚至于长相相当恐怖的毒毛毛虫，但这些全都挡不住人们对蝴蝶美丽的赞美和热爱。所以，反转把蝴蝶也当成闹腾的目标就一点都不奇怪了。

蝴蝶对各国老百姓都相当有号召力。就拿咱南京的中华虎凤蝶来说，它才只是国家二级保护动物，可在南京人民眼里已经是可以和国宝大熊猫媲美的了。

中华虎凤蝶
（引自xici.net，高淳阿拉拍摄）

中华虎凤蝶的专用食物——杜衡
（引自zmnh.com，dannyboy摄）

南京紫金山处在城市的中央，自伟大的革命先行者孙中山先生葬于此山后，各届政府都把紫金山纳入了保护范畴，80多年来只有人去植树护林，没人敢去紫金山上动土，因为不管好人、坏人在紫金山上的乱建私造全都躲不过被拆、被炸的命运。

紫金山至今已成为全球著名的城市森林公园和南京市民的健身圣地，每天都有大量人群登山或游览，高峰期每天留下的垃圾可达10吨。为了宣传环保观念、为了保护紫金山生态免遭破坏，2007年4月由金陵晚报倡导发起了大型环保志愿者活动，其目标是“捡起每片垃圾，让紫金山畅快呼吸”。

金陵晚报给这项活动取了一个极响亮、极具轰动效应的名字：虎凤蝶行动。

不过是发动群众上山捡垃圾，干的就是环卫工的事，为啥要叫做虎凤蝶行动？

这就是金陵晚报的聪明之处。因为虎凤蝶深受南京市民热爱，特有号召力。如果那杆红旗上直白地印上“金陵晚报捡垃圾行动”几个大字也肯定会有人去，但肯定不会有这么多人踊跃参加。

发起者说，紫金山是南京的绿肺，这些可怕的垃圾使包括虎凤蝶在内的许多国家保护动物呼吸越发困难。据说多年前，紫金山上虎凤蝶相当地多，现在却很难见到了，这是因为紫金山原有的生态环境遭到了破坏，中华虎凤蝶已深受其害。这样一说，南京人谁能不为之而动容啊？咱南京人怎么能眼见着这些美丽的小精灵从紫金山上消失呢？于是乎，上紫金山捡垃圾与虎凤蝶挂上钩就变成了一件无比美好的时尚活动。

金斑喙凤蝶
（引自baike.baidu.com，原未注贡献人）

虎凤蝶行动起初是每周组织一次，后来影响越来越大，要求参加的志愿者越来越多，高峰时增加到每周3～4次还供不应求，现已组织过一千多期。

因为这项活动开展得太成功了，在全国影响实在是太好了，2009年4月，虎凤蝶行动被共青团中央授予了中国青年环保最高奖——中国青年丰田环境保护奖之事迹表彰奖。该活动还于2011年1月被选入中国国家形象宣传片之中。原本只是一件当环卫自愿者的小小事，相信中国好多城市都有类似活动，有的规模很可能比南京还大，但南京市以虎凤蝶来作形象代言，立马就身价倍增，变得高尚、出名了啊！

由于虎凤蝶行动的巨大影响，中华虎凤蝶变成了中国最出名的蝴蝶。

其实中国最珍贵的蝴蝶、国蝶是金斑喙凤蝶，它是唯一被列入中国国家一级保护动物的蝴蝶，也是列入濒危野生动植物种国际贸易公约的、最稀有的一级保护物种。

金斑喙凤蝶宝贵到啥地步？据说野外生存数量远远少于大熊猫。1961年，我国邮电部准备发行一套中国蝴蝶邮票，按中国蝴蝶专家的意见必须要有一枚金斑喙凤蝶，因为它是中国独有的世界级珍稀蝴蝶。但当时咱泱泱大中国竟然没有金斑喙凤蝶的标本，金斑喙凤蝶模式标本被收藏在英国伦敦皇家自然博物馆昆虫标本珍藏室里，只得借助外国资料来设计了这枚邮票。

据载，后来在我国某地又发现了金斑喙凤蝶，消息见报之后，有几个人跑去想逮来发点蝴蝶财。他们还真逮到了一些金斑喙凤蝶，但警察也逮住了他们。蝴蝶虽小它也是国家一级保护动物，能去瞎逮吗？

那美国反转基因人士闹腾的洋蝴蝶又有啥来头，反转基因人士又是咋样以此为由头来闹腾的呢？

美国反转基因人士闹腾的洋蝴蝶学名叫黑脉金斑蝶或大桦斑蝶，报刊和网络上常按其英文俗名翻译成帝王蝶或君主蝶。

帝王蝶是美国亚拉巴马州、爱达荷州、伊利诺伊州、明尼苏达州及得克萨斯州的“州虫”，是佛蒙特州和西弗吉尼亚州的“州蝶”。1990年，帝王蝶还被提名为美国的国蝶，虽然未获通过但大家都固执地把它称为美国国蝶。

帝王蝶不危害农作物，因其取食的植物马利筋含有有毒的卡烯内酯，虫体内也就有这种毒素，一些鸟儿也不爱吃，因而帝王蝶数量很大，不是濒危物种。与上面白话的咱中国的两种凤蝶相比也并不那么漂亮。那帝王蝶为啥会使一代又一代美国公众和美国科学家们都那样为之痴迷呢？

这是因为帝王蝶不仅斑纹美丽，而且它还是全球唯一一种每年都要进行将近5 000千米长途迁飞的蝴蝶。

每年秋天帝王蝶像候鸟一样从美洲北部成群结队地飞到美国加利福尼亚州南部和墨西哥越冬，第二年开春再飞回北方。跟能活好多年的鸟儿不同，蝴蝶很短命，成虫交配产卵后很快就死亡。回到北方原住地的已是它们的第三、四代子孙，在北方春夏季还要繁殖几代，秋天再往南飞时又是几代之后了。这小小的虫子、小小的脑袋，凭啥不仅将几千千米的迁飞路线牢牢地记忆着，还能隔了好几代之后将其精确地遗传下去？单这个小秘密至今还在使科学家为之抓狂呢。

黑脉金斑蝶（帝王蝶）成虫和幼虫
（引自article.yeayan.org，Jaap de Roode 等摄）

黑脉金斑蝶（帝王蝶）专用食物——马利筋
（引自中国自然植物标本馆网站，albi提供）

老百姓看着大批美丽的蝴蝶年年飞去又归来的，能不为之倾倒吗？因而，在美国有很多的蝴蝶爱好者会自建蝴蝶花园种植帝王蝶食物来招引帝王蝶，很多蝴蝶爱好者和很多学校还会跟咱中国小学生养蚕活动一样从毛毛虫开始去饲养帝王蝶，化蝶后再放飞野外，一些地方则以蝴蝶为名来发展旅游业。上面第二十八回白话过的、1975年2月世界各地的140多名科学家参加的爱思隆马（Asilomar）重组DNA研讨会就是在加利福尼亚南部的帝王蝶越冬地、太平洋丛林市的蝴蝶镇召开的，那里是著名的旅游胜地。所以，这帝王蝶在美国人民心目中的地位一点也不比南京人钟爱的中华虎凤蝶身价低。

1999年5月，英国《自然》杂志在科学通讯栏目发表了美国康奈尔大学昆虫系洛西（J. E. Losey）教授等的一页纸短文，声称他们做了将转基因抗虫玉米的花粉混在帝王蝶专用食物马利筋叶片上饲喂3日龄帝王蝶幼虫的4天比较试验。结果吃混了转基因玉米花粉叶片的帝王蝶幼虫生长变慢，进食量减少，体重减轻，死亡率增高。而吃非转基因玉米花粉组与吃没混玉米花粉叶片的对照一样，4天时仍生长正常、没有死亡。下页的图是原文的幼虫存活率数据，3种不同颜色的立柱表示3种不同处理的各天存活率。

饲喂4天之后，混有转Bt基因抗虫玉米花粉组的帝王蝶幼虫存活率为56%，死亡率为44%；而混了非转基因玉米花粉的和用没混玉米花粉马利筋叶片饲喂的幼虫全部都活着。他们认为，转Bt基因抗虫玉米花粉中的Bt毒蛋白会使帝王蝶幼虫死亡。

洛西文章中说，尽管帝王蝶在美国北部分布广泛但50%的夏帝王蝶群体集中在美国中西部的玉米种植带，而近年来美国的转Bt基因抗虫玉米种植面积急剧增加，马利筋是玉米地及田边的常见杂草，因而急需对这一新兴农业生物技术产品的环境风险进行评估。

洛西文章发表之后在美国就掀起了反对转基因的浪潮，转基因玉米有害声浪的第一波就覆盖了美国的主要印刷传媒和广播电视并以极快的速度传播到全世界。抗虫转基因玉米种子主要生产商孟山都公司的股

票立马应声大跌10%，转Bt基因抗虫玉米正在走着的欧洲审批程序立即遭到无情冻结，美国也暂停了转Bt基因抗虫玉米的后续种植计划。

洛西文章发表之后帝王蝶立马就变成为反对转基因的象征，据美国康奈尔大学昆虫系谢尔顿（A.M. Shelton）和加拿大圭尔夫大学（University Guelph）环境生物学系希尔斯（M. K. Sears）在评述帝王蝶事件的文章中说，"论文发表之后，社会反响之剧烈连第一作者洛西自己都颇感惊讶。"

报纸杂志广播电视和网络上的炒作不用说也能想象到当年的热度，社会和政府的反应统统很强烈。

当年，一个财团立即向6所大学投入10万美元科研经费来研究转Bt基因抗虫玉米对帝王蝶和环境潜在风险的争议。

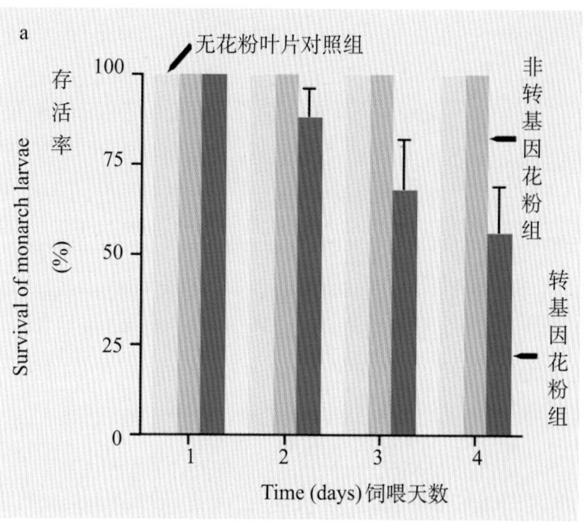

洛西发表的用转基因玉米花粉饲喂帝王蝶的试验数据图
（引自洛西论文，中文和箭头是洒家加的）

次年（2000）美国农业部和美国生物技术产业共同出资20万美元用于转Bt基因抗虫玉米花粉毒性的研究。

2000年，美国环境保护署（EPA）特地组织了一个由杀虫剂、杀菌剂、杀鼠剂等专业的专家组成的科学咨询委员会（SAP）来审查环境保护署收到的有关转Bt基因抗虫作物的再注册文件，要求该委员会评价3个转基因玉米品种对帝王蝶和环境的潜在风险。

2001年初，美国环保基金会以帝王蝶为理由要求增加经费额度，说辞是："新的科学证据表明帝王蝶幼虫因取食马利筋而死，如果不立即行动，将来会有更多不愉快的遗传学怪事出现。"

其实，洛西这篇一页纸论文的出笼过程也颇有故事。

洛西论文在投出之前也让几位同仁看过，就连在上面署了名的一位年长者都不同意拿出去发表。他认为试验方法存在缺陷，只是在实验室内喂了很少几天，并没有进行田间自然条件下的试验，不能代表自然界的帝王蝶状况，同时，研究结果的表述也不恰当。所以，他认为应该立即进行包括田间试验在内的更仔细研究，而不是立即去发表。

洛西论文里写的是，参试虫子是由野外抓来的蝴蝶在室内养殖出来的，每个处理是在叶片上放5条3日龄（从卵里孵化出来之后3天）幼虫，每处理重复5次，整个试验3个处理5次重复也就是把75条从卵里孵出来3天的蝴蝶幼虫在实验室里养了4天而已。那位老先生说得很对，这点东西的确是不足以发一篇科学论文。

75条小虫喂了4天的科研结论，是不是有点儿戏？中国小学生玩养蚕也不止4天。

所以，当洛西把论文投到美国的《科学》被拒绝了。他又投到英国的《自然》却被接受和发表。

为啥英国的《自然》会发表此文？据上面谢尔顿和希尔斯在评述中说，《自然》的一贯做派是喜欢寻找能吸引公众和科学界注意力的东西来发表，它喜欢寻找热点故事来刺激科学家，喜欢去敲打生物技术产业的屁股。

在整个反转基因风潮中，不仅是《自然》，几乎整个传媒界都忽视了自己的重要社会责任，为了追求自身利益而大练的"吸眼球"神功起到了为反转基因推波助澜的作用。传媒不惜去爆炒、夸大社会热点问题，以求引起轰动性社会效应，最终目的无非是为了销量和金钱。

艾博特（E. Abbott）2001年刊文说，自1997年来，传媒界有关生物技术的报道已明显地从科学事件演变成社会事件，传媒对生物技术的报道都已经被恶搞爆了，新闻的信息属性也被改变。艾博特说，1999年里《纽约时报》几乎每天都有生物技术方面的话题。他还统计了1997年至2000年9月的《纽约时报》和《伦敦时报》登载的涉及转基因的文章，其中来自各大学的科学家的新闻故事只占17%，其余83%涉及转基因文章在干什么？艾博特虽没有说出来，但大家都知道，大多是在帮助反转基因人士们传播转基因谣言。

为啥一篇75条小虫子喂了4天的小文章就能在全社会掀起反转基因浪潮？不就是因为这是美国民众为之痴迷的帝王蝶吗？它相当能刺激美国民众的神经。

那么，看官们一定会问，洛西论文说用转Bt基因抗虫玉米花粉混在马利筋叶片上喂帝王蝶幼虫，4天就毒死了44%是真还是假？这转Bt基因抗虫玉米花粉究竟有没有毒呢？

洒家相信这都是真的，因为转Bt基因抗虫玉米花粉肯定对蝴蝶类的幼虫有毒。前面第三十一回已经白话过了，苏云金杆菌能高效地杀死鳞翅目的昆虫，蝴蝶正是属于鳞翅目，Bt蛋白对蝴蝶当然有毒。转基因抗虫玉米被转入了苏云金杆菌合成毒蛋白的Bt基因，玉米全身上下组织全都会有Bt蛋白存在，只不过不同部位或组织Bt蛋白含量有所不同。

在转Bt基因抗虫玉米注册之前，美国环境保护署就已公告过这种转基因玉米在叶、根、花粉中的内源性Bt蛋白毒性，并认定全部都对人和非靶标生物或环境无害。据说转基因玉米花粉中Bt蛋白含量是比较低的，约是0.05微克/克。据帕勒威兹（Barry Palewitz）说，洛西所用的那个转基因抗虫玉米品种花粉的内源Bt蛋白毒性都低到了检测的极限值，洛西得到这样的结果使他深感奇怪。

其实这一点也不奇怪，为了得到这样的结果，洛西把一个最重要的试验条件给有意识地取消掉了，那就是——所添加转Bt基因抗虫玉米花粉的量。他们究竟给帝王蝶吃了多少转Bt基因抗虫玉米花粉？论文中说的是眼睛看着往马利筋叶片上摇撒，没有计量。天知道洛西给帝王蝶吃了多少转Bt基因抗虫玉米花粉啊？

玉米不是帝王蝶的食物，吃下去本来就有损帝王蝶健康。转Bt基因玉米花粉里本就含有Bt蛋白，马利筋叶片上转Bt基因玉米花粉撒得多了，把帝王蝶幼虫吃死了很正常，吃了不死才是怪事。此文发表后，有人做过专门试验，发现高剂量的非转基因玉米花粉与转Bt基因玉米花粉全都能造成帝王蝶幼虫死亡，二者引起的死亡率也相同。

有人还专门研究了从玉米田采集来的花粉成分，发现真正的花粉只占57%，其余43%都是玉米植株各种组织的残片。叶片等玉米组织的Bt蛋白含量远高于花粉，虫吃了不死就不叫转基因抗虫玉米。

前面已经白话过了，毒性只是个相对的概念，啥东西吃得太过量都会损害健康甚至造成死亡。所以，关键的关键是吃的量。

2000年7月，美国伊利诺伊大学昆虫系的莱特（C. L. Wraight）等在《美国科学院院刊》上发表了一篇论文，揭示转Bt基因抗虫玉米花粉对蝴蝶幼虫没有毒性。他们是用当地的黑凤蝶来做试验，试验相当规范。他们在玉米的散粉期把盆栽的黑凤蝶食物欧洲防风草放在转基因玉米地中不同的地点，每盆防风草放10条一龄期（从孵化到第一次蜕皮之前）的黑凤蝶幼虫，7天后统计活虫数目、称体重。试验期间还用涂有凡士林的显微镜载玻片放在试验田里来计量各点单位面积所能累积的花粉总数，这个数据远高于叶片上实际花粉保有量。因为花粉落到凡士林上就被粘住了，而落到叶片上的花粉还有可能会被风吹掉、被雨冲掉。

莱特等的田间试验表明，蝴蝶幼虫死亡率与落到蝴蝶食物叶片上的转基因花粉的内源Bt蛋白毒性之间没有关系。田间凡士林粘住的花粉计量结果是试验期间离玉米地0.5米处的花粉累积量可达每平方厘米210粒或100粒，但花粉量随离玉米地的距离增加而急剧下降，到7米远处就只有26粒或11粒了。他们在实验室内用每平方厘米一万粒转Bt基因玉米花粉，即达田间粘住的花粉量最高值40倍的叶片饲喂一龄期黑凤蝶幼虫，并没有发现对其死亡率产生影响。所以，他们得出的结论是：转Bt基因玉米花粉对蝴蝶幼虫无害。他们还用酶联免疫法测定了所用转Bt基因玉米品种先锋34R07花粉中内源性Bt蛋白含量，仅为2.125纳克/克。

所以美国环境保护署（EPA）认为，尽管转Bt基因玉米花粉中含有Bt蛋白内源毒素，但从田间玉米花粉的自然散落状况来看即便剂量很高也对蝴蝶无毒害。

原因很简单。一是花粉中Bt蛋白内源毒性较低。二是玉米不是这类蝴蝶的食物，蝴蝶会本能地选择不吃。小时候养过蚕的人都知道，把其他树叶、菜叶拿去喂蚕，它饿死也不吃。三是一株玉米雄花开放只持续一周，一块玉米地散粉时间就只有十几天，相对蝴蝶不停地繁衍而言太短暂。四是玉米花粉很重，飘不远，没有大风的话玉米地1米之外就很少有玉米花粉，玉米不是这类蝴蝶的食物，它们不会特意都飞到玉米地中去产卵。所以，转Bt基因玉米花粉对自然界帝王蝶的危害微不足道，完全可以忽略。

美国环境保护署2000年资料披露，转Bt基因抗虫作物的种植使美国每年化学杀虫农药施用面积减少了5 000多万亩。除转Bt基因抗虫作物之外，其他农作物还都要喷农药杀虫。化学杀虫农药不分青红皂白，不管啥虫子喷上就死，而且一旦田间需要喷药杀虫通常都要喷好几次才行，很少能喷一次就完事的。

大量的化学杀虫剂被机器喷得铺天盖地、哪儿都是，这不仅会大批地杀死帝王蝶还会污染环境和损害人类健康。看官们想想，是农药对帝王蝶的危害大还是转Bt基因玉米花粉呢？

很多昆虫学家还确信，转Bt基因玉米花粉对帝王蝶群体的危害与它自己几千千米长途迁飞越冬习性造成的减员相比真是太小了。

第三十六回：

墨西哥玉米被35S污染？学问不精张冠李戴成笑谈

另一个相当出名的反转基因事件是“35S”。

35S是缩写CaMV35S的二次缩写。CaMV35S本身就是个启动子名字的缩写，它的英文全名太长了，连洋人都懒得全念，翻译全了就是“花椰菜花叶病毒35S启动子”，简称35S。35S事件在有的文章里又叫墨西哥玉米事件。

启动子前面已经白话过了，就是管理编码基因是否转录出信使RNA的一个分子开关，是基因编码序列前面的一段特殊调控序列。那么，35S又是什么意思呢？

花椰菜病毒病
（引自夏声广，《蔬菜病虫害防治原色生态图谱》）

平日吃的白花菜（有的地方叫菜花）学名叫花椰菜，它会生一种花椰菜病毒病，病症为叶片上出现很多褪绿的斑块，植株的生长会大受影响。好几种病毒感染都能引起这种病害，其中之一叫花椰菜花叶病毒。花椰菜花叶病毒的英文缩写就是CaMV，其中Ca是“花椰菜”的英文缩写，MV是“花叶病毒”的英文缩写。

花椰菜花叶病毒是一种双链DNA病毒，在20世纪80年代，考威（S. N. Covey）和安利（R. Ani）两个实验室都发现，被花椰菜花叶病毒（CaMV）感染的植物组织中会出现两种特殊的病毒RNA。把病毒RNA提取出来铺到装有高密度重金属盐（如氯化铯）溶液的离心管上面，经过一定时间的超速离心后（每分钟几万转），两种花椰菜花叶病毒的RNA就会按分子量大小分开。一种的沉降系数为35，就按沉降系数的英语单词第一字母S命名为35SRNA，另一个因沉降系数为19就叫19SRNA，即CaMV35SRNA和CaMV 19SRNA。

把花椰菜花叶病毒在患病植株组织里转录出的RNA纯化出来，再与该病毒的基因组DNA做分子杂交就可以确定这段病毒RNA是从哪儿转录出来的、起点在哪，随后把转录起点上游那段DNA序列拿出来就得到了这段病毒RNA的启动子。从35SRNA转录起点上游拿出来的启动子就叫CaMV35S启动子。同理就还有CaMV19S启动子。

在基因工程研究的初始阶段，科学家并没有认识到启动子还有动物、植物、微生物之间的区别。

例如，起初科学家看到把人干扰素基因克隆出来放在大肠杆菌质粒上，大肠杆菌便可合成可用于癌症治疗的干扰素，于是就有人想把这个携带着干扰素基因的质粒转基因到植物细胞中去，想制造出能合成干扰素的转基因植物。可是，这个携带着干扰素基因的质粒明明已经被转进了植物，分子生物学检测也明白无误地显示这个干扰素基因序列已完整地整合（插入）进了植物的基因组DNA，可这个干扰素基因待在那儿就是不“干活”，转基因植物组织中根本就没有啥干扰素。

究其原因是，质粒里的启动子原本是细菌的，只有细菌的RNA聚合酶才认得它，在细菌里可以转录出干扰素的信使RNA并合成十扰素。这种质粒序列转到植物细胞中之后，植物体内的RNA聚合酶是与细

菌不同的另外一套，根本不认得这个细菌的启动子，就不会去转录出后面的干扰素的信使RNA，虽有基因编码序列也无法合成干扰素。

很快，科学家就发现花椰菜花叶病毒的两个启动子CaMV35S和CaMV19S都能在植物细胞里高效而持续地开启连接在其后边的外源基因。不管这些外源基因以前是植物的、动物的还是微生物的，只要在前面给安上花椰菜花叶病毒的启动子，转入其他植物细胞后基因便能高效持续地表达出该基因编码的性状。其中又以CaMV35S启动子的表现最好，不仅启动效率高而且这个启动子还特“皮实”，单就洒家看到的各国研究报告里，从400多碱基到1 000来个碱基的各种不同长度的35S启动子，即便是长度相差一倍全都能高效启动后置的外源基因。所以，不但在植物基因工程的早期，35S启动子成了最受欢迎、运用最广的启动子，而且至今35S启动子还在广泛地被使用着。当然科学家们还研究出了好些能被植物细胞识别的其他启动子，有的比35S还强大，还不是从讨人嫌的病原微生物里克隆出来的，因这跟各位弄懂转基因关系不大，就不详述啦。

35S咋个又和反转基因搅和到一块了呢？

2001年11月29日，美国加利福尼亚大学伯克利分校环境科学系和政策管理系的昆士特和查皮拉（D. Quist and I. H. Chapela）在英国《自然》杂志上发表了一篇论文。他们说在墨西哥南部瓦哈卡（Oaxaca）的边远山区生长的玉米地方品种中已普遍发现了转基因成分，其主要根据就是里面发现了35S和*adh1*（乙醇脱氢酶1基因）两个转基因序列。

瓦哈卡位于中美洲，该地区正是全世界科学家都公认的玉米起源和多样性中心，据科学考证，7万年前，这里就已经有了野生的玉米。因而，消息传出便在国际上引起很大反响，转基因的死对头绿色和平组织更是大肆渲染，说墨西哥的玉米已经受到基因污染，甚至还怀疑设在墨西哥的国际小麦玉米改良中心的玉米种质资源库也可能受到了基因污染。

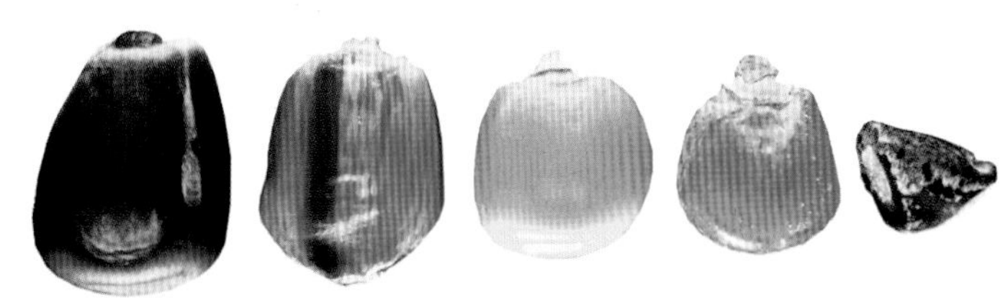

墨西哥瓦哈卡山区的一些玉米地方品种籽粒
（引自 blog.sina.com.cn，Phlippe Psaila-Dragon 摄）

昆士特和查皮拉文章中说，2000年10 ～ 11月他们到瓦哈卡地区离山区主公路20千米远的赛拉罗特（Sierra Norte，地名），在两个不同地点的4块农田里自行采集了编号为A1、A2、A3、B1、B2、B3等6个原始或混血的玉米地方品种，加上在当地政府某机构的谷仓里买来的散装玉米，共7个墨西哥样品来做试验。阳性对照品种为2000年美国生产的一种转基因抗虫玉米和一种转基因抗除草剂玉米，阴性对照品种为秘鲁库斯科山谷（Cuzco，地名）的一种蓝粒地方品种和1971年在瓦哈卡采集和保存下来的一个当地品种种子。

他们是用第二十五回白话过的PCR来做试验的。

他们说，用35S启动子引物检查，7个墨西哥玉米样品中有5个呈现与转基因对照类似的阳性，其中4个田间自采样品阳性信号较对照的弱但清晰可辨，购自政府谷仓的散玉米样品阳性信号跟转基因对照一样强，两个阴性对照品种都没有相应的扩增产物。

他们还说，在6个田间自采样品中有2个样品检出了转基因成分之一的诺氏终止子序列。

终止子是当前植物转基因构建中必须要安装的一个分子零件。前面已经白话过，植物转基因时，被转的目的基因之前必须要安装一个强大的植物启动子，让植物细胞能识别这个基因并从此往下转录。如果目的基因序列之后不配备一个对应的终止信号，被启动的信使RNA的转录就会一直往下游延续，最后就会合成更长的非目标蛋白质链，所转基因的目标性状就不能正确表达。所以，转基因时还必须要在目的基因之后再安装一个强大的终止子，使信使RNA的转录到此为止，准确地翻译出目的基因所编码的蛋白质，准确地表达出被转基因的性状。现在转基因所用的诺氏终止子是从农杆菌基因组上拿出来的，长约260个碱基。

他们还说，用反向PCR（iPCR，一种特殊的PCR方法）扩增35S启动子侧翼的DNA序列时出现了多态性，即1对引物扩增出了几个不同的条带，他们认为这表明35S启动子序列已插入到地方品种基因组上的多个位置。还有2个地方品种样品在反向PCR（iPCR）中检出了转基因玉米中的乙醇脱氢酶1基因（*adh1*）序列。

因而，他们得出了这样的结论：从商业化玉米品种向原始玉米群体存在着高水平的基因漂移，转基因成分高频进入多样性的原生玉米基因组的现象相当普遍，而且这些转基因成分可能正在代代相传着。

这样的研究结果可信吗？他们做出的结论正确吗？

这篇论文发表后4个半月，于2002年4月11日出版的《自然》杂志上，编辑部针对这篇论文特地发表声明：（昆士特和查皮拉的）原论文提供的证据不足以证明该论文（结论）的正确性……为以正视听特发表批评意见文章……让读者自行判断……这话说得很婉转，但《自然》杂志社枪毙这篇文章的意思也说得相当清楚。

那么，昆士特和查皮拉这篇论文究竟错在哪儿呢？

如果让洒家自己来白话这事，一些人很可能不仅不愿意听还会反感。因为他们是洋人啊！

那就来看看洋专家是咋样批驳昆士特和查皮拉论文的错误吧。

Editorial note

In our 29 November issue, we published the paper "Transgenic DNA introgressed into traditional maize landraces in Oaxaca, Mexico" by David Quist and Ignacio Chapela. Subsequently, we received several criticisms of the paper, to which we obtained responses from the authors and consulted referees over the exchanges. In the meantime, the authors agreed to obtain further data, on a timetable agreed with us, that might prove beyond reasonable doubt that transgenes have indeed become integrated into the maize genome. The authors have now obtained some additional data, but there is disagreement between them and a referee as to whether these results significantly bolster their argument.

In light of these discussions and the diverse advice received, *Nature* has concluded that the evidence available is not sufficient to justify the publication of the original paper. As the authors nevertheless wish to stand by the available evidence for their conclusions, we feel it best simply to make these circumstances clear, to publish the criticisms, the authors' response and new data, and to allow our readers to judge the science for themselves.

Editor, *Nature*

《自然》编辑部对昆士特和查皮拉论文的批评意见声明

美国华盛顿大学微生物学系的麦芝（M. Metz）和瑞士苏黎世联邦理学院植物科学学院（Institute of Plant Sciences，ETH）的福特雷特（J. Futteret），二人联合在英国《自然》杂志（2002年4月4日刊）上发表的《不可信的转基因污染证据》一文中说，昆士特和查皮拉所谓的证据只是在有缺陷分析基础上弄出的“假象（artefacts）”，昆士特和查皮拉在解释其试验结果时还歪曲了所引用关键参考文献的原意。

麦芝和福特雷特还说，如果真如昆士特和查皮拉所说的“基因渗入”和“基因漂移”已相当普遍的话就应该是所有被检籽粒都携有转基因成分，PCR扩增结果就不可能是“清晰的弱带”。

麦芝和福特雷特还说，昆士特和查皮拉的反向PCR（iPCR）产物全都是因使用不当方法而人为制造的假象。因为按常理，用35S序列的反向PCR引物扩增后应有2 000~4 000个碱基长的PCR产物，这里面应该包含35S及其两侧序列和转基因构件的序列，但麦芝和福特雷特检查了他们发布到公共数据库里的反向PCR产物序列之后没有发现其中包含有所称的转基因的片段。这就是说，昆士特和查皮拉在论文中宣称的35S PCR条带并不是真正的35S序列而是引物在其他位置错配对而扩增出的假象条带。

麦芝和福特雷特还说，昆士特和查皮拉所说的在墨西哥玉米地方品种中发现了被转基因的乙醇脱氢酶1基因（*adh1*）序列是搞错了概念。他扩增出的是玉米细胞内本来就有的乙醇脱氢酶1基因序列，转基因中用的是乙醇脱氢酶1基因的内含子，它俩是完全不同的两个东西（容洒家下面再白话）。

这实际上是在说：昆士特和查皮拉，你们二位根本就没弄懂转基因转的是什么就在这瞎说。

为啥呢？因为玉米细胞里面本身就有这个乙醇脱氢酶1基

因序列，谁还需要费那劲去搞它的转基因呀？难道研究转基因的科学家有毛病不成？

麦芝和福特雷特还说，昆士特和查皮拉提供的资料无法确定转基因玉米与传统地方品种之间实现大规模杂交的机制，就这样凭主观臆断转基因玉米已在墨西哥大量非法种植是不合适的。据洒家看到的相关报道，当时墨西哥还禁种转基因玉米，进口的转基因玉米主要是作饲料。

美国加利福尼亚大学伯克利分校植物与微生物系和美国农业部植物基因表达中心的卡布林斯基、布朗、里士奇、哈依、哈克、佛瑞林（N. Kaplinsky, D. Braun, D. Lisch, A. Hay, S. Hake, M. Freeling）等6位科学家联名在同一期英国《自然》杂志上也发表了一篇题为《墨西哥转基因玉米结果是假象》的论文来批驳昆士特和查皮拉论文的错误。

他们也说昆士特和查皮拉声称的墨西哥玉米基因污染事件其实是由反向PCR扩增生成的假象。而反向PCR方法又以容易产生假象而著称。

他们说，昆士特和查皮拉声称检测出的与乙醇脱氢酶1基因同源的序列是玉米基因组里本来就有的，主要由“反转座子”组成的长达16万碱基对的乙醇脱氢酶1基因重复区域上扩增出来，它们不是转基因构建时使用的乙醇脱氢酶1基因的内含子序列。

啥是内含子？

前面第二十四回白话美国人温特叫板基因组公共计划的传奇故事时已经提到过，高等动植物的基因序列并不全都是编码遗传信息的，除了编码氨基酸的三联体遗传密码序列之外还插有大量的非编码序列，因为人类至今都弄不懂这些非编码序列有啥用处，所以暂且把这些物质戏称为垃圾序列。

咋样发现基因组序列里还有“垃圾”的？科学家在研究基因的时候发现，把信使RNA序列与基因组上的基因序列相比，信使RNA的长度要比基因短很多。例如玉米的乙醇脱氢酶1基因（*adh1*）长度约为1 400碱基对，但他的信使RNA才600多个碱基，不到基因组基因序列的一半。很明显，基因在合成信使RNA的过程中有相当多的序列被剪除掉了，也就是说基因序列中只有一部分指导合成该基因性状表现所需的蛋白质，剩余的部分则对最终的性状表达没有直接的作用，是要被剪除、扔掉的东西。

所以，科学家给这种中间夹杂有很多“垃圾”序列的基因取名为“断裂基因”，这是1987年美国麻省理工学院的美国人夏普（P. Sharp，1944—）和当时在美国冷泉港实验室工作的英国人罗伯茨（R. Roberts，1943—）一起发现的，他俩因此而获得了1993年诺贝尔生理学或医学奖，可见这个发现有多么的了不起。

把信使RNA序列与核DNA序列或刚刚从核DNA序列上转录出的信使RNA前体相比很容易找出是哪些序列变成了成熟的、能指导蛋白质合成的信使RNA，哪些序列是被剪切扔掉了。

如下页图所示，科学家把那些被剪除扔掉的非编码序列叫做“内含子”（蓝色字、蓝色直虚线），把最终出现在成熟信使RNA上去指导合成蛋白质的、真正的编码序列叫做“外显子”（黑色字、黑色波纹线）。

大部分高等动植物核基因序列中都有不止一个内含子，正在被白话的玉米乙醇脱氢酶1基因（*adh1*）核DNA序列中就有6个内含子，从启动子往后，依次编号为内含子1、内含子2、……、内含子6。

科学家虽然一方面在说这些内含

夏　普
（引自诺贝尔奖委员会官网）

罗伯茨
（引自诺贝尔奖委员会官网）

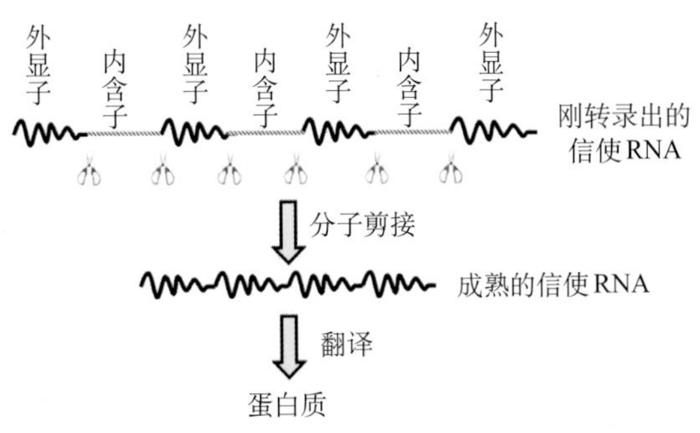

内含子、外显子概念示意

子跟垃圾一样，另一方面也在怀疑：多少亿年的生物进化结果竟然是在宝贵的遗传信息里留下这么多的垃圾?

1987年，美国斯坦福大学生物科学系的3位科学家柯林斯（J. Callis）、胡诺门（M. Fromm）、沃尔博特（V. Walbot）发现，玉米乙醇脱氢酶1基因（*adh1*）的第一个内含子“*adh1*内含子1”就不是无用的垃圾，在玉米转基因时它具有增强被转外源基因表达之功效。于是乎，很多科学家在构建被转外源基因时都在启动子后面加装一个长度约80几个碱基的*adh1*内含子1片段来增强转基因植株中外源基因的表达。

啥又是“反转座子”呢?

转座子在第六回已经白话过了，转座子就是生物的一种特殊的基因序列，这类基因序列是可移动的，可从染色体的一个位置跳跃到另一个位置，甚至从一条染色体跳跃到另一条染色体上。这是美国冷泉港实验室的女科学家麦克林托克1951年发现的，32年后，81岁高龄的她还因此而荣获了诺贝尔奖。

反转座子也是一种转座子，不过反转座子序列是经由第十五回白话过的，威斯康星大学教授、1975年诺贝尔生理学或医学奖获奖人特明发现的反转录酶的反转录机制将RNA序列反转录成DNA序列后再插入核基因组里而形成的。因为这些序列是由RNA反转录出来的，它们又是可以移动的转座子，故被称为反转座子。

上面白话的玉米基因组里16万碱基对长的反转座子*adh1*重复区域就是由玉米乙醇脱氢酶1的信使RNA被反转录成DNA后插入形成的。

因为信使RNA里已没有内含子序列，从它反转录出的DNA序列里也就没有了内含子序列，它们形成的反转座子里绝不可能扩增出植物基因工程中使用的*adh1*内含子序列。

卡布林斯基等6位科学家还检查了昆士特和查皮拉在国际分子生物学公共数据库（GenBank，NCBI）登记的相应PCR产物的核苷酸序列资料。特别指出其K1片段序列，就是昆士特和查皮拉在文中声称扩增出的*adh1*序列，其实更类同于玉米古铜色基因1（*bronze1*）的序列。他们说，昆士特和查皮拉所用的引物在玉米基因组上有多个非设计目标的错配对位点，所以，其声称扩增出的*adh1*序列其实既不是转基因所用的*adh1*内含子1序列也不是*adh1*的编码序列。

为啥昆士特和查皮拉会搞出这种“乌龙”结果来?

卡布林斯基等6位科学家分析发现，昆士特和查皮拉使用的PCR引物设计得很不恰当。例如，引物iCMV2（引物编号）的15个碱基中有13个碱基能与古铜色基因序列配对，iCMV2的最后7个碱基还与玉米Opie反转录因子序列配对，引物iCMV1有一端的10个碱基能与*adh1*基因的编码区配对……这些“错配”的引物就造成了PCR检查的假阳性条带。

卡布林斯基等6位科学家说，昆士特和查皮拉扩增出的侧翼序列里并没有明显的转基因序列，除引物序列外也不含任何所声称的35S序列。所以，他们扩增出的反向PCR的条带并不是他们声称的转基因序列而都是假阳性。

卡布林斯基等6位科学家还说，在墨西哥很可能存在着个别非法种植转基因玉米的现象，但昆士特和查皮拉描述的转基因已遍及整个地方玉米品种基因组的情形并不存在，太言过其实。

据报道，设在墨西哥的国际小麦玉米改良中心也发表了正式声明，经对该中心种质资源库和从田间新收集来的152份玉米材料进行的检测，结果在墨西哥任何地区都没有发现所谓35S启动子基因污染事件。

各位看官，所谓的35S污染事件的真相难道还不够清楚么？就是学术不精的乌龙试验被反转基因人士和传媒恶意炒作出来的。

第三十七回：

超级杂草借壳“三抗”油菜，反转胡编乱造借题发挥

另一个曾被反转基因人士热炒的事件就是所谓加拿大转基因油菜导致的“超级杂草”了。

所谓的“转基因超级杂草”
（引自天涯社区）

加拿大国土面积跟中国差不多，但10多亿亩耕地只承载了3 048万人，是世界上人均粮食占有量最高的国家，同时也是小麦和油菜籽的常年输出国。加拿大的油菜产品出口量世界第一，也是世界上第一个大面积商业化种植转基因油菜的国家。该国常年油菜面积6 000万～7 500万亩，年产油菜籽500万～800万吨。生产的油菜籽一半被出口。

我国耕地有限，自产的油菜籽已不能满足人民需求，每年都要进口油菜籽100万吨以上，最多的年份进口过300多万吨，主要从加拿大进口。

加拿大从1995年开始种植转基因抗除草剂的油菜，几年之后转基因抗除草剂油菜就席卷了整个加拿大油菜种植业。加拿大对通过安全评价的转基因品种视同于普通品种，在运输和仓储上采取混收、混储、混运，不需要区分是否是转基因。

为啥转基因油菜能在加拿大全面开花？因为加拿大地广人稀，油菜生产一直高度依赖于机械化和除草剂。在没有转基因抗除草剂油菜的时候，必须要多次机耕和喷几种除草剂来灭草，既费工又费钱。种植转基因抗除草剂油菜之后，农民不仅可以免耕或少耕，还能在生长期内只喷一种草甘膦之类的除草剂就把所有田间杂草全部消灭，这不仅使除草剂的施用变得简易而高效，还使除草剂的使用量减少了约40%，既降低了农作成本，又减少了农药对环境的污染。

据加拿大2000年的一项调查显示，由于杂草控制更给力，转基因油菜品种比常规品种平均增产10%，种植转基因油菜后每公顷（15亩）纯收入可增加约14加元。1997—2000年，加拿大采用转基因抗除草剂油菜品种带来的直接经济效益为1.44亿～2.49亿加元。间接经济效益为0.58亿～2.1亿加元。据调查，80%的农户都认为转基因油菜有利于油菜地的杂草控制。

各位看官想想，若不能获利，哪会有农民去种转基因油菜？

看到这里，有的看官会疑窦顿生：这抗除草剂转基因油菜在加拿大不仅让农民赚到了钱、减轻了劳动强度、降低了能源消耗，还减少了农药污染，全是利国利民的好事，反转基因人士有啥可闹腾的呢？

事情起因于大面积种植转基因油菜后不几年，有人报道在加拿大一些油菜地里发现了能同时抗3种除草剂的落粒自生油菜植株。

消息传开后，它被炒作成种植转基因农作物会制造出咋也打不死的“超级杂草”。

先白话一下能抗3种除草剂的油菜落粒自生植株是咋样产生的。

2000年一位名叫麦克阿苏尔（M. MacArthur）的人报道了一个典型事例。

1997年，加拿大艾尔伯塔省（Alberta）北部赛克斯史密斯（Sexsmith）附近，有一个叫胡衣仁（T.

Huether）的农户在他850亩农田里播种了3种不同的抗除草剂转基因油菜。一条县道穿过他的农田，他在公路西边的农田种了孟山都（Monsanto）公司的抗草甘膦（农达）转基因油菜，在公路东边的农田种了120亩安内特（Aventis）公司的抗草丁膦（也叫草氨膦，是与草甘膦不同的另一种广谱除草剂）转基因油菜，其余的地种了氰胺（Cyanamid）公司的抗奥德赛除草剂转基因油菜。

第二年(1998)，在去年没种过抗草甘膦转基因油菜的地里发现了能抗草甘膦的落粒自生油菜植株。

第三年(1999)，能同时抗这3种除草剂的落粒自生油菜植株也在他家地里出现了。

为啥能自发地出现这种“三抗”油菜？加拿大油菜专家托马斯（P. Thomas）说，“我知道这种事迟早都会发生。”

为啥呢？且让洒家来白话一下。油菜是异花授粉频率相当高的一种植物，油菜花粉不仅很容易从一棵植株被风吹到其他植株上，油菜花内还有蜜，开花期会招来蜜蜂和昆虫，蜜蜂和昆虫飞来飞去到处采蜜时就能将沾在身体上的花粉传到其他的油菜花朵上，杂交便自然发生了。而那3家公司的抗除草剂转基因油菜所抗的除草剂各不相同，3种转基因油菜里分别带有对3种不同除草剂的抗性基因，经两代（年）的两次（风、虫传粉）杂交将3个不同抗除草剂基因组合在一起就在情理之中。

那么这种自然杂交产生的“三抗”油菜是不是就成了反转基因人士所说的啥玩意也打不死的超级杂草呢？

绝不是的！加拿大油菜专家东尼（K. Downey）说：“这种‘三抗’油菜根本就不能称其为一个问题，用二四滴（2,4-D，一种已用了几十年的老式双子叶植物除草剂）等简单的除草剂就能将这些杂种油菜全部杀死。”

看官们想一想，这地球上啥时候没有风和昆虫？要是田里种的庄稼那么容易和各种野草自然杂交，成千上万年耕种下来，现在田里还会有什么庄稼呀？田里长的就全都会变成“人不人鬼不鬼”的杂种怪物，人类早就该被饿死了。

大自然的生命法则任谁也无法改变。庄稼被人类种了多少年，庄稼地里的各种野草也混在里面生长了多少年。风、蜜蜂、昆虫从古至今都一直在做着所谓的杂交传粉，但有谁见过庄稼与野草杂交都变成了野草或野草都变成了半草半庄稼的怪物啊？物种之间的生殖隔离特性保障了几万年下来各种庄稼仍然是各种庄稼、各种杂草仍然是各种杂草。这种逆宇宙级的大事岂是一个小小的抗除草剂基因被转了一下就能干得了的？

所以，加拿大消费者协会副主席海拉尔德（J. Hillard）才说：“这根本就不关消费者啥事，这仅仅是对着已经被反转基因人士和不良传媒吓得不轻的消费者们又讲了一个恐怖故事而已。”

那么，在本回一开始看到的反转基因人士在网上发布的超级杂草照片又是咋回事呢？其实，那是一种中国早就有的、臭名昭著的“豚草”，这豚草与转基因连半点瓜葛都拉扯不上。

豚草本是一种世界性恶性杂草，原产北美洲，是一年生草本植物，株高可达2~3米。豚草不仅具有强大的根系和高大的茎叶，它还能释放出多种对其他植物有明显抑制作用的特殊物质，所以它能迅速遮盖和抑制周围的植物。豚草不仅长得快，植株高大，而且繁殖力超强，除种子之外，残根和掉在地上的茎秆节段也都能长出植株来。中国的豚草是20世纪30年代日本侵略中国时随军马饲料传入东北，随后在神州各地泛滥。据说现在中国19个省份都已有这种植物杀手的踪迹。

豚草花粉还是秋季花粉过敏症的重要致敏源，轻者引起咳嗽、哮喘等过敏性变态反应，重者还能引起肺气肿，严重危害人体健康。洒家所在的城市，好像经常会有小报登啥地方又见豚草疯长、大伙赶紧在它们开花前将其彻底铲除之类的新闻。

上页图中反转基因人士标的英文名“ragweed”不要说英汉农业词典，就连普通的新英汉词典上都有这个词，后面就只标着豚草两个汉字，并没有其他的中文译名。可是反转基因人士却硬要把它翻译成“抗除草剂”，还在草边上用巨大字体标注为“超级破布草”，这就是为了欺骗、恐吓善良的，不大懂专业英文的普通老百姓。道理很简单，如果按词典说是豚草，豚草入侵中国已80多年，又经常上大小报纸，老百

姓相当熟悉它。豚草本来就能长这么高大，就是这么霸道，又咋能把它指认为是转基因超级杂草呢？

各位看官再细看看那幅图，几个人站在农田边的草地上，正背后是大豆田，左侧面和远方是玉米田，就算这些田里种的都是转基因作物，可地里全都是干干净净、整整齐齐的，且没有一颗“超级破布草”的好庄稼。显然，这些所谓的超级破布杂草是从其他地方比如路边、荒地上拔来在转基因农田边上摆拍的假证据。大家仔细瞧瞧，超级破布杂草的根都来不及遮挡一下，掰下来的枝叶都来不及扔远点。

各位想一想，如果抗除草剂转基因庄稼田里真的长得有什么除草剂都打不死的“超级杂草”，反转基因人士一定会跑到地里去保护起来以供观瞻并召开世界级的新闻发布会，他们才舍不得把这“如山般铁证”拔起来给毁灭掉呢。

也许有的看官会问，洒家你咋能证明这些豚草不是由抗除草剂转基因庄稼与豚草杂交出来的抗除草剂超级杂草呢？

这也太简单了。现在外国大面积种植的抗除草剂转基因农作物有玉米、大豆、油菜3种，玉米属禾本科，大豆属豆科，油菜属十字花科，而豚草属菊科。豚草和这些转基因农作物之间的亲缘关系差得也实在是太过远了点，它根本就不可能与其中任何一种农作物发生杂交。

生物分类上按其亲缘关系远近依次分为界、门、纲、目、科、属、种。种下面又分为亚种、变种（品种），通常只有在一个种之内的不同品种间能够杂交。不同种之间就比较困难，一定要在人工强力干预下才能得到个把。不同属间就相当相当地困难，经常是做几千上万朵花的人工杂交也得不到杂种，费尽千辛万苦好不容易得到个把植株不是长不大就夭折了就是完全不能结籽的“废物点心”。科间杂交呢，闻所未闻，纲间杂交呢就提都不要提了。

来个搞笑点的比喻看官们立马就会明白。豚草和玉米只是同属被子植物门，豚草是双子叶植物纲的，玉米是单子叶植物纲的。要说豚草和玉米之间能自然杂交就跟说同属节肢动物门的昆虫纲的苍蝇与甲壳纲的螃蟹能杂交一样，是逆了天的荒谬！有谁听说过苍蝇能和螃蟹杂交生出什么苍蝇蟹或螃蟹蝇啊？谁要是说这种话绝对会被骂成神经病。可见，胡编乱造、指鹿为马，是某些反转基因人士惯用的手法。

第三十八回：

中国人领头攻击转基因棉，欲加之罪指白为黑嘴太歪

还有一件不得不白话的反转基因大事就是转基因抗虫棉事件，因为这是中国人和绿色和平组织在中国大地上闹腾起来的。

2002年6月，国内某研究所和转基因的死对头绿色和平组织联合在北京召开了一个会议，会议上一位身兼绿色和平组织顾问之职的中国专职环保科技人在会上发表了题为《转Bt基因抗虫棉环境影响研究的综合报告》，该文英文版有26页，中文版也有25页，还没读就会给人一种有分量之感。

单看题目很容易让人误以为此人是作了大规模的转基因抗虫棉试验研究之后所写的科研论文。实际上他自己根本就没做过任何具体的转基因抗虫棉对环境影响的试验或研究。不过，在文首他也诚实地说该文是对中国农业科学院植物保护研究所、棉花研究所，中国农业大学农学与生物技术学院，南京农业大学植物保护学院等单位的相关研究人员“进行了当面咨询和座谈，并获取他们的研究报告”，此文“主要是对这些研究成果作一个总结，并作简要分析”。也就是说，他并没有作具体的试验，只是对别人的研究结果用自己的观念再解读了一番。

平心而论，单这篇26页的报告而言，里面不仅找不到反转基因人士惯用的偏激、出格的“狗血”级语言，他对别人科研资料的分析虽有个人的偏爱和取舍但却毫无编造之嫌，甚至文中还出现过对转基因抗虫棉的赞美语句。比如，他曾说道，转基因抗虫棉可使棉田“用（农）药次数降低，华北地区可从全生育期平均13次降到7次，长江流域由5 ～ 7次降到3 ～ 5次……农民仍然喜欢种植转基因棉，因为转基因棉的棉铃虫发生较轻，用药次数减少，尤其在苗期基本不需施药……抗虫棉省工省力，提高经济效益……”

但是他对转基因棉花“有看法”的立场也很明朗，文章一开始就先声夺人地列出了转基因抗虫棉对环境有明显影响的6条结论，所以，里面少量赞美转基因抗虫棉的文字就被这六大罪名掩而不见了。

绿色和平组织在网站上立即发布了这份报告，次日，英文版《中国日报》就发表了《转基因棉花有损环境》的文章，第三天，《德国农业报》也发表了题为《中国研究表明Bt棉花造成巨大环境损害》的文章。绿色和平组织的另一位中国项目主管还将这件事情创造性地发挥到了信口开河的程度，他毫无根据地预言：棉农“将面对不受控制的超级害虫”“将被迫使用更多、更毒的化学农药”。他还妄下了这样的结论：“转基因抗虫棉不仅没有解决问题，反而制造了更多的问题。”不过，这位“中国项目主管”耸人听闻的这些话在那篇26页长文中根本就没有，全是他胡编乱造的。但传媒就喜欢散播这类吸引人眼球的爆炸性消息，加上各国反转基因人士的跟风炒作，中国转基因棉事件在欧美也产生了巨大反响，各国科学家也在网上发文进行批驳，这样就引发了一场国际性转基因争论，就成为了国际性重大事件。

那么这篇26页的长文究竟是怎么来说转基因棉花坏话的呢？不对之处又何在呢？各位听洒家对其列出的6条罪名逐一白话。

第一条罪名大意是说转基因抗虫棉田内“棉铃虫寄生性天敌寄生蜂的种群数量大大减少”。

棉铃虫是棉花种植业的大敌，对棉花产量影响极大。

棉铃虫主要以幼虫啃食棉花的花蕾和棉铃（棉桃）方式危害棉花，被啃咬后的花蕾通常会在两三天后脱落。据昆虫学家研究，一头棉铃虫幼虫一生最少要啃毁4~5个蕾铃，最多的可毁掉20多个蕾铃。

毫不夸张地说，如果不喷杀虫农药，平均每株棉花上一头棉铃虫就可把蕾铃全咬掉而颗粒无收。一头棉铃虫从卵里孵化出来后只需要20来天就能长成蛹，再过10来天成虫（蛾子）就会从蛹里飞出来交配产

卵，卵两三天后即可孵化出幼虫再去啃食棉花。

棉铃虫幼虫

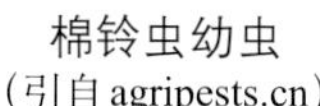

（引自agripests.cn）

棉铃虫成虫
（引自agripests.cn）

棉铃虫繁殖得很快，在棉铃虫暴发时，防治棉铃虫就跟打仗也差不多了，现蕾之后三天两头就得去打农药。在种植转基因抗虫棉之前，整个植棉期间喷十几二十次农药是很稀松平常的事，在有的棉区，棉田喷了几十次农药也不稀罕。

各位看官知道喷农药这活儿是个啥滋味吗？在大规模农业生产时，几百亩、几千亩棉田都要喷药，大型拖拉机拽着超巨型的机动喷雾机在地里跑，几十上百个喷头有的朝下喷、有的朝上喷，把那一棵棵棉花喷得跟洗过澡似的直滴药水，把那个棉田喷得铺天盖地的都是药水雾。一点也不夸张，有时连彩虹都可以喷得出来。一天活干下来开拖拉机的工人浑身上下都是农药味，干过的都知道，那是超级的不好受。

寄生蜂（棉铃虫齿唇姬蜂、茧蜂）是棉铃虫的天敌，它们把卵产在棉铃虫幼虫体内，寄生蜂幼虫就在棉铃虫体内生长，它们不会一下子就把棉铃虫弄死，一直到长大之后爬出来变成会飞的成虫。当然，被寄生过的棉铃虫幼虫最终难逃一死，所以寄生蜂可以在一定程度上抑制棉铃虫的虫口密度。

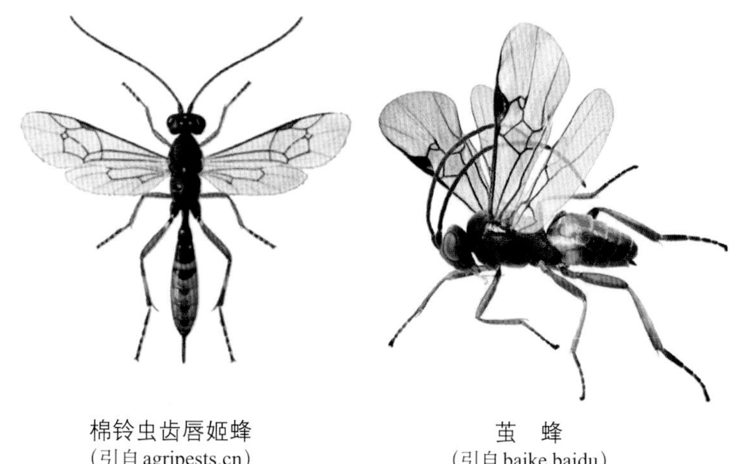

棉铃虫齿唇姬蜂
（引自agripests.cn）

茧　蜂
（引自baike.baidu）

那么，单靠寄生蜂能否将棉田里的棉铃虫都消灭掉呢？答案是否定的，不管是自然生长的或是人工养殖放飞的寄生蜂都不能实现有生产意义的棉铃虫根治。所以，在转基因抗虫棉之前全世界都只能一遍又一遍地喷洒农药，不仅费钱还对人和环境造成很大危害。农药可不认得好坏，打过药后到地里看一看，不管是益虫、害虫或是其他的小小动物们，沾上农药基本上都要被毒死的。

种植了转基因抗虫棉后，棉株细胞里都有Bt蛋白，棉铃虫从卵里爬出来就要吃，小小的虫子啃几口就被毒死了，所以棉田里就很难看到棉铃虫了。棉田里都没有棉铃虫了，靠“吃”棉铃虫为生的寄生蜂还会傻傻地待在这没有棉铃虫的棉田里吗？俗话说“人为财死、鸟为食亡”，找食吃是动物的第一本能，寄生蜂肯定就会飞到其他地方而不是在这没有棉铃虫的棉田里等着被饿死，被断子绝孙。

寄生蜂也很聪明。据昆虫学家们研究，寄生蜂不仅有很强的寻觅寄主的能力，还很会挑选用来产卵的寄主幼虫。据说太大龄的棉铃虫幼虫它不会上去产卵，因为大肉虫会回头来咬它，据说有的寄生蜂产卵还特科学，它绝不会在一条肉虫上产下过多的卵，以免它的孩子们将来挨饿。

转基因抗虫棉田里寄生蜂数量大减是因为这里已经没有寄生蜂的食物棉铃虫而飞到其他地方去了，绝不是转基因抗虫棉把它们害死了。寄生蜂们有很强的寄主寻觅能力，而棉铃虫的食性又很杂，好些作物乃至一些杂草上都会长棉铃虫。寄生蜂就会飞到其他有棉铃虫的地方，比如飞到玉米、高粱、烟草、麻类、豆类、向日葵、番茄、辣椒、某些杂草等上去产卵。寄生蜂要为自己孩子们寻找个有饭吃的地方，是很正常的本

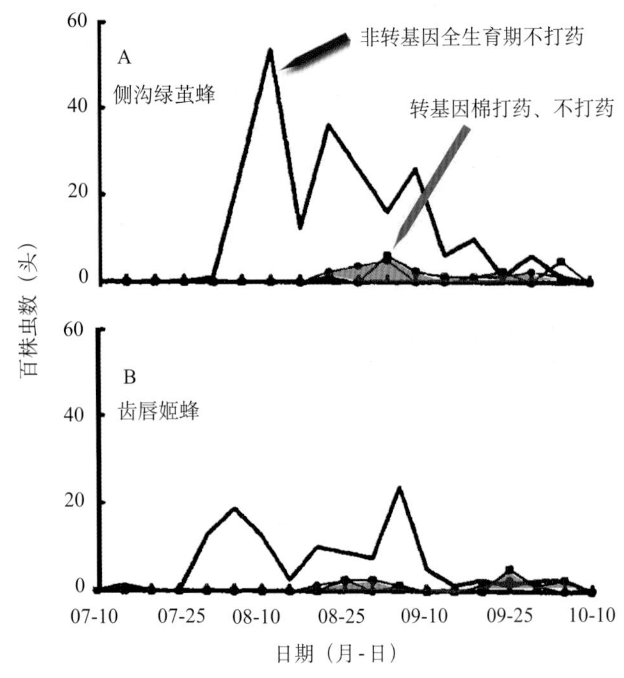

转Bt基因棉花对棉铃虫寄生性天敌的影响

能，这跟转基因连半分钱的关系也没有！

反转基因人士的手法有一点是相同的，那就是只把对他们有利的东西挑出来大势渲染，对转基因有利的就避而不谈。比如右边这幅图就载于该文第7页上，是从中国棉花研究所论文上引来、说明转Bt基因棉花对棉铃虫寄生性天敌有显著影响的“图2”（箭头、颜色和说明文字是洒家加的），但反转基因人士的解读就离奇地片面和偏颇。

反转基因人士只说转基因棉田里两种寄生蜂数量都比全生育期一次药也不打的非转基因棉田（黑色箭头所指曲线）里减少了88.9% ~ 79.2%，但从来不解读下面那两条几乎重合的曲线(红色箭头所指红色区域的曲线)所包含的意思——转基因抗虫棉全生育期一次药也不打的跟打了好多次药的地块里相比，其寄生蜂种群数量几乎相同，都很低。

请各位看官注意，不打农药的转基因抗虫棉田和打好多次农药的棉田里寄生蜂数量差不多的事实说明了以下几点。

① 转基因抗虫棉田寄生蜂数量也就跟打过好多次药的棉田里差不多。

②转基因抗虫棉田从不打农药，来这里的寄生蜂找不到棉铃虫就会自己飞到其他地方去。寄生蜂不吃棉花，转基因棉株里的Bt蛋白对寄生蜂毫无伤害。但在打农药的棉田里，每打一次农药都会误杀大量正在里面找“食”的寄生蜂。这样的科研资料难道还不足以说明种植转基因抗虫棉对寄生蜂有好处吗?

③所以说，种植转基因抗虫棉不仅没有危害到寄生蜂的生存，反而是能救不少寄生蜂免遭农药的大屠杀。

至于转基因抗虫棉田里寄生蜂数量大减，不过是寄生蜂们搬了个家而已，寄生蜂还在其他地方活得好好的。如果不种转基因抗虫棉，棉田里有棉铃虫，被招引来的寄生蜂们都将会被一次又一次的农药打得“尸横遍野”地。从这个角度，说转基因抗虫棉是寄生蜂的保护神一点也不为过。

另外，据科学家研究，防治作物病虫害喷洒的农药大约只有20%能黏附在叶片等植株组织上，其余大部分农药都落到了土壤上，最终随雨、水流到江河湖泊。据说，农药化肥造成的污染已占了环境污染源的半壁江山，如果不种植转基因抗虫棉就又要多打若干次农药，全国不知道又要为此多用多少万吨农药！这不仅会杀死巨多无辜的益虫，还会给环境和人们健康带来更多危害。

第二条罪名大意是说转基因抗虫棉对刺吸式害虫基本没有效应，所以像棉蚜、盲蝽、棉蓟马、红蜘蛛等就会上升为主要害虫，危害棉花生产。

这条罪名才真叫做莫须有！前面第三十一回已经白话过了苏云金杆菌和Bt蛋白基因的前世今生，从苏云金杆菌菌体杀虫制剂到Bt蛋白基因，科学家一直都在说它能杀死鳞翅目的昆虫，从来就没有科学家说过它能杀死刺吸式害虫。

这就像大家都夸拿过110米跨栏世界第一的刘翔是个很优秀的运动员。倘若有个人跳出来说刘翔并不优秀，理由是刘翔不仅短跑、长跑、跳高、跳远都没有拿到过世界第一，而且打篮球打不过姚明、打羽毛球打不过林丹、游泳游不过孙杨。大伙咋样看他？大都会认为此人脑子“有毛病”。指责转Bt基因抗虫棉对刺吸式害虫基本无效不也是在发这样的神经吗?

棉　蚜
（引自《中国蚜虫》）

三点盲蝽成虫
（何振昌等摄）

棉田花蓟马雌整体
（段半锁摄）

棉红蜘蛛
（引自百度百科）

啥叫刺吸式（口器）害虫？

昆虫的嘴巴在昆虫学课本上称为“口器”，它们有好些类型。其中一类嘴巴叫做“咀嚼式口器”，蚕宝宝和棉铃虫这类的鳞翅目昆虫的幼虫就是这种嘴巴，上面长有牙一般坚硬的颚片，可以去啃咬叶片等植物组织并将其咽进肚子里。还有一类昆虫嘴巴没有啃咬能力，它们的嘴巴是一根细长的口针（针管），靠把针管扎入植物体内、跟蚊子吸血一样地吸取植物体液为生，这类就是“刺吸式（口器）昆虫”。

刺吸式害虫都不属于鳞翅目，科学家们早就宣布转基因抗虫棉里的Bt蛋白对鳞翅目昆虫有效，如果硬要以超级全能杀虫冠军的标准来要求Bt蛋白去杀死非鳞翅目的昆虫也太不讲理了。

再说，这几种棉花害虫从来就不是很难缠的东西，除了盲蝽有6~7毫米长之外，那几种都是1~2毫米甚至更小的小动物，喷一两次农药就很容易将其有效控制，绝不会跟棉铃虫那样，咬几口一个幼花蕾就没了，给棉花生长造成毁灭性损失。

此外，选择性“失明”是反转基因人士的惯用手法。他们对大量于转基因有正能量的科研资料视而不见，从不提及。

中国农业科学院植物保护研究所等权威科研机构大量的研究结果都表明，转基因抗虫棉田因农药施用次数大减，田里以吃蚜虫之类的小型害虫为生的捕食性天敌如瓢虫、草蛉、蜘蛛等类的数量大大增加，而这使对照比转基因棉田里棉蚜的数量多443 ～ 1 546倍。

第三条罪名大意是说转Bt基因抗虫棉田中昆虫群落的稳定性低于非转基因棉田，某些害虫大发生的可能概率较大。

洒家要问一下，人类种棉花的目的是什么？

第一，套用一句伟人的语录，种棉花的目的是“为人民服务”。

种棉花是为了收棉纤维来做衣服穿，绝不是为了养虫子。所以，棉花地里的虫子越少才越好。

第二，总是拿不打农药的非转基因棉田与转基因抗虫棉田里虫子数量相比来说事，洒家要大喝一声：这是反科学的奇谈怪论。

科学研究的目也是“为人民服务”。科学研究、保护环境的目的也都是为了人类有更美好的生活。人类是这个世界的主宰，如果要让人类生产生活给害虫的多样性、稳定性让位，这就不是人应该搞的科研。

棉花是最主要的经济作物，农民得靠它多赚点钱，这世界上有谁家种棉花不打农药啊？

仿佛虫子们也是专门来跟人抢食吃的一样，可以说，这世界上的农作物都是害虫们的最爱，无论什么农作物不打农药都高产不了。

看官瞧瞧下面那些没打上农药的大豆，被虫子吃得好惨呀，都跟渔网一般了。

看官再瞧瞧那幅照片上漫山遍野、春花烂的美景，这是新疆伊宁的果子沟。国内外学者都认为，这些天山野苹果树是“第三纪”的残遗物种，也就是180万～6 500万年之前留下来的全天然、从没有被人类基因改造过的极远古的超级“古董物种”。现在啥都讲究以野生、原生态为高贵，这些野果树就长在这海拔千多米、远离城市的老山沟里，每年得结出多少“有机绿色”的野水果来啊！但在伊宁市从来都没有人叫卖果子沟的野果子。因为从没有人到这无人居住的高山野林里去打农药，几万年下来，果子沟也就成了虫子们的乐园。很多年前，洒家曾去钻过这野果林，远看就像到了伊甸园，满山遍野的树上都挂着诱人且不要钱的果子，近看浑身直哆嗦，果子里面都是恐怖的肉虫，偌大的林子里你就找不到一个果子可以吃。最终，这漫山遍野的野果子就只能被牧民的牛羊们享用了。

不打农药的大豆

新疆伊宁果子沟
（引自image.baidu，原未标注贡献人）

不打农药的常规品种棉田是收不到多少棉花的，最后的“主产品”也就是一堆棉秆（柴火）。所以，种了不抗虫的非转基因棉花又一次农药都不打的事在农业生产上根本就不可能有。哪个农民舍得把辛辛苦苦种的棉花让虫子随便吃呀？那可是人民币。

真正合乎科学的科研分析应该是拿转基因抗虫棉田与农药防治非转基因棉田互相比较。这篇列举转基因6大罪状的长文中所引用的资料大多都跟上面刚白话过的“图2”一样，显示出转基因抗虫棉田与喷洒过多次农药防治的棉田效果相近，这只能说明转基因抗虫棉不打农药也把虫抗住了，也只能说明转基因抗虫棉是个好东西。

至于“某些害虫大发生的可能概率较大”就更是毫无根据的奇谈怪论。棉铃虫被转基因抗虫棉控制住了，某些害虫就可能要大发生，不打农药、长满棉铃虫的棉田反而不是大发生，天下有这样的事吗？

据央广网北京2014年2月23日消息，国际农业生物技术应用服务组织发布的《全球生物技术/转基因作物使用情况研究》报告中说，2013年中国90%以上的棉花都是转基因棉花，已达6 300万亩。这比2002年时的3 150万亩翻了一番，10多年里从没出现“某些害虫大发生”的情况。我国转基因抗虫棉大发展的事实毫无争议地证明了转基因抗虫棉因具有巨大优越性而深受农民欢迎。

第四条罪名大意是说室内观察和田间监测都已证明，棉铃虫对转基因抗虫棉可产生抗性，还预言转基

因抗虫棉种植8 ～ 10年后会失去利用价值。

这是反转基因人士对科学家设定的、在极端实验条件下获得的实验数据做出的极其夸张的“歪读”。只渲染别人论文中棉铃虫连续饲喂转基因抗虫棉叶17代后，转基因抗虫棉对棉铃虫的杀虫效果从100%下降到30%，但不对民众强调这是在实验室内做的极端对比试验，并极其夸张地将其解读为自然条件下的棉铃虫也必然会成这样。

为什么自然条件下的棉铃虫不会这样呢？因为只有在实验室里才可能做到让棉铃虫连续17代都吃转基因抗虫棉。昆虫学家不仅可以不断地种植转基因抗虫棉来喂棉铃虫，还可以将转基因抗虫棉的叶片采回后做成养棉铃虫的“配合饲料”，在任何时段都能按需要饲养出棉铃虫来。

田间呢？无论在哪里种棉花，都绝不可能出现让棉铃虫连续17代都吃转基因抗虫棉的情况。

中国棉铃虫一年发生3 ～ 5代，起码每年越冬后的第一代棉铃虫不吃棉花。大概是它们喜欢吃的棉花蕾、铃还没长出来吧，第一代棉铃虫多危害豆类、麦类、麻类、玉米、烟草、番茄及一些野草，第二、三代才主要去啃食棉花。此后呢？我国农业科学家的调查研究发现，70%的第四代棉铃虫又跑到玉米地里去了。大概是那时幼嫩的棉蕾没有了、棉铃也太老了、虫子也不爱吃了。这些东西就连写给农民看的农科知识上都有。

有谁能说得清，每年那些吃过了转基因抗虫棉的棉铃虫们能不能在一两代都没有吃转基因抗虫棉的情况下还能将其“抗转基因Bt棉特性”隔代传递给孙辈和重孙辈？

害虫会产生抗药性是一个不争的事实。自20世纪30年代人类发现滴滴涕（DDT）的杀虫效能之后，人工合成的有机农药大面积使用以来的80多年里，害虫对农药产生抗药性的故事就经常地、一而再、再而三地不断上演着。像20世纪很流行的一种有机磷杀虫剂1059（农药俗名，因对人畜剧毒已禁用）刚推广的时候杀虫效率还真是高得不得了呢！喷洒稀释上万倍的药液就能杀死害虫，很受农民欢迎。后来呢，虫子很快就产生了抗药性，即便喷几千倍甚至几百倍的药液也难杀死害虫了。这样一来，农民买药的成本也随着要增长十倍、百倍，农民就不爱用了，农药就卖不掉了。

可能农药学家们自己也争不清80多年来因为害虫抗药性问题使人工合成的有机农药共被换过了多少次。但从没有人说过各种时候的抗农药害虫是什么“超级害虫”，也从没有人要求农药停用、农药厂关门、农药停止研制。怎么一听到棉铃虫也有可能会对转基因抗虫棉产生抗性就要瞎闹腾呢？

科学家面对这么多次的抗药性害虫都能找出解决方案来，难道将来面对这抗转基因棉的害虫就会束手无策了吗？

棉铃虫是一种很爱产生抗药性的、很难缠的害虫。20世纪70年代我国棉铃虫就因对滴滴涕类杀虫剂产生高抗药性而不得不改用有机磷杀虫剂，但也没多少年有机磷农药就不管用了。1983年前后开始用拟除虫菊酯类农药来消灭棉铃虫，但到1989年，我国植保专家就向农业部递交了《关于棉铃虫对拟除虫菊酯类杀虫剂产生抗性问题的紧急报告》。1990年我国北方河北、山东、河南等主要产棉省因用菊酯类农药镇不住三、四代棉铃虫，还出现过人工捉虫的尴尬局面。1992年全国棉铃虫空前大暴发，仅河北、山东、河南、山西、陕西、辽宁、江苏、安徽、湖北等9省棉花产业的直接经济损失就超过了50亿元。

那年头，南京农业大学的沈晋良教授发明了一种叫“灭铃皇”的复配农药，它能消灭这些“打不死”的抗药性棉铃虫，单这张灭铃皇配方的转让费就高达30万元，这在1993年是很大的一笔钱啊！所以，棉铃虫的抗药性对棉花生产的危害无论对政府、对棉农还是对专家都是刻骨铭心的。所以，植保专家们未雨绸缪地用各种方式来研究棉铃虫对转基因抗虫棉的抗性也无可非议。但是，仅选取少量在人造极端条件下的实验结果来推论“转基因抗虫棉连续种植8 ～ 10年便会导致全军覆没”毫无科学根据。此文发表是2002年6月，至今早超过了10年，中国的转基因抗虫棉不但在种还在不断扩大，这就是最好的驳斥。

第五条罪名大意是说“转基因抗虫棉苗期基本不用喷农药，但7月中旬到8月还要喷2 ～ 3次农药”，所以这转基因抗虫棉就是不好的啦。

不同棉田的棉铃虫种群动态（河北廊房，2000）

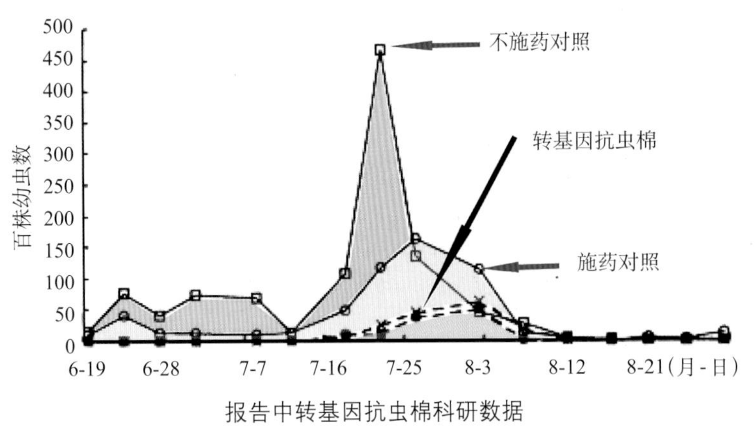

报告中转基因抗虫棉科研数据

请问：

喷十几二十次农药与喷两三次农药相比，究竟哪种对环境危害大呀？

谁说过种了转基因抗虫棉一次农药都不需要打了呀？

右图就是该文第19页特意用来证明转基因抗虫棉不好的科研数据。理由是在7~8月，转基因抗虫棉田里最高百株虫量都超过50头了，还必须要喷农药杀虫。

洒家把这幅图上几条曲线所代表的意思用箭头和文字标注出来，各位看官就都能看懂这种神秘兮兮的科研资料啦。

请看中下部绿色区域那座帽子状的矮小“山包”，这就是转基因棉田7 ～ 8月期间的虫情动态。

中间黑色箭头所指的、最下层绿色区域两条几乎重合的虚线代表两个转基因抗虫棉品种田里的棉铃虫数量曲线（转基因抗虫棉）。

右下蓝色箭头所指黄色区域那条曲线是用农药防治着的普通棉（非转基因）对照品种田里的棉铃虫数量（施药对照）。

最上面那个蓝色箭头所指红色区域的一条高高的尖峰曲线是不喷农药的普通棉对照田的棉铃虫数量(不施药对照)。

是的，两条虚线代表的、7~8月两种转基因抗虫棉的田间最高百株虫数的确是超过了最低防治标准50头/百株。

但更重要的事实是：在同一时段，其上那条打了多次农药的施药对照田的虫情曲线却一直远高于转基因抗虫棉田，最高值都超过了150头/百株了。打过了好多次农药的棉田里的棉铃虫数量是不打农药的转基因抗虫棉田的3倍。

这幅图显示的全部事实是，不打农药的非转基因对照田里棉铃虫最多，峰值超过了450头/百株，打过多次农药的非转基因对照田里棉铃虫就少得多，峰值才150头/百株，而转基因抗虫棉田没有打过农药峰值才仅仅只有50来头/百株，是3种试验处理里棉铃虫数量最少的。

其实，这张试验数据图显示的明明是不打农药的转基因抗虫棉防治棉铃虫效果最好，比打过多次农药的还好几倍。这张试验数据图明明是在说转基因抗虫棉好得很，可反转基因人士却偏要说成不好。

第六条罪名大意是棉铃虫对转基因棉产生抗性已经是不争的事实，现在还没有有效的措施来消除和延缓棉铃虫对转基因抗虫棉产生抗性等。

该文发布之后，加上绿色和平组织的另一位中国项目主管毫无根据的、种了转基因抗虫棉就将会产生“不受控制的超级害虫”和“转基因抗虫棉制造出了更多问题”的讲话，再经过个别不负责任传媒的添油加醋，把转基因抗虫棉炒作得很恐怖，仿佛中国种了转基因棉花之后，植棉业的末日、世界的末日都马上就要到了似的。

实际上，863计划（我国的一项高科技研究计划）课题组就对我国五大棉区23个点的棉田进行过实地采样分析，并没有发现田间棉铃虫种群对转基因抗虫棉已产生了抗性。

现在10多年过去了，转基因抗虫棉不仅没有全军覆没，还越种越多，都达到90%以上了。各位想一下，假如棉铃虫能很快产生对Bt蛋白的抗性，转基因抗虫棉对棉铃虫都已经无效了，还会有这么多农民去买来种么？

话应该这样说。

棉铃虫会产生抗药性是一个无需争论的事实，前面白话过的、多次因打不死虫子了只得换新农药的历

史事件就是如山的铁证。

田间的棉铃虫到现在还没有对转基因抗虫棉产生明显的抗性也是一个无需争论的事实，中国从1998年开始生产性种植转基因抗虫棉，至今转基因棉田面积还在扩大就是如山的铁证。

可能看官们会问，一种农药用几年后棉铃虫就会产生抗药性，转基因抗虫棉种了15年了还没有产生可危及植棉业的抗Bt性棉铃虫，那是不是可以说转基因抗虫棉就永远不会使棉铃虫产生抗性呢？

没有哪个科学家敢打这个包票，因为这世界上绝不会有一劳永逸的东西。昆虫产生抗药性也是一种生物进化的必然过程，是不可避免的，所以人类必须加强科学研究，不断地发现新的农药和新的灭虫方法，新的转基因也是其中之一。

因此，即便有一天能危及植棉业的抗转基因棉的棉铃虫真的出现了，现在的转基因抗虫棉真的不能用了也不值得大惊小怪。农药污染有害人类健康人人皆知，农药直接或间接致人非命的事件年年都有，化学农药一次又一次地被棉铃虫的抗药性弄得狼狈不堪，甚至搞到了不得不下地用手逮虫子的地步，可也没见有人跳出来喊叫要取消农药。

地球人都知道，完全不用农药人类就活不自在，但农药这东西还真不好玩。转基因抗虫棉能大幅度减少农药用量，这对人、对环境都是好事。

既如此，可能看官们会担心，田间的棉铃虫究竟啥时会演变成能抗转基因抗虫棉的呢？现在的转基因抗虫棉还能挺多久呢？

没有人能给你肯定答案，因为没有任何试验数据可以得出这样的结论。洒家不妨来猜测一下。不过事先声明，洒家没做过任何具体的试验，欢迎拍砖。

为啥一种化学农药连用几年就会诱导出相应的抗药性害虫？因为现在大多数合成农药的主要杀虫方式是“触杀”即“碰到就死”，农药是通过接触昆虫身体将其毒死的。这种杀虫方式几乎对所有害虫都有效，所以，一种高效新农药一经推出，在一个时段内各种农作物几乎都会使用同一类农药。棉铃虫不管在啥样农作物上基本都会被喷上同类农药，连续多代被同类农药追杀很快就诱导出了抗药性虫子。

而转基因抗虫棉杀虫方式只有“胃毒”即“吃了才死”一种方式。Bt蛋白是长在棉花身体内，不把棉株组织吃到肚子里去就毒不到棉铃虫。棉铃虫是杂食性昆虫，一会吃这、一会吃那。在每年不去吃棉花的一到两代里，棉铃虫消化道里就没有Bt蛋白。所以，就不会发生Bt蛋白多代连续诱导的情况。所以，十多年下来田间还没有产生出能使转基因抗虫棉失效的抗Bt性棉铃虫。

既然昆虫产生抗药性是不可避免的，那么抗转基因棉花的棉铃虫一旦出现后会不会成为绿色和平组织宣称的“不受控制的超级害虫”呢？

这个问题已经有了答案，科学家的试验结论是：不会。

理由是：棉铃虫对转基因抗虫棉的抗性与对化学农药的抗性二者之间没有交互性。

下页那幅图中显示没有交互抗性数据的表格就取自绿色和平组织反转基因棉长文中引用过的那篇中国农业科学院梁革梅等的论文，大家上下对比加划了红色虚线的两行数据就行了。数字表示弄死半数虫子所需的最低农药浓度，括号内是倍数。

例如，第一行“敏感种群”指的是用非转基因棉叶饲喂出来的、从没有接触过农药的棉铃虫，后面第一个数字是7日龄幼虫被溴氰菊酯药死一半的最低浓度，为3.63微克/毫升。最下一行“转基因棉种群”是用转基因抗虫棉叶连续饲喂16代后筛选出来的、对转基因抗虫棉的抗性提高了43倍以上的抗Bt性棉铃虫，后面第一个数字0.14表示被溴氰菊酯药死一半的最低浓度，为0.14微克/毫升，下面括号内的0.04表示其抗药性为敏感种群抗药性的4%（0.14/3.63 × 100%=4%）。其他的全都这样上下对比着看。

试验方法是用溴氰菊酯、氰戊菊酯、辛硫磷、硫丹等4种合成化学农药分别去处理这些不同种群棉铃虫的7日龄幼虫和3日龄幼虫。

试验结果表明，抗转基因棉的棉铃虫种群对4种农药的8个抗药性数据中只有箭头所指的3日龄幼虫对辛硫磷、硫丹两种农药的抗性分别是敏感种群组的3.88倍、2.42倍，其余6个处理包括7日龄幼虫对所

表3 3个Bt抗性种群对化学杀虫剂的交互抗性 $LC_{50}(\mu g/ml)$

Table 3 The cross-resistance of three resistant populations to chemical insecticides

种群 Population	溴氰菊酯 Deltamethrin		氰戊菊酯 Fenvalerate		辛硫磷 Phoxim		硫丹 Endosulfan	
	7日龄 7 days old	3龄 3rd instar	7日龄 7 days old	3龄 3rd instar	7日龄 7 days old	3龄 3rd instar	7日龄 7 days old	3龄 3rd instar
敏感种群 Sensitive population	3.63 (1)	3.63 (1)	82.85 (1)	82.85 (1)	15.57 (1)	15.57 (1)	123.63 (1)	123.63 (1)
Bt杀虫剂种群 Bt pesticide population	0.40 (0.11)	29.08 (8.01)	15.00 (0.18)	195.60 (2.36)	0.89 (0.06)	109.77 (7.05)	8.75 (0.07)	20.78 (0.17)
Bt毒蛋白种群 Bt protoxin population	1.63 (0.45)	15.26 (4.20)	98.00 (1.18)	156.26 (1.88)	2.17 (0.14)	62.89 (4.04)	9.54 (0.08)	51.40 (0.42)
转基因棉种群 Bt transgenic cotton population	0.14 (0.04)	2.76 (0.76)	19.79 (0.24)	321.3 (3.88)	1.72 (0.11)	8.17 (0.52)	2.32 (0.02)	298.83 (2.42)

梁革梅等论文截图

（引自《中国农业科学》2000年第33卷4期46-53页）

有4种农药和3日龄幼虫对另两种农药的抗药性全都大大下降（为对照的0.2 ～ 0.76倍）。

这就是说，这些对转基因抗虫棉有了抗性的棉铃虫与从未接触过农药的敏感种群棉铃虫相比对农药还更加敏感了，这也就是说，人工饲喂诱导出来的抗转基因棉的棉铃虫不仅没有变成咋也杀不死的“超级害虫”反而是更容易被农药杀死了！

或许，这就是当前大田还没有出现可导致转基因抗虫棉失效的抗性棉铃虫的重要因素？

或许，种植转基因抗虫棉在后期还需要喷两三次农药的“缺点”反而变成了延缓抗Bt性棉铃虫出现的重要因素？

连吃了两三代转基因抗虫棉大难不死的棉铃虫，可能刚开始对转基因抗虫棉有了一点点抗性却又因为对农药更加敏感而随后被喷洒的农药轻易杀死？

被农药追杀一两代后侥幸不死的棉铃虫可能还没来得及变成抗农药棉铃虫又被后续的转基因抗虫棉毒杀？

如果真如洒家这种猜测的话，那转基因抗虫棉无疑就是老天爷送给中国棉花产业的一件大礼。中国人又多、地又少，好些人还就偏爱买个全棉的。

所以，棉铃虫即便是变成了能抗现行转基因抗虫棉的抗Bt性棉铃虫也绝不会成为什么不受控制的超级害虫。

种植转基因抗虫棉不仅对人类健康无害，还减少了农药用量，农民获利了，环境中农药污染也减少了，好得很呢。

就是将来某一天，现行的转基因抗虫棉真的被抗Bt性棉铃虫搞得用不起来了也没啥了不起的。棉铃虫能产生抗药性也不是头一回碰到，但棉铃虫回回都是人类的手下败将。所以，咱植棉业今后绝不会因为碰到抗Bt性棉铃虫就到了末日。难道听见虫子叫就不种庄稼啦？现在科技如此之发达，相信中国科学家一定能拿出包括基因工程在内的各种解决办法来。

第三十九回：

聒噪终结者种子不遗余力，胡诌转基因恐怖画饼充饥

戏里有句台词，“茶喝到这会儿，该喝出点味道来啦！”

书读到这会儿，各位看官对遗传和转基因该有了足够的科学知识。

所以，将那个在网络上闹得浑天黑地的、所谓孟山都公司垄断和扩散“转基因终结者种子”传言的真相揭开，火候到了。

大家瞧瞧下面这些反转基因帖子，在反转基因人士的嘴里，终结者种子真是好好可怕哟！

第十一章 步步紧逼
“终结者”技术、“背叛者”技术与避孕玉米

从20世纪80年代末开始，世界基因种子巨头研制出新的、能够产生不育种子的技术，这种技术被称为“终结者”技术，使得所有使用该项技术的农民只有年年向种业公司购买新种子才能维持新的生产。另一种“背叛者”技术要求使用者必须购买特定化合物后才能保证农作物抵御病虫害，这也是保护种子公司的技术手段。随着现代基因技术的快速发展，几家跨国种子公司在美国政府和世界贸易组织的支持下，越来越主动地开发各种技术手段来保护自身的垄断经济利益。

顾秀林_神奇的孟山都公司2_'终结者'　[置顶]

作者：问剑2010　发短信　加好友　更多作品　博客　发表于：2010-05-

勋章：　级别：上校

炒白银怎么开户　血管瘤咨询　苦荞茶的副作用

孟山都公司和断子绝孙的“终结者”技术

孟山都已经在2007年神不知鬼不觉地收购了三角洲松兰公司，向全世界扩散自杀的种子。万事俱备只欠东风，巨大的全球网络已经织成。

（3）长期多代食用含“终结者技术”（“基因表达控制技术”）转基因作物加工的转基因食品对人类健康，特别人类繁殖，造成什么影响，这更是需要通过全面深入动物科学实验才能进一步揭示的问题。

提案29立法禁绝剥夺农民"留种权"的转基因"终结者技术"　(2013-02-11 22:20:16)

转载▼

标签：孟山都　草甘膦　转基因作物　不能繁殖　不生不育　分类：批判转基因技术

对策提案29：转基因“终结者技术”剥夺农民世代天赐享有的“留种权”，造成个别生物技术公司相对于世界千万数亿农户以及为他们服务的非转基因传统育种的不公平垄断性竞争危害生物多样性，掩盖“转基因技术”对转基因作物后代造成的危害，以及通过控制世界各国绝大部分种子控制世界农业与粮食，建议全国人大、国务院立法禁止进口、开发、试验、种植、加工、销售国内外开发的任何含转基因“终结者技术”的转基因作物以及转基因作物与非转基因作物“杂交”的“杂交转基因作物”！

——向新的领导班子、全国人大、全国政协建议的42项对策提案与理由之29

提案建议者：陈一文（cheniwan@cei.gov.cn）

《转基因技术与人类安全》研究专家、80年代前全国青联委员

《新浪网》“陈一文顾问博客”：http://blog.sina.com.cn/cheniwan

转基因终结者种子相关帖子的网络截图

孟山都公司的种子不仅会“自杀、断子绝孙”，玉米还能“避孕”。

“孟山都公司从2007年起就向全世界扩散自杀种子”“几家跨国种子公司”用这玩意儿搞垄断还得到了“美国政府和世界贸易组织的支持”。

反转基因人士煞有其事地说，“长期多代食用含终结者技术转基因作物加工的转基因食品对人类健康，特别对人类繁殖造成什么影响……”，还说“需要全面深入的科学实验……”等。

反转基因人士还搞什么“向新领导班子、人大、政协建议立法禁绝剥夺农民留种权的转基因终结者技术”的提案。

照反转基因人士闹腾的这个阵仗，那万恶的、种下去后再结出的种子不能发芽的“终结者转基因种子”仿佛早已在全世界泛滥了。中国人民不仅深受其害，还一直被蒙骗着，我们的生命随时都处在危险之中。要不，咋会“着急”到要求国家新领导班子和政权机关、立法机构一起来禁绝这件事呀？

若不细想，一听就当真的话，万恶的终结者转基因种子也太过恐怖，孟山都公司就属十恶不赦。

这些反转基因人士为了蛊惑民众，全不管他们以前学的是什么专业、一辈子干过什么工作、在什么单位挣钱吃饭等，不仅一个个都自封为“转基因技术”甚至“人类安全”领域的专家教授，有的还把几十年前的头衔、军装拿出来显摆。他们这样拉大旗作虎皮，不外乎是企图用委员啊、军人啊、专家教授啊……这类受人尊敬的称谓来让人们相信他们做的是好事。

反转基因人士的策略是先让民众误认为他们是上达政权机关和国家领导人、下通民情，手眼通天的能人。然后再向老百姓渲染转基因恐怖：“终结者转基因作物已经被个别外国公司（孟山都公司）搞得满世界都是，我们已长期地被吃终结者转基因许多年了”，太可怕了。

恐怖的转基因终结者种子真的有吗？

终结者种子在全世界扩散、已经危害人类多年是真的吗？

可惜，要简单地用是或不、真或假来做回答有点难度。

因为：终结者种子事件是“真真假假、假假真真，真掩假来假作真，假话说得比真话还要真”。终结者种子事件是当前植物基因工程研究和所有转基因事件里最复杂的一个。它不是简单的转基因，它是一整套包括了3个编码基因序列、两个非编码DNA序列、两类启动子、一种抗生素的、复杂的多重基因调控体系的转基因事件。

这就是说，这项技术不仅涉及好几个基因和相关序列，还有多重的基因调控行为。

全世界已经大面积使用的抗除草剂、抗虫转基因农作物都是直接转一个基因完事。先正达二代黄金大米也就直接转了两个基因。没啥弯弯绕，全是单纯的转基因事件。

慢着！不是有人宣称二代黄金大米转了7个基因吗？

非常认真地告诉各位，一代和二代黄金大米的论文洒家都读过。前面第三十三回里白话得很清楚，一代转了3个基因，两个来自黄水仙花，一个来自细菌；二代就只转了两个基因，一个来自玉米，一个来自细菌。就是扛个巨型放大镜，洋人科学家的论文里也找不出7个基因的表述，反转基因人士纯属胡咧咧。

前面白话过了，终结者种子比前面白话过的、所有的转基因都要复杂。不仅转的基因多，被转的基因们还要经历几轮调控之后才能表现出“终结者”活性。

那么，什么是基因调控呢？

基因调控是每一个生物从生命伊始到魂归大自然一直如影相伴的系列事件。

以人为例，每个人都是由父亲的精子和母亲的卵子结合后的那一颗受精卵细胞分裂长成。所以，身体上每个细胞里的基因都是相同的。但是，由一颗受精卵分裂出的、基因相同的细胞们却能长成为头、手、脚、眼、耳、鼻、口……形态功能大有区别的人体各部器官，全是基因调控的结果。

这就是说，尽管每个细胞里都有相同的基因，但不同部位细胞里，基因的开、关状况各不相同。例如，受精卵分裂到某个特定的时期，长手部位细胞内与手有关的众基因就会被打开，与手无关的其他基因则关闭着，此处最后就会长成手而绝不会是脚。身体各器官之所以有不同的形态、不同的功能全都是因为

细胞里众多基因的开、关状况不同。

基因调控还有很强的时效性。例如男性会长胡须，但一定要在青年时期才会长。小时候长胡须的基因是关着的，刚出生婴儿会有头发但绝不会长着长胡子。

受精卵也就只是一个小小的细胞，但人受精卵长出来的永远是人，猴受精卵长出来的永远是猴子，用什么方法都不能改变这种生命规则。

基因调控的力量难以想象地强大着、顽强着，精密得都有点不可思议。

那么，这么精密、这么准确、这么霸道的基因调控是由什么来实施的呢？

显微镜里才能看见的小小受精卵根本就装不下电脑或芯片之类的高科技控制系统。科学家们现在只是估摸着，这件事理应由细胞里的遗传物质核酸来管控。

尽管人类基因组全序列早已经被测定出来，但人类的基因调控体系长得啥样、长在哪里、怎样实现如此精密的控制……一大批问题，至今还没有一个人能说得出个所以然来。

如果看官能解开这谜团，说出点道理，诺贝尔奖委员会肯定会颁奖给你。

现行的基因调控理论都是用单细胞的微生物研究出来的。

世界上首次发现的基因调控模式叫乳糖操纵子模型（Lac Operon），是第十八回里白话的法国巴士德研究所的贾科布、莫诺德、利沃夫等3位科学家在1961年研究出来的。那回白话的是这3位科学家率先发现和命名了信使RNA（mRNA）。不过，发现信使RNA只是他们科研的一件副产品，主产品是荣获了1965年诺贝尔生理学或医学奖的乳糖操纵子模型。

都能拿到令人垂涎的诺贝尔奖了，研究的问题肯定是超高深、超复杂吧？

其实，他们研究的问题一点也不高深和复杂。

当时科学家们知道，大肠杆菌不能直接以乳糖为养料，但它们可以合成出半乳糖苷酶将乳糖分解成葡萄糖和半乳糖供自个享用。

平时，大肠杆菌细胞并不合成半乳糖苷酶。倘若把大肠杆菌转移到加有乳糖的培养基上，大肠杆菌立马就会合成半乳糖苷酶。如果将大肠杆菌再转移回不含乳糖的培养基上或培养基中的乳糖被耗尽时，大肠杆菌立马就会停止合成半乳糖苷酶。

他们的研究就是要搞清楚这点小事的为什么。

他们发现的是人类科学史上首个基因调控模型，所以，就这点小事也拿了个诺贝尔奖。

理论真的挺简单，半乳糖苷酶基因调控的分子原理如图所示。

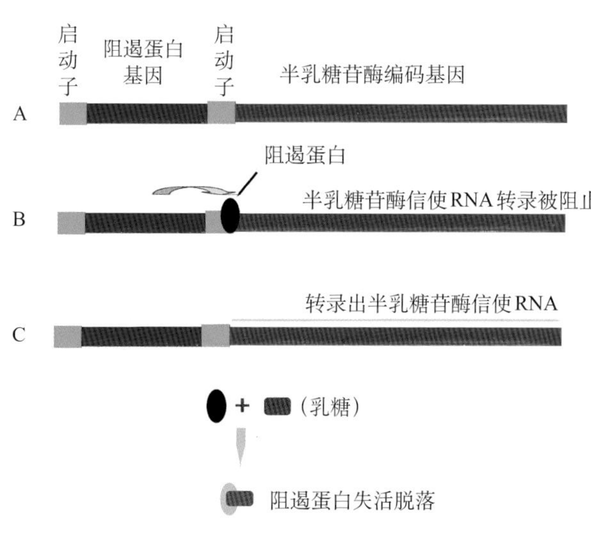

半乳糖苷酶基因调控的分子原理示意

图中A为调控的分子机理。半乳糖苷酶基因（红色区）启动子（绿色区）上游还有一个阻遏蛋白基因（蓝色区）。

图中B为没有乳糖时的基因调控状态。阻遏蛋白基因合成的阻遏蛋白（黑色椭圆块）结合到与半乳糖苷酶基因启动子紧邻的阻遏位点，挡住了RNA聚合酶向下游转录的道路，半乳糖苷酶基因不能转录出信使RNA，细胞里没有半乳糖苷酶。

图中C为有乳糖时的基因调控状态。培养基里有乳糖（紫色块）时，乳糖与阻遏蛋白结合使阻遏蛋白失去活性。失活的阻遏蛋白就从结合位点脱落下来，RNA聚合酶下行道路畅通。半乳糖苷酶基因的信使RNA源源不断地被转录出来，细胞里就有了半乳糖苷酶。

一旦培养基里乳糖被耗尽，新合成的阻遏蛋白没有乳糖再来“搅和”，便结合到阻遏位点上，基因又被调控回到图中B所示状态，半乳糖苷酶合成就被重新关闭。

各位看官，这个简单得都拿了诺贝尔奖的基因调控模型的原理务必要弄懂哦！只有把这事先整明白了，下面那个有史以来最复杂的转基因终结者种子事件的原理才能搞定。

所谓终结者种子是反转基因人士瞎叫的“诨名”。它的真名是“植物基因表达调控（control of plant gene expression）”，孟山都公司并购来的专利也是这个名字。

不懂得终结者种子的技术原理，就难辨真假。现在，很多人并不知晓终结者种子是咋回事，一听终结者仨字脑海里浮现的就是好莱坞大片里的恐怖场景。所以，洒家也必须把终结者种子的来龙去脉、理论根据、现实状况等给大伙白话清楚，帮助大家解惑。

终结者种子技术很复杂，包括毒性基因系统和基因表达控制系统两大部分。

毒性基因系统：如图所示，它包含一个毒性基因（红色）、一个阻断序列（黑线）、一个特殊的启动子（绿色）。

毒性基因（红色）：也就是反转基因人士所说的终结者基因，叫芽孢杆菌RNA酶基因，简称RNA酶基因。RNA酶基因编码RNA酶能摧毁种子的发芽能力。

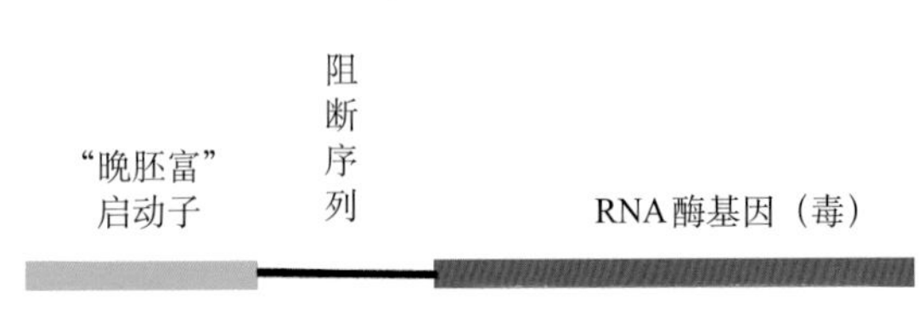

毒性基因系统结构示意

RNA酶的功能是降解（破坏）RNA。任何RNA碰到RNA酶都会“粉身碎骨”，所以，RNA酶像见到RNA就咬的恶狗。

RNA是生命活动的基础，体内的RNA都被降解掉了，生物就活不成。

胚发育晚期才启动的特殊启动子（绿色）：这个特殊的启动子叫“晚胚富”启动子，全名是胚发育晚期富集蛋白基因启动子，专业文献上简称为LEA（late embryogenesis abundant）启动子。

由于晚胚富蛋白在植物胚胎发育的晚期才在胚中大量合成，用晚胚富启动子来驱动芽孢杆菌RNA酶基因，就能在种子发育的晚期于胚内合成出大量的RNA酶，将胚内的RNA破坏掉，发育中的幼胚就难逃一死。所以，晚胚富启动子就相当于一个在胚发育晚期才放狗出笼的分子定时器。

阻断序列（黑线）：阻断序列是一段叫Lox的DNA短序列（Lox：locus of crossing over），长34个碱基对。它不编码任何性状，但能被后面要白话的基因表达控制系统的Cre重组酶（简称重组酶；Cre：causes recombination）识别。

把这段Lox序列夹在RNA酶基因与晚胚富启动子之间能阻断启动子的启动功能，使RNA酶基因不能转录出信使RNA。有Lox序列时，RNA酶基因就处于无功能的“潜伏”状态，没有毒性。

简言之，这段阻断序列有两个功能：阻止毒性基因的表达，被重组酶识别和切割掉。

为啥要把RNA酶基因的表达给阻断再去转基因？

RNA酶是见到RNA就咬的恶狗，如不阻断其表达，那么转基因植株当代生长到种子发育晚期时，晚胚富启动子就会发动转录，胚就会被自己合成的RNA酶毒死，当代结的种子都不发芽，转基因就白搭了。

插上这段Lox序列就好比把芽孢杆菌RNA酶基因这条恶狗关进了笼子，转基因植株所结种子才能正常发芽，种子公司才能繁殖种子。

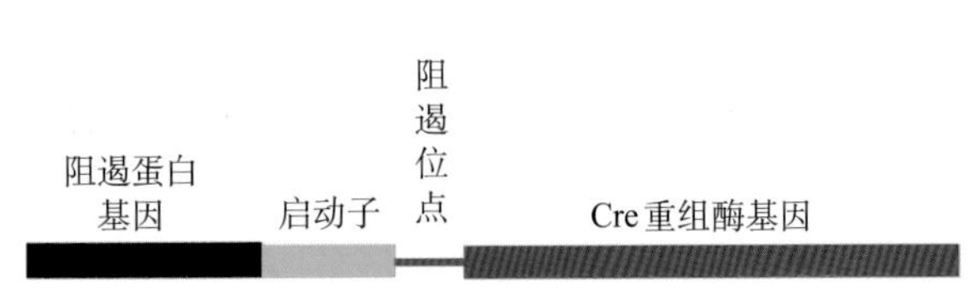

毒性基因调控系统结构示意

毒性基因的调控系统：就是“定时、定点”地把上面白话的恶狗放出来，使农民买来的种子能长出庄稼但所结种子不发芽的开关盒，不过这个开关盒是用分子元器件组装的。

Cre重组酶基因（紫色）：该基因编码的重组酶能将毒性基因系统结构示意图中夹在RNA酶基因（毒

性基因）与上游晚胚富启动子之间的阻断序列Lox切割掉并把上游的晚胚富启动子和下游的RNA酶基因重新连接在一起。

此后，农民种的植株长到了胚胎发育晚期时，晚胚富启动子才能驱动RNA酶基因转录、合成出RNA酶去杀死还未长成的胚。

所以，Cre重组酶基因（紫色）就是晚胚富放狗出笼“定时器”的按钮。

阻遏蛋白基因（黑色）：如果把Cre重组酶基因直接安上启动子就进行转基因，转基因细胞马上就能合成Cre重组酶使RNA酶基因解除阻断，转基因植株长到胚发育晚期就能合成出RNA酶，当代结出的种子就不能发芽，终结者种子没出公司大门就已断子绝孙。所以，在制造终结者种子时必须使Cre重组酶基因也处于“潜伏”状态。这个任务由阻遏蛋白基因（黑色）来完成。

阻遏蛋白基因合成的阻遏蛋白结合在启动子和Cre重组酶基因之间，挡住了启动子向后的转录通道，使之不能合成出Cre重组酶。

但是，这种阻遏蛋白对四环素敏感，与四环素结合后便丧失了阻遏活性并从阻遏位点上脱落，Cre重组酶基因转录就能被活化。所以，四环素就是这套复杂多重调控体系的“总电闸”。

阻遏位点（蓝线）：就是这个阻遏蛋白的识别和结合序列，安装在启动子和Cre重组酶基因之间。

那么，这个所谓的终结者技术是咋样做到让农民买的种子能种出庄稼，但收获的种子不能发芽呢？

请对照下面的图来听洒家白话，曲里拐弯地，有点儿复杂，要认真点才能弄懂哦。

A.终结者转基因种子在种子公司手里时的基因调控状态。

阻遏蛋白基因合成出的阻遏蛋白结合在Cre重组酶基因前的阻遏位点上，重组酶基因不能转录，细胞里没有重组酶。

调控结果是，即便长到了胚胎发育晚期，晚胚富启动子和RNA酶基因间因有Lox序列阻断着，RNA酶基因就不能合成RNA酶去毒死胚。所以，种子公司自己种的终结者转基因植株年年都结出可正常发芽的种子。

B.种子公司先将种子用四环素溶液处理，然后卖给农民。

四环素与重组酶基因前面的阻遏蛋白结合使之丧失阻遏活性，从结合位点上脱落。

C.四环素处理后种胚内的重组酶基因转录出信使RNA，细胞内合成出重组酶。

D.重组酶将挡在RNA酶基因与晚胚富启动子之间的Lox阻断序列切断，并将晚富胚启动子与RNA酶基因连接在一起。

E.植株长到了胚胎发育晚期，晚胚富启动子发动转录，RNA酶基因合成出大量RNA酶，还在生长着的胚细胞内全部RNA都被它降解掉，胚就死亡。死胚种子当然不能发芽。

终结者基因终结掉种子发芽力的流程可简述于下。

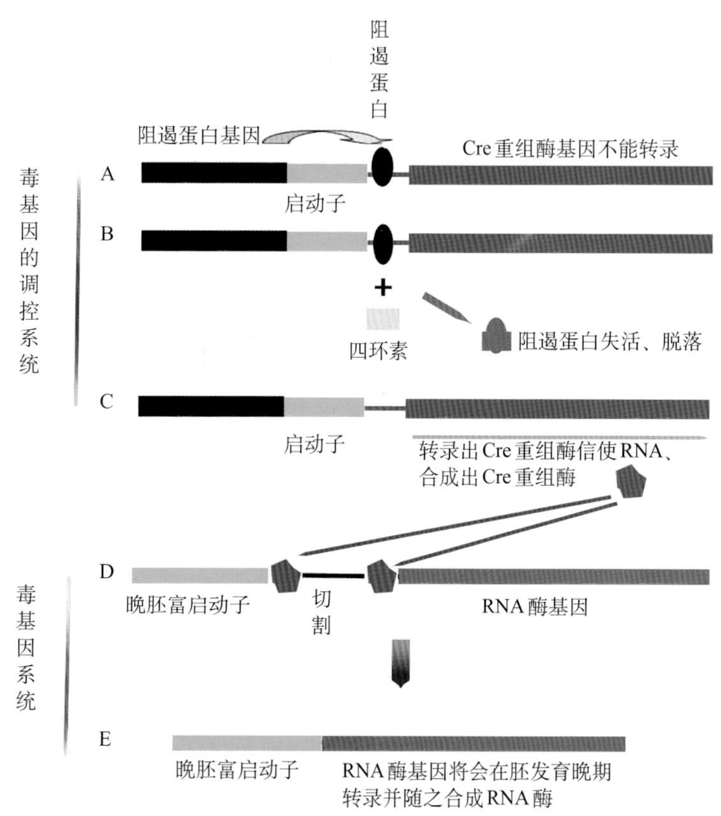

终结者基因工作原理示意

四环素处理种子→阻遏蛋白失活脱落→合成出重组酶→重组酶切下阻断序列→晚胚富启动子与RNA酶基因对接→胚胎发育晚期→晚胚富启动子发动转录→合成出RNA酶→RNA酶降解胚内RNA→胚死亡→种子不能发芽。

看到这里，看官们可能会说：

咱可都看懂了。不过，给人的感觉是这一长串基因调控过程虽然复杂，但既符合权威的、拿了诺贝尔奖的基因调控理论也符合寻常人的逻辑思维。这套技术体系一环扣一环，简直是天衣无缝、科学地没有一点儿瑕疵。

照此看来，白话的结果应该证明反转基因人士所言终结者种子泛滥全球真有其事才对呢！

资本家掌握着这样完美的科学技术不拿去赚钱才怪呢！洒家咋说反转基因人士又是在造谣骗人呢？

答案是善良的民众完全想不到的。

所谓终结者种子只是科学家们在发现了重组酶之后，在研究如何用重组酶来调控基因表达、为人类造福时无数个科研设计方案中的一个，这套复杂的转基因调控技术设想至今尚处于实验室理论研究阶段，离投入生产运用还差很远！

非常肯定地告诉各位看官：至今世界上没有任何一个国家、任何一个公司已经卖过或准备卖“终结者种子”，因为这样的种子至今还不存在！

无事生非的反转基因人士竟然把不存在的事编造成“孟山都公司从2007年起就向全世界扩散自杀种子”“长期多代食用”……让人毛骨悚然。

科学家早已提出过人类移民火星的设想，不仅去火星的每一个步骤都被描述得清清楚楚，连征召真人进行的模拟实验也已大获成功。倘若此时有人说某地的拆迁安置地点是火星，百分百没人信。因为到火星的旅程和火星上的环境等科学知识已为民众熟知，都懂得以后去真有可能、现在去则绝无可能的道理。

但绝大多数民众对终结者种子都不知其然，反转基因人士又拉科学大旗作虎皮，胡说好些外国都下了大田。这谎话编得比真话还要真，闹得满世界风雨也就不足为奇了。

既然理论上很科学，实验室内已能走通。那么，为啥还说反转竭力渲染的终结者种子已被使用是绝不可能的呢？

①实验室研究只是验证用重组酶技术搞死正发育着种胚的设想能否行得通，而不会管诸如被转基因后的品种是否还能高产。况且，高产这件事也绝不是那帮坐在空调房里、穿着白大褂的研究转基因的“眼镜”们擅长的。

以当前科技水平，人类还无力管控被转基因插入基因组的位置。搞过转基因的都知道，哪怕就只转一个基因，被转品种的经济性状都会变差，因为外来基因的胡乱插入会打乱原来各优良性状基因之间的最佳配合与平衡。

终结者转基因技术要转入好几个基因及一套复杂的调控开关体系，势必对品种原来基因状态造成更大的扰乱。高产优质的良种转终结者基因后必然退化成低产“劣种”，所以，转了终结者基因就能卖给农民是不可行的，农民绝不会傻到为了种子公司不发芽的愿望掏钱买低产种子。

即便在将来，终结者种子能卖出去的前提只有一个：它能生产出更多更好的农产品，种它能赚更多钱。

改良品种的产量只能靠常规育种手段。经过近百年的杂交组配，已有的育种资源已几乎消耗殆尽，“种质资源贫乏”已成为严重的世界性问题。同时，经近百年的杂交改良，各种农作物的单产水平也几乎接近理论极限。所以，现代作物育种家培育高产良种就像是在针尖上堆沙粒一般艰难，5年、8年、10年才能弄出个有竞争力新品种的事在育种界一点也不稀罕。

毫不夸张地说，要把被终结者众基因冲得七零八落的转基因“劣种”再改良回原来的高产优质状态不仅比转基因要难过百倍，而且还不一定都能成功。因为育种工作除了育种家的聪明能干、吃苦耐劳、坚韧不拔之外，还要靠运气。

再说，在漫长的有性杂交改良过程中，每代的染色体和基因交换都可能造成基因片段重排或丢失。终结者技术体系那么多基因、那么长的多级调控流程也有被交换重组搞乱、搞坏的可能。培育出既能终结发芽能力又能优质高产的新品种的难度无疑会比现有的转基因品种大很多、很多。

何况，当前的终结者转基因技术体系的研究水平还远没达到实用的程度。

②任何新技术从实验室走向生产实际都要解决很多的细节问题，终结者技术走向实用还有很长的路。

人类漫长的科学实践业已表明，符合科学理论的设想不是样样都能实现，一个小小的科学问题需要花几十年来解决的事例也不胜枚举。终结者种子技术也不会因为被什么“神殿”公司买了就能例外。

用两个简单的例子就可以说明，终结者种子推向生产还极其不现实。

先来白话这个终结者技术体系的总电闸——四环素处理。

在所谓的“孟山都公司神不知鬼不觉地收购来的”专利里写着，四环素激活重组酶基因的3种有效方式为：四环素溶液浸泡全芽、全芽喷洒四环素溶液、四环素溶液浸泡种子（见US5723765A Granted Patent第[00077]段）。

首先，四环素溶液浸泡全芽和全芽喷洒等两种有效激活方法纯属纸上谈兵，毫无实用价值。已经长出了芽的种子，处理之后怎么包装、怎么保存、怎么运输？到农民手里时那些嫩芽可能很多已因运输过程中互相碰撞成为伤残，再经过播种机里的箱子、管子、齿轮几番折腾和翻滚，种子下地后的覆土、镇压等，埋在土壤里的种子可能大多已经被无芽了。

叫农民自己在种子发芽后去地里喷四环素？这简直是疯人在说疯话。

看来，唯有浸泡种子仿佛还有点希望。

但是，专利书第[00078]段写道：“吸入四环素的靶标细胞是正在增殖着（proliferating）的顶端分生组织的L2层细胞。”L2是芽尖生长点上将来长成植株内部各种组织的、表皮下的那一层细胞。

只有将这层细胞里的重组酶全都激活了、RNA酶基因都被重组成晚胚富启动态了，植株长大后新结的种子才能被终结掉发芽能力。注意！必须是L2层细胞全部被激活，部分被激活不行，因为任何人都不能告诉咱，这些细胞中间哪一个将来会长成胚。

专利书上说，是用棉花和烟草种子做的四环素激活试验。

洒家没研究过烟草种子不敢白话，但棉花种子处理有过实战经历，棉花种子真可谓是“种坚强”。

棉籽在轧下棉花之后，种子表面还有一层短绒，短绒不仅使种子纠结成团堵塞播种机还藏有病菌。所以，机播前通常要将这层短绒除掉。

一种脱短绒技术叫“硫酸脱绒”，是用100 ～ 120℃的浓硫酸来将棉花种子表面的短绒烧掉。气温高时搅拌5~10分钟，气温低时最多半个小时，棉种就会被热浓硫酸烧成光溜溜、乌黑发亮的精光种子，用清水冲洗、晾干后就能用了。

各位看官，经过热浓硫酸长达半个小时的烧蚀，里面的种胚依然毫发无损，能够正常发芽。棉花种子外面的那层壳是不是特别坚强啊?

具有超强腐蚀性的热浓硫酸半小时都不能进入种壳，那毫无腐蚀性的四环素溶液得要多长时间才能进入棉籽内部？所以，诸如在溶液里过一下之类的短时处理根本就按不动终结者体系的总电闸。

专利书上说四环素的靶标细胞是“生长点正在增殖的分生组织细胞”。所以棉种一定要在四环素溶液里泡到已经萌动、细胞已启动了分裂的程度，四环素才能按动里面的终结者体系总电闸。

种子要吸饱水分才会萌动，吸入的水分通常超过自身体重，这时的种子虽没长出芽来，可全都是胖胖的、软软的、湿不拉几的、一碰就烂的、一挤就破的“种脆弱”。

实验室里的眼镜们可以在盘子里泡几粒棉籽端着下地去种，农民咋办？一个农场成千上万亩棉田需种量数以吨计，这么多脆弱的水饱和种子怎么能安全地运到地头？播种时会不会被机器里的齿轮挤成烂泥？

种子公司里干种子本已堆积如山，泡胀后体积更会惊人。摊开来放占地太大，装袋堆起来又会烂掉，多放几天还会长出芽来。激活后的湿棉种连短期保存都成了问题，就更不消说长期储存和长途运输了。

将其再烤干装袋不行吗？洒家真不知道棉花芽会不会也那么坚强，烤成芽干后还能不能再还魂。不过，田里因连阴雨发芽的稻、麦都只能喂牲口。

就连用四环素处理种子这样一件微不足道的事，非常成功的实验室结果遇到生产实践都会让人尴尬万分，那复杂的调控体系里牵涉那么多的分子元器件之间的配合，在走向生产实践过程中还不知有多少个门槛要跨呢。

……

终结者种子的核心技术——晚胚富启动子驱动RNA酶基因定点、定时表达，更能说明这个问题。

晚胚富蛋白最早发现于棉花。因在棉花种子发育晚期时这种蛋白才在胚内高度富集，所以被命名为晚胚富蛋白。当时，科学家认为晚胚富蛋白在种子成熟脱水过程中对脱水的胚组织细胞起保护作用。

随后，科学家在几十种植物中都发现了晚胚富蛋白。

后来，科学家发现晚胚富蛋白不只在胚中有，许多植物的营养器官中也有。

再后来，科学家发现，一些植物在干旱脱水、极端温度、盐分等逆境（不良环境）胁迫下，植株组织内也会出现高水平的晚胚富蛋白积累。因此，科学家认为晚胚富蛋白还是一种植物的“胁迫响应基因产物”，即在不良环境条件下合成以帮助植物抵抗逆境的蛋白。也就是说，晚胚富蛋白还具有逆境胁迫响应特性。

所以，此后很多的晚胚富蛋白基因研究就转入了如何利用晚胚富蛋白基因来提高农作物抗盐或抗旱性。设想是：把晚胚富蛋白基因的编码序列区单另切下来，上游改装一个在任何部位和任何时期都能高效工作的启动子，转基因作物各部细胞里都会有很多很多的晚胚富蛋白，转基因作物的抗盐、抗旱性就能被提高。

啰唆了半天就是要各位看官明白：

①原装的晚胚富蛋白并不是只在胚里有，植株其他组织里也有。

②原装的晚胚富蛋白在植物处于不良环境（逆境）条件下也会在胚以外的其他植株组织里合成。

那么，大问题就来了，各位听好。

原装晚胚富启动子驱动着晚胚富蛋白基因，遇到不良环境，合成出的晚胚富蛋白能保护细胞或组织免受其害，相当于在植株身体不适时给它吃“补药”，帮助它提高抵抗力。

在终结者转基因植株里，晚胚富启动子驱动的是RNA酶基因，终结者转基因作物遇到不良环境，全身各部细胞就会合成出见RNA就咬的恶狗，相当于在植株身体不适时给它吃“毒药”，让它早点死。

终结者转基因作物全身各种RNA一遇不良环境就要被降解，转基因植株还能有个好吗？即便不良环境过后能苟活着也成了见天病怏怏的“林妹妹”，还没来得及结婚生子就一命呜呼了。

这个事要摆平比四环素总电闸的问题不知要难多少倍。

还有其他的“毛病”吗？多着呢！就连关键的重组酶也有点“毛病”。

专利所用的Cre-Lox重组切割系统是从大肠杆菌病毒里弄出来的，按理跟植物没有瓜葛。但科学家却在植物中发现了与Lox切割位点同源度达50%的假Lox位点。同时，科学家已经在酵母菌中发现了真、假Lox位点之间的重组，天知道在植物里会不会发生呢？

倘若终结者转基因种子被按下四环素总电闸后，切割和连接的是假Lox位点前后序列，那乐子就大啦，能出来啥样的东西也只有天知道。

洒家真不想再白话“毛病”了，被人当成吃不上葡萄的狐狸不好玩，就这些也够了。

各位看官想一下，终结者种子技术的研究水平目前才这个样子，谁敢拿去卖？谁敢买来种？

简单地小结一下。

终结者种子技术研究真真地有。不过其只是科学家在研究重组酶运用价值时设计的许多科研途径的一种，到今天还只是一种理论探索，离技术成熟差的不是一般的远，它的正名叫植物基因表达调控。

2007年起就向世界各地扩散自杀种子，终结者种子已经泛滥的事真真地没有，全都是关于转基因的不

实言论。这种自杀种子过去没人卖过，现在也没人在卖。

至于将来，谁也别来当预言家。

孟山都公司中国区总裁艾博伦（Kevin Eblen）2010年接受《商务周刊》记者采访时说过下面两段话（《商务周刊》2010年07月27日）。

“孟山都公司没有含有终结者技术的任何产品。”

“多年以前孟山都公司就做出一个公开的承诺，那就是即使有这种技术，我们也不会把这样的技术用在我们的产品中。”

有个境外英语网站这样述评此事（news release 16 August 2006, www.etcgroup.org）。“1999年孟山都公司首席执行官夏皮诺（Robert Shapiro）说，该公司将不会把种子不育技术商业化。”“2005年孟山都公司将上述承诺更新为：将不会把种子不育技术用于食品作物。这一更新暗示孟山都公司认为终结者种子用于非食品作物并无不可，也意味着孟山都公司将会随其技术的发展而不断重评先前的承诺。”

所以，现在说什么都没有意义。但是，各位看官不必为尚属乌有的事去担心，心平气和地过日子，拭目以待吧!

可能有人会想，照洒家前面所言，终结者技术还不能使用，也没有被用过。那反转基因人士说的，孟山都公司为了垄断终结者种子专利不惜重金收购专利持有公司那不就成了犯神经?

这事真没法用一两句话就说清楚。这些言论的高明之处就在这里：真真假假、假假真真，真的假的混在一起说，反转基因人士就能把假的变成貌似比真的还要真。

孟山都公司花15亿美元收购Delta & Pine Land公司真有其事。Delta & Pine Land公司持有终结者技术专利也真有其事。但孟山都公司是为了垄断终结者专利才买Delta & Pine Land公司的说辞则言过其实。

如果目的是独霸专利，买断专利好啦，用不着连公司的有形资产、无形资产都买下来。道理是大家都熟知的那句话：为喝杯奶去买奶牛太划不来。资本家不会干这种事。

孟山都公司以化工和石油产品发家，最近二十多年才成为全球种业巨头。

农作物育种并不是只要舍得花钱就能在短期内大放异彩的行业，它需要有较长期育种思路和育种材料的先期积淀。孟山都公司实现快速转型是靠资本运作和企业兼并，把别人几十年积累的有形和无形的育种资源收入囊中。

孟山都公司通过十几年不断地收购种业公司，很快脱胎换骨成为世界上最大的种业公司。据报道，孟山都公司现今每年超百亿美元的收入中65%~70%来自转基因种子及相关技术，除草剂等收入仅占30%，可见种子业已成孟山都公司的命根子。如果已经有可能垄断某个种子的话语权而不去干，这个资本主义国家的公司就该改名为傻子公司。

孟山都公司通过收购十几个美国大豆和玉米种业公司使自己成为了世界上最大的转基因玉米、转基因大豆种子公司。

孟山都公司通过收购Semini公司使自己成为了世界上最大的蔬菜种子公司。

……

还是来白话棉花种业。

孟山都公司在2005年收购了美国第三大棉花种子公司Emergent Genetics。

孟山都公司在2006年收购了世界上最大的棉花种业公司Delta & Pine Land。

通过这两次并购，不到两年，孟山都公司就变成了世界上最大的棉花种子公司，成为了一些人口中的“全球棉花之王”。

所以，孟山都公司收购Delta & Pine Land公司的目的与其说是为了Delta & Pine Land公司的那个还不知啥时能派上用场的终结者专利，还不如说是直奔掌控世界棉花种业话语权的垄断主题而去的。因为地球人都明白，转基因抗虫棉经济效益好得很，正以无法阻挡之势在全球快速扩张，转基因抗虫棉又是孟山都公司的强项，孟山都公司能不及早地将这个钱袋子紧抱怀中吗?

最后再来白话一下孟山都公司能不能因收购Delta & Pine Land公司就垄断或独霸终结者种子技术。

首先，Delta & Pine Land公司有终结者种子专利不假，这项专利因公司并购就变成孟山都公司的也不假。不过，另一件很重要的事实被别有用心的人故意隐瞒：这个终结者种子专利的拥有者是Delta & Ping Land公司和美国农业部。孟山都公司买下的只是Delta & Pine Land公司，美利坚合众大帝国的农业部是买不来的。

其次，终结者种子专利也绝不是Delta & Pine Land公司的独门绝技，其他单位也有多项终结者种子专利。下面是澳大利亚科学家阿丹蒙（Adam Dimech）博士列举的终结者种子专利（www.adonline.id.au）。

先正达公司（Syngenta）：7项，US6147282、US5880333、US5808034、WO9738106A、WO9735983A2、WO9403619A2、WO9403619A3。

Delta & Pine Land公司和美国农业部：3项，US5723765、US5925808、US5977441。

巴斯夫公司（BASF）：1项，WO9907211。

法马西亚公司（Pharmacia）：1项，WO9744465。

杜邦公司（DuPornt）：1项，US5859341。

康奈尔研究基金会（Cornell Research Foundation）：1项，US5859328。

皮尔度研究基金会（Perdue Research Foundation）：1项，WO9911807。

注：US是美国专利，WO是世界专利。

反转基因人士把这些信息雪藏起来就是要误导民众，让大家误认为只有孟山都公司一家才有终结者种子专利。

洒家不知道还有没有其他的终结者种子专利，就知道除Delta & Pine Land公司之外，其他那些公司、单位和他们的专利不归孟山都公司调遣。

所以，孟山都公司买下一家Delta & Pine Land公司就垄断或独霸了终结者种子技术，是不可能的。

第四十回：

冷看转基因米饭群吃表演，敢问转基因挺反路在何方？

到最后，该来白话一下一些人关心的转基因主粮问题了。

早先，手握重金的转基因大佬们根本就没把那几个反转基因人士的言论放在眼里，成天就扎在他们的实验室和SCI论文里玩命地干活，想的是拿了国家钱对国家负责就行了，没必要去理会无聊的谣言。

没曾想，几个谣言加谎言竟然还真迷惑了不少的民众，事态越搞还越大了，于是才放下了所谓的高姿态开始了反击。

据2010年2月23日农博种业报道，2月8日晚上，张启发院士在华中农业大学国际交流中心大吃转基因米饭，用以反击转基因有毒的弥天大谎。

张启发院士品尝转基因米饭

随后全国各地挺转基因人士也开展了转基因食品品尝活动，61名院士还联名上书国家领导，表达了对转基因的关切，呼吁加强我国的转基因研究，呼吁国家支持转基因水稻的商业化种植。一些传媒也开始大篇幅地对转基因进行正面宣传。

那么，张院士麾下的转基因抗虫水稻是不是自此就会在全中国大面积种植呢？是不是就如一些反转基因人士所宣称的，转基因抗虫水稻已经被到处滥种了呢？

本回题目就已点明，群吃转基因食品只是一种表演、一种“秀”。一个人吃是作秀，100个人吃还是在作秀，作秀的目的不是要卖转基因大米，而是在跟反转基因人士打宣传战，反击反转基因人士的谣言。这跟抗虫转基因水稻能不能大面积推广、与你餐桌上有没有“潜伏”着转基因抗虫米饭毫无关系。

一个农作物品种能不能大面积推广谁说了算数？

院士乎、领导乎？

遗憾的是，他们的话根本就算不了数，可以说，谁的话都不算数。

算数的只有一个字，那就是：钱！

农民能从这个品种赚到钱，这个品种就能推广开。农民不能从中获益，喊破天也是白搭，这跟品种是不是转基因毫无关系。农民一点也不在意你的品种是用高科技还是低科技方法弄出来的，农民只在乎能不能给他们带来实在的利益。转基因抗虫棉迅速扩增的事实就说明了这点，农民能多赚钱少费力，谁反对都没得用。

现在中国种的棉花90%都是抗虫棉，你买的棉纺品里能没有转基因？转基因抗虫棉花纤维24小时都和你肌肤相亲着，不想接触转基因都不行。

在改革开放之前的计划经济年代，好些地方领导都曾以行政手段推广过他们认为能增产的农作物新品种甚至洋品种，但好多都是头一年轰轰烈烈，第二年偃旗息鼓。因为头年种了，地里少打了粮食，第二年农民死活也不会再种。而领导的初衷也是为了多生产些粮食，他们绝不会傻到减了产还要坚持。

所以，在农作物新品种推广上也是“没有钱赚是万万不能的”。

有的看官会想，咋个张口闭口就是钱，俗不俗啊？

看官，四大皆空的真正出家人都不会自称洒家，自称洒家的都还是俗人。而且在第一回开篇里洒家就白话过了，转基因争论就不是个科学问题，这转基因的烦恼就是有钱人的烦恼，全是咱有钱闹的。

各位看官试想一下，如果没有改革开放，中国仍然还在一穷二白，还需要把本来就紧紧巴巴的农产品拿去换点外汇回来买机器的话，国家哪里会有闲钱去进口什么转基因大豆？谁还能见得到满货架的转基因大豆油？大家就只能拎着个黑不溜秋的小油瓶子去打那每月几两的定量油。成天这票那票数着过日子的人根本就不会有精神去反对那个连面都见不着的转基因。

杂交水稻在中国已经相当出名了，它推广过程的传奇故事最能解读能赚钱才是品种推广的硬道理。

袁隆平院士初搞杂交稻研究的时候，还只是湖南一个地区农校的普通教师，当时有些学者级的大人物对水稻能否搞杂交优势还抱有怀疑态度。前面第二十七回已经白话过了，他在1964年开始搞杂交稻，前6年走了弯路一事无成。1970年他的搭档李必湖在海南岛发现野生稻花粉败育株（野败）之后，袁隆平课题组才于1972年研制成功可用于生产实践的、完全不育的野败型不育系。1973年找到了野败的恢复系才实现了三系杂交稻的配套成龙，研制出了有明显杂种优势的三系杂交稻，在1974年和1975年的试种中显示出很强的杂种优势,增产效果非常显著。

此时的袁隆平虽还不是院士但因取得了超世界水平的成果而大有名气，成了世界瞩目的名人。按说，有各级领导和革命群众的一致支持，在那以粮为纲的计划经济年代，杂交稻推广应该是搞得风生水起的才对，可实际情况却并不太令人乐观，好几年一直就在全国几千万亩水平上徘徊。

为啥呢？当时袁隆平麾下的杂交稻产量优势虽然很明显，正常情况下比常规稻增产20% ~ 30%甚至更多，让农民多赚点钱也毫无问题。但当时的杂交稻有一个致命的缺陷——不抗稻瘟病，所以遇到稻瘟病暴发就惨了。第三十二回已经白话过了，凶恶的稻瘟病常常会搞得农民颗粒无收，种这种杂交稻就得看老天爷脸色，运气好就超大丰收，运气不好就可能血本无归。对要冒这么大风险的事情，农民能没有顾虑吗？

就在杂交稻推广岌岌可危的时候，杂交水稻界的另一个院士、前福建省农业科学院院长谢华安研究员培育出了著名的杂交稻新品种汕优63才力挽狂澜，将袁隆平创建的三系杂交稻推到历史的最高峰。沈阳农业大学教授杨守仁生前曾说过："是汕优63救了中国的杂交水稻。"

谢华安（1941—）出生于福建闽西农村，1959年福建龙岩农业学校毕业，1964年福建农学院函授结业，1972年调入福建三明地区农科所工作，开始杂交稻育种研究。1980年，他在三明农科所当助理研究员（中级职称）时育成了杂交水稻恢复系明恢63，1981年，以此配组育成了不但产量高、品质好而且还抗稻瘟病的杂交稻新品种汕优63。

汕优63是个很"皮实"的品种，田地好点、差点，天气好点、坏点都能比常规稻增产增收。有了汕优63，杂交稻才真正成为了高产、稳产、高品质的象征，各地农民不用谁去动员都纷纷种植，汕优63很快就席卷了整个水稻界。

1986年，汕优63成为全国杂交水稻播种面积最多的品种，并在此后16年连续稳居首位，创下了杂交水稻推广速度、年种植面积、累计种植面积、增产稻谷总量4个全国之最。自有了汕优63后，从1989年开始杂交籼稻面积就超过了2亿亩，此后曾占据过中国水稻种植面积的半壁江山。

汕优63还被东南亚各国大量引种，被美誉为"东方神稻"。

1986年，当袁隆平见到谢华安，第一句话就说，"祝贺你，汕优63已是全国种植面积最大的杂交稻。"袁隆平院士想必心中也明镜似的，如果没有谢华安的汕优63横空出世，他创立的三系杂交稻命运就可能是另一个样子了。所以，有人称谢华安为"杂交水稻之母""杂交水稻救星"也就不奇怪了。

汕优63不仅是不推自广的品种，还是中国历史上种植面积最大的水稻品种，至今也未被突破。这是为什么？是院士号召出来的吗？绝不是！那时的袁隆平和谢华安可能连当院士的门在那里都还搞不清楚呢。是领导命令出来的吗？肯定不是！农民已经是生活在最底层的人了，不听命令，只要不犯法，再大的

官也拿他们没办法。

这只是因为农民种植了汕优63杂交稻就能笃定多打粮食多赚钱而已。

可以说，汕优63是三系杂交稻中空前绝后的超级优等品，此后虽有不少人也宣称选育出了比汕优63还好的三系杂交稻，但这只是为卖种子的宣传。私下里谁都承认，汕优63实在是太完美了，简直就是老天爷送给中国人民的一份大礼，没有另一个三系杂交稻品种敢说已经真正全面超越了汕优63，就连谢华安院士本人随后推出的三系杂交稻新品种也没能全面超越汕优63。如果真有比汕优63还好得多的三系杂交稻品种的话，汕优63就不会成为中国历史上种植面积最大的水稻品种了。

正如老话说的，花无百日红、人无百年好、天下没有不散的宴席，这汕优63种植久了必然会发生各种优良特性的退化，产量和农民的收益就会逐步下降。比如说，汕优63具有的高抗稻瘟性就会对田间的稻瘟病菌造成很高的选择压力，促使稻瘟病菌群体组成产生变化，能抵抗汕优63抗稻瘟基因的病原菌就会被诱导出来并逐年增加，汕优63的田间抗稻瘟性就会下降，产量也就会随之下降。

三系杂交稻长期停滞在汕优63水平，单产多年徘徊不前。与此同时，水稻界那些搞常规稻育种的专家们可是铆足了劲要赶超三系杂交稻。道理很简单，你停我不停。杂交稻像只兔子一蹦就老远但一歇就好多年，常规稻育种虽像个乌龟却是不停地努力地往前爬着呢。的确，那些年随着常规水稻育种水平的逐步提高，杂交稻的优越感在一步步地减退。当时，育种家之间的竞争对于三系杂交稻已经不是“狼来了”的故事，而是巨大的压力。

三系杂交稻咋就不能跟常规稻一样不断地向前进呢？这是因为三系杂交稻有一个先天的大缺陷。

前面第二十七回白话过了，水稻花很小，要制造出杂交稻就必须要用花粉失去授精功能的雄性不育系。三系杂交水稻的不育系怪怪的，全世界绝大多数水稻品种给它授粉后所结种子长出来的稻株仍然还是自己不能结大米的雄性不育系，所以绝大多数水稻品种都不能用来和这种不育系配制杂交稻。用来与这种不育系配制杂交稻的父本品种必须能让不育系所结种子又恢复自己能结大米的功能，这样的品种就叫恢复系，其细胞核里面携带着雄性不育的恢复基因。

万分遗憾的是，中国科学家找遍了全世界，只有IR8、IR24（国际水稻研究所的品种名称）等屈指可数的几个品种里有这种三系不育系的恢复基因。这就意味着全世界那么多水稻品种若要想和三系不育系配制杂交稻，都必须先把它们和IR8、IR24等几个品种杂交，将它们先转育成带有恢复基因的恢复系后才行。所以，科学家培育出的所有恢复系都是IR8、IR24等很少几个品种的后代，也就是说所有的恢复系全都是同祖同宗的近亲。而杂种优势是双亲的亲缘关系越远、杂种优势就越高。也许是老天爷已把最好的机会恩赐给了谢华安院士，他的明恢63已经是绝配了，其他人转育出的恢复系小伙伴再多也全都与之血缘相近，也就再也配不出比汕优63更高的杂种优势，三系杂交水稻的新奇迹也就制造不出来。

不过，袁隆平院士还真是福星高照。上苍仿佛总是眷恋着袁隆平麾下的杂交稻研究，关键时候总有贵人出来相助。在这杂交稻育种攻关咋攻也前进不了、说出的话又吞不回去的尴尬时刻，中国科学家发明的两系法杂交稻又一次给袁隆平院士解了围。20世纪90年代中期，江苏省农业科学院的科学家率先育成了比汕优63增产10%以上的两系杂交稻。

那么，两系杂交稻为啥就能突破三系杂交稻恢复系来源超级狭窄的魔咒呢？这就要从两系杂交稻的“家庭出身”谈起。

两系杂交稻是用中国科学家世界首创的“湖北光温敏核不育系”水稻来配制的，这个举世无双的超级发明是由原湖北省沔阳县（今仙桃市）沙湖原种场技术员石明松于1973年在湖北省沙湖原种场一个名叫农垦58的水稻品种大田中发现的。

石明松(1938—1989)，江苏如皋人，1959年毕业于湖北省荆州地区农校。曾任过湖北沔阳县农业技术推广中心副主任、农科所副所长，湖北光温敏核不育水稻协作组副组长，中国水稻研究所学术委员会委员。石明松因为发现湖北光温敏核不育系水稻之功于1982年获全国五一劳动奖章，1986年获湖北省科技进步特等奖，还被授予了“国家级有突出贡献的科学技术专家”称号。

1989年1月，风头正劲的石明松在武汉参加会议期间因宾馆热水器事故不幸触电夭折，时年才50岁。走得太早了，很少有传媒再去关注他，洒家因教学之需多年来网搜他的照片都无正果，今年好不容易出来了张真身，但没照清楚，眼还半闭着。

石明松
(引自《湖北日报》2014-3-27第6版，原注照片由刘自贤提供)

2013年袁隆平院士又因两系法杂交稻第二次捧得了国家科技特等奖，可以说没有石明松这个石破天惊的发现，袁隆平院士第二个国家级特别奖是拿不到的。是不是不能以死人领衔去拿奖啊？石明松名列获奖名单的第二位。

其实不奖去世之人的外国规矩很没道理，若都要按此办理，烈士岂不都要冤死啦？让石明松当第一获奖人，对那些仍然活着、仍在第一线做具体工作的基层科研人员该是多大的鼓舞啊！可以说，没有李必湖、谢华安、石明松三位当初名不见经传的小人物、中专生的关键性创新，就没有今天杂交稻的辉煌成就。那些怀揣一摞文凭、靠在“蝌蚪文”故纸堆里做学问的才俊们能做出这等超世界的创造吗？所以说这3个人都是可遇不可求的旷世奇才，他们得啥奖都当之无愧。

前面第二十七回白话过了，袁隆平院士之前的外国人也搞过杂交稻和不育系，但他们无一例外的都是用的细胞核雄性不育系，这种不育系的致命缺点是没有保持系，即无论用啥品种给它授粉都得不到纯的不育植株后代，群体中最多只有部分是不育株，另一些则是能自己结实的可育株，而且在开花之前还根本无法辨认不育株和可育株，所以全世界都认为这类细胞核雄性不育系没有实用价值。

石明松发现的湖北光温敏核不育系水稻也是细胞核基因控制的雄性不育，但是它却具有一个极其罕见、从未被人发现过的特性，即同一株水稻，在长日照高温条件下开花表现为雄性不育（不能自花授粉结实），在短日照低温条件下又表现为雄性可育（能自花授粉结实）。简而言之就是湖北光温敏核不育系水稻是夏天开花不育、秋天开花可育。那么，人们就可以通过早一点种植湖北光温敏核不育系，让它们在盛夏时节开花来接受其他品种的花粉、配制出生产上使用的杂交稻种子。要繁殖出纯的湖北光温敏核不育系的种子也很容易，只要让湖北光温敏核不育系在“秋凉”时节开花就能自己结出新的湖北光温敏核不育系种子来。晚一点种或把已抽出的不育稻穗割掉，再长出的二茬稻就能在冷凉短日照的秋天开花自动结籽繁殖了。

湖北光温敏核不育系的这一特性使细胞核雄性不育没有保持系的世界难题得到解决，不要保持系就能繁殖出百分百的不育系，细胞核雄性不育系也就能配制出百分百的杂交稻来了，杂交稻也就从三系简化为两系：一个是湖北光温敏核不育系，另一个就是恢复系。

细胞核不育系的最大缺点就是没有保持系，繁殖不出纯的不育系，最大的优点是恢复系很多。

当湖北光温敏核不育系把没有保持系的世界难题解决之后，用它来配制杂交稻就不再受到恢复系极其狭窄的限制。据中国科学家研究，90%以上的现有水稻品种都是湖北光温敏不育系的恢复系。这样，全世界众多的水稻品种都可以拿来配制两系杂交稻，两系杂交稻让恢复系从难以寻觅的稀有品种变成了“世间溜溜的品种，任你溜溜地求”。配组两系杂交稻的自由度变大了，选配出超过三系杂交稻水平的概率就高了，中国的水稻育种家又全都是能吃苦耐劳的主，想不出成果都不行！

有了这么厉害的湖北光温敏核不育系，那么，现在的水稻界是不是就由两系杂交稻一统天下了呢？

不是的，现在的水稻界基本上就是个战国时代。杂交稻、常规稻、两系法、三系法、籼稻、粳稻群雄混战，育种单位各显神通在攻城略地。就当前而言，杂交稻还在大面积地种，但再要扩大几乎无望，缩小正在发生着。拿江苏省为例，最高峰的1984年杂交水稻面积曾达到过1 300多万亩，现在也就只剩下三四百万亩啦。

为啥呢？一是随着生活水平提高，喜欢吃粳米的国人越来越多，而粳米的价格比籼米贵。二是当前中国常规粳稻的产量也很高了，跟杂交籼稻一样高产甚至比杂交籼稻产量还高的常规粳稻已经成为现实。所以，种常规粳稻不仅比种杂交籼稻更赚钱还更好卖。农民可不管你院士不院士、科学不科学，多挣钱才行。所以“籼改粳”的农户不断增加，在好些地区，常规粳稻正不断地蚕食着以籼稻为代表的杂交稻面积。

尽管两系杂交稻可以比汕优63打更多粮食，尽管杂交稻领域都已经有两个院士在坐镇了，现在却很难重现连一个院士都没有时的、汕优63独霸江湖、无比辉煌的杂交稻年代了。

这是为什么？

都是因为“钱”这个字才算数!

那么，现在美洲大田正使用着的抗除草剂基因和抗虫Bt基因，已经让洋农民多挣钱了，到中国主粮上能不能也让中国农民多挣钱呢？

先来白话这个转基因抗虫水稻能不能让中国农民多赚钱。

洒家的回答是不能。假如农民能赚到更多的钱，转基因抗虫水稻早就会被种得铺天盖地。

拿华中农业大学的抗虫转基因水稻来说，转的是和抗虫棉里同类的Bt基因。看官们都已经晓得了，这个Bt基因是针对能啃食植株的、长着咀嚼式口器的一些昆虫，对于水稻来说就是螟虫和黏虫的幼虫之类。但这类害虫从来都不是水稻的心腹大患，只要喷一两次农药就能搞定。

现在能对中国水稻造成毁灭性打击、防治难度也很大的水稻害虫是一些小小的刺吸式口器昆虫。比如褐飞虱，也就3~5毫米长，它不像其他害虫那么招摇把庄稼叶片啃得千疮百孔地老远就能被人看见。它们成群地躲藏在稻株基部刺吸稻株体内汁液，农民稍有疏忽，稻株“突然”就会被这帮小吸血鬼们搞得一片片的枯焦，就像下图中研究生们正在调查的那个样子，昆虫学家称之为“虱烧”，被虱“烧”枯了的水稻就颗粒无收了。

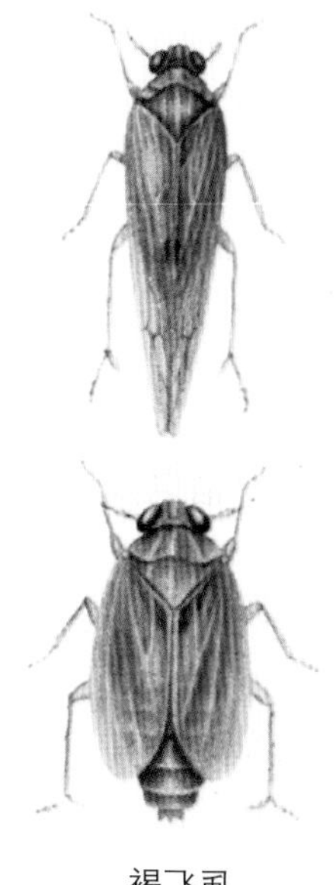

褐飞虱
（引自《中国农作物病虫图谱·水稻分册》）

虱　烧
（南京农业大学植物保护学院程遐年教授摄）

稻飞虱还能长途迁飞，春夏从华南沿海向北飞，秋季由北向南飞，一来就是巨群巨群的，常常弄得人措手不及，药水都来不及打水稻就被它们弄死了。为了研究这些小虫，科学家曾经动用过大型气球、海船、飞机甚至于雷达等设备。稻飞虱现在已成了水稻上最危险的害虫，如果Bt对它们有奇效，那经济效益就很大，不叫农民种他们都会跟你急，谁想挡也挡不住。遗憾的是Bt对此却无能为力。

武汉大米检出转基因一事配图
（引自huanqiu.xinjunshi.com，原未注贡献人）

白话到这里，看官应该知道这华中农业大学的抗虫转基因水稻一直没能大规模商业化种植是为什么了：它对最要命的刺吸式口器害虫无能为力。农民看不到抗虫水稻的“钱途”咋能推广开来？这就应了那句老话：“不怨天不怨地，只怨自己不争气。”只不过院士先生不愿意把它说出来而已。

至于传媒最近爆料武汉大米检出转基因一事，相信政府定能依法按规妥善处理，传媒不必过度解读，看官也无需惶恐。

首先，前面已经白话过了，无论在理论上或实际上，转Bt基因大米对人根本就没毒。

第二，武汉某超市5种大米，3种检出了Bt基因，即便检测结果毫无问题也只能表明这3种大米原粮中已混入了转基因，但绝不能说这3种米全都是转基因的。这类检查是用第二十五回里白话的超灵敏的PCR技术来做的，样品中哪怕只有一个Bt基因分子也能被扩增出3千多万个一模一样的Bt分子来，一粒老鼠屎足可以坏掉一锅汤。

若要真想弄清该地大米转基因污染情况就必须严格按生物统计学取样程序，大规模地取样和分组，做单粒米PCR检查，每次检查不少于100单粒，还要由不同的单位重复检测若干次才能准确估算出这批大米被转基因污染的概率。

同时，绝不能以保密、保护为理由只说一声检出了转基因就完事。必须把检查单位、检查结果、数据等悉数公布。想想看，连法院都不能只说一句“某某杀了人”就把某人拉出去枪毙掉，还必须要把时间、地点、凶器、方式、检验结果、证人等人证物证都一一讲清楚才能定罪呢，鉴定个转基因有何密可保？

不公布检测单位和具体结果数据的原因无外有二。一是检验人不自信、不愿负责。二是检验结果经不起推敲，还真有问题。所以，这类被公众关切事件的检测方法和检测结果必须要公布出来让其他人挑刺，找不出毛病才能可信。

第三，有农民偷种了转基因抗虫水稻，但面积不可能大，也不可能持续泛滥。

原因很简单：这玩意不能让农民多挣钱。

有人想出其不意地捞一票，将转基因吹嘘得神乎其神，但农民买了高价转基因种子，种了却减了产，不找你打官司就谢天谢地了，还可能再买来继续种吗？

看官可能会问：为啥这个华中农业大学的转基因抗虫水稻产量就高不了呢？

因为现在的转基因手段还没有提高农作物单产的本事。而华恢1号就是个转Bt基因的明恢63，用它和汕优63原来的不育系相配就是转基因的Bt汕优63杂交稻，它就是个增加了Bt基因的汕优63而已。它的产量潜力最多也就能与原来的汕优63持平，明显增产绝无可能。

为啥呢？全世界已搞了几十年转基因研究，至今的研究报告无一例外都是：被转基因之后，原品种的综合农艺性状都会不同程度地变差。最差的甚至于几乎都不能结种子。人类转基因研究史上从来没有过转了基因后立马综合农艺性状更优秀、更高产的事例。

为啥呢？农作物的产量是由数不清的农艺性状协同决定的，科学家至今也搞不清楚这里面的规律或机制。现代育种家们仍是采取韩信用兵多多益善的办法，靠出傻力，每年做它几百个杂交、种它几万株杂交后代，让杂交后代产生出数不清的基因重组单株。育种家们再睁大了他们的火眼金睛，整天在地里转悠，经过好多年的不懈努力才可能从难以计数的变异植株海洋中挑选出那么一两个优良单株再繁育成为优良品种。这些被选出的优良品种之所以产量高是因为众多控制农艺性状基因好不容易地自发配合到了最佳状态，转基因再楞不丁地瞎插进去一个外源基因，原来的最佳遗传平衡势必被打破，产量不变低那才是

奇怪。

第四，有记者说农民种转基Bt抗虫水稻一亩能少花200多元打药钱，这也忒会搞笑了。打个螟虫就要花200多元，那飞虱等Bt防不了的害虫还得花多少钱？还有病害呢？照此说法，一亩稻田光打药就得花多少个200元呀？算上种子、化肥、农机、水、油、电等必不可少的开销，农民的日子还怎么过？

记者知道200元能买多少农药吗？事实上一亩地打一次药，几元、十几元钱农药就够了。

换个新品种每亩多收50~100千克水稻很稀松平常，种30年前的老品种与种更高产的新品种哪个更划算难道还不清楚吗？

所以，看官们用不着担心转基因抗虫大米混进你的饭碗里，说转基因抗虫大米已滥种毫无根据。转基因抗虫水稻能被大面积推广只有两种前提：要么是产量高得不得了，要么是不打农药就能抗得住飞虱一类毁灭性害虫。但这些还全都办不到。所以，转基因抗虫水稻目前还停留在方法学探索阶段。

转基因抗虫玉米也是这个道理。美国人搞转基因抗虫玉米主要是为了对付美洲独有的玉米大敌——玉米根萤叶甲。

这玩意是非常难缠的主，成虫是甲虫，可以到处飞并取食玉米的花粉、花丝、籽粒和叶片,它们把卵产在土壤里越冬，翌年幼虫孵出来就去啃玉米的根。据1986年估算，美国每年用于玉米根萤叶甲防治的费用和该虫造成的产量损失加起来超过了10亿美元。

玉米根萤叶甲成虫
（引自ent.iastate.edu，Aaron Gassmann Laboratory网页）

玉米根萤叶甲幼虫
（引自USDA ARS Photo Unit）

地下害虫非常之难防，它们躲在土壤之中，一般地农药喷洒很难沾上它们的身体。土壤施药也无法跟地上农作物一样可以弄得跟洗过澡一样全身上下每个地方都是农药。因为土壤的数量和容量也太大了，这不仅办不到也绝不能这样干，真要把那么多农药整到土壤里去，人就没法活了。

在没有转基因之前，美国农民采取施用强毒、长效农药加轮作的方式来防治玉米根萤叶甲。

玉米根萤叶甲比前面白话过的棉铃虫还厉害，很快就诱导出抗药性，农药是换了一茬又一茬。

为啥会这样呢？土壤的量也太过超级大了，它对农药的稀释效应也太过超级大了，那些地下害虫要不是直接被农药喷上就很难接受到足量的农药，而接触到了农药但药量或浓度不足以使之死亡的情况最容易诱导出抗药性害虫。

轮作就是在种过玉米之后，这块地至少一到两年都不再种玉米。也就是俗话说的“惹不起、躲得起”，想用这种方法把它们给饿死。但玉米根萤叶甲也随之进化出了卵能在土壤里长期睡大觉（滞育）两三年都不死的抗轮作型害虫。反正你美国人也不能永远都不种玉米，种了玉米它们再“醒”过来报这一箭之仇。还有人说，在人工选择压力下，有的玉米根萤叶甲成虫还能专门去找大豆地去产卵，第二年好去吃玉米根，仿佛这小虫聪明得很。总之，这个玉米根萤叶甲用常规的方法很难控制，美国人和这小虫很多年来都缠斗得难分难解的。

后来，科学家们通过研究苏云金杆菌毒蛋白基因，找到了也能杀死出玉米根萤叶甲的Bt蛋白基因（例如*Cry3b1*等一批基因）并将其转入玉米，玉米根萤叶甲咬食了玉米植株就会中毒，这才找到了有望解决玉米根萤叶甲防治难题的方法。2003年，转Bt基因抗虫玉米在美国环保总署注册之后大面积推广，曾经相当地有效。

因为玉米产量比大豆高几倍，所以种玉米赚的钱多。有了转Bt基因抗虫玉米之后，一些洋农民为了逐利就开始年年都种玉米，轮作被抛到脑后。所以，到2009年在美国衣阿华州连作玉米地里就出现了能抗Bt性的玉米根萤叶甲幼虫，这引起了科学家们对抗Bt性玉米根萤叶甲幼虫研究的重视。

2014年3月17日，《美国科学院院刊》在线发表了美国衣阿华州立大学（Iowa State University）昆虫系副教授加斯曼（A. J. Gassmann）团队一篇研究玉米根萤叶甲对转基因抗虫玉米产生了抗性的论文摘要。之后马上就有将其歪曲为“美国科学家又发现了超级害虫”的假新闻在网上大势炒作。可事实是，不仅在线摘要中根本没有说过什么超级害虫，半个月后正式发表的整整6页论文里也找不到超级害虫这几个字。

加斯曼
（引自ent.iastate.edu，Aaron Gassmann Laboratory网页）

论文里都说了些啥呢？论文太长还全是那蝇头大小的蝌蚪文，没耐心去读的看官且听洒家白话。论文主要内容可以归结成如下三点。

①在美国衣阿华州连续多年都种玉米的地里出现了能严重危害抗虫转基因玉米的根萤叶甲，也就是说田间已经出现了对抗虫转基因玉米产生了抗性的、能抗Bt蛋白的根萤叶甲。

②高剂量Bt蛋白的转基因农作物可以杀死99.99%以上的靶标昆虫，能存活下来的昆虫还不到0.01%，但现行种植的转基因抗虫玉米品种没有一个是高剂量Bt蛋白的，其靶标昆虫的存活率超过了2%。这是造成抗Bt根萤叶甲问题的一个重要原因。

PNAS PNAS PNAS

Field-evolved resistance by western corn rootworm to multiple *Bacillus thuringiensis* toxins in transgenic maize

Aaron J. Gassmann[1], Jennifer L. Petzold-Maxwell, Eric H. Clifton, Mike W. Dunbar, Amanda M. Hoffmann, David A. Ingber, and Ryan S. Keweshan

Department of Entomology, Iowa State University, Ames, IA 50011

Edited by Charles J. Arntzen, Arizona State University, Tempe, AZ, and approved January 27, 2014 (received for review September 12, 2013)

The widespread planting of crops genetically engineered to produce insecticidal toxins derived from the bacterium *Bacillus thuringiensis* (Bt) places intense selective pressure on pest populations to evolve resistance. Western corn rootworm is a key pest of maize, and in continuous maize fields it is often managed through planting of Bt maize. During 2009 and 2010, fields were identified in Iowa in which western corn rootworm imposed severe injury to maize producing Bt toxin Cry3Bb1. Subsequent bioassays revealed Cry3Bb1 resistance in these populations. Here, we report that, during 2011, injury to Bt maize in the field expanded to include mCry3A maize in addition to Cry3Bb1 maize and that laboratory analysis of western corn rootworm from these fields found resistance to Cry3Bb1 and mCry3A and cross-resistance between these toxins. Resistance to Bt maize has persisted in Iowa, with both the number of Bt fields identified with severe root injury and the ability western corn rootworm populations to survive on Cry3Bb1 maize increasing between 2009 and 2011. Additionally, Bt maize targeting western corn rootworm does not produce a high dose of Bt toxin, and the magnitude of resistance associated with feeding injury was less than that seen in a high-dose Bt crop. These first cases of resistance by western corn rootworm highlight the vulnerability of Bt maize to further evolution of resistance from this pest and, more broadly, point to the potential of insects to develop resistance rapidly when Bt crops do not achieve a high dose of Bt toxin.

susceptible insects and render resistance a functionally recessive trait (9, 10). None of the currently commercialized Bt maize targeting the western corn rootworm is high dose, so the risk of resistance is increased (11, 12).

In 2003, Cry3Bb1 maize was registered by the United States Environmental Protection Agency (US EPA) for management of western corn rootworm larvae (7). In 2009, farmers in Iowa observed severe injury to Cry3Bb1 maize by larval western corn rootworm in the field, and subsequent laboratory assays revealed that this injury was associated with Cry3Bb1 resistance (13). More fields with Cry3Bb1 resistance were identified in 2010 (14), and research in fields identified in 2009 as harboring Cry3Bb1-resistant western corn rootworm found no difference in survival for this pest between non-Bt maize and Cry3Bb1 maize (11). Current threats to Bt maize include the spread of Bt-resistant western corn rootworm and the loss of additional Bt toxins through the presence of cross-resistance. In this paper we report that injury to Cry3Bb1 maize in the field has persisted through 2011 and expanded to include mCry3A maize. Analysis of western corn rootworm collected in 2011 revealed that (*i*) severe injury to Cry3Bb1 maize and mCry3A maize in the field was associated with resistance, and (*ii*) cross-resistance between Cry3Bb1 and mCry3A was present. These results demonstrate that insects can evolve resistance rapidly to Bt crops that are not high dose

加斯曼在*PNAS*上发表的关于转基因玉米与玉米根萤叶甲的论文截图
（引自*PNAS*，2014，第111卷14期5141-5146页）

前面已经白话过了，接触到农药但剂量或浓度不足以使害虫死亡的情况最容易诱导出抗药性昆虫，Bt蛋白也不例外。

③控制玉米根萤叶甲危害不能单纯依赖转基因抗虫玉米，一定要和诸如轮作之类的农业技术措施相结合才行。只有这样才能减少对昆虫抗Bt性的选择，推迟抗Bt昆虫的进化进程。

这篇论文本是一篇极好的正能量科学论文。

它给人们敲了警钟：抗Bt性的玉米根萤叶甲已经能严重危害转基因抗虫玉米了。

它给转基因专家提出了要求：赶快研究如何提高转基因玉米中Bt蛋白的表达剂量。

它给农民一个忠告：要坚持轮作。如果太贪财，只图眼前利益，就会重演渔夫和金鱼的故事。

所以，所谓"美国科学家发现超级玉米害虫"又是惑众谣言。

中国会不会也研究或引进这种转基因抗虫玉米来种植呢？

看官们请放一百个心，不会的。因为中国没有玉米根萤叶甲，相信我们的海关卫士们一定会严防死守，把这些害人虫挡在国门之外。

再来白话一下抗除草剂基因。种植了转基因作物的这些国家人都很少、地却多得很，一家人耕种着成千上万亩土地一点也不稀奇，他们离了除草剂和大型拖拉机就种不成庄稼。没转基因之前是靠一遍遍的机耕，一次次地喷洒不同的选择性除草剂来控制田间杂草，那要花很多钱、费很多力。种了转基因作物之后只喷一种灭生型除草剂，除了转基因庄稼之外其余的植物全都被杀死，农民就省了很多钱和力，所以洋农民欢喜得紧呢。

咱中国呢？除了东北、新疆还有点真正的机械化大农业之外，其他大部分地区都是小农经济，一个人几亩地就不得了啦。这些地还是几千年来精耕细作种出来的熟地，长几棵草，用手拔拔、铲铲就搞定了，不用花钱去买除草剂。现在很多地方都时兴"地膜覆盖"，即用塑料薄膜紧贴地面盖上，只在长庄稼的地方抠个小洞让庄稼长出来。上了地膜不但保水、保肥、保温，还把杂草全都给憋死在地膜下面，杂草想长都长不出来，根本就不需要种抗除草剂的转基因农作物。

看官在火车上啥时见过杂草丛生的农田？全都被打理得干干净净、整整齐齐的，杂草们啥时也没能在中国的稻田、麦田里翻起过大浪。农民都没有种抗除草剂转基因稻麦的需求，看官们就没有必要去担心抗除草剂转基因稻、麦会被滥种了。告诉各位，洒家17年前就搞成了抗除草剂的转基因水稻，育种家也曾拿去转育成功了，其结果也只有那么一点儿科学和理论上的意义，证明这玩意在水稻中也可行而已。但中国的水稻田里没有海量的草需除，推广的事想都不要想。

没有经济利益的东西绝不会被市场接受，转基因也不例外。各位看官用不着担心抗虫基因和抗除草剂基因也会跟北美洲国家一样在我国粮田大面积运用。原因只有一个：赚不到钱。

那么，现在还有没有其他一些基因有可能会被用在主粮转基因上呢？

尽管现在已经克隆出来了很多很多的基因，但目前全世界还都看不出来哪个新基因具有立竿见影的经济效益，所以在短期内中国并没有主粮被转基因的可能性。

当然，也有专家预言过下一个被用的可能是什么基因，但这个基因早在多年前就被克隆出来了，要是能让农民多挣钱，早就该像转基因抗虫棉一样被产业化了，不会等到现在才被谁预言。

要知道，搞基因工程、分子遗传学研究的人全都是些急性子。他们从政府、基金会获得不少钱，花掉了那许多钱，除了自我欣赏的SCI论文之外没啥能拿得出手的成绩，实在让人着急上火。如果能产生经济效益的基因已经在手了他们绝不会藏着、掖着的。

在转基因研究成果产业化这一点上，转基因大佬们真真地比当官的还心急。原因你懂的。

那么，转基因将来的胜算几何呢？中国的主粮实现转基因又有几分胜算呢？

洒家以为转基因的胜算也就五成而已，这也许会让转基因圈内外的人全都大跌眼镜。

这五成胜算首先是说，自沃森和克里克哥俩揭开遗传的物质结构之谜后，通过研究DNA序列了解基因，通过研究基因了解生命之谜的大方向无疑既科学又正确。

其次，全人类此前的转基因研究成果业已表明，通过改变生物的DNA序列来改变生物性状的路子是可行的，转基因不仅能跟理论预料的一样打破物种之间的生殖隔离，极大地扩大品种改良的范围，还能创造出魔术般的生命奇迹。

再次，转基因和基因研究无论从理论或实践上都纯粹是利国、利民、利人类的正能量级项目。

既然那么正能量，方向那么正确，咋只有五成胜算？那应该是百分百胜算才对嘛！

这就是，要科学地来评价科学研究，绝不能把科学绝对化，绝不能走科学的极端。

首先，基因和转基因研究是百分百的创新型研究，既没人告诉你能赚钱的基因是哪一个，也没人知道能赚钱的基因长得啥样儿，这比大海捞针还要困难，比咱搞两弹一星和航空母舰还要难不知多少倍。

而主粮转基因研究是要干“外国人没有的咱也要有”的事情。洋人还没有，咱就搞不了逆向工程，天知道咋能让主粮转了基因能赚到钱？做这种没有具体方向、没有具体目标的探索性、创新性研究就相当于去解一道根本没有答案的题目，只能“瞎碰乱闯”。这是长期以跟踪、模仿为宗旨的中国科技体系还不大擅长的。

再说，只有如梦如诗般的美好憧憬，没有具体的研究目标和预期效益，没有洋人可借鉴，这个要资金的申请书咋个能博得评审大人的“点赞”？谁又愿意拿钱来资助很可能是打水漂的“空中楼阁”？

所以，就是老天爷能开口也不敢说中国人啥时候能逮到这种基因。

其次，人类历史早已证明，合乎科学理论的事情绝不是件件都能干成，合乎科学的好点子并不是个个都能短期被兑现。在科学研究史上，轰轰烈烈开始、草草尴尬收场的事屡见不鲜，一个小小的问题要拖几十年才能解决的事例不胜枚举。

在生物技术、基因工程之前的“高光效育种”开始是何等的风光。植物的光合作用能把太阳能转变成生物能，光合作用效率高的品种能生产出更多的农产品，这太符合科学原理啦。当时到处都可见到泡菜坛子原理的高光效筛选装置，可没多久就销声匿迹，因为在这密闭的“泡菜坛”里筛来筛去总也筛选不出个高产新品种来。

生物技术早期，在基因工程技术还不太成熟的时候，人们对体细胞杂交也寄以过很大期望，全世界都掀起了体细胞融合制造体细胞杂种的新育种方法研究热潮，人类希望通过体细胞杂种制造出奇迹。比如，设想把番茄和马铃薯的体细胞杂交制造出上面结番茄、下面结马铃薯的“番茄马铃薯”，或者把萝卜和白菜体细胞杂交制造出上面长白菜、下面长萝卜的新作物。从理论上来看这也极科学着呢！结果呐，体细胞杂种倒真的被研制出来了，但上面没长番茄、白菜，下面也不结马铃薯、萝卜。后来这方面研究也就不了了之。

根　瘤
（引自百度百科，原注贡献人：计量检测研究院）

基因工程研究刚开始，全世界的科学家都无不看好“固氮工程”。看官们知道，大豆根上能长根瘤，大豆的根瘤由土壤中的根瘤菌侵染根毛引发，大豆根瘤里面的根瘤菌能将空气中的氮气给逮住合成为氨供植物利用。所以，种大豆不仅不大需要施氮肥，还可以肥田。

分子遗传学兴起后，在基因工程研究的初期，全世界的科学家都几乎没把这小小的固氮细菌放在眼里。单细胞细菌的生命形态很简单，基因组也很小，心想有了分子水平的理论和高新技术，把固氮菌的固氮基因搞清楚或把细菌为啥只侵染豆类的分子机制搞清楚只不过是小菜一碟。

当时，很快就有人发现这个固氮基因是在固氮菌的质粒上，研究范围又被大大缩小了，好好光明啊！

和需要高温、高压、催化剂的合成氨工业设备相比，生物固氮该有多么节能和环保、该有多大的经济效益啊！当时，固

氮基因工程仿佛就要胜利在望了，固氮基因工程顺理成章地成为了明星项目，好些人对搞微生物基因工程研究的人都有点小嫉妒呢。

人们的想法一个是把细菌的固氮基因逮出来转到农作物细胞里培育出能自我制造氮肥的农作物，另一个想法是把根瘤菌侵染豆类植物的基因机制搞清楚，通过基因改造使其他农作物也都能长出能固氮的根瘤。当时这项研究全世界都很火热，可是时至今日都30多年过去了也没啥突破，所以固氮基因工程“热潮”基本上偃旗息鼓，只有那么几个人还在低调地坚持着。

这是为什么？这是因为生命科学这潭水也着实太深了点，生命之谜是这个宇宙间最高等级的秘密，不是那么好被攻破的。第三十回白话过的农杆菌能使植物长冠瘿瘤但瘤细胞内又找不到农杆菌的简单问题人类都花了六七十年才弄明白，固氮与之相比就是天大的事啦，能这么轻易被破解么？

各位看官，连单细胞细菌的基因秘密都这么难破解，面对复杂的高等植物、动辄基因都是数万个的主粮，这简直就是小巫见大巫了。看官们应该担心的是假如中国在主粮转基因研究上夺不到头彩，就跟现在大豆一样没有了话语权，将来看官们都只有吃外国的转基因主粮而毫无还手之力了。

之所以只给五成胜算的理由就是转基因研究大方向的正确性毋庸置疑，但倘若看官们在有生之年看不到转基因主粮也不要感到奇怪。不过，转基因研究也绝不会因主粮不能转基因化而徒劳无功，即便能使主粮赚到钱的基因没拿到，但随着研究的进展，肯定会揭开一系列基因和生命活动相关的新秘密，这也同样会给人类带来不菲的利益。就像第二十五回白话过的那位发明PCR方法的风流才子穆利斯，他当初发明这个技术的初衷只是要快速复制出DNA片段，他又不是警察，没想过用来鉴亲子、逮凶犯。

之所以只给五成胜算还因为当前人类对基因的研究水平太低了点，也就相当于还在吃奶的婴儿，能力太有限。大家回顾一下，上面白话过的那些已被产业化了的转基因全都是超级简单、一个酶就能解决问题的单基因性状。

我们面对的农作物有几个重要经济性状是单个基因就能解决问题的？基本没有。按现行的遗传学理论，农作物绝大多数重要经济性状都属“数量性状”，即需要由很多个微效基因一起来控制的多基因性状。多基因性状的遗传行为不仅非常复杂，而且还极容易受到环境和其他基因的影响，所以，到现在都没有一个人敢说能搞定某个多基因性状。

分子遗传学兴起之后数量性状基因的研究就更加热闹了。原先在经典遗传学研究上认定为单基因遗传的简单性状也被一批又一批研究者定位出一个又一个的基因位点。所以，原来就已经被经典遗传学研究认定为多基因的性状在众多研究者的努力下，“贡献”于这个性状的基因位点便几乎是没完没了地被新发掘了出来。所以，现在没人能说得清究竟有多少个基因在控制着每一个经济性状。想想看，数量性状基因的家底都还摸不清，咋能够去把数量性状基因给工程一下？

近期的研究就甭说了，因为被鉴定出的新基因都多到了让人头皮发麻的地步。

1971年，苏联科学院院士杜尔宾（Н.В.Турбин，H. B. Durbin）在著作中就明确写着：“农作物的很多经济性状都是由几十个基因来控制的，例如斯图登特（Student）1937年研究结论就说玉米籽粒含油量是由20 ～ 40个基因控制的。”各位看官可以想象一下，像高产之类的特复杂性状，如果真有专门的基因在控制着的话，那还不知要有多少个呢。

像这个玉米含油量基因，就算能够把它们全都逮到手，当前的基因工程方法最多也就能转进两三个基因，不消说40个基因，即便是20个基因也都是根本无法完成的转基因任务。现在的转基因技术也就停留在“一个基因一个酶”的吃奶婴儿水平，当前已使用的转基因农作物基本都是转单个基因就能解决的生产性问题。例如，转Bt基因抗虫是一个基因就管了一个蛋白，转抗除草剂基因也是一个基因管一个酶。所以，现在人们正在努力寻找的基因工程新机遇几乎全都是一个基因就能解决的问题。

没办法，谁让咱人类当前就只有这么一点儿水平呢。

转基因研究面对的现实还非常严酷。即便是真有人在一个生物性状产生过程的众多生化步骤中找到了某一个关键的生化步骤，研究结果业已证实了动一下某个基因就能使这个复杂的性状改变到符合人类的需求，也不一定就能实现这个转基因的产业化。因为人们还一定会要求转基因解决方案比常规方法更省事、更省钱。要不，没有人稀罕这个劳什子转基因。

美国威斯康星大学蒋继明教授实验室有关洋零食油炸马铃薯片品质的转基因研究结果最能说明这个问题。

马铃薯收获后为避免发芽和烂掉，必须低温保存。但马铃薯经过低温保存就会产生还原糖（果糖、葡萄糖），还原糖和氨基酸在高温油炸时会产生化学反应而使炸过的马铃薯变得黑不溜秋的，这模样的薯片、薯条没人喜欢买。

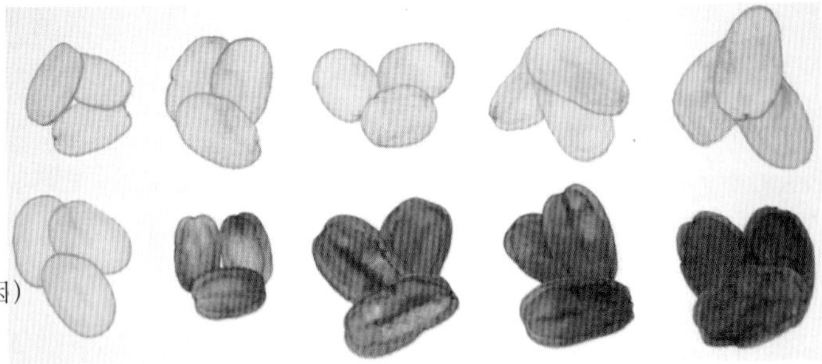

转基因

对照
（非转基因）

22℃ 60天　4℃ 14天　4℃ 60天　4℃ 90天　4℃ 180天

转基因马铃薯和对照油炸后的对比
（引自 Pudota B.Bhhaskar 等，*Plant Physiology*，2010，14:939-948，中文是洒家加注）

此外，马铃薯中还含有前面二十一回白话过的丙烯酰胺。丙烯酰胺有神经毒性，还有潜在的致癌风险，它在低温保存后的马铃薯中也会数十倍地增加。马铃薯中的丙烯酰胺含量尽管美国FDA都只公布而不表态有损人的健康，但这玩意终究不是个好东西，在食物里还是越少越好。

蒋教授实验室用反义转基因的方法将马铃薯的一种液泡转化酶（vacuolar invertase，VInv）给弄得“沉默”（不表达）了，转基因马铃薯冷藏后不仅还原糖减少了97%以上，连丙烯酰胺的含量也只有对照的1/15，图中，非转基因对照马铃薯4℃保存14天后油炸就已经是褐不忍睹，但转基因马铃薯4℃保存半年后炸出的马铃薯片依然是黄灿灿的，效果还真是好得很。

据说美国人均年消费马铃薯超过100磅（45.4千克），这中间炸薯条、炸薯片占了相当大比例，所以，行外人怎么看这个马铃薯的转基因研究都有很大应用价值，应该被产业化。

事实是，这个转基因研究成果并没有在马铃薯食品非常普及的美国被产业化。其中一个重要原因就是此前美国的马铃薯加工业已经有了解决马铃薯炸后褐变的工厂化方法，工厂化方法对所有马铃薯品种都适用，比一个个品种去做很麻烦的转基因既省事又省钱。

但是，这绝不意味着这个油炸马铃薯片变褐的转基因研究就没有用了。

不管能不能被产业化，这个转基因研究结果对马铃薯产业都具有重大意义。因为转基因的研究成果不仅能直接以转基因农作物方式为作物育种服务，也可以不经过转基因手段用于常规的品种选育。

一是，弄清楚了影响冷藏后马铃薯油炸变褐的基因是什么就能在育种过程中有意识地选择这个基因表达量低的马铃薯品种资源来作杂交亲本，以后就能逐步降低马铃薯冷藏后的油炸褐变。

二是，这个基因的序列已经知道了，现代技术很快就能测定出体内该基因的表达量，运用分子生物学仪器分析，不需要等植株结了马铃薯再去油炸比较，在苗期就能将不褐变的马铃薯株系选出来，这就大大地提高了马铃薯常规育种的选择效率。

这种转基因研究成果在非转基因常规育种中的运用就叫作“分子标记辅助选择”，它只是对植物的基因表达量进行化验而已。

各位看官，搞转基因研究的人真的是很不容易。他们不但要解决常规方法无能为力的难题，转基因方式还要能产生可观的经济效益才行，他们不仅要玩命的工作还要承受无端的谣言攻击。

为了中国自己的转基因事业不被外国吃掉，为了在主粮转基因上永不受制于帝国主义和外国资本家，各位要为他们多多撑腰、多多鼓劲才是啊！

其实，很多人看着洋转基因农产品在神州大地到处都是的也很不高兴，也巴不得能把这些转基因都赶走，但理性地想想，办不到。谁让咱们人口这么多，自己种的东西不够用呢。

一个转基因大豆，2013年中国就进口了6 340万吨。按13亿人计算平均每人就摊到48.075千克豆子。

按19%的出油率，13亿人平均每人就摊到将近两大桶5升装的豆油。咱们现在已经太过于习惯“大油大肉”级生活了，有谁愿意退回到物质短缺、啥都要票证的年代呀？老话说“由俭入奢易，由奢入俭难”，如果没有这些进口的转基因大豆来垫底，连油都不够吃的生活就不能叫小康了。

那么，咱能不能不买进口转基因大豆，自己种非转基因的呢？

2013年中国大豆总产量为1 220万吨，大豆总面积为10 200万亩，全国平均单产才120千克/亩，咱就以200千克/亩的特高单产来高估一下，1吨大豆就需要5亩地，进口的6 340万吨大豆至少需要3.17亿亩地来种。

单看3.17亿亩可能很多看官都不会有啥感觉，因为咱泱泱大中华的国民早就被动辄百亿、千亿的数字弄得麻木了。算个小账看官们就会感到3.17亿亩这个数字也忒过巨大。

2013年东北三省水稻面积为黑龙江6 000万亩、辽宁965万亩、吉林1 220万亩，这就是说东北水稻种植总面积加起来才8 185万亩，即0.818 5亿亩。这就是说，全中国人民都不吃东北大米才有可能生产出进口转基因大豆数量的1/4。

根据2013年11月29日国家统计局发布的《全国粮食产量公告》，2013年黑龙江、辽宁、吉林东北三省粮食总播种面积为1.74+0.48+0.72=2.94（亿亩）。这就是说，东北三省把粮食地全都改种大豆也不够填6 340万吨进口转基因大豆这个窟窿。

2013年全中国水稻总共种植4.55亿亩，要是拿出3.17亿亩来改种大豆，就只剩下30%的水稻田了，全中国人民还能过大米饭随便吃的小康日子么？

那么，能不能让外国人给咱们改种非转基因大豆呢？

可能看官们都会喷饭，咋能提出这样一个可以让全地球人都笑翻了天、笑掉了牙的傻问题啊？连座山雕都不会听侯专员调遣呢，那老子天下第一的帝国主义还能听你中国人调遣？

这个问题像洒家这类的人连想都想不出来。这是一位自认为很有“头面”的名人当面向一位美国大豆出口协会的负责人提出来的。这位美国佬咧着嘴笑啦。他前面已经说得够清楚了，他们这个协会就是为美国农民利益、美国利益服务的。

从特宏观的理论上来讲，洒家认为中国不吃转基因大豆油只有一个可能，记住，这仅仅是有可能而已，还绝不是一定就行的。那就是前些年在报纸上、网络上热议过的大西线南水北调工程，即在四川、青海、西藏高山上凿出一系列的隧道来，将那些流到外国去的滔滔江河和长江水截流一些引到黄河上游，一路经黄河向东滋润北方沿线，另一路向西流到甘肃、新疆去开发那里广袤的荒原和大沙漠。

因为中国科学家已经用实验证明，只要有水，沙漠上也能种出庄稼来。多年前洒家在新疆生产建设兵团石河子中亚干旱农业研究所里就亲眼见到过我国科学家用滴灌加地膜等先进技术在纯沙漠沙子里种出了棉花。

新疆仅沙漠就有6.4亿亩，置换出的耕地填补进口转基因大豆理论上绰绰有余。新疆还有很多因缺水啥也不长的非沙漠荒原呢？还有甘肃省内火车跑几个钟头都看不到一棵草的干旱荒原呢？有了水的滋润这些都是好农田啊。

不过这暂时还都是纸上谈兵。天知道在这些高海拔的无人山上刨一大堆山洞要花多少钱？天知道要刨多少年才能刨得完？

还有，花这么大力气、翻山越岭、不远万里引来的江河水，所投入的超高额资金要不要回报呢？如果农民浇庄稼的水跟城里面的自来水一样金贵农民是用不起的。

所以，现在也还只是理论上的一点点可能性而已，一个理想主义的纯中国梦而已。

据载，2013年中国除了进口6 340万吨大豆之外，还进口了玉米326万吨、油菜籽366万吨、稻米227万吨、小麦553万吨、大麦233万吨、成品食用植物油922万吨（跟转基因大豆榨出的油的数量也差不太多了），进口粮油的数量够吓人的吧？

为啥要进口这么多粮油？还不是因为咱们中国人的小康生活就要吃这么多，但咱自己已经没有这么些耕地来种了。还真是“世界离不开中国、中国更离不开世界”了。

白话到最后可以这样来个小结。

这个转基因，它没毒，也没有危害，不管是研究还是产业，过去和现在都给人类带来了巨大的利益。

这个转基因，不过是一种商品，啥时候你都有完全的自由选择权，买与不买全都可以。

这个转基因，粮食大有余的美国人都吃了好多年，中国人也离不了。

所以，

这个转基因。

就让咱们的科学家去研究好啦。

就让市场经济的铁腕去为咱们把关好啦。

各位看官，现在是市场经济，有需求就会有生产，如果你看了洒家这本书后对转基因仍心存疑虑，也没啥关系，你绝不会发愁买不到你想要的非转基因农产品。但是，请你不要去理会谎言，更不要传播谎言，你有买与不买转基因产品的自由，但绝不要被别人当成工具来利用。

各位看官，务请给中国的转基因研究和转基因产业加油、加油、再加油！

为了帮助读者看懂遗传和转基因，作者从书刊、单位网站、网络传媒中引用了一些图片和图表。虽已全部按科技书籍编写惯例标明了出处，但仍有部分图片未能查找到原制作人姓名。在此，本书作者对所有被引图片、图表的原制作人和热心的网络上传人表示最诚挚的感谢！